PSYCHSMART

心理学入门

〔美〕麦格劳-希尔编写组（McGraw-Hill Editors）◎著

王 芳等◎译 许 燕◎审校

人民邮电出版社

北 京

图书在版编目（ＣＩＰ）数据

心理学入门 /（美）麦格劳 - 希尔编写组著；王芳等译. -- 北京：人民邮电出版社，2018.12（2024.3 重印）
ISBN 978-7-115-49602-7

Ⅰ．①心… Ⅱ．①麦… ②王… Ⅲ．①心理学—通俗读物 Ⅳ．①B84-49

中国版本图书馆CIP数据核字(2018)第229396号

内 容 提 要

你是否曾经想要学习心理学知识却因为书中晦涩难懂的概念而打退堂鼓？你是否想要重新认识你的大脑、认知、行为、性格、健康等各个方面？如果是，那么这本书正是你所需要的。本书以活泼的语言、丰富的形式、多样的图表、翔实的数据以及严谨的论证为读者奉上了一桌丰盛的心理学大餐，其内容涉及神经科学与行为、意识状态、记忆、思维、智力、人格、心理障碍、社会心理学等多个方面，可以帮助读者轻松而全面地学习心理学。

本书可作为心理学爱好者的入门指南，也可作为心理学专业或学校通识教育的教学、培训用书。

◆ 著　　　[美]麦格劳 - 希尔编写组（McGraw-Hill Editors）

　　译　　　王　芳　等

　　审　　校　许　燕

　　责任编辑　姜　珊

　　责任印制　焦志炜

◆ 人民邮电出版社出版发行　　　　北京市丰台区成寿寺路 11 号

　　邮编 100164　电子邮件 315@ptpress.com.cn

　　网址 https://www.ptpress.com.cn

　　三河市中晟雅豪印务有限公司印刷

◆ 开本：787×1092　1/16

　　印张：22　　　　　　　　　　　　2018 年 12 月第 1 版

　　字数：400 千字　　　　　　　　　2024 年 3 月河北第 17 次印刷

　　著作权合同登记号　图字：01-2013-2074 号

定　价：99.00 元

读者服务热线：（010）81055656　印装质量热线：（010）81055316
反盗版热线：（010）81055315
广告经营许可证：京东市监广登字 20170147 号

在看到本书的中文译稿时，我刚从曾经的汶川地震灾区返京。巧合的是，本书以汶川地震作为开篇故事，用灾难事件引出心理学的学科本质和研究主题。这不禁让我回想起几年前灾难发生时人们形形色色的心理和行为反应，以及心理学工作者第一时间奔赴灾区所做的种种努力。同时，也让我想到如今灾区经过重建后焕然一新的面貌、人们经历创伤后重新绽放的笑颜和封闭在内心中那永远抹不去的心理伤痕。从了解灾难发生过程中及灾难后人们的心理规律，到一步步艰难却卓有成效地重建心灵家园，心理学在此过程中功不可没。同时，我们也应看到灾后心理重建工作任重道远。

心理学是一门充满魅力的学科，它提供了一种生活哲学，指导人生、引领生活。除了应对灾难，心理学还在探索大脑、感知环境、扩展思维、开发智力、促进学习、提升健康、认识自我、改善关系、融入社会、增进幸福等诸多方面为人们提供帮助。当今社会，随着刺激越来越丰富，信息越来越多元化，压力越来越沉重，挑战越来越巨大，学习心理学已经不仅仅是一种时髦，更是成为生活中不可或缺的一方面。本书作者用其严谨科学且数据详实的论证、生动活泼却不乏深度的语言、新颖丰富又贴近生活的编排，对心理学的入门基础知识进行了全面介绍，兼具专业性和可读性，可以同时满足专业学习和科普阅读的需要。

因此，我诚意向所有心理学专业的学生以及对心理学感兴趣的读者推荐这本书，它将带你走进绚丽多彩的心理学世界。

许燕

北京师范大学心理学院院长、教授

译者序

我常对渴望了解或学习心理学的朋友们说：一定要选对入门书。如果你是自学，一本好的入门书可以让你仅凭阅读就能受益匪浅；如果你是心理学专业的学生或老师，一本好的入门教材可以激发出学生上课学习的斗志，或启发教师讲出超越教材的东西并把教材里已有的内容讲得更精彩。但时下心理学的书籍和教材琳琅满目、品种繁多，怎样才能算是一本好的心理学入门书？在拿到本书的时候，我也抱着这个疑问，在读完之后我找到了答案。一本好书，让人在开卷时悦然、肃然；在阅读时知其然，也知其所以然；在合上时了然，并深以为然。

所谓悦然、肃然，是说从书的任何一页开始阅读都不会滋生艰深畏难的惧意，反而涌上津津有味的兴趣，但与此同时又并非浮于表面、卖弄笑点，而是言之有物、叙事在理。翻开本书，你很难不被其中丰富的信息、生动的故事和漂亮的插图所吸引。本书每一章都以一个揭示该章主题的历史事件或真人真事开篇，接着，科学严谨且深入浅出地介绍心理学的基础知识和经典理论，同时穿插诸多鲜活的事例和活泼的栏目以增加可读性，在吸引眼球的同时也有助于读者对知识的理解和深度加工。

所谓知其然也知其所以然，指的是好的科学读物能够帮助读者知其现象、明其道理。本书作者坚持"研究为本、理论为纲、实证为据"的原则，使用了丰富的研究文献（其中近五年的最新文献占到相当大的比重）、翔实的理论资料以及大量的官方统计数据来夯实论述，这无疑大大保证了本书内容的科学性和可靠性。

所谓读完之后了然并深以为然，并不是说读者要对所学习的内容全盘接受，而是在获得了解和领悟之后能够得到启示并迸发出新的想法。本书作者精心设计了诸多辅助学习的小栏目，包括提纲挈领的"心理学小贴士"、激发思考的"心理学思考"、扩展阅读的"你知道吗"、走进生活的"你相信吗"、自我了解的"大展身手"、联系实践的"加入我们"、活学活用的"如果你是……"以及"电影中的心理学"，等等。读者们大可利用这些栏目实现检验学习效果、理论联系实际、超越课堂和书本的诸多功能。

翻译本书和阅读本书同样是一段愉快的体验之旅。感谢许燕教授参与翻译工作并审定全书，感谢我的研究生参与翻译工作，他们是：吕修芝（第1章、第3章、第4章）、叶勇豪（第2章）、张啸（第3章、第5章、第6章、第7章）、石霞飞（第4章、第8章、第9章、第10章）、徐瑞婕（第11章、第12章、第13章）。由于译者能力所限，书中难免存在疏漏，敬请读者批评指正。

开卷有益，慧心明智。衷心祝愿本书的读者享受阅读，满载而归。

王芳

8 > 动机和情绪 174

地震灾难中的人们为了逃生可以自行切断双腿，这巨大的勇气背后隐藏着什么力量？你了解自己的体质指数？知道如何成功减肥吗？我们应怎样控制自己的情绪？

9 > 发展 200

新生儿到底知道些什么，我们如何识别他们的能力？儿童怎样和他人相处，怎样理解他人？青少年最重要的心理挑战是什么？

10 > 人格 236

你了解自己的性格特质吗？知道它是怎么形成的吗？作为一名应聘者，你应该如何看待人格测验？

轻松阅读从此开始……

走进心理学

应对灾难

2008年，剧烈的地壳运动引发了中国西南地区里氏8.0级的强烈地震，世界为之震惊。

地震的摧毁力如此巨大，人们被甩到地上、家具飞到空中、砖墙倒塌、道路变形，城镇立刻满目疮痍，数万人瞬间丧失生命，由此引发的泥石流、堰塞湖等次生灾害接踵而至……

不过，我们想说的并不是灾难本身，而是人们在灾难面前的反应。成千上万的志愿者前去帮助无家可归的人；勇敢的军人坚守在救灾第一线；来自全世界各地的人伸出援手，帮助幸存者重建家园。

从根本意义上说，汶川地震是一个关乎人类生存状况的故事，它引出了一系列本质上属于心理学的问题，例如：

- 面对突如其来的灾难，人体内部的生理活动将发生怎样的变化？

- 灾难来临时，我们能做些什么来帮助人们减轻焦虑、渡过难关？

- 灾难经历会导致疾病吗？

- 当地震或海啸发生时，人们能准确记得当时自己正在做什么吗？

- 童年时期的灾难经历与其今后的人生发展存在关联吗？

类似的问题还有很多很多，心理学都在尝试着一一解答。在这一章里，我们将开启心理学的大门，概览这个魅力学科的各个领域，看看这门行为学科是如何成为一门科学的，并思考心理学家们如何对人类行为和思想进行解释。

的世界

边读边想 >>

- 什么是心理学？
- 心理学领域的主要分支有哪些？
- 心理学家主要有哪些观点？
- 什么是科学的方法？心理学家如何用理论和研究来回答他们感兴趣的问题？
- 心理学家使用的研究方法有哪些？

>> 心理学家的工作

为什么在多年之后你仍能不费吹灰之力立刻想起小学老师的名字？为什么有些人会害怕乘坐飞机？为什么有人觉得蹦极太刺激了，有人却视其为噩梦？为什么你会决定去帮助一个摔倒的人？为什么妈妈离开时婴儿会哭？为什么喝咖啡能让你感觉更加清醒？为什么你会反复梦回中学时代，而且又莫名其妙地忘了穿内裤？！当你试着去回答以上这些问题的时候，你就是在做心理学家在做的事情——努力理解人们为什么会如此思考和行为。

心理学（Psychology）是研究行为和心理过程的科学。心理学不仅关注人们的行为，还感兴趣于人们的思维、情感、感知、推理、记忆等过程，甚至各种生理活动。心理学家一边努力描述、预测和解释人类的行为与心理过程，一边致力于改善和促进人们的生活并让世界更美好。他们使用的方法远比直觉和猜测来得精准和科学，因而寻求到的答案也更为合理和有效。

心理学： 研究行为和心理过程的科学。

心理学的分支

随着心理学研究的发展，大量心理学分支方向不断涌现。分辨各分支的关键是看它们关注的核心问题是哪些。

行为神经科学 人本质上是生物有机体。行为神经科学主要想了解我们的大脑、神经系统以及其他生物过程是如何决定行为的。换句话说，行为神经学家一直在思考身体怎样影响行为。例如，当海啸席卷着巨大的生命威胁而来时，行为神经科学家最想知道的是此时此刻人体内会发生怎样的生理变化。

实验心理学 为什么你有时候会产生错觉？身体是怎样记住疼痛的？怎样才能最大效率地利用学习时间？如果你曾经思考过以上问题而不得其解，那么建议你去请教一位实验心理学家。实验心理学是心理学的一个分支，它研究人类的感觉、知觉、学习和思维过程。（不过要注意的是，实验心理学家这个词容易产生误导：事实上每个分支的心理学家都会运用实验技术来做研究。）

实验心理学的一些子方向现在也成为了独立的分支。比如认知心理学，它聚焦于探索更高水平的心理过程，包括思维、记忆、推理、问题解决、判断、决策和语言等。同样是经历地震，一个认知心理学家更感兴趣的是幸存者对于灾难的记忆。

发展心理学 婴儿第一次展露微笑、第一次蹒跚走路、第一次学说话……这些在人类发展过程中普遍的里程碑对于每个人来说都是特殊和唯一的。发展心理学研究的就是人们从受精卵开始如何成长、改变，直至死亡的。

心理学的真相

试着回答以下问题，看看你的心理学知识有多少。

1. 婴儿爱妈妈主要是因为妈妈能满足他们的基本生理需要，比如提供食物。正确或错误？ _____

2. 天才通常不大容易适应社会。正确或错误？ _____

3. 确保一个期待的行为在训练结束之后得以持续的最好途径是：训练期间，每当这种行为发生时即给予奖励，而不是定期给予奖励。正确或错误？ _____

4. 精神分裂症患者同时具有至少两种不同的人格。正确或错误？ _____

5. 父母应该竭尽所能确保孩子的高自尊，让他们具有强烈的胜任感。正确或错误？ _____

6. 儿童的智商与他们在学校的表现相关性不高。正确或错误？ _____

7. 频繁的手淫会导致心理疾病。正确或错误？ _____

8. 人们年老时从事的休闲活动跟年轻时相比大不相同。正确或错误？ _____

9. 绝大多数人都会拒绝对一个陌生人施以高强度的电击。正确或错误？ _____

10. 谈论自杀的人都不会自杀。正确或错误？ _____

答案：以上问题每一题的答案都是"错误"的。如果你读了这本书，你就会明白这些题的答案为什么都是"错误"的了。

资料来源：改编自Lamal，1979。

人格心理学 江山易改本性难移？人心不同各如其面？这两句由生活经验总结出来的俗语说的是行为具有很强的稳定性以及性格具有很大的个体差异，这两点正是人格心理学关注的重点。

临床心理学 如果有人因为频繁的抑郁、压力和恐惧而无法正常生活，健康心理学家、临床心理学家和咨询心理学家可以帮助他们。健康心理学探索心理因素和生理疾病之间的关系。比如，健康心理学家会评估长期的压力（一个心理因素）是如何影响一个人的身体健康的，从而找到某种途径来改善行为促进健康。

临床心理学围绕各种心理疾病展开研究、诊断和治疗。临床心理学家可以为生活中的各种心理问题提供帮助，小到日常生活中的危机（如关系破裂后的不快），大到一些相对极端的状况（如长期严重的抑郁）。

像临床心理学家一样，咨询心理学家也处理人们的心理问题，但是他们处理的问题更加具体。咨询心理学的主要关注点落在教育、社会和职场适应这类问题上。现在几乎每一所大学都设有心理咨询机构，在这里，学生可以获得各种建议，比如未来的职业规划、有效的学习方法，以及如何应对人际关系和考试焦虑，等等。

社会心理学 人类复杂的社会关系网络是许多心理学分支关注的焦点。例如，社会心理学研究人们的思维、情感和行动是如何受他人影响的。社会心理学家关注的主题包罗万象，比如侵犯、喜欢和爱、说服、从众等。跨文化心理学则研究不同文化和种族之间心理功能的相似性和不同点。例如，美国"9·11"事件和汶川地震同属巨大灾难事件，跨文化心理学家感兴趣的是人们在应对灾难的策略上是否存在文化差异。

进化心理学 进化心理学关注我们从祖先那里继承的基因怎样影响我们的行为。进化心理学认为我们细胞中的化学编码信息不仅决定像头发颜色和种族这类特质，还是我们理解各种行为的关键。在他们看

心理学思考

> > > 身体吸引力是怎么一回事？为什么一个人会因为另一个人的外貌或其他外在身体因素而坠入爱河？答案多种多样（注意，并没有所谓的错误答案）。各个分支的心理学家会如何回答这个问题呢？比如说，一个行为神经科学家的观点和一个进化心理学家的观点会有何不同？一个跨文化心理学家会如何研究身体吸引力，他们所用的方法和认知心理学家会一样吗？你也可以给出自己的答案，然后看你最有可能成为哪个分支的心理学家。

来，无论这些行为是什么，它们的最终目的都是帮助人类更好地生存和繁衍。

行为遗传学　行为遗传学试图理解我们是怎样继承特定行为特质的，以及在环境的影响下我们是否会真正表现出这些特质。

临床神经心理学　临床神经心理学将神经科学和临床心理学相结合，大大促进了人们对于大脑结构和化学过程的理解。目前该领域已经研发出了一些心理障碍的新疗法，但同时也引发了是否应该使用药物来控制行为的争议。

如果你是……

一名教师　如果你是某高中的数学老师，你的一名优秀学生突然间成绩下降，她解释说自己在汶川地震中失去了三个亲人。为了帮助这名学生，你可以咨询各领域的心理学家。你会向哪一领域的心理学家寻求帮助呢？

学心理学，以后能从事什么样的工作

职位一　岗位：小型文科学院讲师

职责：教授本科生课程，包括心理学入门、认知心理学专题等。

要求：有信心高质量地完成教学任务，同时还需胜任科学研究工作。

职位二　岗位：跨国企业管理咨询专家

职责：协助上级管理者开展工作，发现组织及员工中存在的问题，寻找创新可行的解决办法。

要求：具有企业工作经验，了解企业管理的基本知识。

职位三　岗位：心理诊所临床心理学家

职责：与多学科团队合作，为个体和团体提供心理治疗服务；同时还要从事心理测验、通过电话进行危机干预以及研发治疗方案。

要求：具有博士学位、具备临床经验、拥有执业执照。

从以上职位设置可以看出，心理学家的工作范围非常广泛。在美国，很多获得博士学位的心理学家在科研机构（如大学）从事研究工作，此外还有很多人受雇于私人企业或培训机构，在医院、诊所、心理健康中心、咨询中心、学校及政府人力资源部门工作的也很常见。

给心理学家画像　虽然我们没办法说出心理学家们都是什么样的性格，但我们可以通过一些统计数据描绘出这个职业的概貌。在今天的美国，有近30万名心理学工作者，其中约一半是女性。而且根据目前的教育发展趋势可以预测，不久之后女性人数将超过男性，因为新近毕业的心理学博士中有四分之三是女性。美国的心理学家中大部分是白人，只有6%来自少数族裔。这无疑大大限制了美国心理学的多样性和多元性发展，并有可能导致严重的后果：首先，如果长期缺少来自不同文化和视角的声音，心理学的发展势必会受到削弱；其次，少数族裔在学科中的劣势会阻碍其他同样来自少数族群、本来有意进入心理学领域的人不再从事与心理学相关的职业；最后，在心理咨询和治疗中，少数族裔的来访者更乐于接受来自同种族和民族咨询师的帮助，少数族裔心理学家的缺乏无疑会打击这部分来访者的求诊热情。

心理学家的教育经历　怎样才能成为心理学家？最通用的途径是获得博士学位——哲学博士（Ph.D）或者心理学博士（Psy.D）。哲学博士是一个研究性的学位，需要做研究完成论文才能获得。心理学博士则更偏重临床实践，他们主要从事心理障碍的治疗工作（注意，心理学家和精神病学家是不一样的，后者是医生，他们拿的是医学博士学位M.D.S，他们从医学角度治疗心理疾病）。

不管是Ph.D还是Psy.D，通常都需要本科毕业后经过四五年时间才能获得。要进入某些领域去工作甚

至还需要接受额外的教育，例如临床心理学家获得博士学位后还要经过一年的实习才能进入工作岗位。

　　大约有三分之一的心理学工作者的最高学位是硕士（一般本科毕业后两至三年可以拿到）。他们中有些在教书，有些在做研究，有些供职于心理诊所或危机干预中心，还有一些在大学、政府和企业任职，或从事市场调查和数据分析工作。

　　心理学专业本科毕业生的职业发展　除了少部分人继续深造或转到其他专业外，多数心理学专业的学生本科毕业后便进入了职场，而且大部分从事跟心理学相关的工作。事实证明，本科阶段的心理学专业训练可以为从事很多职业打下良好的基础。在学习心理学过程中培养出来的扎实的分析能力、批判思维能力以及综合评估能力受到了来自企业、学校和政府机关雇主们的一致肯定。

>> 一门学科的进化

- 7000年前，人们认为心理问题是由邪恶的灵魂引起的。为了将邪恶的灵魂驱赶出身体，古代巫师用原始工具在患者的头骨上凿一个洞——这个过程叫作穿孔术。

- 17世纪的法国哲学家笛卡尔（Descartes）认为神经是一些中空的管子，"动物精气"通过它们产生冲动，这一过程类似于水通过水管传输。当一个人把手指靠近火焰时，热就会经由神经管道传送到大脑。

- 出生于18世纪的医生弗朗茨·约瑟夫·高尔（Franz Josef Gall）认为，一个训练有素的观察者能够从一个人头骨的形状和隆起物的数量判断出他的智力、道德和其

心理学 小贴士

确定你可以区分Ph.D（哲学博士）和Psy.D（心理学博士），也可以区分心理学家和精神病学家。

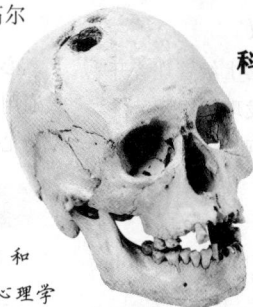

心理学家们在哪里工作 >>

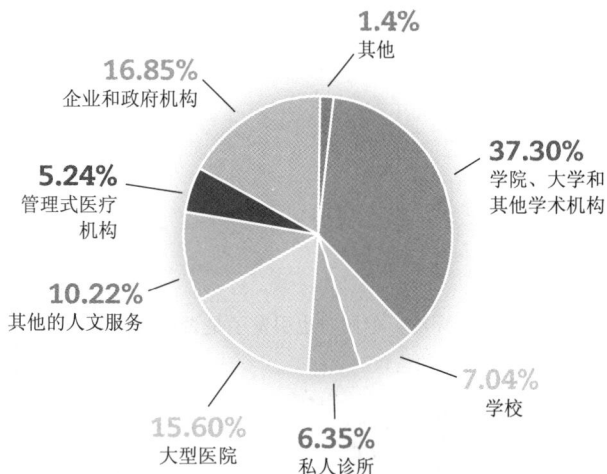

- 1.4% 其他
- 16.85% 企业和政府机构
- 37.30% 学院、大学和其他学术机构
- 5.24% 管理式医疗机构
- 10.22% 其他的人文服务
- 7.04% 学校
- 15.60% 大型医院
- 6.35% 私人诊所

来源：美国心理学会，2007。

你知道吗?

心理学专业的学生毕业后可以做些什么？太多了！例如，可以进入广告、出版、企业管理、法律、社会服务等行业工作。

他人格特点。他的理论促进了颅相学的发展，19世纪有数百人从事相关的实践工作。

　　以上这些听起来都不怎么靠谱，但在他们那个年代，这已经是对于大脑最先进的认识和思考了。心理学从18世纪才真正起步，而绝大多数的发展完成于近代。作为一门科学，心理学还非常年轻。

科学心理学的诞生及早期发展

　　1879年，德国心理学家冯特在德国莱比锡大学创建了第一个心理学实验室，开始对心理现象进行系统的研究，这被公认为科学心理学的诞生标志。冯特主张心理学应该研究直接经验，他的观点为构造主义的产生奠定了基础，**构造主义**（Structuralism）主要研究知觉、意识、思维、情感及其他心理状态和活动的基本组成元素。

1690年
约翰·洛克（John Locke）提出白板说

1905年
玛丽·卡尔金斯（Mary Calkins）开展记忆研究

◀ **公元前5000年** 穿孔术用于驱逐身体中邪恶的灵魂

1879年
威廉·冯特（Wilhelm Wundt）在德国莱比锡建立第一个心理学实验室

◀ **公元前430年**
希波克拉底（Hippocrates）提出四种气质类型学说

1895 年
机能主义者明确提出自己的模型

1915年
智力测试得到重视

心理学的先驱	首批心理学家

1900

1807年
弗朗茨·约瑟夫·高尔提出颅相学

1900年
西格蒙德·弗洛伊德（Sigmund Freud）提出心理动力学观点

1920年
格式塔心理学（Gestalt Psychology）有了一定的影响力

1904年
伊万·巴甫洛夫（Ivan Pavlov）因为消化腺研究获得诺贝尔奖，该研究成为学习理论的基础

1637 年
笛卡尔描述动物精气的传输过程

1890年
威廉·詹姆斯（William James）出版《心理学原理》

心理学历史上的里程碑 >>

冯特和其他构造主义学者采用**内省法**（Introspection）来分析我们理解世界时的基本感觉过程。通常的做法是：给被试（即研究的参与者）一个刺激，如一个明亮的绿色物体或打印在卡片上的一句话，要求被试用自己的语言把当下的心理活动尽可能详细地报告出来。冯特认为：通过分析人们的报告资料，心理学家能够更好地理解他们的心理结构。

构造主义： 冯特提出的理论取向，旨在发掘构成意识、思维及其他心理状态和活动的基本心理成分。

内省法： 研究心理结构的一种方法，要求被试用自己的语言把当下的心理活动尽可能详细地报告出来。

机能主义： 心理学早期的研究取向，主要研究心理的功能以及人们在适应环境的过程中行为所起到的作用。

后来，一些心理学家对冯特的研究方法提出质疑，他们不认为内省法能够揭示人的心理结构，因为几乎没有一个外在观察者能够保证他人内省内容的准确性，所以内省法并不是真正意义上的科学研究方法。此外，人们很难用语言来描述一些微妙的内在体验。构造主义观点的这些不足之处促成了另一种取向的发展，后者很快取代了前者。

I ♥ Structuralism
Wilhelm Wundt

取代构造主义观点的就是机能主义。**机能主义**（Functionalism）主要研究心理的作用及行为的功能，而不是心理的结构。这种观点在20世纪初期占据主导地位，机能主义者最感兴趣的是行为在人们适应环境的过程中扮演着怎样的角色。例如，机能主义者会研究在人们做准备应对危机的时候恐惧情绪起什么作用。

以美国心理学家威廉·詹姆斯为首的机能主义学者关注行为如何满足人们的需求，以及"意识流"如

1924年
约翰·B.华生（John B. Watson）出版《行为主义》

1953年
B.F.斯金纳（B.F. Skinner）出版《科学和人类行为》，宣扬行为主义观点

1980年
著名发展心理学家让内·皮亚杰（Jean Piaget）去世

2010 年
新的分支领域发展，如临床神经心理学、进化心理学

1969 年
关于智商的基因基础的证据再次点燃了事实上一直存在的争议

1990 年
大力强调多文化和多样性

1950　　　　　　　　　　　　　　现代心理学　　　　　　　　　**2000**

1928年
丽塔·斯塔特·霍林沃斯（Leta Stetter Hollingworth）发表关于智力超常青少年的研究

1957年
里昂·费斯廷格（Leon Festinger）出版《认识失调理论》，对社会心理学产生巨大影响

1985 年 对认知观点日益重视

1951年
卡尔·罗杰斯（Carl Rogers）出版《来访者中心疗法》，人本主义观点逐步建立

1981年
大卫·休伯尔（David Hubel）和托斯坦·维厄瑟尔（Torsten Wiesel）因研究大脑视觉细胞的工作而获得诺贝尔奖

2000年
伊丽莎白·洛夫特斯（Elizabeth Loftus）对虚假记忆和目击者证言展开创性研究

1954年
亚伯拉罕·马斯洛（Abraham Maslow）出版《动机与人格》，提出自我实现的概念

何帮助有机体适应环境。后来美国教育学家杜威将机能主义引进学校心理学领域，以此作为理论基础寻找最大化满足学生需求的途径。

在20世纪早期，另一个对构造主义观点提出反对的是格式塔心理学。**格式塔心理学（Gestalt Psychology）**最注重的是知觉的组织方式。与构造主义完全不同，格式塔心理学不研究心理的个别元素，而研究人们将部分组成整体的方式。格式塔心理学家认为"整体不等于部分之和"，也就是说，我们对物

体组织和整体的知觉与理解远比对物体个别元素和部分的知觉更有意义和作用。格式塔心理学将我们对知觉的理解往前推进了一大步。

> **格式塔心理学：** 一种研究取向，关注知觉组织并认为心理是一个"整体"而非部分之和。

心理学的女性先驱

在众多特殊领域，由于社会的偏见阻止了女性对心理学发展的参与。在20世纪初，许多大学甚至对女性所取得的心理学研究生学位都不予承认。

尽管存在重重阻力，女性心理学家仍然对心理学做出了杰出的贡献，但这些工作大多被忽视了。例如，玛格丽特·弗洛伊·渥西本（Margaret Floy Washburn，1871-1939）是世界上第一个获得心理学博士学位的女性，她曾在动物行为研究方面做出过重要贡献。丽塔·霍林沃斯（1886-1939）是第一个研究儿童发展和女性主题的心理学家，她收集了大量资料，反对20世纪早期存在的所谓月经导致女性能力下降的观点。

心理学小贴士

了解心理学历史的基本脉络将会帮助你理解现代心理学的主要观点是怎样演进而来的。

玛丽·卡尔金斯在20世纪早期从事记忆研究，她曾是美国心理学会的首位女性主席。

玛丽·卡尔金斯（Mary Calkins，1863-1930）在20世纪早期从事记忆研究，她曾是美国心理学会（American Psychological Association，APA）的首位女性主席。卡伦·霍尼（Karen Horney，1885-1952）主要研究人格的社会和文化因素，琼·艾特·唐尼（June Etta Downey，1875-1932）领导了人格特质研究，并成为美国大学心理学系的第一位女性系主任。弗洛伊德的女儿安娜·弗洛伊德（Anna Freud，1895-1982）在异常行为的治疗方面做出过杰出的贡献，玛米·菲利普斯·克拉克（Mamie Phipps Clark，1917-1983）在有色人种儿童如何认知种族差异方面做出了开创性的工作。

今天的心理学

心理学前辈们拥有一个共同的目标——运用科学的方法理解和解释行为。为了实现这个目标，成千上万的心理学家追随着前辈的步伐，或继续发展，或创新再造，从不同角度提出了大量的理论观点。

电影中的心理学

《说起来有点可笑》（*It's Kind of a Funny Story*, 2010）
16岁的男孩克莱格（Craig）因为压力太大被送进医院做精神治疗。短短几天的生活，让他明白了如何面对人生、爱情以及成长的压力。他被迫住进成人病房之后的故事尤为有趣。

《第六感》（*The Six Sense*, 1999）
影片中的心理学家理智、高尚而又充满同情心，同时他也拥有自己的需求和人性的弱点。

《远山远处》（*The Horse Boy*, 2009）
这是一部温馨动人的纪录片。一对美国夫妇带着患有自闭症的7岁儿子来到蒙古国寻求治疗，他们向当地僧人求助，也尝试了骑马治疗。

《惊唇劫》（*Kiss the Girl*, 1997）
在本片中可以看到一个警官兼心理学家如何在系列杀人案中抽丝剥茧找到真凶。

《穿条纹睡衣的男孩》（*The Boy in the Striped Pajamas*, 2008）
影片主人公是两个小男孩，他们在命运的驱使下成了好朋友，然而这段友情并不被允许。这部电影充满了宿命论思想，主人公的悲剧是由不受他们控制的外部因素造成的。

：2005年美国毕业的心理学Ph.D和Psy.D中有近72%是女性。

不同的心理学观点聚焦于不同的方面，为人们提供了不同的视角。这就好像我们在寻找方向时需要借助不止一张地图：一张用来标注街道和公路，另一张告诉我们主要的地标在哪里。同样，要理解行为，我们也需要参考多种不同的理论取向。每种观点都有自己魅力无穷的独到之处。

当今的心理学领域主要并存五大理论取向，它们分别强调行为和心理过程的不同方面，每一个都能引领我们从一个独特的视角理解行为。

神经科学取向 究其根本，人类和动物一样，都是皮肤骨骼的塑造体。**神经科学取向（Neuroscience Perspective）**关注的就是我们的生理构造如何对心理和行为发挥功能：单个的神经细胞是怎样联结在一起的，从父母和其他祖先身上继承的特征是怎样影响行为的，身体和大脑是如何影响情绪的，哪些行为是反射性的，等等。这一取向还涉及遗传进化研究及行为神经科学，前者关注遗传如何影响行为，后者主要研究大脑和神经系统如何影响行为。

鉴于任何行为归根到底都是生理活动，神经科学取向的广泛流行也就不足为奇了。不管是对耳聋的治疗，还是对严重精神病患者的药物治疗，神经心理学家们对于理解和改善人类生活做出了杰出的贡献。除此之外，用来研究脑机制的技术方法不断翻新，也促使神经科学取向的影响力扩展到了心理学的各个分支领域。

心理动力学取向 对于很多从没学过心理学的人来说，心理动力学取向就是心理学的全部。**心理动力**

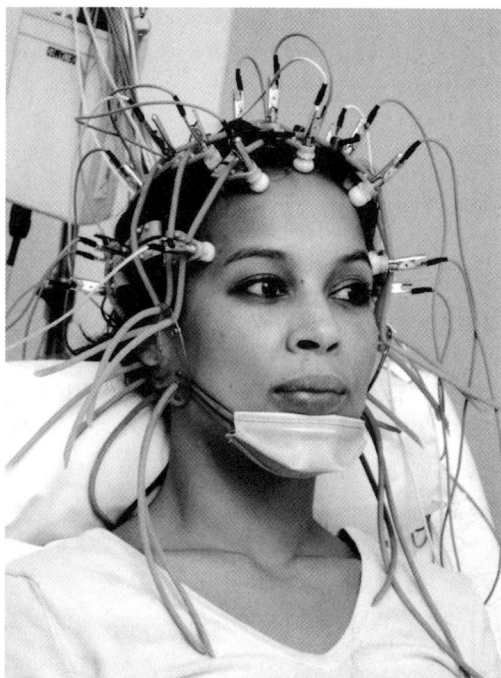

神经科学家用脑电图（Electroencephalography，EEG）技术来研究人类的脑部活动。这一过程是无痛的，电极与头皮相连，人们完成任务时的大脑电活动就被记录下来。

学取向（Psychodynamic Perspective）的支持者们认为行为是由我们无法意识或控制的内在驱动力和冲突所激发的，潜意识的心理活动就好像一大锅沸腾的蒸汽，一个人真实的想法会通过梦和口误表达出来。

心理动力学的起源与弗洛伊德有关。弗洛伊德是20

> **神经科学取向：**该取向从大脑、神经系统及其他生理机能的视角来认识行为。

当今主要的心理学取向

神经科学
从生物功能的视角研究行为。

行为主义
聚焦可观察的行为。

心理动力学
认为行为是由内部潜意识的力量驱使的，个人对此基本上无能为力。

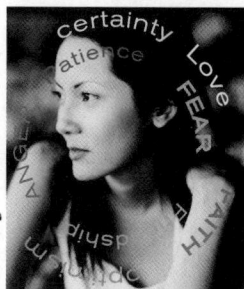

认知心理学
研究人类如何理解和思考世界。

人本主义
主张人们能够控制行为并有与生俱来的自我实现倾向。

世纪初生活在维也纳的一名医生，他提出的潜意识决定论观点，给20世纪的心理学及相关领域带来了革命性的冲击。尽管经典的弗洛伊德式的某些观点备受诟病，但当代的心理动力学还是在一些心理疾病的治疗上贡献良多，对于理解偏见和攻击这样的日常现象也提供了非常重要的视角。

西格蒙德·弗洛伊德

行为主义取向　与神经科学和心理动力学的观点不同，**行为主义取向（Behavioral Perspective）**是在反对早期心理学强调内部心理过程的背景下产生的。因此，行为主义者认为心理学应该研究可以客观测量和观察的行为。

第一个倡导行为主义取向的是美国心理学家华生，时间是20世纪20年代。华生坚定不移地认为，研究和操纵人们生活的环境，就能够全面彻底地理解行为。而要想让人们表现出特定的行为，只要去控制他的环境就可以实现。

另一位行为主义的代表人物是斯金纳，他做了大量研究来揭示人们如何习得新行为。由于行为主义取向对于学习领域的巨大贡献，它的观点渗透到了心理学的各个角落，比如治疗心理疾病、减少攻击行为、解决性问题和控制药物成瘾等。

认知取向　这一取向的心理学家直接深入内心来理解行为。**认知取向（Cognitive Perspective）**关注人类对世界进行思考、理解和推理的方式，重点是人们如何解释外部世界，以及这些方式怎样影响行为。

很多持认知观点的心理学家把人类的思维过程比作电脑的工作过程，即对信息进行接收、转移、储存和检索的过程，换句话说，思维就是信息加工过程。

认知取向的心理学家研究的问题非常广泛，从人们如何作决策到一个人是否能边看电视边学习等。它们之间的共同点在于对人们理解和思考世界方式的强调，以及对心理运作模式的兴趣。

人本主义取向　反对生物决定论、潜意识决定论和环境决定论，**人本主义取向（Humanistic Perspective）**认为每一个人都在努力寻求成长、发展和掌握自己的行为与人生，人本主义的主要目标就是探索人类的潜能。

在代表人物罗杰斯和马斯洛看来，只要有机会，每个人都会努力发挥出自己的最大潜能。人本主义的观点强调**自由意志（Free Will）**，即人有能力自由决定自己的行为和生活。与自由意志相对立的观点是决定论，**决定论（Determinism）**认为行为是被个人控制之外的力量决定的。

如果你是……

—名政治评论员　人们对奥萨马·本·拉登（Osama Bin Laden）有着不同的看法，你能从心理学的各个取向来理解这些观点吗？

人本主义观点认为人们有能力选择自己的行为，而不用依附于社会规则。这比任何其他取向都更能凸显心理学在丰富人类生活、帮助人类自我实现方面所起的作用，也正因为这一点，人本主义取向对心理学的发展举足轻重。

以上这些内容希望不会让你误以为心理学只是纯粹的理论，其实它们都来源于生活实践，我们在后面的论述中将反复看到这一点。

心理学的核心议题

从微观生理活动到宏观社会行为，看起来心理学关心的问题包罗万象，彼此之间又无甚关联。但事实并非如此，看似零碎的心理学研究其实是一个统一的整体。一方面，不管是哪个专门方向的心理学家都在使用科学的方法研究各自的主题；另一方面，不管他们做

心理动力学取向：该取向认为行为是由我们无法控制的内部驱力和冲突所激发的。

行为主义取向：该取向认为心理学应该研究可观察的、可测量的外显行为。

认知取向：该取向关注人类对世界进行思考、理解和推理的方式。

人本主义取向：该取向认为每一个人都在努力寻求成长、发展和掌握自己的行为与人生，人本主义的主要目标就是探索人类的潜能。

自由意志：该观点认为人们有能力自由地决定自己的行为和生活。

决定论：该观点认为行为是被个人控制之外的力量决定的。

天性（遗传）与教养（环境）之争是心理学家讨论的主要议题之一。

心理学的核心议题及各取向的回答

争议主题	神经科学	认知	行为主义	人本主义	心理动力学
天性（遗传）VS. 教养（环境）	遗传	都有	环境	环境	遗传
行为的意识控制VS.潜意识控制	无意识	都有	意识	意识	潜意识
可观察的行为VS. 内部心理过程	强调内部过程	强调内部过程	强调可观察的行为	强调内部过程	强调内部过程
自由意志VS. 决定论	决定论	自由意志	决定论	自由意志	决定论
个体差异VS. 普遍规则	普遍规则	个体差异	都有	个体差异	普遍规则

的是什么研究，在做研究时都会以某一个或某几个心理学取向作为指导，例如，一个发展心理学家可能会从认知视角去研究儿童思维能力的发展。

对于本领域的核心议题，心理学家们是存在共识的。心理学是一门统一的科学，学科要发展就必须明确核心的研究议题有哪些，这是来自各个取向的心理学家都认同的，即便大家在应该如何表述这些议题上仍然存在争议。在你阅读和思考下面内容的时候，请不要抱着"要么是这个，要么是那个"的二选一想法，而应把两个相对立的观点看作一个连续体的两端，每个心理学家其实都站在两个端点之间的某个位置上。

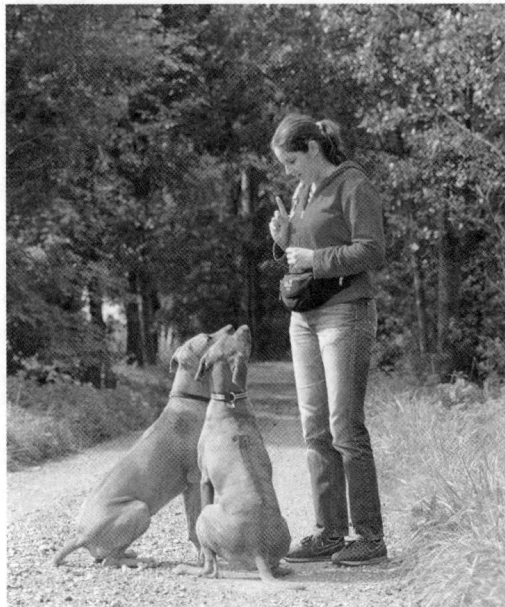

：你能说出这些小狗在想什么吗？

- 比尔·盖茨（Bill Gates）聪明的大脑是遗传自他父母吗？还是因为他上了个好学校？抑或两者都有？

天性（遗传）和教养（环境）之争是心理学家讨论的核心议题之一。行为在多大程度上来自于天性（遗传决定的基因），又在多大程度上来自于教养？生理环境和社会环境在孩子成长过程中各自发挥多大作用？遗传和环境如何相互作用？这些问题具有很深的历史和哲学渊源，它们渗透于心理学的诸多研究主题之中。

- 雅明（Jazmine）试穿了一件小了两个号的礼服，然后问莉拉（Lila）好不好看。出于礼貌，莉拉说："漂亮极了！"但很不幸的是，真话还是很快脱口而出："你看上去胖死了！"

心理学家关注的第二个核心议题是行为的意识控制和潜意识控制之争。我们的行为有多少是由我们能完全意识到的力量激发的？又有多少是由进入不了意识层面的潜意识活动驱动的？不同取向的心理学家可能看法不同。例如，持心理动力学观点的临床心理学家认为心理障碍是由潜意识因素引起的，但认知心理学家则认为心理障碍主要是错误的思维过程的结果。

- 莎拉（Sarah）发誓她的小狗会思考，会权衡是否执行主人的命令。在听到主人召唤时，它有时候会立刻跑过来，有时候则会先想一想。

第三个核心议题是可观察的行为和内部心理过程之争。心理学家是应该仅研究可以被观察到的外显行为，还是也应关注那些看不到的内在心理过程？一些心理学家，尤其是行为主义取向的心理学家认为只有可直接观察的行为才是研究的可靠数据来源，而另一些心理学家（如认知取向者）则认为人们大脑内发生的一切才是理解行为的关键。

- 史蒂夫（Steve）和汉娜（Hana）出生在一个有抑郁病史的家庭。在史蒂夫感觉到抑郁的时候，他对自己说我一定可以战胜它，但他的妹妹汉娜则觉得自己对此无能为力。

自由意志和决定论之争是第四个议题。我们的行为有多少发自于自由意志（个体自由的选择）？又有多少被个人意志之外的力量所控制？一些研究心理障碍的心理学家认为人是可以自主选择的，因此人们应该对自己的异常行为负责。而另一些心理学家则不同意这种观点，他们认为心理障碍患者本身也是受害者，决定异常行为的是人们无法控制的力量。

- 不管来自哪个国家哪种文化的人都能很容易地识别出人脸上愤怒的表情。但人们在被激怒后的反应却大不相同。有人抡起拳头战斗，有人把愤怒压在心里，还有人对着家里养的狗大声咆哮。

第五个核心议题是关于个体差异和普遍规则之争。行为有多少是我们独一无二的特质的表现，又在多大程度上反映了我们所处文化和社会的共性？我们的行为是全人类普遍存在的吗？持神经科学视角的心理学家倾向于认可行为的普遍规律性，比如，虽然每个人的成长经历不同，但神经系统的运作模式都是相似的，于是表现出来的行为模式也应该是类似的。但人本主义心理学家不这么认为，他们认为每个人都是与众不同的，独特的心理品质决定了差异性的行为。

心理学的未来会是什么样的

未来的心理学会是什么样子？尽管我们无法预计科学发展的过程，但却可以预测一些趋势。

- 随着知识的不断累积，未来的心理学将更加专门化，新的取向还将不断涌现。例如，随着我们对大脑和神经系统理解的增多，以及基因和基因治疗技术的发展，未来或许可以实现心理障碍的成功预防，而不像现在只能在事后进行治疗。
- 不断成熟的神经科学取向对心理学其他分支的影响日益增大。例如，社会心理学家已经开始使用

脑扫描技术来研究像"说服"这样的社会行为，社会神经科学这一分支领域正在蓬勃发展。

- 心理学对公共利益的影响力将不断扩大。当今社会的主要问题，如暴力、恐怖主义、种族和民族歧视、贫穷、环境问题和科技灾难等，都与心理学息息相关。
- 最后，随着我们的社会越来越多元化，心理学家在提供服务和做研究时也将更多考虑到种族、民族、语言及文化等因素的差异。心理学将发挥其广博的视角更为深刻地理解人类行为。

>> 心理学的研究过程

- 物以类聚，人以群分。
- 异性相吸。

以上两种说法哪一个更准确？这很难说，因为我们很容易在身边找出彼此相似的朋友或情侣，但同时也很容易看到性格迥异、好像来自不同星球的朋友和情侣，所以分开来想两个都有道理。

科学方法

如果我们依靠常识去理解行为就会遇到这样的困惑——很多常识是自相矛盾的。这就对心理学家提出了挑战，即怎样提出适当的问题并用科学方法适当地回答问题。所谓科学方法（Scientific Method）是心理学家用来系统收集信息和理解行为及其他现象的方法。科学方法一般包含四个步骤：（1）发现问题；（2）形成假设；（3）实施研究；（4）发表结果。

> 科学方法是心理学家用来系统收集信息和理解行为及其他现象的方法。

理论：广泛的解释

心理学家志在揭示行为的本质和原因。他们研究的问题有些来自于日常生活，如为什么我们有时候睡得很晚却起个大早？另一些则可能是在前人研究发现的基础上提出的新问题，还有可能是基于个人好奇心和创造力发现的研究问题。

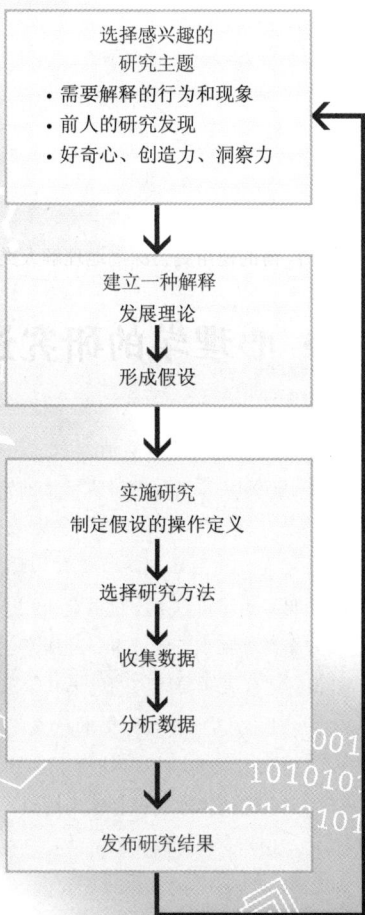

立假设。**假设（Hypothesis）**就是一个可以被检验的预测。假设源于理论，并有助于进一步完善理论。

一个假设必须可以经由某种方式得到检验，为此，我们必须先对所研究的概念、事件和现象制定操作定义。所谓**操作定义（Operational Definition）**是指把假设转换成可观察和测量的行为式定义。

设置操作定义的方式不一而足，可以基于逻辑，可以依据仪器设备，也可以源于研究者秉持的心理学观点，而归根结底还是得有赖于研究者的创造力。例如，一个研究者将"害怕"操作定义成心跳加速的程度，而另一个研究者则将其操作定义成被试对于"现在你觉得自己有多害怕"这一问题的回答。

借助理论和假设，心理学家得以建构出适当的研究问题，接下来就进入第三个阶段：实施研究。

> **科学方法**：心理学家用来系统收集信息和理解行为及其他现象的方法。
>
> **理论**：对感兴趣现象的广泛解释和预测。
>
> **假设**：源自理论，可以被检验的预测。
>
> **操作定义**：把假设转换成可观察和测量的行为式定义。

心理学的研究方法

科学方法中最核心的部分是研究，即用以发现新知识的系统调查。可供心理学家选用的研究方法有很多种，它们大致可以分为两大类：描述性研究和实验性研究。

描述性研究

从广义上讲，描述性研究就是系统收集关于个体、群体及行为模式的各种信息。描述性研究方法包括档案研究、自然观察、调查研究和个案研究。

档案研究　过去10年中离婚率是否有所下降？高校招生是否存在性别差异？**档案研究（Archival Research）**使用如人口普查文件、政府报告和新闻报道这些已存档的数据来检验假设。例如，大学的招生记录可以分析出是否存在性别差异，而离婚率则

选择感兴趣的
研究主题
- 需要解释的行为和现象
- 前人的研究发现
- 好奇心、创造力、洞察力

建立一种解释
发展理论

形成假设

实施研究
制定假设的操作定义

选择研究方法

收集数据

分析数据

发布研究结果

科学方法

确定了感兴趣的问题之后，下一步是用科学方法发展理论来解释这些观察到的现象。**理论（Theories）**是对感兴趣现象的广泛解释和预测。理论可以为我们理解一系列无规则的现象提供框架。

其实我们每个人都有自己朴素的心理学理论，比如"人性本善""人们行为的动机通常是自我兴趣"等。与这些生活经验的总结比起来，心理学家提出的理论更为规范和聚焦，因为它们是建立在相关研究和已有理论基础上的。

假设：可以检验的预测

形成理论之后，下一步就要设计可以检验理论的研究并加以实施。在这一阶段里，心理学家需要建

科学方法

>>> "天下没有免费的午餐" "生活中最好的东西往往都是免费的",到处都存在这样自相矛盾的俗语。你会如何使用科学方法来检验哪一句话比较正确？你会提出怎样的研究问题？

可以从政府相关部门的报告中获得。

在检验假设时，档案研究是一种相对廉价的方式，因为数据资料都是现成的。但不幸的是，研究者感兴趣的数据资料通常并不存在，这时候研究者就需要转而使用别的描述性研究方法，比如自然观察法。

档案研究： 用如人口普查文件、政府报告和新闻报道这些已存档的数据来检验假设。

自然观察： 观察者观察自然发生的行为而不对情境做任何改变。

调查研究： 一个能够代表整体人群的样本被抽取出来回答一系列关于他们思想、行为和态度的问题。

自然观察 男孩比女孩更具攻击性吗？要研究这个问题可以使用自然观察法。在**自然观察**（Naturalistic Observation）中，观察者观察自然发生的行为但不对情境做任何改变。例如，一个观察者在小学的操场边观察男孩和女孩们攻击性行为的差别。自然观察法最为重要的一点是研究者只是忠实地记录下发生了什么，而不对此进行任何篡改。

尽管自然观察有显著的优点（我们能够收集到被试在自然情况下的真实行为资料），但它也存在显著的缺陷：由于自然观察法不能对情境做任何改变和控制，观察者只能被动等待所关心的行为自然出现，而如果研究对象意识到他们正在被观察，就很可能表现得不自然。

调查研究 一周以来大一学生的饮酒量是否高于其他年级的学生？要想知道人们的所思所想、所作所为，最直接的办法就是问他们自己。鉴于此，调查研究成为一种重要的研究方法。在**调查研究**（Survey Research）的过程中，一个能够代表整体人群的样本被抽取出来回答一系列关于他们思想、行为和态度的问题。现在的调查研究设计得越来越精细，即使是小样本也可能反映出大群体的情况。

让大一学生和高年级学生完成关于饮酒行为的调查问卷，然后研究者就能知道哪个群体喝了更多的酒吗？也许可以。不过调查研究还存在诸多缺陷。一方面，如果调查的样本（某所高校的大学生）并不能很好地代表所要研究的整体（全国所有高校的大学生），那么这个调查结果的意义就不大了。另一方面，调查对象的回答可能会受到社会赞许性的影响（如大多数的种族歧视者都不愿承认他们持有种族偏见）。此外，有时候人们可能自己都意识不到他们的真实想法。

心理学不是只会用自然观察做研究的科学。

个案研究　大屠杀的幸存者能够告诉我们重大创伤事件会对情感造成何种影响吗？与调查研究针对很多人不同，**个案研究**（Case　Research）是对于个人或小群体非常深入透彻的考察。但个案研究作为一种研究技术使用的时候，其目的并不只是了解少数几个人的想法，而是试图通过对少数人的深度探索来揭示适用于多数人的普遍规律。例如，通过访问大屠杀的幸存者，心理学家可以获得对内部机制的理解，以此来帮助人们应对类似的创伤。

个案研究自然也存在缺陷。如果研究对象在某些方面是非常独特的，那么结果的可推广性就会受到限制。但尽管如此，通过个案研究方法还是发展出了诸多新理论，甚至是心理障碍的新疗法。

相关研究　在使用以上描述性方法进行研究的过程中，研究者经常需要确认两个变量之间是何关系。所谓**变量**（Variables）是指在某种程度上可以改变或存在变异的行为、事件或其他特性。例如，要研究学习时间的长短会不会和考试的得分有关系，变量就是学习时长和考试分数。**相关研究**（Correlational　Research）可以考察两列变量之间是否存在关联。关联程度及方向由数学统计量的相关系数来表示，数值范围从+1.0到-1.0。

正相关是指当一个变量的值增加时，另一个变量的值也随之增加。例如，如果我们预测学生花在准备考试上的时间越长，他们考试的分数就越高；反之花的时间越短，分数就越低，那么我们就是在期待发现一个正相关（"学习时长"这个变量数值越大，"考试分数"这个变量的数值也越大；"学习

时长"这个变量数值越小，"考试分数"这个变量的数值也越小）。于是，这里的相关系数应该是正数，并且学习时长和考试分数之间的关联越强，相关系数就越接近+1.0。例如，若学习时长和考试分数之间的相关性高达0.85，则说明二者具有很强的正相关。

与之相反，负相关说明当一个变量的值增加时，另一个变量的值会减少。例如，我们预计当学习时间增加时，参加聚会的时间就会减少。这里学习时间和聚会时间就呈负相关关系，范围从-1到0。负相关越强，系数就越接近-1。例如，相关系数-0.85说明聚会时间和学习时间具有很强的负相关。

当然，还有一种可能是两列变量不相关或相关性很小。比如我们很难找到学习时间和身高之间有什么关联，于是它们的相关系数将接近于0。如果发现两列变量的相关系数是-0.02或+0.03，则说明它们之间几乎没有关系。知道一个人的学习时长并不能告诉我们关于他身高方面的任何信息。

当两个变量存在高度相关性时，我们期待推论出是其中一个导致了另一个的发生。例如，如果我们发现学习时间和考试分数之间是正相关的，就可能认为是长时间的学习带来了考试的高分。尽管听上去挺有道理，但注意这仅仅是一个猜测——两个变量相关并不意味着它们之间存在因果关系。也就是说，高相关仅能说明知道了一个人学习了多久可以

> **个案研究：**对于个人或小群体非常深入透彻的考察。
>
> **变量：**在某种程度上可以改变或存在变异的行为、事件或其他特性。
>
> **相关研究：**考察两列变量之间是否存在关联的研究。

心理学思考

预测他考试时的表现，但这并不是说学习时间长短是考试成绩好坏的原因。比如，很可能那些对此课程感兴趣的学生比不感兴趣的学生花更长时间来学习，那么这时真正预测考试成绩的就是兴趣而不是学习时间了。总之，两个变量伴随出现并不意味着一个是另一个的原因。

> **想要得到因果关系，
> 心理学家唯一的办法是
> 做实验。**

无法确证因果关系是相关研究最大的缺陷。想要检验因果关系，研究者必须依赖另一种方法：实验。

实验： 在可控的情境下精心操纵和改变其中一个变量，观察这种改变对其他变量的影响，以此来考察两个或多个变量之间的关系。

实验操纵： 研究者在实验情境中有意施加的改变。

处理： 研究者实施的实验操纵。

实验组： 在实验中接受实验处理的组。

控制组： 在实验中不接受任何处理的组。

实验性研究

得到因果关系的唯一途径是做实验。在一个正规的**实验**（Experiment）中，研究者会在可控的情境下精心操纵和改变其中一个变量，观察这种改变对其他变量的影响，以此来考察两个或多个变量之间的关系。也就是说，在实验研究中，实验条件是由研究者创造和控制的，这样就可以看到某些条件被改变之后会有什么结果。

在实验中研究者有意为之的改变叫作**实验操纵**（Experimental Manipulation）。通过实验操纵可以探究不同变量间的关系。

实验过程分几个阶段进行。首先要建立一个假设，如"参加过模拟考试的学生在正式考试中的得分会比没有参加模拟考试的学生得分高"。接下来要检验这个假设，研究者就需进行操纵，使一部分人参加模拟考试而另一部分人不参加。这还不够，要确保结果有意义还必须让两部分人在其他方面都保持一致。比如，如果参加模拟考试的学生同时也从老师那里得到了更多的关注，而未参加模拟考试的学生却没有，那么我们就无法得知考试成绩的提高到底是由于参加模拟考试还是老师关注所引起的了。

实验组和控制组 实验研究要求至少有两组可以进行比较的被试参加实验。一组接受某种特殊的**处理**（Treatment），即研究者实施的操纵，而另一组不接受处理或接受另一种处理。接受实验处理的组叫作**实验组**（Experimental Group），不接受任何处理的组叫作**控制组**（Control Group）（在有些实验里同时存在多个实验组和控制组，它们是两两匹配可以进行比较的）。

通过设置实验组和控制组，研究者可以排除实验操纵以外的因素对于实验结果的影响。如果没有控制组，我们就无法确定是否混入了同样可能引发实验结果的其他变量，如实验时的温度、实验者头发的颜色、甚至仅仅是时间的流逝等。

举个例子来说，一名医学家发明了一种治疗感冒的新药。为了检验药效，她找来20个感冒患者，让他们每天吃一次这种药，10天之后，他们都痊愈了。

这个研究成功了吗？还没有。你完全可以质疑说这20个人不吃药也可能会在10天之后自行好转。于是，研究者还需要一个控制组，他们也感冒了，但他们不服药。十天之后，对两组的健康状况进行比较，如果此时实验组明显好于控制组，才能说明新药确实有效。因此，通过设置控制组，研究者才能排除其他可能因素的干扰，确证变量间的因果关系。

自变量和因变量 自变量（Independent Variable）是研究者操纵的条件（你可以把自变量想成是独立于被试的行为而完全由研究者操纵的变量）。**因变量**（Dependent Variable）是研究者通过操纵自变量期待引发某种变化的可测量的变量。与自变量不同，因变量完全依赖于被试的行为。心理学领域所有真正意义上的实验都同时包含自变量和因变量。

> > > 若要研究职场中的攻击行为是否存在性别差异，并且分别使用自然观察、个案研究和调查研究，那么该如何完成？首先建立一个假设，然后描述你的研究方法，试想一下每种方法在运用时都有哪些优点和缺点？

随机分配被试 为了确保实验有效，设计实验时还要考虑一个步骤，那就是将被试适当地分配到实验组和控制组中。

这一步骤的重要性显而易见。比如，研究者可以只把男性分到实验组，把女性分到控制组，但这样显然无法将实验结果发现的差异归结于自变量，因为还有性别在起作用。正确的做法应该是让两组的性别比例相同，然后研究者就可以进行准确的组间比较了。

让各组被试在性别上合理匹配是很容易做到的，但其他特性怎么办呢？我们如何保证各组被试在智力、外向性、合作性等一大堆重要的特性上都是相同的呢？这样下去岂不是没完没了？

解决这个难题有一个简单但近乎完美的方法，那就是**实验条件的随机分配**（**Random Assignment to Condition**），即完全随机地把被试分到不同的组或条件当中。例如，研究者可以扔硬币来决定，正面朝上就去这一组，反面朝上就去那一组，而在实际操作中通常用计算机生成随机数来实现这一过程。这种方法的好处是被试的各种属性在每组中的分布情况是差不多的，也就是说，每组都有差不多比例的男性或女性、高智力者、高外向者、高合作者等。

以下列出了所有实验都应包含的关键要素。牢记它们可以助你判断出某个研究是否是一个真正的实验研究。

- 一个自变量，即研究者操纵的变量。
- 一个因变量，即研究者通过操纵自变量期待引发某种变化的可测量的变量。
- 一个实验分配的程序，即完全随机地把被试分到不同的实验组或条件当中去。
- 一个假设，即预期自变量的变化将如何影响因变量。

一个研究只有包含了以上全部要素时才可以被认为是一个真正的实验，才能推论因果关系。

有时候，即便实验结果看上去显而易见，研究者也不能轻易下结论。只有当**结果显著**（**Significant Outcome**）时，才能判定其真正有意义。也就是说，不能简单比较研究结果的数值大小，而要通过统计分析来判断数值差异是否是真实存在的真正差异。只有当组间差异大到统计显著的程度时，才能说结果是支持假设的。

超越研究 当然，仅仅做一个实验并不能一劳永逸。心理学家和其他科学家一样，要求研究发现是可**重复**（**Replicated**）的。如果使用不同的程序、设置以及被试群体还能得到一致的结果，那么就可以确认研究发现的科学性了。有一种叫作元分析的统计方法可以同时考察很多单一研究的结果，继而得出一个总体的结论。

除了重复检验实验结果，心理学家还需要找出理论和假设的不足之处，阐明它们什么情况下适用、什么情况下不适用。所以，继续设计和实施实验来检验理论和假设的适用条件非常重要。

>> 研究的挑战

看到这里你可能已经发现了，做心理学研究并没有固定的公式可循。心理学家必须在各种研究设计、测量技术和统计方法中进行选择。即便这一

自变量： 研究者操纵的变量。

因变量： 研究者通过操纵自变量期待引发某种变化的可测量的变量。

实验条件的随机分配： 完全随机地把被试分到不同的组或条件当中。

结果显著： 结果有意义，可以让研究者相信假设被证实了。

可重复： 使用不同的程序、设置及被试群体进行重复研究，从而提高研究结果的可信度。

如果你是……

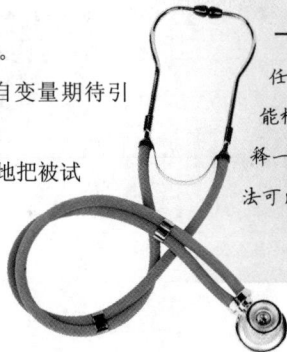

一名医生 烟草公司声称到目前为止没有任何一个实验可以证明吸烟会导致癌症。你能根据本章讲的关于研究程序和设计的内容解释一下为什么烟草公司这么说吗？哪种研究方法可以证明吸烟引发癌症的因果关系？

切都顺利解决了，他们仍需要考虑其他一些重要问题，我们首先讨论其中最基本的问题：伦理。

研究的伦理

鉴于研究有可能侵犯被试的权益，为了保护被试，心理学家必须遵守严格的伦理准则。这些准则包含以下主要内容：

- 保护被试免遭生理和心理的伤害；
- 保护被试的隐私；
- 确保被试在实验过程中完全自愿；
- 在实验开始前必须告知被试实验过程。

所有实验，包括少数不得不带有欺瞒性质的研究，在实施之前都必须经过一个独立的伦理审查小组的审核，通过之后方能进行。

知情同意（**Informed Consent**）是一个最基本的伦理准则。在实验开始之前，被试要签署一份知情同意书，声明自己已被告知实验的概况，知道自己需要做什么，了解实验过程中可能存在的危险，表示自己是完全自愿的并有权随时退出实验。此外，在实验结束后，研究者需要向被试说明实验目的并解释实验设计。这些过程只有在确定研究风险

知情同意：被试签署一份文件，声明已知研究概况及自己的权利和义务。

你想参加心理学研究吗？不妨试试在网络上当被试。网络上有上百个各式各样的在线研究，从"关系中的幽默"到"职场欺负"再到"食物影响心情"等，应有尽有。如果你觉得还不过瘾，那么你可以多做几次，因为很多网站的测试每周都更新哟！

加入我们！

极小（如在公共场合实施的观察研究）的情况下才可以省略。

可以用动物来做研究吗

以动物作为研究对象的研究者同样制定了一套精细的规则来保护动物的权益。具体来说，研究者会

检验药物对缓解压力效用的实验设计

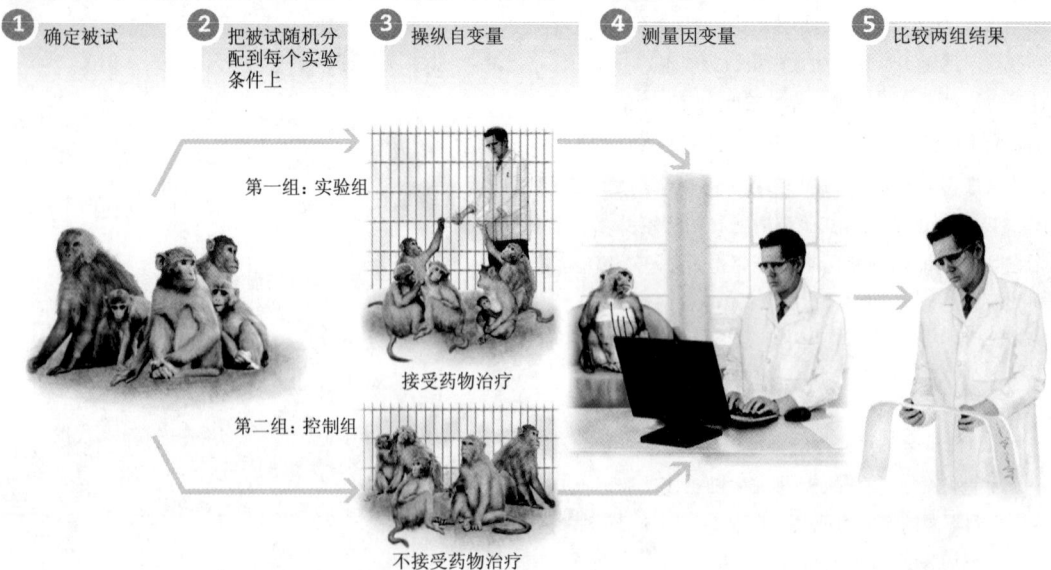

1 确定被试　　2 把被试随机分配到每个实验条件上　　3 操纵自变量　　4 测量因变量　　5 比较两组结果

第一组：实验组
接受药物治疗

第二组：控制组
不接受药物治疗

尽最大努力减轻实验可能带来的不适和疼痛。除非别无他法，否则不能对动物施加伤害。在以灵长类动物为对象的研究中，除了保护身体安全，研究者还需要维护动物的心理健康。

为什么非要以动物作为研究对象不可呢？真的能够从老鼠、鸽子、猴子身上了解人类行为吗？答案是肯定的。一方面，心理学家用动物作为研究对象可以回答一些难以用人类研究解决的问题。例如，动物较短的生命周期（老鼠的平均寿命为2年）可以让研究者在短时间内搞清楚老化的效应。另一方面，在实验过程中，动物被试便于控制，一些无法在人类被试身上实施的实验处理也可以完成。例如，有些研究需要大量具有相似背景或曾生活在特定环境中的被试，选用人类很显然难以满足，而动物则容易多了。

很多有益于人类的研究发现都来自于动物研究，例如，儿童眼疾的早期探测、与严重智障儿的有效沟通、慢性疼痛的缓解等，都受益于动物研究的发现。不过，由于涉及复杂的道德和哲学问题，以动物为实验对象还是存在不少争议的。因此，这类实验都应该谨慎为之，确保符合伦理标准。

实验偏差

即使是最周密的实验计划也可能存在**实验偏差**（**Experimental Bias**），即实验中那些可能干扰或歪曲自变量对因变量发挥作用的因素。其中最常见的是实验者的期望：实验者在实验过程中可能以某种方式无意识地影响被试，使他们的反应符合实验者的期望。也就是说，研究者期望的行为真的出现了，然而它并不是由自变量引起的。

另一个与之相关的偏差是被试的期望。参加实验的人也可能对实验形成自己的假设，对什么是"适当"的行为做出自己的预期并依其而为。如果

研究方法	描述	优点	缺点
描述性和相关研究	研究者对现存的现象或数据进行考察而不对情境做任何改变	可以洞悉变量间的关系	无法推断因果关系
档案研究	分析现存的数据以证明假设	由于资料已存在，收集数据较容易	过于依赖数据的可用性
自然观察	观察自然发生的行为，不对情境做任何改变	提供人们在自然环境中的行为样本	无法对自然环境加以控制
调查研究	选择一个能够代表总体的样本，请他们回答一系列的问题	可以通过一个小样本来推论大群体的态度和行为	样本可能不代表总体；被试可能不真实作答
个案研究	对某个体或小团体进行深入考察	能够全面而深刻地理解被试	结果可能难以推广到研究样本以外的群体
实验研究	改变一个变量，考察此变化对于另一变量的影响	是确证因果关系的唯一方法	为确保实验有效，需要随机分配被试，需要良好界定自变量和因变量，还需要其他很多精细的控制

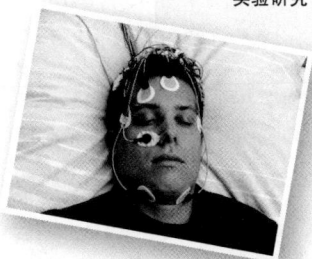

研究策略

资料来源：Kaplan & Manuck的研究。

是这样，那么引发实验结果的就不再是实验操纵，而是被试的假设。

为了防止被试期望对实验结果造成偏差，实验者可以隐藏实验的真正目的。比如，若想研究被试是否会帮助一个陌生人，实验者最好能观察到被试在自然状态下的真实反应。如果告诉了被试实验目的，他们就极有可能按照期望做出助人行为，所以，最好是在实验结束后再告诉他们实验的真实意图。

实验偏差： 实验中可能干扰或歪曲自变量对因变量发挥作用的因素。

安慰剂： 给予被试一个虚假的治疗，如不具有任何化学成分或活性物质的药丸。

但有些时候根本不可能隐瞒实验目的，这时可以用其他一些办法来防止偏差。比如，你想研究一种新药对缓解严重抑郁是否有效，如果你只让一半的被试服用这种新药，而另一半被试不服用任何药物，那么服用药物的被试可能会报告抑郁减轻了，但仅仅是因为他们知道自己吃了药，而没有服药的另一半被试则可能报告没有任何好转，因为他们知道自己没有接受任何治疗。

为了解决这个问题，心理学家的常用办法是让所有被试都接受治疗，但控制组的被试获得的仅仅是一个**安慰剂（Placebo）**，即一个虚假的治疗，比如不具有任何化学成分或活性物质的药丸。由于两组被试都不知道他们接受的治疗是真是假，所以研究结果发现的任何差异都可以归因于药物而不是其他心理作用。

动物研究争议尚存，但只要严格遵守伦理准则，动物研究可以得到很多有益于人类的重要发现。

你知道吗？

塔斯基吉梅毒实验（Tuskegee Syphilis Study）是历史上对人类被试伤害最大的研究之一。研究参与者对实验过程毫不知情也没有签署同意书，在实验过程中部分被试被拒绝施以治疗，导致死亡。这个极其有违伦理的"研究"被曝光后，实验伦理的问题引发了大众的关注，也直接促成了诸多伦理规则的出台，我们今天才得以更好地保护被试。

心理学思考

> > > 某位研究者相信，大学教授在课堂上会倾向于给予女性学生更少的关注和尊重。为了证明这一假设，他设计了一个实验研究，在不同的条件下观察大学课堂。当要向教师和学生解释实验目的和过程时，他应该怎么做才能避免实验者和被试期望带来的实验偏差？

除此之外，还可以采取一种更加保险的方法，其不但能减小被试期望，还能避免实验者期望。具体做法是，不让分发药物或安慰剂的人员知道药物的真实属性，也就是说，被试以及会跟被试发生互动的研究人员均不知晓药物的真假，这样研究者就能够更加精确地观察出药物的效果，这种方法叫作双盲实验程序。

心理学是以不断累积的研究作为基础的，心理学家必须严格审查研究的方法、结果及研究者的观点。以下这些基本且重要的问题可以帮助我们辨别出哪些研究是有价值的而哪些可以被忽略。

1. 研究的目的是什么？研究必须从一个清晰具体的理论发展而来。进一步而言，我们必须非常清楚被检验的假设具体是什么，否则就无法判断研究是否成功。

2. 研究是如何实施的？想想被试都是谁、有多少人、研究方法是什么、研究者收集数据的过程有没有问题。在不同的研究中这些可能千差万别，个案研究的被试一只手就能数过来，而调查研究的样本则可能成千上万。

3. 对研究结果的表述恰当吗？对研究结果的表述必须基于客观数据并符合逻辑。例如，一个X汽车的制造商吹嘘说："没有任何一种汽车的安全纪录好于×汽车。"这并不意味着×汽车真的比别的汽车更安全，而仅仅说明别的汽车没法证明自己是更安全的，事实上，大多数汽车的安全性都差不多。所以，制造商的这种表达方式显然是不够科学和诚实的。

以上这三个问题可以帮助你评估研究结果的效度。把这些掌握了，你就可以对心理学领域的现有成果品头论足一番了。

如果你是……

一名研究分析师 你的任务是设计调查问卷，并在网上发布，以考察老百姓对医疗改革的态度。这个研究能够准确反映出普通大众的观点吗？如果能，是为什么？如果不能，又是为什么？

你相信吗？>>>

对于研究的批判性思维

如果你要买一辆汽车，你不可能直接冲进离家最近的一家店，然后立马拍板买下销售员对你推荐的第一辆车。相反，你会仔细琢磨自己想要什么样的车，去广泛了解不同的车型，反复比较它们的优缺点，还会向别人咨询他们的买车经验，最后才下定决心。

但对于科学研究，人们就不会这样深思熟虑了。我们常常基于不完整或不精确的信息就得出结论，而很少花时间批判性地评估研究及其数据。

我的心理学笔记 >>

- 什么是心理学

  心理学是研究行为和心理过程的科学。心理学不仅关注人们的行为，还感兴趣于人们的思维、情感、记忆、推理及生理活动。

- 心理学领域的主要分支有哪些

  行为神经科学、认知心理学、发展心理学、人格心理学、健康心理学、社会心理学和跨文化心理学等。

- 心理学家主要有哪些观点

  神经科学取向、心理动力学取向、行为主义取向、认知取向、人本主义取向等。

- 什么是科学的方法？心理学家如何用理论和研究来回答他们感兴趣的问题

  科学方法是心理学家用来理解行为的途径，它包含四个阶段：确定问题、形成假设、实施研究和报告结果。心理学的研究都是由理论（对于感兴趣现象的泛性解释和预测）和假设（基于理论提出的、可以检验的预测）驱动的。

- 心理学家使用的研究方法有哪些

  档案研究利用现成资料（如旧报纸、旧档案）来检验假设。自然观察法中的观察者在不做任何改变的情况下观察自然发生的行为。在调查研究中，人们要回答一系列关于自身行为的问题。个案研究是对一个人或小群体的深入访谈和考察。

测试一下

I. 将左边的心理学分支与右边对应的研究主题或问题匹配起来：

a. 行为神经科学

b. 实验心理学

c. 认知心理学

d. 发展心理学

e. 人格心理学

f. 健康心理学

g. 临床心理学

h. 咨询心理学

i. 教育心理学

j. 学校心理学

k. 社会心理学

l. 工业心理学

_____（1）大一新生琼（Joan）很担心自己的学习。她急需提高学习组织技能并培养良好的学习习惯来适应大学的学习要求。

_____（2）孩子通常在什么年龄阶段开始需要与父亲建立情感依恋？

_____（3）描写暴力对待女性的色情电影可能引发某些男性的攻击行为。

_____（4）面对压力事件时人体会发生何种化学变化？它们对人们的行为有何影响？

_____（5）路易斯（Luis）面对危机时表现得很特别，她反应平静、看法乐观。

_____（6）老师注意到8岁男孩杰克（Jack）最近有些回避社会接触，也不爱做作业。

_____（7）珍妮特（Janetta）的工作压力很大，

她怀疑她的生活方式迟早会让她生病，如癌症和心脏病。

_____（8）一些人会比其他人对疼痛刺激更为敏感。

_____（9）一个年轻女孩因为强烈的社交恐惧寻求治疗。

_____（10）在解决复杂字谜的过程中人们会使用哪些心理策略？

_____（11）该怎么教学才能更有效地激发小学生的学习热情？

_____（12）杰西卡（Jessica）奉命制定促进组装厂安全生产的管理策略。

2. "研究人类行为，我们必须考察总体而不是部分。"这句话最有可能是哪个取向心理学家的观点？_____

3. 珍妮（Jeanne）的治疗师要求她再次回忆可怕的梦境，以探究影响她行为的潜意识驱动力。珍妮的治疗师从事_____视角的治疗。

4. "可以被观察的行为才可以被研究，内部心理过程之类的全部值得怀疑。"这句话最有可能出自哪个取向的观点？_____

a. 认知取向

b. 神经科学取向

c. 人本主义取向

d. 行为主义取向

5. 把下面这些研究方法与它们的定义相匹配：

a. 档案研究

b. 自然观察

c. 调查研究

d. 个案研究

_____（1）直接询问一组人关于他们行为的一些问题

_____（2）考察现存资料来检验假设

_____（3）在真实情境中观察行为，不做干预

_____（4）对个体或小群体进行深入调查

6. 把下面这些研究方法与它们的最大不足相匹配：

a. 档案研究

b. 自然观察

c. 调查研究

d. 个案研究

_____（1）研究结果难以推广

_____（2）如果知道自己正在被观察，人们的行为就会发生变化

_____（3）想用的资料可能不存在或拿不到

_____（4）人们可能会为了展示良好社会形象而撒谎

7. 心理学家想要研究外貌对助人行为的影响，此时外表吸引力是_____变量，助人行为是_____变量。

8. 一个符合伦理的研究始于知情同意。在被试签名之前，他应该被告知：

a. 研究的大概流程

b. 可能的风险

c. 他们有权随时退出实验

d. 以上都是

9. 列举出在心理学研究中用动物作被试的三个优点。

10. 某份研究报告表明在对冰淇淋的喜爱程度上存在性别差异。这个研究的被试是两男三女。它可能存在什么问题？

2

神经科学与

你将读到

大脑减肥法

卡罗尔·坡（Carol Poe）是一位来自美国西弗吉尼亚州60岁的奶奶，她是第二个接受深部脑刺激疗法来治疗肥胖的患者。该疗法通过在脑部插入电极来传递微电流，从而改变患者的行为。

治疗的原理也不复杂，受到刺激的大脑部位是下丘脑，这个脑区可以控制食欲，让患者产生饱腹感。

手术期间，卡罗尔常被问及是否感觉饥饿，医生以此来定位电极的准确位置。"在手术中，神经科医生锚定放置电极的最佳位置时，我能真实体验到饱腹感和饥饿感，"卡罗尔说，"一旦电极位置放置准确，我的食欲就立刻消失了。从饥饿到饱胀的变化真是太神奇了。到目前为止我对所发生的一切都感到高兴，我期待着能够真正减掉多余的体重。"

卡罗尔所体验到的像饥饿感和饱腹感这样的生理感受是通过直接刺激大脑而不是消化系统而产生的，她对此感到非常不可思议。

医生定位脑区并给予刺激的本领简直太神奇了。然而更神奇的是我们的大脑本身。这个体积只有长面包一半大的器官，控制着我们清醒和睡眠状态下的所有行为。我们的动作、思想、意愿、欲望和梦想——所有我们作为人类的存在——全都依仗我们的大脑以及贯穿全身的神经系统的神经才得以发生。

行为

- 为什么心理学家要研究大脑和神经系统？
- 神经系统分为哪些部分？
- 内分泌系统如何影响行为？
- 大脑有哪些部分，各自的功能是什么？

行为神经学家（或称生理心理学家）：专门研究身体的生理结构和功能如何影响行为的心理学家。

由于神经系统在行为控制中占据主导作用，而人类本质上是生物体，因此许多心理学及其他领域（如计算机科学、动物学、医学等）的研究者都把行为的生物学基础作为他们的研究方向。这些学者被统称为神经科学家。

专门研究我们的生物结构和功能如何影响行为的心理学家被称为**行为神经学家**（**Behavioral Nueroscientists**）（也叫生理心理学家）。他们对大脑和神经系统的研究大大促进了我们对于感觉经验、意识状态、动机情感、人生全程发展以及身心健康的认识。此外，行为神经科学的发展也带动了新药物和新疗法的发展。

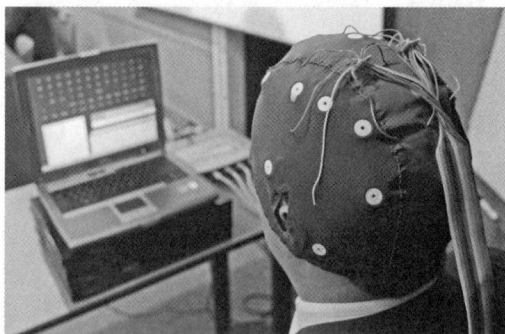

：能够实现在人脑和电脑之间直接交互的界面正在开发中。

你知道吗？

行为神经学家已经确定，大脑发出的某种电波能够启动计算机工作！瘫痪患者能否用这种P300电波来操纵计算机？研究者正在努力使"人脑–电脑交互界面"成为可能。

>> 神经元：
　　神经系统的基本单位

看小威廉姆斯（Serena Williams）漂亮的反手击球，达里奥·瓦卡罗（Dario Vaccaro）精巧的舞步，或德瑞克·基特（Derek Jeter）神准的击打，我们不禁要感叹人体的精妙和神奇。而事实上，即便完成像倒杯咖啡、哼个小曲儿这样的简单活动，也需要经过体内一连串复杂的过程。神经系统是躯体接受命令并完成精确活动的通道。神经元是组成神经系统的细胞，它负责传递信息到全身各处，我们才得以活动、思考，产生情绪体验，以及参与其他各种各样的活动。

神经元的构造

设想这样的情景：你在路上开着车，坐在副驾驶座上的朋友突然大喊："小心！有车！"你立刻心如擂鼓，急忙踩刹车并环顾四周。这个过程看起来是无意识的，但请仔细想想，信息是如何从你的耳朵传到你的脑袋从而激发出情感和行为的？

开车、弹琴、打网球……都有赖于精确的肌肉协调。但这些肌肉是怎样做到如此完美地组织起来完成运动的呢？这就取决于大脑了，是大脑有效地组织协调起复杂的活动，从而完成精细的身体运动。

大脑不仅能向全身细胞发送信息来控制动作及其他行为，也能接收关于维持身体基本状态的相关信息。这些信息通过一种叫神经元的特殊细胞传递。**神经元**（Neurons）也叫神经细胞，是神经系统的基本单位。它们的数量惊人——和行为控制有关的神经元数量高达10亿之多。

和其他细胞不同的是，神经元能够和其他细胞进行交流并能进行远距离的信息传递。人体内部分神经元可以接收外界环境发出的信号或依靠神经系统向肌肉组织及其他细胞传递信息，但绝大部分神经元只和那些控制行为的复杂信息系统里的神经元进行交流。

虽然神经元的种类繁多，但结构基本相似。和大多数细胞一样，神经元也有一个胞体和一个细胞核。细胞核包含的遗传物质决定了细胞的功能。神经元被一种神经胶质细胞所固定，后者为神经元提供营养、保护它们、协助其进行损伤修复并支持神经功能的发挥。

神经元胞体的一端是一簇分叉的神经纤维，被称为**树突**（Dendrite），它负责接收来自其他神经元传递的信息。胞体的另一端是一条细长型的延伸物，叫**轴突**（Axon），它负责将来自树突的信息传递到其他神经元。树突比神经元的其他部分长。虽然大多数轴突的长度只有几毫米，但有些也能达到7~8厘米。轴突末端的小突起叫作**轴突末梢**（Terminal Button），它负责向其他神经元传递信息。

> **神经元：** 神经细胞，神经系统的基本单位。
>
> **树突：** 神经元末端的纤维丛，负责接收其他神经元传递的信息。
>
> **轴突：** 神经元的一部分，负责将信号传送到其他神经元。
>
> **轴突末梢：** 轴突末端的小突起，负责向其他神经元传递信息。

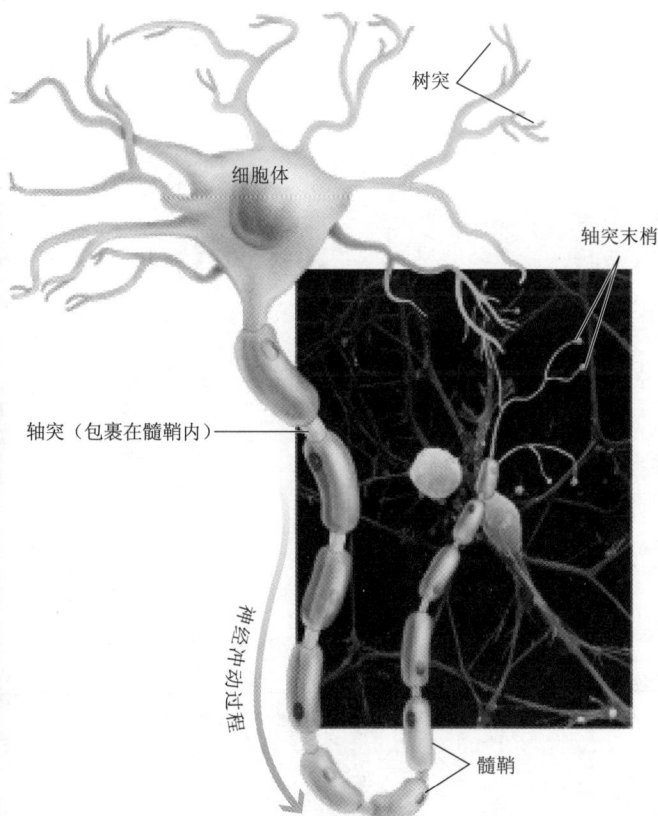

树突

细胞体

轴突末梢

轴突（包裹在髓鞘内）

神经冲动过程

髓鞘

神经元的构造

心理学小贴士

记住：树突接收来自其他神经元传递的信息；而轴突将信号从胞体传送出去。

髓鞘：一种由脂类和蛋白质组成的具有保护性的包裹轴突的物质。

全或无定律：神经元产生冲动的全或无现象。

静息状态：神经元内带大约70毫伏负电荷的一种状态。

动作电位：是一种电子神经脉冲。当它被"触发器"激发后，会在神经元的轴突中通过并使神经元的电荷由正转负。

神经元以神经冲动的形式传递信息。通常情况下，冲动在神经元上单向传送，就像车辆在单行道上行驶一样。冲动从树突开始，经过胞体，沿着轴突最终到达相邻的神经元。

为了防止传递的信息突然改变方向，大多数轴突是绝缘的，就像电线必须有绝缘皮以防漏电一样。轴突的绝缘物质，被称为**髓鞘（Myelin-sheath）**，是一种由脂质和蛋白质组成的保护性包衣，就像肠衣包裹着轴突一样。髓鞘的形成，即神经元被髓鞘包裹的过程，在出生前就开始并持续到成年早期。

神经元如何"发射"信号

神经元要么像枪一样"开火"，即沿着轴突传递神经冲动，要么不"开火"。这个过程不存在中间状态，正如手枪不会因为更用力地扣动扳机而使子弹飞得更远一样。也就是说，神经元遵循"**全或无定律（All-or-none Law）**"——神经冲动只存在

产生或不产生两种状态，不存在介于二者之间的过渡状态。只要有足够强的刺激，神经元就会产生神经冲动。

在神经元产生神经冲动之前处于一种**静息状态（Resting State）**，它会产生大约70毫伏的负电荷（1毫伏=1/1000伏）。当树突接收到某种信息时，细胞膜上的通道暂时打开让阳离子以每秒1亿单位的速度快速进入。这些阳离子的突然涌入使得细胞邻近部位的电荷瞬间由负转正。在正电荷到达临界值后，"扳机"就被扣动，神经冲动（或称动作电位）开始沿着神经元的轴突传递。

动作电位（Action Potential）由一个神经元的末端移至另一神经元，就如同点燃了导火线一般。在轴突的延续部分，当神经冲动沿着轴突传递时，离子的移动引起电荷的改变。在冲动经过轴突的特定部位之后，阳离子从该部位被泵出，并且当动作电位继续沿着轴突移动时，阳离子的电荷重新变为负值。

在动作电位通过轴突的一个节段后，该部分的细胞膜就立刻阻断阳离子进入，这样不管神经元接受多大的刺激，都不能马上再次产生冲动。好比手枪完成一次射击后需要再次上膛一样。虽然理论上神

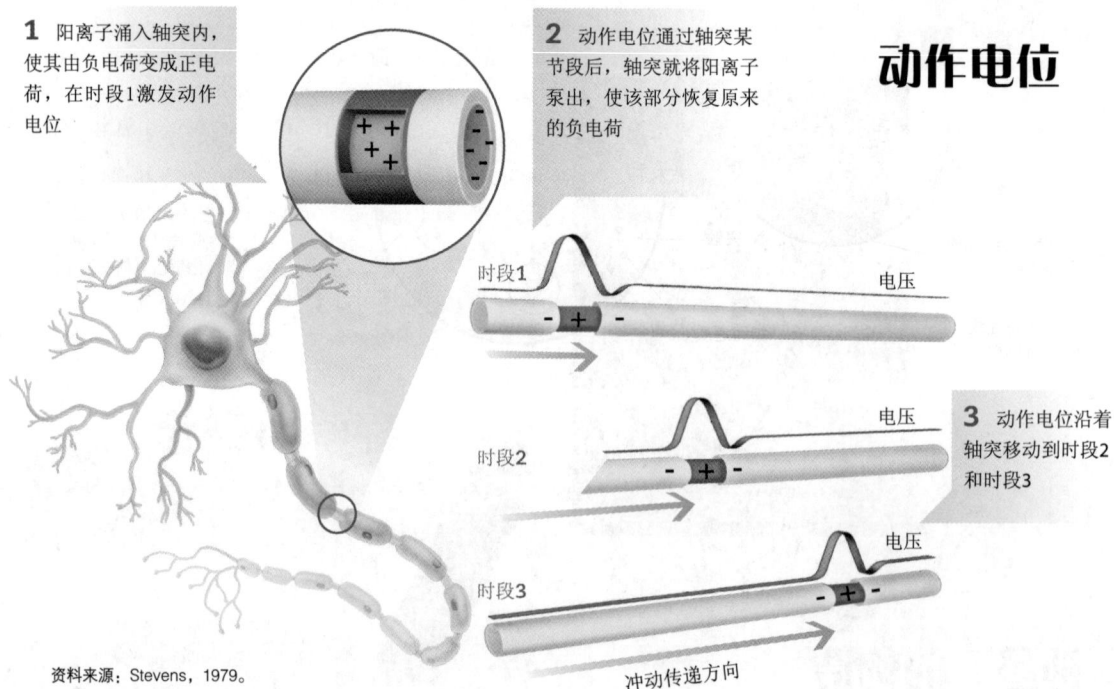

1 阳离子涌入轴突内，使其由负电荷变成正电荷，在时段1激发动作电位

2 动作电位通过轴突某节段后，轴突就将阳离子泵出，使该部分恢复原来的负电荷

动作电位

时段1　电压

时段2

3 动作电位沿着轴突移动到时段2和时段3　电压

时段3　电压

冲动传递方向

资料来源：Stevens, 1979。

电量（单位：毫伏）

40 Mv

30

0

-30

-50

-70

静息电位

恢复至静息电位

恢复期

时间 →

> 神经元内瞬间的电荷变化诱发动作电位的产生。

神经元能够产生多达千次每秒的动作电位，有些则少得多。另外，刺激的强度决定了神经元产生冲动的潜在概率。一个强刺激，如一道强光或一声巨响，比起弱刺激更有可能产生神经冲动。因此，虽然所有冲动都按照相同的强度和速度在特定的轴突上传导（因为"全或无定律"），但它们传导的频率不同。根据这个原理，我们就能区别出接触我们的到底是一根挠痒的羽毛还是一个踩到我们脚趾的人。

突触： 是两个神经元之间的间隙，在此处，发送神经元的轴突和接收神经元的树突通过化学信息进行交流。

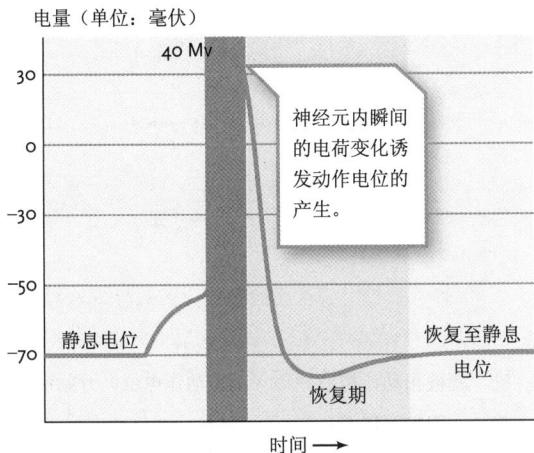

神经元发生动作电位时带电量的改变

经元能够再次产生神经冲动，但是这需要比诱发静息状态的神经元产生冲动更大的刺激量。慢慢地，神经元终将恢复静息状态，那时它又能够产生新的冲动。

神经元不仅在轴突传递神经冲动的速度不同，而且它们各自动作电位的潜在发生率也不同。有些

缩小神经元间的距离

如果你看过电脑的内部构造，就会发现里面的每一部分都与其他部分连接着。相比之下，随着生物体的进化，某些时候神经传递系统已不再需要让其各部分产生结构性连接。取而代之的是用一种化学性连接来缩小两个神经元间的距离，我们称之为突触。**突触**（Synapse）是两个神经元之间的间隙，在此处，发送神经元的轴突和接收神经元的树突通过化学信息进行交流。

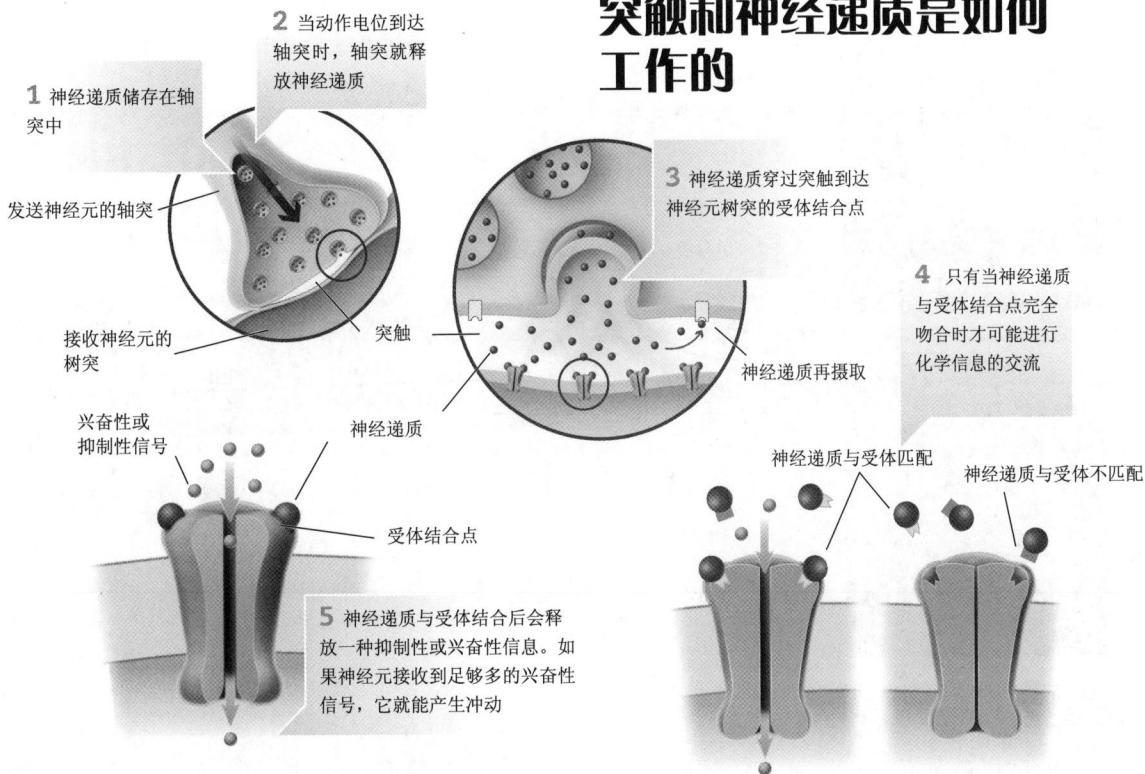

突触和神经递质是如何工作的

1 神经递质储存在轴突中

发送神经元的轴突

接收神经元的树突

2 当动作电位到达轴突时，轴突就释放神经递质

突触

兴奋性或抑制性信号

神经递质

受体结合点

5 神经递质与受体结合后会释放一种抑制性或兴奋性信息。如果神经元接收到足够多的兴奋性信号，它就能产生冲动

3 神经递质穿过突触到达神经元树突的受体结合点

神经递质再摄取

4 只有当神经递质与受体结合点完全吻合时才可能进行化学信息的交流

神经递质与受体匹配　　　神经递质与受体不匹配

就像每块拼图都有其特定的位置，每一种神经递质都有其独特的结构，只能和神经元上特定的受体结合。

当神经冲动到达轴突末端的轴突末梢时，轴突末梢会释放一种化学信使，叫神经递质。**神经递质**（**Neurotransmitter**）是一种从突触传递信息到接收神经元受体部位的化学物质。像小船在河上摆渡乘客一样，神经递质穿过突触向另一神经元传递。这种发生在神经元间的信息传递与神经元内信息交流的方式截然不同：后者是以电子脉冲的方式进行的，而在神经元间的传递则是由化学递质完成的。

神经递质：携带信息并穿过接收神经元的突触到达树突（有时候是胞体）的一种化学物质。

兴奋性信息：让接收神经元更有可能被触发而产生下传至轴突的动作电位的一种化学信息。

抑制性信息：能阻止接收神经元触发或减少其触发可能性的一种化学信息。

神经递质有好几种，但并不是所有神经元都能接收特定神经递质传递的化学信号。每块拼图都有其特定的位置，同样，每一种神经递质都有其独特的结构，只能和神经元上特定的受体结合。只有当神经递质准确地与受体结合，才能真正进行化学信息的沟通。

你查看邮箱时是否会删除烦人的邮件？你收到过很酷很好玩的邮件吗？会不会把它们分享给你的朋友？神经递质就和这种情况有点类似。有些递质给神经元传递私密信号，有些则传递信号鼓励神经元将信息传播给其他神经元。神经递质和接收神经元上的受体特异性结合，此时它传的信息可以是兴奋性的或抑制性的。**兴奋性信息**（**Excitatory Messages**）（有趣的邮件）让接收神经元更可能产生神经冲动，且动作电位会沿着轴突下行把化学信息传递给其他神经元。相反，**抑制性信息**（**Inhibitory Messages**）（烦人的邮件）则提供能够阻止或减少接收神经元产生冲动的信号。

因为神经元的树突能同时接受兴奋性信息和抑制性信息，神经元必须通过一种化学计算器来整合信

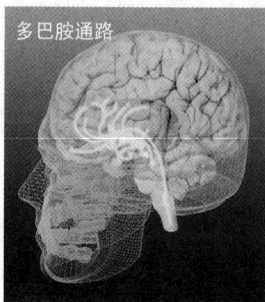

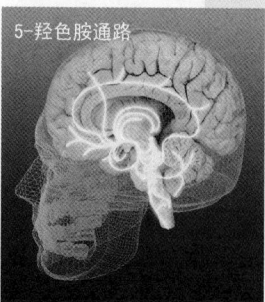

多巴胺通路

5-羟色胺通路

名称	位置	作用	功能
乙酰胆碱	大脑、脊髓、外周神经系统（特别是副交感神经系统）	兴奋大脑和自主神经系统；抑制其他区域	肌肉运动、认知功能
谷氨酸	大脑、脊髓	兴奋性	记忆
γ氨基酸	大脑、脊髓	主要是抑制性的神经递质	饮食、攻击性、睡眠
多巴胺	大脑	兴奋性和抑制性	动作控制、快乐和奖赏、注意力
5—羟色胺	大脑、脊髓	抑制性	睡眠、饮食、情绪、疼痛、抑郁
内啡肽	大脑、脊髓	主要为抑制性，海马体除外	疼痛抑制、愉悦感、食欲、安慰剂

主要的神经递质

心理学思考

神经元的结构

> > > 某些原始生物的神经元是连接在一起的，每个神经元传递电冲动给下一个神经元。但人类的神经元并未连接在一起。你能说说神经元之间留一点缝隙有什么好处吗？

息。简而言之，如果兴奋性信号（"开火！"）的数目超过抑制性信号（"不开火！"）的数目，神经元就会产生冲动。相反，如果抑制性信号的数目超过兴奋性信号的数目则不会产生冲动，神经元依旧处于原来的静息状态。不管神经元是否产生冲动，树突上的神经递质都会退回到突触。这时会发生以下三种情况中的一种：情况一，一些神经递质会被酶分解；情况二，其他一些神经递质会回到树突中并再次传递它们携带的信息；情况三，大多数神经元会被重新吸收回轴突末梢，这个过程被称为**再摄取（Reuptake）**。这种有效的循环利用系统让神经元能够对神经递质重新包装、反复利用。再摄取过程的发生有如光一样迅速，全过程只需要耗时短短几毫秒。

神经递质：化学信使

神经递质是神经系统和行为之间非常重要的连接。它们对大脑和躯体正常发挥功能具有重要作用——事实上它们重要到某种神经递质的缺乏或过量都会引起严重的行为障碍。神经递质的种类超过一百种，神经科学家们坚信还将发现更多。

神经递质的作用有很多，这取决于它产生于神经系统的哪个区域。同一种神经递质可以在大脑某部位的神经元中传递兴奋性信息却在另一部位的神经元中传递抑制性信息。研究发现，有一种重要的神经递质叫乙酰胆碱（Acetylcholine, Ach），它广泛分布在神经系统中。我们的每一个动作都和它息息相关，因为它会将信息传递到我们的骨骼肌。此外，乙酰胆碱还跟记忆能力有关，阿尔茨海默病的发病就和乙酰胆碱分泌不足有关。

电影中的心理学

《我们到底知道多少》
(*What the Bleep Do We Know?* 2004)
这部电影对一些人们深信不疑但本无真凭实据的观念提出了质疑，例如什么才是现实？影片中有一个片段展示了神经递质在大脑中活动的神奇过程。

《吾兄吾弟》(*Dominick & Eugene*, 1988)
影片讲述了一对双胞胎兄弟——多米尼克（Dominick）和尤金（Eugene）互相扶持相依为命的故事。多米尼克由于儿时的脑损伤而导致智力障碍，但他坚持做清洁工人挣钱供尤金读医学院。

《千钧一发》(*Gattaca*, 1997)
影片中人类对DNA的认识突飞猛进，能够在人出生前通过对生理和人格特征的加工来决定人的外貌、行为及未来的职业。

《生命之诗》(*Poetry*, 2010)
一个叫美子（Mija）的韩国妇女得知了关于自己及家庭的一些秘密，其中包括她患有阿尔茨海默病。故事随着她努力追寻自身和生活的意义而展开。

《爱情与灵药》(*Love and Other Drugs*, 2010)
本片根据真实故事改编，一个"伟哥"销售员爱上了一个患有帕金森病的女人。

《无语问苍天》(*Awakenings*, 1990)
20世纪60年代末，奥立佛·沙克斯（Oliver Sacks）医生给病人服用一种药效近似神经递质的多巴胺药物——左旋多巴之后，病人的脑炎治愈了，但却患上了紧张性精神分裂。该片讲述的是这些病人得悉真相之后发生的故事。

一些药物可以显著促进多巴胺的分泌。这一发现为各类躯体和心理疾病的治疗开辟了一条新道路。例如，帕金森病（一种肌肉颤动和协调性受损的进行性障碍性疾病）正是由脑部多巴胺分泌不足引起的。目前，促进多巴胺分泌以治疗帕金森病的有效性已经得到了证明。

迈克尔·J.福克斯（Michael J.Fox）在被诊断为帕金森病后成为该神经系统障碍研究和治疗的积极倡导者。

中枢神经系统： 神经系统的一部分，包括大脑和脊髓。

脊髓： 一束从大脑延伸出来并沿着背部下行的神经元，是大脑和躯体间信息传递的主要途径。

反射： 对外界刺激的一种自主的、无意识的反应。

不过，多巴胺分泌过多也会带来不良后果。例如，精神分裂症及其他严重的精神疾病可能与多巴胺水平过高有关甚至可以由其引发。某些药物能阻止多巴胺和树突结合从而减轻精神分裂症症状。

还有一种神经递质叫5—羟色胺（Serotonin），它和睡眠规律性、饮食、情绪以及疼痛有关。新近研究还发现5—羟色胺在许多行为中都发挥了作用，如酗酒、抑郁、自杀、冲动、攻击以及压力应对等。

内啡肽（Endorphins）也是一种神经递质，它是由大脑产生的一种化学物质，结构上与吗啡这样的止

疼药相似。内啡肽的产生说明大脑在努力处理疼痛并振奋情绪。

内啡肽还能产生欣快感，运动员长跑后有时能体会这种感觉。可能是长跑后的劳累或疼痛刺激了内啡肽的产生，最终导致"运动员愉悦感"的产生。

跑步者的兴奋感源于体内内啡肽（一种应对压力和疼痛的神经递质的产生）。

>> 神经系统：
神经元的联结

从单个神经元的复杂程度以及神经递质的传递过程中不难想见神经元之间的联结及其结构相当复杂。每个神经元能够和多达8万个神经元进行交流，因此可能产生联结的神经元总数是惊人的。仅脑内神经元之间联结的数目就以万亿计（一个"1"加16个"0"），有些学者甚至认为还不止这个数。

但无论神经元联结的实际数目有多么庞大，人类的神经系统组织都是极具逻辑性的，并且堪称艺术。下面我们就来讨论一下它的基本结构。

神经系统
由大脑和遍及全身的神经元组成

中枢神经系统
由大脑和脊髓组成

外周神经系统
由长树突和轴突构成，它包含除了大脑和脊髓以外神经系统的其他部分

大脑
大小相当于半条长面包，持续地控制行为

脊髓
一束由大脑发出并沿着背部下行的神经元；负责传递脑和躯体之间的信息

躯体神经系统（非自主活动）
专门控制非自主运动以及和感觉器官进行信息的交流

自主神经系统（自主活动）
与我们意识不到、自主发挥功能的身体部分有关

交感神经系统
使躯体在紧急压力情况下动员所有资源应对威胁

副交感神经系统
在紧急情况下，交感神经系统兴奋之后，让躯体放松；为躯体提供了一种维持能量存储的方法

神经系统的组成部分

你知道吗？

你爱吃甜食吗？一部分人在吃甜食的时候大脑会释放内啡肽和多巴胺。这些神经递质的释放让他们感觉愉悦，这种愉悦感和吸毒类似。

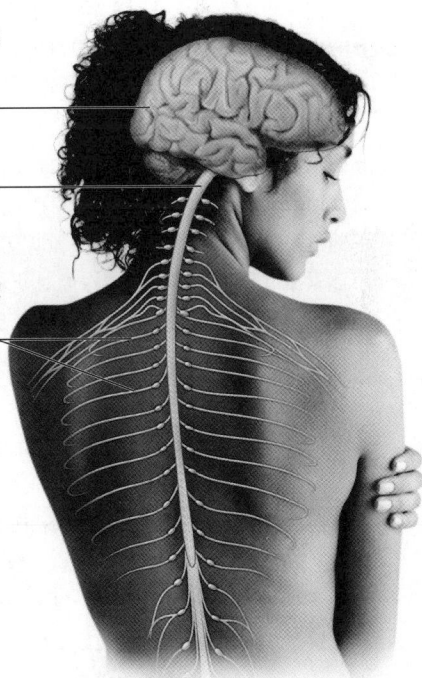

中枢神经系统

大脑

脊髓

外周神经系统

脊神经

中枢和外周神经系统

　　神经系统由中枢神经系统和外周神经系统构成。**中枢神经系统**（**Central Nervous System**，**CNS**）包括大脑和脊髓。**脊髓**（**Spinal Cord**）是一束由大脑发出并沿着脊背下行、大小如铅笔粗细的神经元。脊髓是大脑和躯体间传递信息最基本的渠道。

　　然而，脊髓不仅仅是信息交流的通道而已。它自己还控制着一些无需大脑指令的简单行为。例如，用橡皮锤轻敲膝部时小腿会不自主地抬高。这种反应是**一种反射**（**Reflex**），一种对外界刺激自发的、不自主的应答。当你摸到发热的火炉时会立即缩手，这也是反射的一种表现。虽然最终会由大脑对情境做出分析并反应（"哎呀——火炉——撤离！"），但最初回缩的动作是直接由脊髓里的神经元控制的。

反射过程共有三种神经元参与其中。**感觉（传入）神经元（Sensory Neurons）** 将信息从躯体的外周传递至中枢神经系统；**运动（传出）神经元（Motor Neurons）** 负责神经系统同肌肉和腺体的信息交流；**中间神经元（Interneurons）** 连接感觉神经元和运动神经元，负责在二者之间传递信息。

顾名思义，**外周神经系统（Peripheral Nervous System）** 就是从脊髓和大脑发出、直达躯体末端的神经系统。外周神经系统由神经元的长轴突和树突构成，包括除大脑和脊髓以外神经系统的所有其他部分。它主要分为两大类——躯体神经系统和自主神经系统。二者均负责连接中枢神经系统和感觉器官、肌肉组织、腺体及其他器官。**躯体神经系统（Somatic Division）** 专门负责自主运动，如阅读一段话时转动眼球、用手翻书等。除此之外，它还负责与感觉器官之间的信息传递。与之相对，**自主神经系统（Autonomic Division）** 控制我们身体赖以生存的部分——心脏、血管、腺体、肺以及其他一些我们不能觉察其运作的器官。就在此时此刻，外周神经系统的自主神经系统正在将血输送到你身体的各个部位，控制肺的舒张，并监督你上一次进食的消化情况。

自主神经系统在紧急情况下发挥着举足轻重的作用。设想一下，你正在专心阅读，突然感觉到一个陌生人正在窗外盯着你看。当你抬头时，发现一个类似刀子的物体在闪光。你感到疑惑、恐惧，突然一下无法理性思考，这时你的体内会发生怎样的变化？和大多数人一样，你会迅速出现以下生理反应：心跳加速、开始冒汗并全身起鸡皮疙瘩。

感觉（传入）神经元： 将信息从身体的外周传递至中枢神经系统的神经元。

运动（传出）神经元： 负责神经系统和肌肉组织以及腺体之间信息传递的神经元。

中间神经元： 连接感觉和运动神经元并在二者之间传递信息的一种神经元。

外周神经系统： 神经系统的一部分，包括躯体神经和自主神经两部分。由神经元的长轴突和树突构成，从脊髓和大脑分出直达躯体的末端。

躯体神经系统： 外周神经系统中专门负责控制非自主运动以及和感觉器官之间的交流。

自主神经系统： 外周神经系统的一部分，负责控制自主运动，如心脏、腺体、肺及其他器官的活动。

交感神经系统： 自主神经系统中的一部分，它使躯体在紧张的情况下能动员所有的器官应对威胁。

副交感神经系统： 自主神经系统的一部分，它负责在紧急情况过后让躯体恢复平静。

你的反应有多快？试试看吧！

登录相关网站和其他测试者比比看谁快。

这个活动涉及你神经系统的两个区域：负责感受刺激并决定如何回答的大脑，以及负责将信息传递给你手的躯体神经系统。

加入我们！

危机情况下发生的生理反应是由自主神经系统两个分系统之——**交感神经系统（Sympathetic Division）** 所引起的。交感神经系统负责在压力条件下让身体的所有器官都做好逃跑或面对威胁的准备。这种反应叫作"战或逃"反应。

与之相对，**副交感神经系统（Parasympathetic Division）** 则负责在突发情况过后让躯体恢复平静。例如，你很快发现窗外的陌生人其实是你的舍友，他忘记带钥匙了所以爬上窗户吸引你的注意。此时，你的副交感神经系统开始支配身体，降低心率、减少流汗并让你的身体回到压力来临前的状态。副交感神经系统还能指导身体储存能量以便应对紧急情况。

此时此刻，外周神经系统的自主神经系统正在将血输送到你身体的各个部位，控制肺的舒张，并监督你上一次进食的消化情况。

心理学思考

>>> 饱餐一顿之后，你的交感神经和副交感神经系统会如何一起协调工作呢？

自主神经系统的主要功能

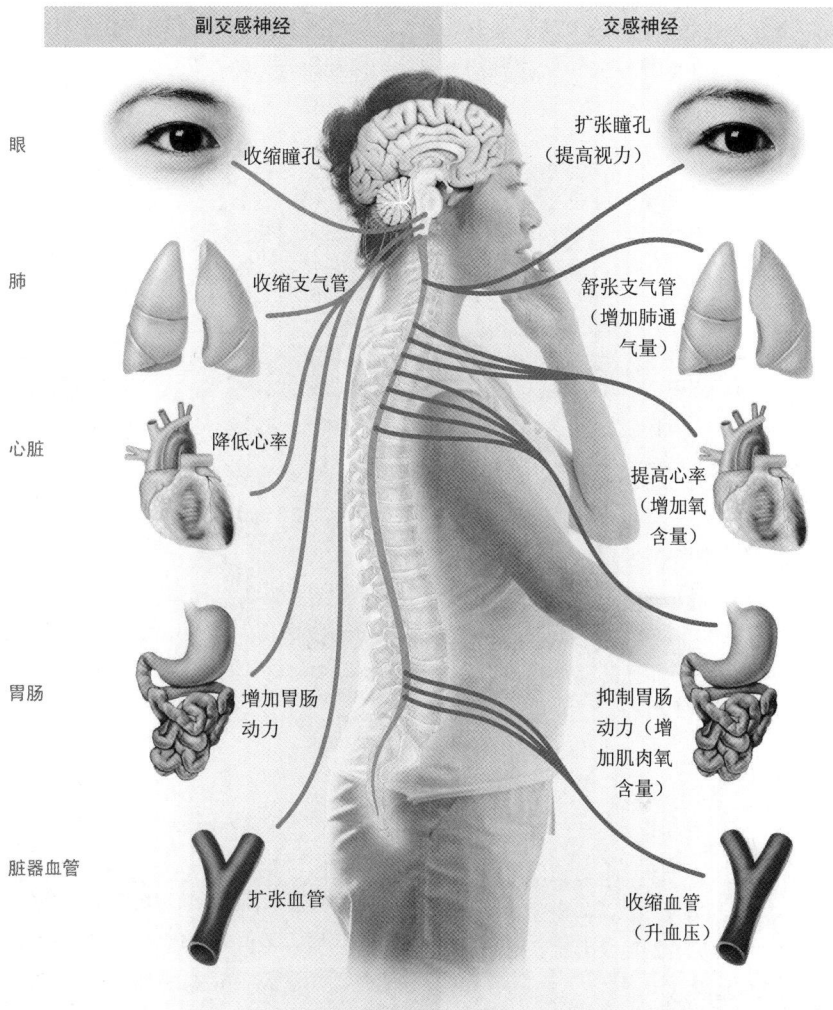

副交感神经	交感神经

眼　　收缩瞳孔　　扩张瞳孔（提高视力）

肺　　收缩支气管　　舒张支气管（增加肺通气量）

心脏　　降低心率　　提高心率（增加氧含量）

胃肠　　增加胃肠动力　　抑制胃肠动力（增加肌肉氧含量）

脏器血管　　扩张血管　　收缩血管（升血压）

交感和副交感神经系统一起支配身体的许多功能。例如，性唤起是由副交感神经控制的，但性高潮则是交感神经的功能。

神经系统的演变

如果我们能够考虑神经系统的演进过程，就能更好地了解复杂的神经系统。为什么一定要了解人类神经系统的演化呢？**进化心理学**（**Evolutionary Psychology**）的研究者对此做出了回应。进化心理学是心理学的分支之一，致力于研究遗传基因是如何影响和引发行为的。

进化心理学家们声称，进化过程会反映在神经系统的功能和结构中，我们的日常行为也受其影响。他们跟基因、生化和医学的研究者们共同合作，为我们解释行为如何受基因和遗传因素影响。如今，进化心理学家已经开拓出了一个影响力日益增大的重要领域——行为遗传学。

进化心理学：心理学的分支之一，致力于研究遗传基因是如何影响和引发行为的。

行为遗传学

人类进化而来的遗传特性不但表现在神经系统的结构和功能上，还表现在我们的行为上。新兴研究领域行为遗传学的观点认为，人格和行为习惯部分受到遗传基因的影响。**行为遗传学（Behavioral Genetics）**研究遗传对行为的影响。越来越多的证据表明，认知能力、人格特质、性取向以及心理障碍等都在某种程度上取决于遗传因素。

行为遗传学的主要议题是遗传与环境之争，这是心理学研究中的核心问题之一。虽然没人会说我们的行为只受遗传因素影响，但是行为遗传学家的研究数据表明，我们的遗传特性确实能让我们以某种方式提前对周围环境进行适应。例如，遗传因素可能和家庭冲突、精神分裂症、学习障碍以及日常社交能力等有关。

人类某些重要的个性特

正所谓"爱屋及乌"，作为传奇拳王穆罕默德·阿里的女儿，莱拉·阿里也成为了一名深受人们爱戴的拳击手。而行为遗传学研究的兴趣点就在于那些能够使莱拉成为像父亲一样优秀的拳击手的遗传因素。

行为遗传学：研究遗传如何影响行为的一门学科。

征和行为方式与特定基因的存在和缺失息息相关，这些特定的基因携带着决定人格特质的遗传物质。例如，研究者发现人类的猎奇行为全部或部分取决于某种基因。

后面我们讨论人类发展的时候会提到，研究者已经确定了约25 000个独立的基因，它们中的每一个都在特定的染色体（chromosome）上以特定的序列出现。所谓染色体，是在亲代和子代之间传递遗传信息的一种杆状结构。经过十年的努力，在2003年，研究者确定了基因的基本组成成分——30亿对组成人类DNA的碱基序列。对人类基因图谱（人类所有基因组成的图谱）基本结构的了解，使得科学家能更进一步理解单个基因之于人类特定结构和功能的重要性。

行为遗传学、基因治疗和遗传咨询 行为遗传学也致力于开发新的诊疗技术来应对可能导致生理和心理障碍的基因缺陷。基因治疗（Gene Therapy）是指科学家在患者血液内注入基因物质以治疗特殊疾病的一种疗法。当治疗基因到达导致疾患的缺陷基因时，能够治疗疾病的化学物质就会释放出来。

可以用基因疗法治疗的疾病种类将越来越多。例如，某类癌症患者和失明患者目前已可用基因疗法进行治疗。

行为遗传学的进步也带来了一个近些年才出现的专业——遗传咨询的发展。遗传咨询师解答人们关于遗传疾病的疑惑。例如，遗传咨询师基于前来咨询的准父母的出生缺陷和遗传疾病等家族史，评估他们未来生育的潜在风险并给予建议。此外，咨询师还会考虑父母的年龄和他们已有孩子的缺陷。他们还能通过采集血液、皮肤组织和尿液来检验特定的染色体。

科学家们已经开发出基因检测法来检测人们是否可能具有癌症和心脏病的遗传基因。而且，在不久之后，可能只需对一滴血进行检测分析就能预测小孩或胎儿是否有罹患某种心理障碍的风险，但这些显然也会引发猜测和争议。随着基因检测法的应用越来越普遍，由此带来的争议想必也会越来越大。

你知道吗？

基因检测不仅仅能揭示个体对疾病的易感性。近日，研究者还找到了一种"运动基因"。基因检测能够告诉我们一个人到底适合耐力运动还是力量运动。你认为预知不同特质和能力的基因倾向是好事还是坏事呢？

一名遗传咨询医师 一对夫妇想知道生一个有遗传疾病小孩的概率有多大。如果让你解释，你会如何利用遗传知识来告诉他们要小孩的潜在风险和收益呢？

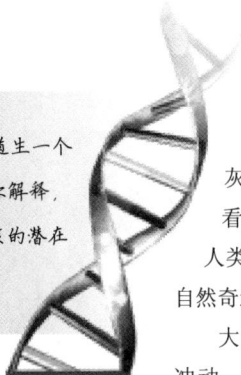

>> 内分泌系统：激素和腺体

内分泌系统（Endocrine System）是身体的另一个信息交流系统，是一种通过血液向全身输送信息的化学性沟通网络。它能产生循环于全身的、能调节身体发育和身体机能的激素（Hormone）和化学物质。内分泌系统还能与神经系统相互影响。内分泌系统虽然并非大脑的一部分，但它和大脑中的下丘脑部分联系紧密。

激素和神经递质虽同为化学信使，在信息传递的速度和方式上却大为不同。神经信息的传递速度以毫秒计，而通过激素交流则需耗费数分钟才能到达目的地。此外，神经信息通过神经元的特定路线传递（好比信号通过固定在电线杆上的电线传递），而激素则像无线电波在整个区域内传播扩散一样传遍全身上下。收音机只有被调到恰当的波段时无线电波才能被接收到，同样，只有当体细胞具备接收信息的条件并且被"调到"恰当的激素信号时，流动在血液内的激素才能被激活。

内分泌系统的一个关键部分是脑垂体（Pituitary Gland），它与下丘脑相邻并受其调节。脑垂体被誉为"分泌腺之首"，因为它控制着内分泌系统其他部分的功能。但是脑垂体本身也具有重要功能，它能分泌控制生长的激素。极度矮小者和异常高大者通常患有脑垂体功能障碍。内分泌系统的其他腺体主要影响情绪反应、性冲动和体能状态等。

>> 大脑

它并不美。软绵绵的像海绵、有斑点、呈灰粉色、重约1.4kg，我们真的很难说它长得好看。然而，就是这么一个其貌不扬的物体，是人类所知现存最完美和精巧的装置，是最伟大的自然奇迹。它就是大脑。

大脑负责我们的高级思维，负责我们的原始冲动，也负责指挥我们的身体进行复杂的工作。人类几乎设计不出和大脑智能处于同一水平的计算机，甚至连接近其水平都不可能。一个成人脑部神经细胞的绝对数目以亿万计，再有雄心壮志的电脑工程师也只能望而却步。其实脑部神经元的数量还在其次，更令人震惊的是大脑架构神经元之间复杂联系的能力。它指导人类行为，激发思想、愿望、梦境以及情感。

> **内分泌系统：** 一种通过血液向全身输送信息的化学性沟通网络。
>
> **激素：** 由腺体或组织分泌并通过血液循环调节身体生长功能的物质。
>
> **脑垂体：** 内分泌系统的主要组成部分，被称为"分泌腺之首"，它分泌控制生长及内分泌系统其他部分的激素。

我们现在来了解一下大脑特殊的结构和基本功能，以及结构与功能之间的联系。值得注意的是，虽然我们会讨论大脑特定区域与特定行为的联系，但是这种方式仍过于简单，大脑中的某一特定区域与某一特定行为一一对应的联系并不存在。

探究大脑

你多愁善感吗？有诗词天赋吗？对色彩很敏感吗？为人诙谐风趣吗？如果在19世纪，你可以去找当地的颅相师看看你的人格及以上特质。颅相师会根据你头部表面的隆起来评估你心理上的优势和缺陷。颅相师们相信颅骨的形状和大脑的形状相关，

你知道吗？

经常锻炼大脑，多听课（比如普通心理学），就可以提高大脑功能哦！

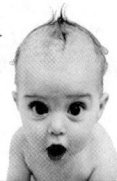

脑垂体虽然被称为"分泌腺之首"，但实际上它更多的是服务于大脑，因为大脑对内分泌系统功能的发挥负有最终责任。大脑通过下丘脑维持身体的内部平衡。

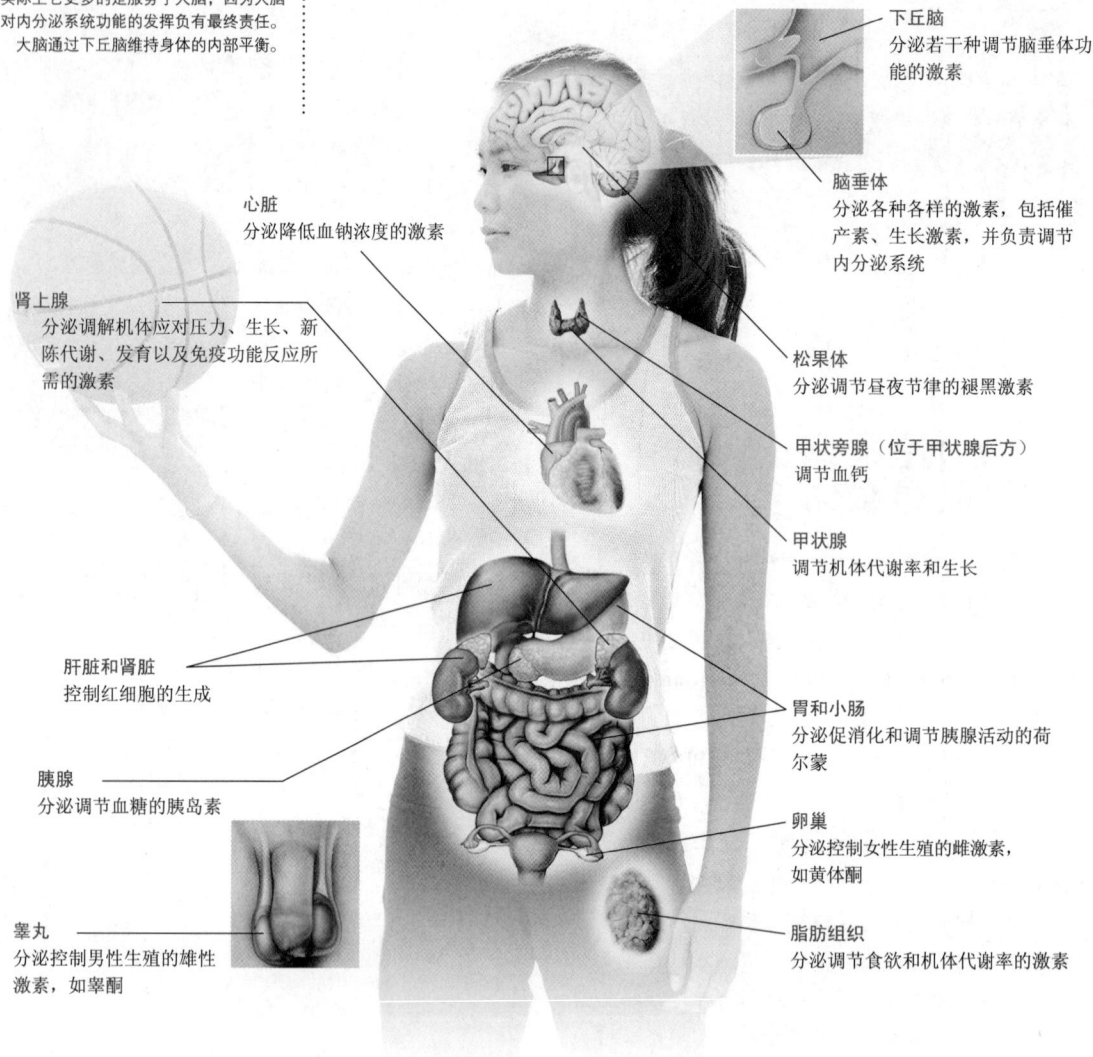

下丘脑
分泌若干种调节脑垂体功能的激素

脑垂体
分泌各种各样的激素，包括催产素、生长激素，并负责调节内分泌系统

松果体
分泌调节昼夜节律的褪黑激素

甲状旁腺（位于甲状腺后方）
调节血钙

甲状腺
调节机体代谢率和生长

心脏
分泌降低血钠浓度的激素

肾上腺
分泌调解机体应对压力、生长、新陈代谢、发育以及免疫功能反应所需的激素

肝脏和肾脏
控制红细胞的生成

胰腺
分泌调节血糖的胰岛素

睾丸
分泌控制男性生殖的雄性激素，如睾酮

胃和小肠
分泌促消化和调节胰腺活动的荷尔蒙

卵巢
分泌控制女性生殖的雌激素，如黄体酮

脂肪组织
分泌调节食欲和机体代谢率的激素

一些重要的内分泌器官

而大脑各区域的大小提示着道德和智力的存在和缺失。换句话说，在他们看来，颅骨越膨隆意味着人拥有越多特定的特质或行为。

虽然颅相学的那一套已完全失去意义，但是它体现了人们希望将大脑区域和特定行为相联系的愿望。在当时，唯一能了解大脑的途径是在人死后将颅脑打开。虽然这样做能够提供一些关于大脑的信息，但显然我们仍难以充分地了解一个正常大脑的功能。

今天，脑部扫描技术为了解工作中的大脑打开了一扇窗。利用这种技术，研究者可以在不开颅的情况下通过"快照"获悉大脑内部的工作状态。对于心理学家而言，最重要的扫描技术是脑电图、正电子成像、功能性磁共振成像以及经颅磁刺激成像。

最古老的成像技术是脑电图（Electroence-phalogram，EEG），即通过在头部放置电极来记录大脑的电活动。以前脑电图只能显现单个电子波形，而如今的新技术已经能够将大脑的电活动以图形的方

大脑扫描技术

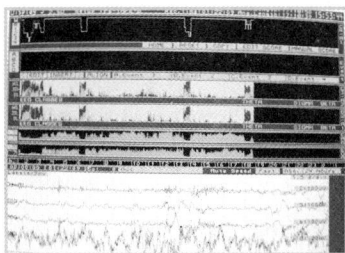
脑电图

功能性磁共振成像扫描

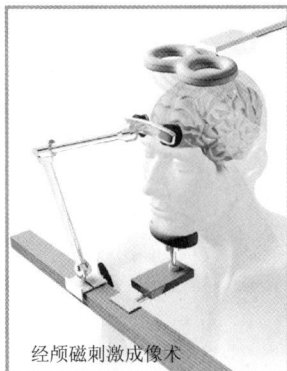
经颅磁刺激成像术

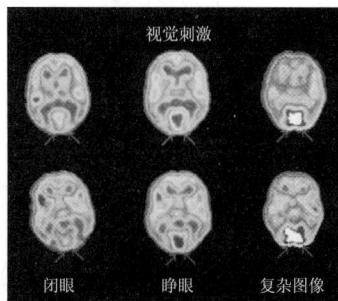
视觉刺激
闭眼　　睁眼　　复杂图像
正电子成像术

式呈现，这使得人们对癫痫和学习障碍等疾病的诊断更为准确。

功能性磁共振成像扫描（Functional Magnetic Resonance Imaging，FMRI）通过将人体暴露于强大的磁场来获得关于大脑结构和活动的非常生动和详细的三维电脑合成图。

通过fMRI扫描，研究者能看到1毫米大小的大脑组织，可以观察其在0.1秒内发生的变化。fMRI能够通过对血流的追踪呈现束神经的活动，这大大提高了一些疾病的诊断率，比如慢性背痛、中风、多发性硬皮病以及阿尔茨海默病等神经系统障碍。fMRI还被常规用于脑部手术前的检查，因为它能帮助外科医生区分正常和异常功能的大脑区域。

正电子成像术（Positron Emission Tomography，PET）能够呈现既定时刻脑内的生化活动。在正电子成像之前，医生会在病人血管内注射具有放射性（但安全）的液体，它将随血流进入大脑。电脑通过对脑部放射性物质的追踪，就能定位较活跃的区域，以此呈现大脑工作状态下的生动图片。这种技术的用途之一是给因脑部肿瘤而产生记忆障碍的病人定位肿瘤的位置。

经颅磁刺激成像术（Transcranial Magnetic Stimulation Imaging，TMS）是新兴的脑扫描技术之一。它通过将大脑的一小部分区域暴露于强大的磁场内，暂时中断脑内的电活动，来记录正常大脑功能被干扰后的反应。这个过程有时被称为"虚拟损伤"，因为这种干预的效果类似于脑部某个区域被人为损伤后的结果。当然，TMS生成的虚拟损伤是暂时性的，这也是TMS最大的优势。除了能够确定大脑不同区域对应的功能之外，TMS还被证明对于诊治某些精神障碍（如抑郁症和精神分裂症）十分有效。

未来还将出现更多复杂方法来探索大脑。例如，一个叫作光遗传学的领域已经兴起，它可以基于基因工程，利用特殊光谱来查看单一神经元的回路。

中央核心区：人类的"旧脑"

虽然人类的脑容量远远超过其他任一物种，但是人类的一些基本生存功能如呼吸、饮食、睡眠等和许多低等动物是一样的。毫无疑问，这些活动是在大脑中相对原始的区域的指导下完成的。这个区域就是**中央核心区**（Central Core），有时也被称为"旧脑"，与之类似的结构在5亿年前的非人物种脑中就已存在。

> **中央核心区**：俗称"旧脑"，它控制脊椎动物所共有的基本功能，如呼吸、饮食、睡眠等。

中央核心区位于颅骨的底部、脊髓的最顶端，它包括后脑、小脑、网状结构、丘脑和下丘脑。后脑由延髓、脑桥和小脑组成。延髓（medulla）负责身体

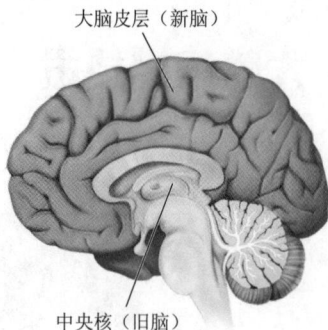

大脑皮层（新脑）

中央核（旧脑）

资料来源：Seeley, Stephens, & Tate, 2000。

小脑：大脑中负责控制平衡的部分。

网状结构：从延髓延伸出来穿过脑桥，由神经细胞群组成，它能够激活大脑其他部分使全身处于警觉状态。

丘脑：大脑位于中央核心区中间的部分，主要负责传递感觉信息。

的一些重要功能，其中最重要的是呼吸和心跳。脑桥在延髓之上，连接左右小脑半球，并有许多神经纤维束。脑桥（Pons）是运动信息的传递者，协调左右身体的肌肉运动和整体运动，另外它还能调节睡眠。

小脑（Cerebellum）在延髓之上脑桥之下。没有小脑，我们走路将跌跌撞撞、东倒西歪，很难走成直线，因为小脑主管平衡功能。小脑不断接收肌肉组织反馈回来的信息及时调整它们的位置、动作和紧张度。酒精摄入过多时会抑制小脑的功能，导致步态不稳并出现一些酒醉的动作。小脑还具有部分智力功能，可以分析和协调感觉信息来协助问题解决。

网状结构（Reticular Formation）从延髓延伸出来穿过脑桥和大脑中部（或称中脑），再进入大脑最前端（或称前脑）。网状结构就像时刻保持警惕的警卫一样，它能激活大脑其他部分使全身处于警觉状态。例如，当我们受到惊吓时，网状结构会激活较高的意识状态来决定是否对该刺激做出应答。当我们处于睡眠状态时，网状结构则发挥完全不同的功效——它似乎能主动忽略环境刺激以确保睡眠不受干扰。

丘脑（Thalamus）嵌在前脑里，主要起到感觉信息中转站的作用。来自眼睛、耳朵和皮肤的信息在丘脑经过中转继而到达大脑更高级的部位进行处理。此外，丘脑还负责整合来自大脑更高级部位的信息，将它们分类后传递至小脑和延髓。

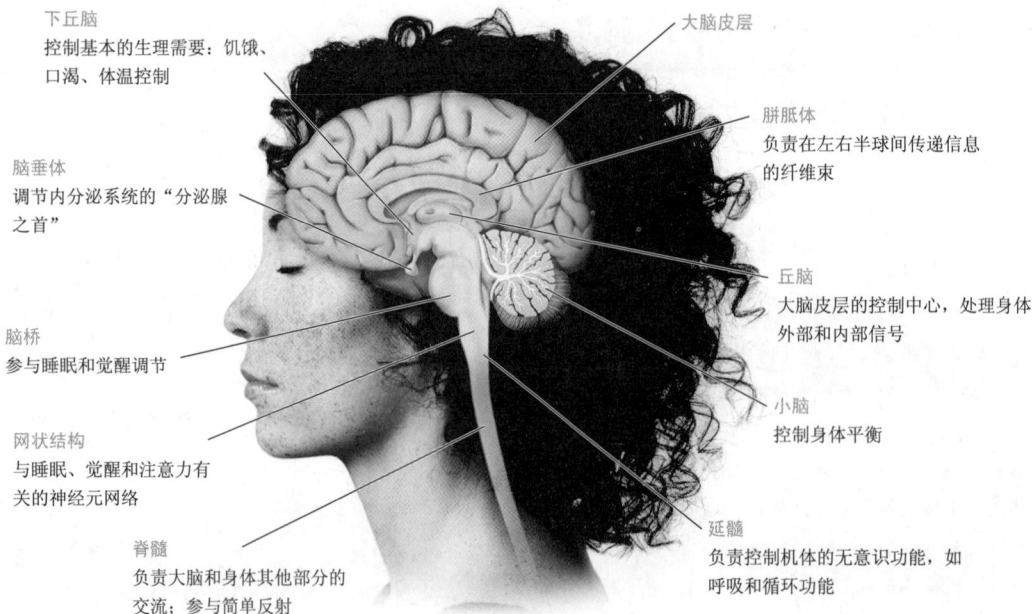

下丘脑
控制基本的生理需要：饥饿、口渴、体温控制

脑垂体
调节内分泌系统的"分泌腺之首"

脑桥
参与睡眠和觉醒调节

网状结构
与睡眠、觉醒和注意力有关的神经元网络

脊髓
负责大脑和身体其他部分的交流；参与简单反射

大脑皮层

胼胝体
负责在左右半球间传递信息的纤维束

丘脑
大脑皮层的控制中心，处理身体外部和内部信号

小脑
控制身体平衡

延髓
负责控制机体的无意识功能，如呼吸和循环功能

资料来源：Johnson & Emmel, 2000。

大脑的主要结构

下丘脑（**Hypothalamus**）刚好位于丘脑的下方，虽然不大（约指尖大小），但却非常重要。它最主要的功能是维持身体内环境的稳定。它能协助身体保持恒温，并监控细胞内营养物质的储存量。下丘脑的另一个重要功能是产生和调节一些关乎物种生存之本的行为，如饮食、自卫和性行为。

边缘系统：中央核心区之上

边缘系统（**Limbic System**）由一系列的环形结构组成，包括杏仁核（Amygdala）和海马体（Hippocampus）。它与中央核心区的顶端相连并与大脑皮层相联系。

和下丘脑一样，边缘系统控制着许多与情绪、本能自卫有关的功能，如饮食、攻击和性行为。边缘系统的损伤会引起行为的巨大改变。例如，如果损伤了与恐惧、攻击性有关的杏仁核，就会使原本温驯的动物变得凶猛残暴。反之，原本狂野、难以控制的动物则会变得顺从。

对边缘系统结构和大脑其他部分进行微弱电刺激，发现了一些有趣的结果。比如，在一个实验中，老鼠踩踏开关时会通过放置在其脑内的电极获得微弱的电刺激，并产生愉悦感。于是老鼠开始疯狂地踩踏开关，即便饿极了的老鼠在觅食的途中也会停下来干这件事情，有些老鼠甚至会在一小时内自我刺激数千次，直到筋疲力尽为止。

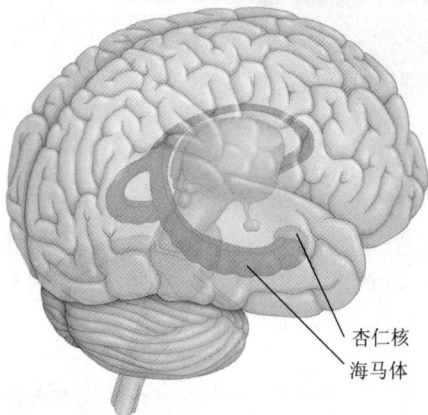

边缘系统

杏仁核
海马体

在人类身上进行实验时也发现了类似的现象。虽然这种电刺激的感觉难以言表，但这些被试表示这种愉快体验在某方面和性高潮类似。

边缘系统，特别是海马系统在学习和记忆中扮演着十分重要的角色，这一点在癫痫患者身上得到了证明。为了控制癫痫发作，医生有时会切除癫痫患者的部分边缘系统。但患者在手术之后可能表现出学习和记忆障碍。在一个案例中，一个经过此种手术治疗的病人不能回忆起自己的住所，虽然他八年内从未搬过家。另外，虽然病人能够活跃地进行交谈，但几分钟后他就忘了谈话的内容。

> **下丘脑：**大脑中位于丘脑下方的一小部分，负责维持身体内环境的稳定并调节一些重要行为，如饮食、自卫及性行为。
>
> **边缘系统：**大脑中控制饮食、攻击性及生殖的部位。
>
> **大脑皮层：**俗称"新脑"，负责大脑最复杂的信息加工过程，包括四个脑叶。

边缘系统的功能包括本能自卫、学习、记忆和愉快体验，这些功能并非人类特有。所以边缘系统有时候也被称为"动物大脑"，因为它的结构和功能与其他哺乳动物十分相似。而大脑内具有复杂而精细功能的那部分被称为大脑皮层。

大脑皮层：我们的"新脑"

虽然中央核心区（或称"旧脑"）和边缘系统（或称"动物大脑"）发挥着重要的功能，但对人类特有能力（如思考、评估以及做出复杂判断的能力）负责的，是**大脑皮层**（**Cerebral Cortex**）。

大脑皮层又称"新脑"，因为它的进化时间很晚。它由高度褶曲、如回旋状呈波浪形的组织构成。虽然大脑皮层只有2毫米厚，但它伸展后却能覆盖超过0.2平方米的面积。皮层褶曲的外形能够让它的实际面积比起光滑固定的外形来更大一些。这种不平坦的外形使得大脑皮层能容纳更多的神经元，以便大脑进行更为复杂的信息加工。

大脑皮层有四个主要的部分，称为**脑叶**（**Lobes**）。如果我们观察大脑内部，会看到额叶（Frontal Lobes）位于大脑皮层前正中的位置，顶叶（Parietal Lobes）位于额叶后面，颞叶（Temporal Lobes）位于皮层中央区域较低的部位，枕叶（Occipital Lobes）则位于其后。把这四部分脑叶分隔的深沟叫脑沟（Sulci）。

我们还可以根据特定区域的功能对大脑进行划分。三个主要的功能区域分别是：运动区、

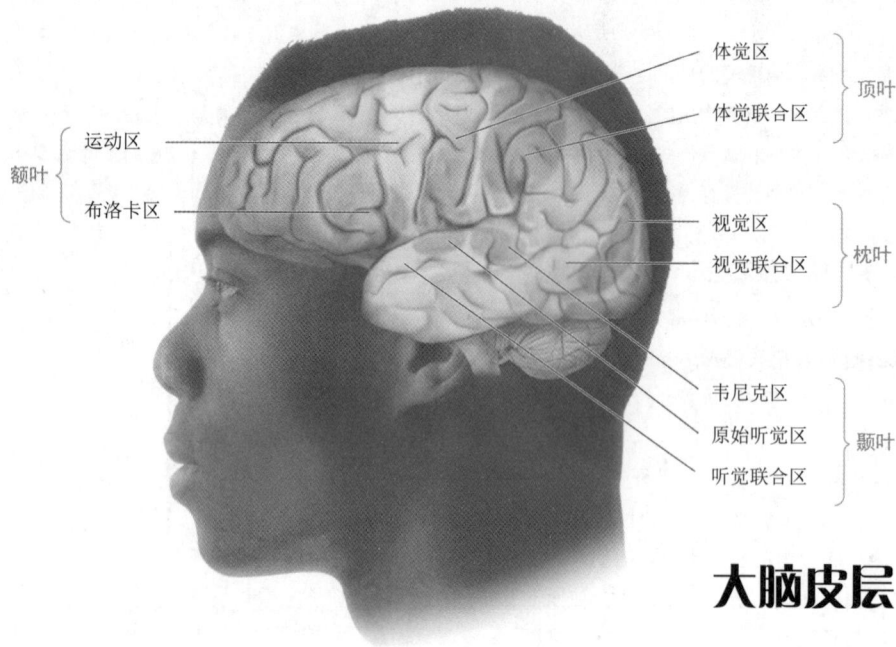

体觉区
体觉联合区
顶叶

运动区
额叶
布洛卡区

视觉区
视觉联合区
枕叶

韦尼克区
原始听觉区
听觉联合区
颞叶

大脑皮层

脑叶： 大脑皮层主要的四个部分：额叶、顶叶、颞叶和枕叶。

运动区： 大脑皮层中主要负责躯体自主运动的部分。

感觉区： 与不同感觉相关联的大脑组织，感觉的强弱与脑组织的大小有关。

感觉区和联合区。虽然我们讨论这些区域时会假定它们互相独立，但需要注意的是，行为的发生同时受到脑内相互依存的多个结构和区域的影响。

运动区的每部分都和身体的特定部位相联系。

大脑皮层运动区 在课堂上举手发言这一动作与你大脑的哪部分有关？答案是**运动区（Motor Area）**。它主要负责躯体的自主运动。运动区的每一部分都和身体的特定部位相关。如果人为地在大脑皮层运动区插入电极并给予轻度电刺激，与之相关的躯体部位将会不自主地运动。

运动区的定位非常明确，研究者已经确定了引起躯体特定部位产生运动的脑组织的数量及其相关位置。例如，粗大运动的控制（如膝关节和髋关节的运动）是由运动区内一个非常小的区域负责的。而那些精细运动（如面部表情和手指活动）则由运动区内一个相对较大的区域控制。

大脑皮层感觉区 你的大脑是如何感觉到鼻子发痒的？那是由于鼻部的感觉神经元向大脑的感觉区发送了信息。和运动区跟身体各部位一一对应一样，大脑皮层特定部位和感觉之间也存在类似的关系。

感觉区（Sensory Area）包括三部分：一个主要与躯体感觉（包括触觉）相关，一个与视觉相关，另一个与听觉相关。例如，体觉区（Somatosensory Area）对皮肤的触压觉进行加工。和运动区一样，与身体特定部位相联系的脑组织数量越多，该部位就越敏感。

声感和光感也会在大脑皮层特定区域呈现出来。听觉区（Auditory Area）位于颞叶，主管听觉。如果大脑听觉区域受到电刺激，那么他会描述说听到了滴答声或嗡嗡声。此外，听觉区域的特定部位还负责加工特定的音高。

大脑皮层的视觉区（Visual Area）位于枕叶，对电刺激有类似的反应。通过电极给予电刺激，人们会报告在眼前出现了闪光和颜色，这说明来自眼部未加工的感觉在大脑该区域被接收并被转换为有意义的图像。

大脑皮层的联合区 1848年发生过一起堪称神奇的事故。在一场爆炸意外中，铁路工人菲尼亚斯·

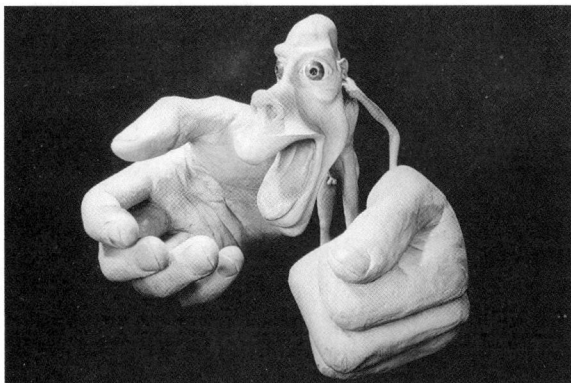

体觉区

大脑体觉区和身体特定部位相关的组织越多，该部位越敏感。假若我们的身体部位大小跟对应脑组织的数量一致，我们就会长成像这样的怪物了。

盖奇（Phineas Gage）的颅骨被一根3英尺长的铁棒穿透，事故后铁棒仍然留在盖奇的颅内。令人惊讶的是，盖奇活了下来，除了插在脑袋上的那根铁棒以外，事故发生仅几分钟后他就看起来和正常人没什么两样了。然而盖奇其实没有那么幸运。事故发生之前，盖奇工作很努力也很谨慎，但之后他变得没有责任心、酗酒并出现许多不切实际的想法。用他的主治医生的话说就是："盖奇已经不再是那个盖奇了。"

到底发生了什么？虽然不可能确切知道原因，但我们能够猜测事故可能损伤了盖奇大脑皮层中一个叫作**联合区（Association Area）**的部位，一般认为该部位主管高级思维过程，如思考、语言、记忆和语音。

联合区在大脑皮层中占到很大比例，它由间接参与感觉和运动的两部分组成。联合区主管执行功能（Executive Functions）、计划能力、目标设定、判断以及冲动控制。

我们对联合区的理解多数来自像盖奇这样遭受过脑损伤的患者。这些人经历了人格的改变，道德判断和情绪处理能力也受到影响，但他们其他方面的功能如逻辑推理、计算及回忆能力等却保持正常。

联合区：大脑皮层的重要区域，主管高级思维过程，如思考、语言、记忆和语音。

事故发生之前，盖奇工作很努力也很谨慎。事故发生之后他却变得没有责任心、酗酒并出现许多不切实际的想法。

适应性超强的大脑

出生后不久，雅各布·斯塔克（Jacob Stark）的手脚就开始每隔20分钟抽搐一次。几周后，他无法注视母亲的脸。他被诊断为"全脑不自主地癫痫发作"。

他的母亲莎莉·斯塔克（Sally Stark）回忆说："雅各布两个半月大时，他们说他这辈子都不可能学会站立或独立进食……他们叫我们把雅各布带回家，爱他并找个能收留这种小孩的机构。"

雅各布5个月大的时候，医生切除了他20%的大脑。手术非常成功，3年后雅各布每天都过着和正常人一样的生活，癫痫没有再发作。

这个手术之所以起效，前提是雅各布全脑的癫痫发作是由大脑中一部分组织的神经元产生异常冲

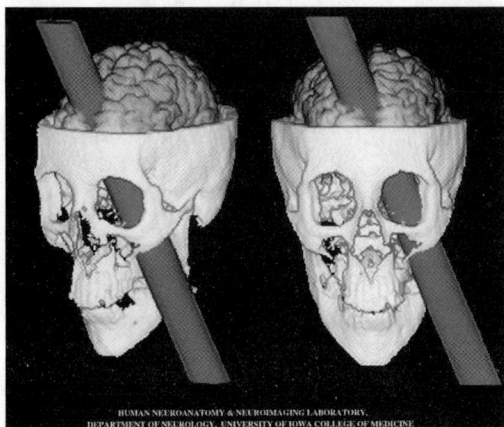

菲尼亚斯·盖奇的损伤部位示意图。

动引发的。切除病灶之后，这部分脑组织的功能将由余下的正常脑组织进行代偿。基于这一原理，医生们预测雅各布术后能够正常生活（特别是在这么小的年纪就进行手术），结果证明他们是对的。

雅各布手术的成功证明了在手术损伤或其他损伤破坏了大脑特定部位的组织之后，大脑的其他部位有能力进行功能的代偿。与此同时，一些关于大脑和神经系统再生（Regeneration）功能的新发现同样振奋人心。

近几年，科学家们发现大脑具有**神经可塑性（Neuroplasticity）**，大脑通过这一过程不断进行自我重塑。多年来，传统观念认为人类的脑细胞在儿童期之后就停止了代谢更新。但近些年的研究结果却与之相反：神经元之间的交流在生命周期中不仅变得越发复杂，而且很显然，新的神经元也在成人大脑某个区域产生，这个过程叫神经形成（Neurogenesis）。实际上，某些成人的大脑遭遇损伤之后，新产生的神经元可以被整合到已有的神经联结中去。

成人期神经元自我更新的能力对于治疗神经系统功能紊乱有重要的启示作用。例如，促进新神经

心理学思考

大脑部位及其功能

>>> 从事简单任务时有哪些脑区被激活？大声读出这句话："在大声朗读一个句子时有多个脑区同时激活。"试想一下在你朗读的时候其实整个大脑都参与了。因为你要看到每一个字，识别它们的读音，理解它们的意思，读出它们，然后还要听到自己在读什么。是不是比你想象中复杂多了？

元产生的药物可以治疗一种因神经元死亡引起的进行性发展的疾病——阿尔茨海默病。

此外，特定的经历还能够修改信息加工的方式。例如，如果你学习阅读盲文，大脑皮层中与指尖感觉有关的组织将会扩增。同样，如果你学拉小提琴，获取与手指相关信息的大脑区域将会扩大——但仅限于接触琴弦的那几根手指。

大脑有两个还是一个

你可能听到过某些人自称是右脑型的人，因为他们的艺术鉴赏能力出众；也有人自称是左脑型的人，因为他们九宫格游戏玩得特别好。那么他们说的"脑型"到底是什么呢？人们对大脑的利用真的会偏重一边吗？不同的大脑半脑功能真的完全不同吗？

为了回答以上问题，你需要了解人类大脑在进化史上相对晚的发展，即左右半脑功能的分化。这一过程可能发生于近100万年内。

大脑可以分为左右大约对称的两半。就像我们有左右两个手臂、两条腿和两个肺叶一样，我们也有左右两个脑。由于脑内神经和躯体的连接方式，这对被称为**半球（Hemisphere）**的大脑控制的是对侧躯体的动作并接收对侧躯体的感觉。大脑左半球一般控制右侧身体，而右半球控制左侧身体。因此，左侧身体的功能障碍提示大脑右半球有损伤。

左右半脑虽然外形相似，但各自控制的功能以及控制的方式不尽相同。某些行为可能只受一侧脑支配，这就是大脑的**偏向性（Lateralized）**。

例如，对于大多数人而言，语言过程主要发生在左脑。左半球主要负责与语言表达相关的任务，如口语、阅读、思考和推理。左半球倾向于逐个处理信息，一次只加工一个。

右半球另有所长，它掌管非语言表达区域，擅长理解空间位置关系、模式识别、绘画、音乐和情感表达。和左半球不同，右半球倾向于综合处理信息，进行整体加工。

虽然如此，大脑左右半球的差异其实并没有那

评估大脑的偏向性

根据大脑的偏向性对自己的倾向性做一个大致的判断，完成下面的问题。

1. 我经常和别人谈论彼此的心情。是或否？ _____

2. 我是个善于分析的人。是或否？ _____

3. 我很擅长解决问题。是或否？ _____

4. 相对客观事物，我对人和情感更感兴趣。是或否？ _____

5. 我习惯从宏观上而非局部看问题。是或否？ _____

6. 计划旅行时，我喜欢把日程中的每一个细节都提前过一遍。是或否？ _____

7. 我比较独立，习惯用头脑解决问题。是或否？ _____

8. 买车时，我更看重车的款式而不是安全性。是或否？ _____

9. 比起看教材我更愿意去听老师讲。是或否？ _____

10. 对我来说记住人的名字比记脸蛋更容易。是或否？ _____

计分： 将你的回答与以下做对比，一致的话计1分，不一致的话计0分，最高分10分，最低分0分。
1. 否；2. 是；3. 是；4. 否；5. 否；6. 是；7. 是；8. 否；9. 否；10. 是。

得分越高的人越趋向于左脑思维，意味着你在言语能力、思考分析和逐个处理信息方面很出众。

得分越低的人越趋向于右脑思维，意味着你在非言语、模式识别、音乐，以及情感表达和全面处理信息等方面的能力很突出。

然而需要注意的是，这仅仅是对你处理问题倾向性的粗略评估，实际上我们每个人都同时拥有功能强大的左右半球。

资料来源：部分改编自Morton, B.E. (2003). Asymmetry questionnaire outcomes correlate with several hemisphericity measures. Brain and Cognition, 51, 372-374。

么大，而且其差异性和偏向性的程度也因人而异。此外，两个半球均在串联、解码、解释及对环境做出反应等方面发挥着作用。

左脑损伤并丧失语言功能的患者通常能够恢复语言能力，因为右脑可以代偿左脑的部分功能，这在小孩身上表现得尤为明显。损伤发生得越早，恢复程度越好。

人类多样性和大脑偏向性

大脑偏向性甚至是大脑结构似乎都存在着性别差异和文化差异。我们先来看性别的影响。越来越多的证据表明，性别对大脑偏向性及大脑容量存在影响。

例如，大多数男性的左半球会偏向于语言能力。对于这些人而言，语言很明显属于左脑的功能。相反，女性的大脑很少有偏向性，她们的语言能力更倾向于在左右半球间平均分配。这种差异可以部分解释女性在某些言语驾驭能力上的优势，如流畅的表达等。

如果你是……

—名教育工作者 大脑的偏向性会受到经验的影响。你该如何利用这一规律帮助学生学习呢？

有些研究表明，在考虑体格大小的前提下，男性的大脑仍比女性的略大。相反，连接两半球的纤维组织——胼胝体（Corpus Callosum）所占身体的比例，女性却大于男性。

另外，男性和女性处理信息的方式也不同。例如，在某研究中，功能性磁共振扫描显示，在完成单词拼写判断任务时，男性左半球的激活程度较高，而女性在这时却习惯左右半球并用。

关于性别对大脑偏向性影响的原理尚不清楚。但可以考虑胼胝体所占大脑比例不同这个假说。胼胝体在女性脑内所占比例较大，控制语言的大脑区域间就可以形成更为紧密的联系。这似乎可以解释为什么女婴学说话要比男婴早。

不过，在我们下此结论之前，还必须考虑另一个假说：女性更早出现语言功能的原因可能是，在口头表达上女婴比男婴得到更多的鼓励。而这种早期经历又会促进大脑某些部位的发育。如果是这样，那么大脑形态上的差异更多受到社会环境因素的影响而不是出于男女行为的差异。但遗憾的是，目前还不知道究竟哪一种假说是正确的。

文化背景也是影响大脑偏向性的因素之一。例如，母语是日语的人似乎是在左半球根据元音来加工语言信息的。相反，北美洲、南美洲和欧洲人，以及个别较晚学习日语的日本人，主要在右半球加工元音信息。对这种差异的解释之一是，日语的某些特征（如仅仅利用元音就能表达复杂的意思）导致了母语为日语的人出现这种大脑偏向性的发展。

裂脑：探索大脑左右半球

病人V.J.患有严重的癫痫症。医生希望通过切断由纤维组织构成的、负责在左右半球间传递信息的胼胝体，来达到抑制癫痫发作的目的。术后V.J.的癫痫发作频率和程度均降低了，但却出现了出人意料的并发症：她患上了失写症，尽管她能够大声阅读和拼出单词。

像V.J.这样为了抑制癫痫发作而被切除胼胝体的人，称为裂脑人（Split-brain Patients）。这样的病人为大脑左右半球研究提供了稀有的资源。诺贝尔医学奖得主罗杰·斯佩里（Roger Sperry）曾经发明了一些巧妙的技术以裂脑人为对象来研究左右半球是如何工作的。

在他的实验程序中，蒙住双眼的病人被要求用右手摸一个物体并说出该物体的名称。因为身体右侧和主管语言的左脑相联系，裂脑人能够说出该物体的名称。但如果他用左手摸物体，就无法说出该物体的名称，尽管他的大脑已经记录了该信息。只有在移除眼障后，病人才能准确说出他们摸到的物体是什么。所以说，如果仅仅是学习并记忆信息，用右脑足矣，但要语言参与进来，就必须

同时用到左脑了。顺便提一下，只有你做了裂脑手术，这个实验才有效，因为正常的大脑内可以通过胼胝体在左右脑间进行即时的信息传递。

从这个实验中我们能一目了然地知道大脑左右半球处理着不同类型的信息。同时我们还必须谨记的是，两个半球都能够理解、认识并感受这个世界的存在。我们应该根据处理特定信息的效率来区分这两个半球，而不是将它们完全孤立看待。只有两个半球携手工作，人类的思维才能更加宽广和丰富。

通过生物反馈控制你的心跳和思想

塔米·德米凯尔（Tammy DeMichael）在一场严重的车祸中损伤了颈部，脊髓也受到压迫，医生断定她将在全身瘫痪中度过余生。但没想到的是，塔米不但重新举起了手臂，还能扶着手杖行走几十米。

塔米奇迹般恢复的秘密是**生物反馈（Biofeedback）**，它是指个体学会有意识地控制内部生理过程（如血压、心率、呼吸频率、皮温、汗腺分泌以及特定肌肉的收缩）的过程。虽然传统意义上认为心率、呼吸频率、血压以及其他生理功能是受大脑控制的，我们无法左右它们，但现在心理学家们已经发现它们其实并没有那么"自主"。

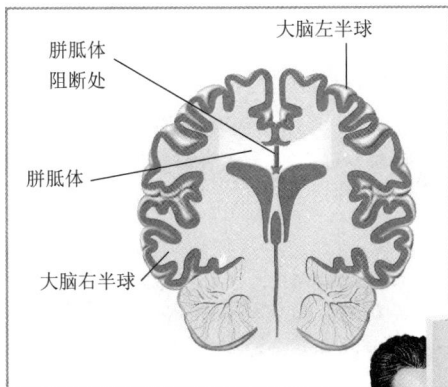

裂脑

大脑左半球
胼胝体
阻断处
胼胝体
大脑右半球

屏风挡住被试的视线

裂脑人触摸屏风后面的物体并说出该物体是什么。当病人用右手触摸物体时他们能够说出该物体的名称，但使用左手时却做不到这一点。

资料来源：Brooker et al., 2008, p. 943。

一过程花费了一年多的时间，但塔米最终还是成功地恢复了部分运动功能。

生物反馈： 个体学会有意识地控制内部生理活动（如血压、心率、呼吸频率、皮温、汗腺分泌以及特定肌肉的收缩等）的过程。

在生物反馈过程中，人和电子设备相连接，该设备能向人不间断地反馈正在发生的生理反应。例如，如果想通过生物反馈来控制头痛，就要在头部的特定肌肉组织中安装电子感应器，人们经过一段时间的训练来学习如何控制这些肌肉的收缩和舒张。当人再次感到头痛时，就能通过放松相关的肌肉来缓解疼痛了。

在塔米的例子中，生物反馈的效果很明显，这是因为大脑和腿部之间的神经系统连接并没有全部被切断。通过生物反馈，她学会了怎么向特定的肌肉组织发送信息，"命令"它们进行运动。虽然这

心理学思考

> > > 在复杂的脑扫描仪器出现之前，我们只能在人死后对大脑进行探查，或在病人发生如脑卒中这样的脑部创伤后对问题进行研究。如果科学家发明正电子扫描和核磁共振扫描时你在场的话，你会想最先用它们来研究什么？

你相信吗？>>>

生物反馈是万能的吗？

虽然要学会用生物反馈技术来控制生理过程并不容易，但它的确已经成功运用于许多疾病的治疗，包括情绪障碍（如焦虑、抑郁、恐怖、紧张性头痛、失眠和多动）、心身疾病（如哮喘、高血压、溃疡、肌痉挛和偏头痛）以及躯体障碍（如脊髓损伤、脑卒中、脑瘫和脊柱侧凸）等。此外生物反馈还被应用于减压，在个体经历严重压力或慢性疼痛时发挥作用。

但是，生物反馈真的对所有这些疾病都有疗效吗？如果你上网搜索关于生物反馈的信息，你会发现声称能治疗各种大小疾病的生物反馈产品琳琅满目。它们有的声称"已通过临床检验"，也可能确实对部分患者有效。但如果你仔细研读它们的说明，就会发现，其中很多只提及生物反馈仪可以提供关于身体的反馈，但对于人们对反馈的意识觉知和有意控制却只字不提，而这才是生物反馈的核心原理。因此，在你准备掏几百块甚至更多钱购买这样的产品之前，最好考虑一下更为经济的选择，比如多花点时间陪伴家人朋友、锻炼以及冥想（详见第88页），或者试试本书第268页推荐的减压方法。

我的心理学 笔记 >>

- 为什么心理学家要研究大脑和神经系统

　　了解了生物基础对行为的影响，特别是那些和神经系统直接相关的生物过程，才能充分理解人类行为。研究生物结构和功能对行为影响的心理学家被称为行为神经学家。

- 神经系统的基本单位是什么

　　神经元是神经系统最基本的结构单位，它在脑内或在身体的某部分与另一部分间传递神经冲动。信息一般通过树突进入神经元，接着进入胞体，并最终沿着被称作轴突的管状延伸物传递下去。

- 内分泌系统如何影响行为

　　内分泌系统分泌调节机体功能的激素和化学物质到血液中。垂体分泌生长激素并影响其他内分泌腺体的激素释放，它本身受下丘脑的调节。

- 大脑有哪些部分，各自的功能是什么

　　中央核心区，或称"旧脑"，由延髓（控制呼吸、心跳等生命基础功能）、桥脑（协调肌肉和身体的两侧）、小脑（控制平衡）、网状结构（紧急情况下提高反应意识）、丘脑（负责感觉信息与大脑之间的沟通）以及下丘脑（维持身体的内环境稳态和调节与基础生命有关的行为）构成。

　　大脑皮层，或称"新脑"，包括控制自主运动的区域（运动区）、负责感觉的区域（感觉区）以及负责思考、推理、言语和记忆（联合区）的区域。

　　边缘系统位于"新""旧"脑之间，与饮食、攻击、繁殖、快乐和疼痛体验有关。

- 大脑两半球是如何分工和合作的

　　大脑分为左右两半（或称半球），各自控制对侧的身体。左半球负责语言任务，如逻辑推理、说话以及阅读，而右半球则负责非语言任务，如空间位置知觉、模式识别及情感表达。左右两半球都能够理解、认识和感知这个世界，并相互依存。

答案

1. 神经元
2. 树突，轴突
3. 髓鞘
4. 突触
5. 神经递质
6. 反射
7. 大脑，脊髓
8. 躯体神经系统，自主神经系统
9. a-（2）,b-（3）,c-（1）
10. a-（1）,b-（3）,c-（2）,d-（4）

3

感觉和知觉

你将读到

相遇一次，相识永远

哪怕只有一面之缘，相隔数年后再见时，她仍能认得你。

一位名叫C.S.的女性可以识别出她曾见过的任何一个人。其实世上只有极少部分人和她一样，他们被称为"超级识别者"。对于超级识别者们来说，即便当时只是擦肩而过，他们也能在多年后识别出曾见过的面孔。是的，他们非常擅长感知和回忆面孔。

一位超级识别者介绍说，她曾认出一名服务生，而对方是五年前她在另一座城市中碰到的。通常，超级识别者们不会受到对方外貌变化的影响，像是衰老或改变发色都不妨碍他们进行识别。

但拥有这么强大的识别能力也不完全是件幸事，就像一位女性说的，"只要我们见过一面，不论过去多久，我都能认出来。"而她却经常假装自己不认识对方，"我跟他只不过是四年前在校园里偶遇过，如果只是这样却记得那么清楚会让对方误以为他对我有特别意义！"

多数人都能较好地辨别出他人面孔，这是因为人类的大脑中有一部分区域是专门负责感知面部的。超级识别者只代表了一小部分人，他们在识别面孔上拥有着极为突出的能力。另一种极端的情况是"脸盲症"，这类人在人群中所占的比例同样很小。对于他们而言，识别面孔极其困难，即使面对着自己亲人或朋友的面孔，他们也会深感陌生。

超级识别者和脸盲症的现象说明了我们依赖于感知觉的正常工作来体验这个世界。感觉为我们了解世界打开了一扇窗，它不仅为我们提供意识、理解和欣赏美的能力，也使我们注意到潜在的危险。借由感觉，我们才能感受到徐徐微风、闪烁星光，以及鸟儿的歌唱。

>> 感觉和知觉: 硬币的两面

如果你有跑步的习惯,那么你应该很熟悉这个情景:凯尔(Kyle)习惯在跑步时听音乐,今天他希望找几首合适的曲子来激励自己。他打开音乐播放器,将音量调低之后,首先跳过了前面几首歌,因为它们不是太缓慢就是太悲伤。当说唱歌手柯蒂斯·杰克逊(Curtis Jackson)的《在俱乐部里》(*In Da Club*)开始播放时,凯尔觉得用它来伴随跑步实在是再合适不过的了。当音乐的旋律到达凯尔的耳膜并由此进入大脑时,感觉发生了;当他意识到自己正在听音乐时,知觉发生了。

换言之,感觉是对原始刺激的认识;知觉是人脑对这些刺激进一步解释、分析、整合的过程。例如,请你想象一个正在鸣叫的火灾警报器。如果从感觉角度考虑,我们会问警报的声音有多大;而从知觉角度考虑,我们会询问人们是否能辨别出火警的声音并意识到它的含义。

研究感知觉的心理学家需要面对各种各样的问题,包括在本章开始部分中提到的疑问以及其他一些问题,像是我们为什么会被视错觉欺骗?如

何区分人与人?在本章中,你可以找到这些问题的答案。现在,我们先来看看感官是如何对刺激做出反应的。

>> 感知周围世界

当伊莎贝尔(Isabel)在感恩节的晚餐桌前坐下时,她爸爸刚好把火鸡盘摆到餐桌正中央,家人的说笑声也越来越大。伊莎贝尔拿起叉子,这时火鸡的香气迎面扑来,她觉得自己的肚子都快叫起来了。亲戚朋友们围坐在桌子旁,他们一边说笑着,一边品味节日的佳肴,这让伊莎贝尔感到自秋季开学以来从未有过的轻松。

假如你的任一感官失去了功能,生活会有什么不同?如果双目失明,你就看不到麻理子(Mariko)姑姑的新纹身;如果双耳失聪,你就听不到爷爷奶奶关于吃红肉还是吃白肉的争论;如果你感觉不到饥饿、闻不到食物的气味,或是品尝不出味道,那么你的晚餐将变成什么样子?

上面提到的这些感觉仅仅是感官体验的表面现象。多数人认为人类存在五种基本感觉,分别是视觉、听觉、味觉、嗅觉和触觉。其实这并不全面,人类

的感官能力远远超过上述五种。例如，人类不仅对触摸敏感，对疼痛、压力、温度、震动等也同样敏感；再者，视觉还可以细分为昼视觉和夜视觉；耳朵不仅能接收信息，还有助于我们保持平衡。

为了了解心理学家是如何理解感知觉的，我们首先要明白几个相关定义。**感觉（Sensation）**是指由刺激（灯光或声音等）引起的感官激活过程；**知觉（Perception）**是指大脑对作用于感官的刺激进行整理、解释、分析的过程；**刺激（Stimulus）**是指对有机体的反应产生影响的所有来源。

刺激在类型和强度上有很大变异性，所以不同的刺激会激活不同的感官。比如，我们可以分辨出光和声音是两种不同的刺激，前者激活视觉使我们能看清

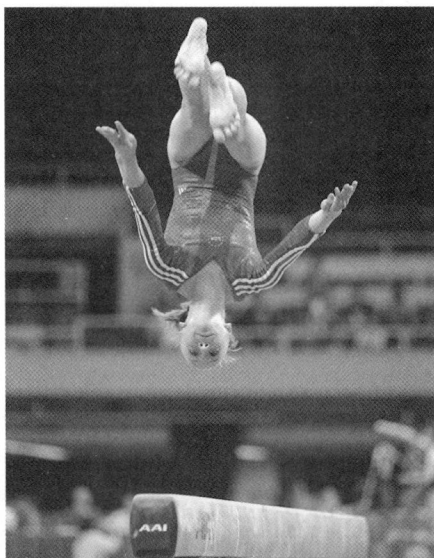

和这位体操运动员一样，我们依靠耳朵来保持平衡。

秋天落叶的颜色，后者激活听觉使我们能感受管弦乐合奏的声音。

专注于研究刺激类型和强度的学科分支被称为**心理物理学（psychophysics）**，该分支主要研究刺激的物理特性以及它与个体经验的关系。在心理学中，心理物理学占有重要的一席之地，并拥有相当一批活跃的研究者。

绝对感觉阈限

我们是如何觉察到一丝光亮、一缕清香或一曲旋律的？这个问题也正是心理物理学试图说明的。注意一下此时在你周围的各种声响：你可能正在听音乐，你的室友也许正在打电话，你听到桌上的电脑在嗡嗡作响，或是屋顶的日光灯泛着杂音。虽然被如此多的声音信息包围着，但我们适应得还不错，这些现象说明我们的机体有能力处理大量刺激。

我们能觉察到的最小刺激强度是多少？这个问题的答案取决于该刺激的绝对感觉阈限。**绝对感觉阈限**

感觉：由刺激（如灯光或声音）引起的感官激活过程。

知觉：大脑对作用于感官的刺激进行整理、解释、分析的过程。

刺激：对有机体的反应产生影响的所有来源。

心理物理学：主要研究刺激的物理特性及其与个体经验关系的学科。

心理学 小贴士

感觉是指感官激活的过程，通常是物理反应；知觉是对刺激的解读，是一种心理反应。

这个经典的图形反映了感觉和知觉之间的差异。我们利用感觉看到黑白相间的斑点。我们利用知觉意识到这是一幅……你能说出你看到了什么吗？

资料来源：James, 1966。

（Absolute Threshold）是指刚刚引起感觉的最小刺激量。

> **绝对感觉阈限：** 刚刚能引起感觉的最小刺激量。
>
> **差别感觉阈限（最小可觉差）：** 刚刚能引起差别感觉的刺激物间的最小差异量。
>
> **韦伯定律：** 最小可觉差是原刺激强度的固定比值。

感觉使我们对刺激很敏感。例如，个体可以感觉到蜜蜂的一扇薄翼从距离脸部1厘米的地方落在脸颊上。但是，如果感觉过于敏锐，也会给人带来麻烦。如果我们对声音的敏感度超过了正常水平，那么个体甚至能听到耳中气流碰撞耳膜的声音，这不仅令人烦心，还会妨碍我们接收身体外部的声音刺激。

绝对阈限的测量需要一个理想环境，但噪声通常会妨碍这一测量过程。噪音是指在其他刺激的辨认过程中起干扰作用的背景刺激，所以噪音并不是单指某种声音刺激，而是指所有起干扰作用的、非期望的刺激。

触觉十分敏感，以至于个体可以感觉到蜜蜂的一扇薄翼从距离脸部1厘米的地方落在脸颊上。

回想一下你上一次参加派对时的情景。想象你看到了一大群健谈的人，他们簇拥着走进一间烟雾缭绕的屋子，房间不大并且里面充斥着震耳欲聋的摇滚乐。人群的喧闹声和音乐声使你听不清别人在说什么，弥漫着的烟雾使你看不清也品尝不出食物的味道。在这个例子中，烟雾和人群都是"噪音"，因为它们对识别其他刺激起到了干扰作用。

差别感觉阈限

假设你的好朋友从外地来探访你，你想亲自为他做些意大利面。你从零售店买来酱汁的半成品，回家后打开罐头尝了尝但觉得不够咸，于是你撒了一些盐。搅拌过后你再次品尝了下，仍然觉得味道不够，你只好又加进一勺盐，尝过之后终于觉得咸淡适中了。

上述这个过程恰好说明了差别感觉阈限的概念，心理学家将**差别感觉阈限**（**Difference Threshold**）定义为刚刚能引起差别感觉的刺激物间的最小差异量，也被称为最小可觉差（just noticeable difference）。

对刺激物的差别感觉，并不取决于一个刺激物增加的绝对重量，而取决于刺激物的增量与原刺激量的比值，说明这两者关系的是心理物理学中的一条重要定律，即**韦伯定律**（**Weber's Law**）。韦伯定律认为，最小可觉差是原刺激强度的固定比值。

例如，重力的最小可觉差是1∶50，它的含义是：对于50千克的重量而言，增加1千克可以引起差别感觉；如果是500千克，则需要增加10千克才能产生差别感觉。在这两种情况中，产生差别感觉所需的重量比例是相同的，即1∶50=10∶500。同样地，对于初始音量就很大的声音，想引起差别感觉所需的音量增值要大于初始音量小的声音，但不论增量是多少，增量与初始刺激量的比值不变。

韦伯定律解释了为什么我们在安静的房间里更容易被电话铃声惊吓到，如果换作是在喧闹的房间中，想达到同样效果的话，电话铃声需要像汽车鸣笛那么响才可以。类似地，同一天的月亮在黄昏时分若隐若现，入夜后则显得十分明亮。

感觉适应

刚一走进电影院，你就立刻闻到了爆米花的香气。可几分钟过后，你便觉察不出这种味道了，出

你的感官有多敏锐？

回答以下问题，看看你对于自己感官的敏锐程度了解多少：

1.在一个晴朗的漆黑的夜晚，相距多远你才能看到蜡烛的火焰？

  a. 距离10米_____   b. 距离30米_____

2.在安静的环境中，距离多远你才能听到钟表滴答的声响？

  a. 5英尺（约1.52米）之外_____   b. 20英尺（约6.10米）之外_____

3.在2加仑（约7.57升）的水中需要加入多少糖你才能觉察到？

  a. 2汤匙_____   b. 1茶匙_____

4.滴一滴香水，你能在多大的范围内觉察到？

  a. 5乘以5的范围之内_____   b. 3个房间的公寓_____

资料来源：Galanter, 1962。

答案：以下每一题的答案都是b，这说明了我们的感官惊人的敏锐。

现这种现象正是因为感觉适应。**感觉适应**（**Sensory Adaptation**）是指由于持续暴露在同一刺激下，感觉神经反应性下降的过程。我们习惯于一种刺激即是感觉适应，它意味着大脑对刺激的敏感性降低。

即便刺激强度很大，持续暴露于该刺激下也会出现感觉适应。例如，不停播放一首很大声的曲子，慢慢地你会觉得它开始变得轻柔。同样地，刚跳入冰冷的湖水中时，你会觉得很不舒服，但最终也就习惯它的水温了。

对刺激敏感性下降的原因在于感觉神经不能准确地将信息传达给大脑，大部分的感觉神经接收细胞只对刺激的变化敏感，所以面对持续不变的刺激时，这些细胞就不能有效地做出反应了。

> **感觉适应：**由于持续暴露在同一刺激下，感觉神经反应性下降的过程。

心理学小贴士

记住，韦伯定律适用于所有感觉刺激，包括味觉和嗅觉。

不是每个人都敢在冰冷的海水里冬泳，不过只要熬过一开始的刺骨寒冷，感觉适应就会帮助身体习惯于严寒的水温——至少可以挺一会儿。

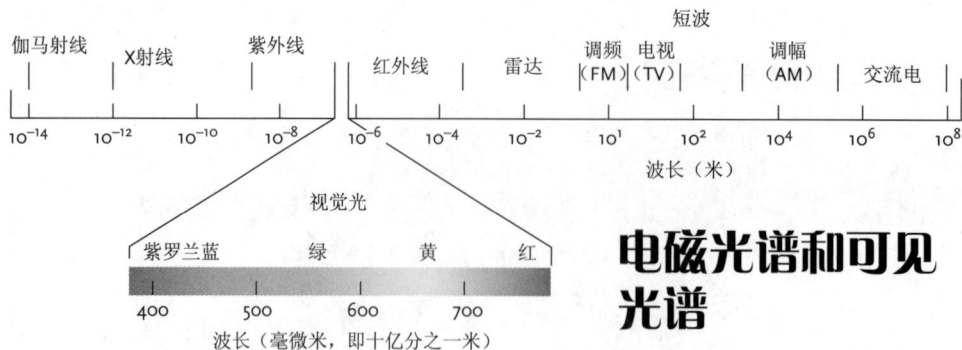

伽马射线　X射线　紫外线　　红外线　雷达　短波　调频 电视 调幅 交流电
　　　　　　　　　　　　　　　　　　　　　　　　　(FM)(TV)　(AM)

10^{-14}　10^{-12}　10^{-10}　10^{-8}　10^{-6}　10^{-4}　10^{-2}　10^1　10^2　10^4　10^6　10^8

波长（米）

视觉光

紫罗兰蓝　　　绿　　　黄　　　红

400　　　500　　　600　　　700

波长（毫微米，即十亿分之一米）

电磁光谱和可见光谱

>> 视觉：揭示眼睛的奥秘

正如诗人所说，眼睛是心灵的窗户。不仅如此，它同时也是我们了解外部世界的一扇窗。我们借由眼睛来欣赏美丽的晚霞、爱人的脸庞或者文学佳作。

光刺激作用于人眼会产生视觉，光是具有一定频率和波长的电磁辐射，不同波长对应着不同的辐射能量。在广阔的电磁辐射中，人类可见光只是其中的一个狭窄区域，被称为可见光谱。

光波来自于身体之外的物质，如一只蝴蝶。而眼睛是人体中能感知光波的唯一器官，它将光波转化为神经元，通过神经元，眼睛和大脑得以联系起来，不过视神经元在眼中所占的比例其实很小。通常人们会认为，多数人的眼睛与胶片相机的作用原理很相似。

虽然眼睛和相机有些相似之处，但人类的视觉要复杂和精细得多。而且一旦图像抵达视神经元，和相机的类比就告一段落了，后续在头脑中发生的视成像过程其实与电脑的作用机制更为接近。

点亮双眼

物体（比如之前提到的那只蝴蝶）可以反射光线。反射后的光线会先通过人的角膜，角膜因为是弯

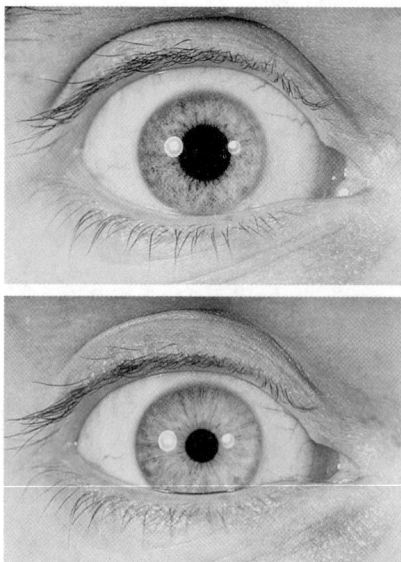

正如相机的自动感光系统一样，人类瞳孔扩张时可以允许更多光线进入，而瞳孔收缩则会阻止光线进入。

曲的，所以具有屈光作用。光线在角膜处发生屈折后进入眼内，到达瞳孔。瞳孔是虹膜中央的一个小孔，具有颜色，通常人类瞳孔的颜色变化范围是从淡蓝色至深棕色。瞳孔的大小取决于周围环境的光亮程度，如果周围较暗，瞳孔扩张得会比较大，利于吸收更多光亮。

为什么瞳孔不能完全扩张开，以允许最大量的光线进入眼睛呢？这与物理光学的基础知识有关，小瞳孔可以提升可视距离，而扩张较大的瞳孔会降低这一距离，使感知到的细节更为模糊。当四周明亮时，眼睛通过缩小瞳孔来更精确地成像；当四周昏暗时，瞳孔会扩张以看清周围情况，但这是以牺牲视觉细节为代价的（也许这就是人们觉得烛光晚餐很浪漫的原因，昏暗的灯光使人们注意不到对方外貌上的缺陷）。光穿过瞳孔后，会抵达在其后方的晶状体，晶状体通过改变自身的厚度来聚焦光线，当观看远处物体时，晶状体变得扁平；观看近处物体时，晶状体则较为圆厚，这一过程被称为适应。在餐厅吃饭时，你有没有注意到有人会把菜单举得很远来看？这是因为晶状体的适应能力会随个体年龄增长而下降，导致他们在观看近距离物体时很难将视线聚焦，所以很多人在40岁后会开始佩戴老花镜，或是看东西时把物体举得比较远。

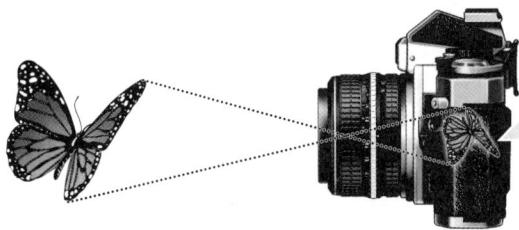

相机的镜头将倒置的影像聚焦于胶卷上，同理，眼睛的晶状体将倒置的影像聚焦于视网膜上。

角膜
虹膜
瞳孔
晶状体

中央窝
盲点
视神经
视网膜
视网膜上的非感觉细胞

眼睛与相机的相似性

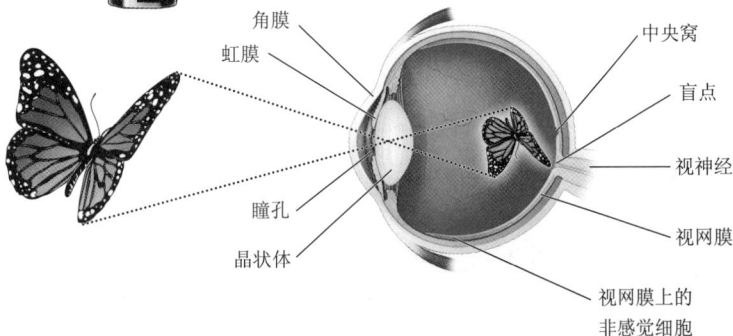

你知道吗?

一种含有剧毒的植物"莨菪"曾被女性用来增大瞳孔，她们会把莨菪的汁液滴入眼睛，通过这种方式来提升自己的魅力。所幸的是，现在有更安全的方法来达到同样目的。同时新近的研究还发现，任何类型的情绪，比如愤怒、恐惧、惊讶等都会使瞳孔扩张。

穿透视网膜 穿过瞳孔和晶状体后，蝴蝶的视像到达**视网膜**（Retina），视网膜位于眼睛的后半部分，是一层透明薄膜。视网膜将光波的电磁能转化为神经冲动，然后传输给大脑。在视网膜中有两种感光细胞，它们在形态上具有明显的区别。一种是形态细长的**棒体细胞**（Rods），它对光刺激十分敏感；另一种是形态短粗的**锥体细胞**（Cones），它主要负责感知物体的形状和颜色，尤其是当个体处于明亮环境中时。棒体细胞和锥体细胞在视网膜上的分布并不均匀，特别是在中央窝位置，那里只有锥体细胞没有棒体细胞，

而这是视网膜上对光最敏感的区域。通常当你想仔细看清一个物体时，你会自动地将视成像聚焦在中央窝处，以便看得更清楚。

棒体细胞和锥体细胞的区别不仅在于形态上的不同，两者的功能也不一样。锥体细胞是昼视器官，在中等和强的照明条件下起作用，主要感受物体的细节和颜色；棒体细胞是夜视器官，它们在昏暗的照明条件下起作用，主要感受物体的明暗。另外，棒体细胞对于个体的周边视觉也有重要作用，它能帮助人们看清不在视野中心的物体。

视觉的暗适应也离不开这两种细胞，暗适应是指由亮处转入暗处时视觉感受性提高的过程（刚走进影院时我们往往觉得眼前一片漆黑，甚至要摸索着才能找到座位，但没过一会我们就能看清周围环境了）。暗适应的速度取决于棒体细胞和锥体细胞中化学成分改变的速率，通常锥体细胞只需几分钟就可完成暗适应，但棒体细胞完成整个过程大概需要20～30分钟。与暗适应相对的是明适应，即由暗

> **视网膜：** 一层透明薄膜，可以将光波的电磁能转化为神经冲动，然后传输给大脑。
>
> **棒体细胞：** 视网膜上形态细长、呈棒形的感光细胞，对光非常敏感。
>
> **锥体细胞：** 视网膜上形态短粗、呈锥形的感光细胞，负责感知物体的形状和颜色。

眼睛中的感光细胞——棒体细胞和锥体细胞

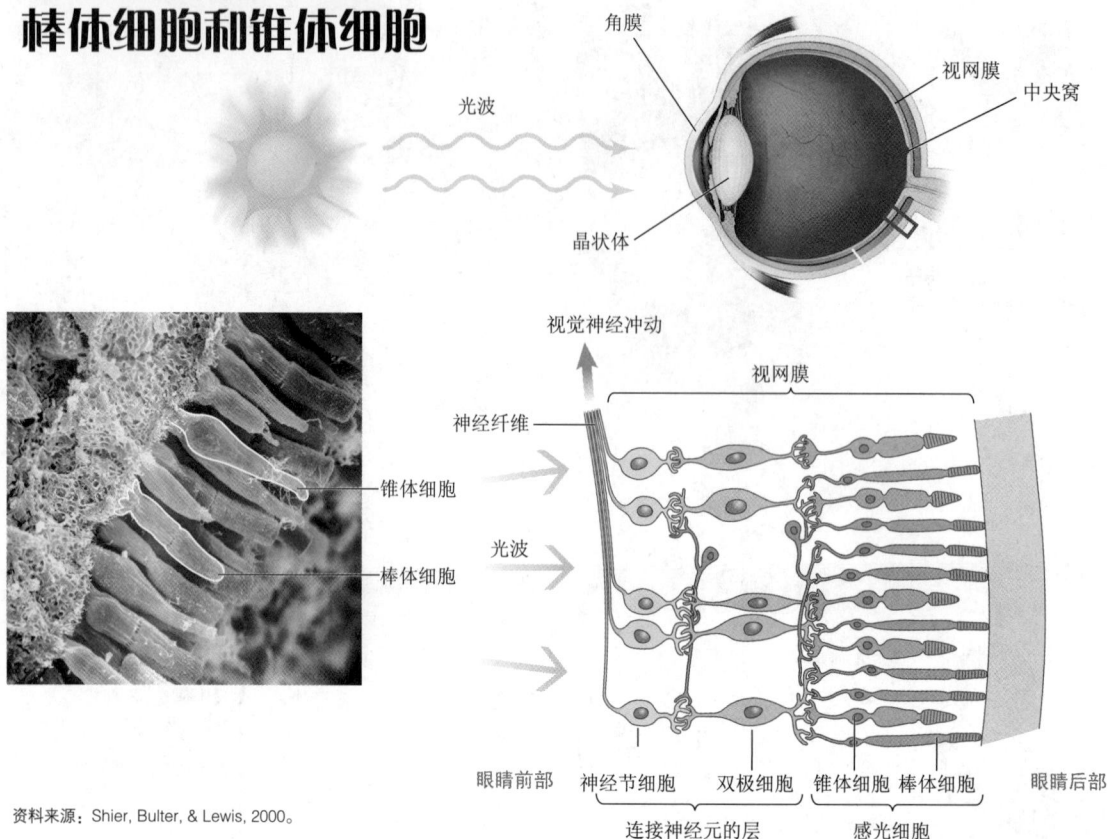

角膜
光波
晶状体
视网膜
中央窝

锥体细胞
棒体细胞

视觉神经冲动
视网膜
神经纤维
光波
眼睛前部
神经节细胞　双极细胞　锥体细胞　棒体细胞
连接神经元的层　　感光细胞
眼睛后部

资料来源：Shier, Bulter, & Lewis, 2000。

处转入亮处时人眼感受性下降的过程。明适应进行得很快，1分钟左右就可以完成了。

将图像传到大脑　在光波抵达棒体和锥体细胞后，神经细胞开始将光能转化为神经冲动，然后将这些神经冲动传输至大脑。甚至在神经信息还没有完全传送到大脑时，视觉的初始编码就已经开始了。

眼部的神经细胞受到刺激后，会将神经反应传导给两种接收细胞。其中，双极细胞直接接收来自棒体

心理学小贴士

锥体细胞负责颜色视觉；棒体细胞高度感光，但对颜色不敏感。

和锥体细胞的信息，并将这些信息传输给视神经节。神经节细胞将信息收集、整理后一方面下传至眼部，另一方面通过神经束把信息上传到**视神经**（Optic Nerve）。

因视神经节细胞需要聚合并穿过视网膜，所以网膜上有一小块区域既没有棒体也没有锥体细胞，该区域被称为盲点。盲点一般在靠近视野中心的位置，即便物体的影像落在这个范围内，也不能引起个体的视觉。不过，盲点通常不会对人造成什么影响，因为大脑可以利用周围的环境信息自动弥补上盲点缺失的信息。

神经冲动一旦离开眼睛，与之相关的物体影像也会随之转移到视神经。不过视神经中的信息却不是被直接传输到大脑的，因为双眼的视神经会先在位于两眼之间的视交叉处实现交叉，然后再分离成两条视神经。

在视神经分离后，来自每个视网膜右侧的神经冲动会传导至右侧大脑的，相应地，每个视网膜左侧的神经冲动都会传导至左侧大脑。但是因为图像在视网

想找到你的盲点吗？请你闭上右眼，仔细看这座鬼屋，这时页面上的小鬼魂会出现在视野外围。现在，一边盯着房子看，一边慢慢将书靠近你的脸部。当书页离你大概30厘米时，小鬼魂就会消失，这正是因为鬼魂的图像刚好落在了你的盲点上。而且你会发现，书页上的直线直接穿过了小鬼魂应该在的位置。这个简单实验表明我们的大脑会自动利用周围信息来弥补盲点上的缺失，这也是你从未注意到盲点的原因。

膜上呈现时是被水平翻转且上下颠倒的，所以视网膜右侧的图像其实来自个体的左视野，同样，视网膜左侧的图像是来自个体的右视野。

视觉信息的加工 当视觉信息抵达大脑时，已经意味着信息经过了层层加工，不过最后的加工需要在大脑的视皮层处完成，这也是最为复杂的一步。心理学家大卫·休伯尔（David Hubel）和托斯顿·维瑟尔（Torsten Wiesel）因为发现特征觉察的现象曾在1981年被授予诺贝尔奖，**特征觉察（Feature Detection）**是指视皮层中的神经元只对特定的刺激（形状或是模式）做出反应。比如两人发现，有的细胞只能被特定宽度、形状、方向的线条激活；另一些细胞则是只对运动或静止的刺激予以反应。

心理学思考

> > > 你觉得是什么原因使我们能够自动填补盲点？这样做对我们有什么好处？

近年来，关于个体视神经元中的信息是如何被整合和加工的这一问题，我们了解得越来越充分。大脑中的不同区域可以相互独立地同时处理多项神经冲动，比如有的系统负责形状信息，有的负责颜色，还有的系统则和运动、空间、深度信息有关。另外，不同脑区域也会感知不同类型的刺激，像人脸、动物、非生物刺激等都会由不同的脑区负责。

色觉和色盲

回想小学的时候，也许你会记起一个字符串：ROYGBIV。不过你还能说清这里的每个字母是

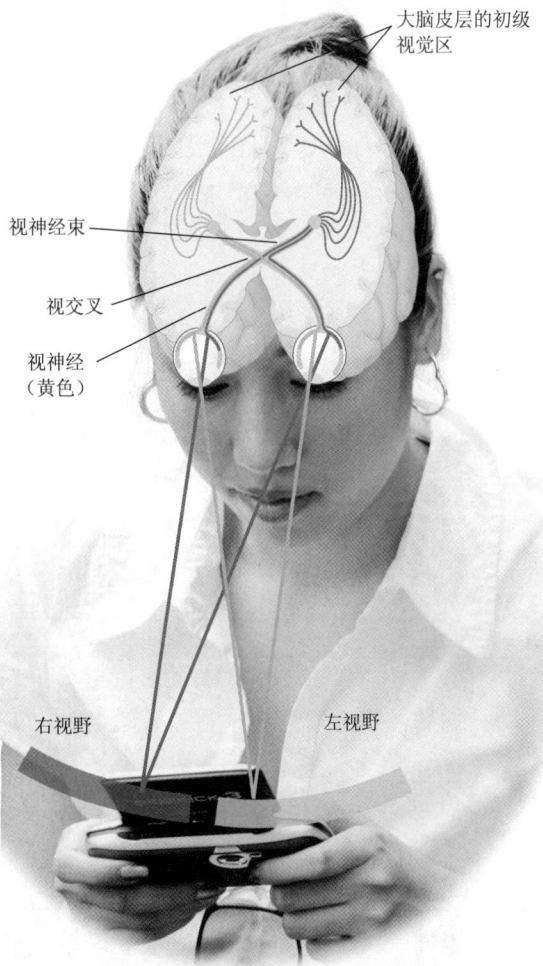

大脑皮层的初级视觉区

视神经束

视交叉

视神经（黄色）

右视野　　　　　　　左视野

由于视神经在视交叉处分裂成两条神经，因此来自右视野的视像被传送到了左侧大脑，而来自左视野的视像被传送到了右侧大脑。

资料来源：Mader, 2000。

什么意思吗？其实它代表着可见光谱中的颜色顺序，即红、橙、黄、绿、蓝、靛、紫（Red, Orange, Yellow, Green, Blue, Indigo, Violet）。虽然人类的可见光谱在广泛的电磁能中只是一条狭窄区域，但是它具备足够的灵活性，能帮

三色视觉理论：该理论认为，视网膜存在三种锥体细胞，分别感受特定波长范围的光。

助我们很好地感知世界。甚至有研究发现，颜色视觉正常的个体可以分辨出七百万种不同的颜色。

虽然人类能辨别如此多的不同颜色，但对于小部分人而言，他们感知颜色的能力却极其有限，这些人被称为色盲者。有意思的是，正是对色盲症的研究使人们更好地理解了颜色视觉的机制。

在人群中，约有7%的男性和0.4%的女性是色盲症患者，他们眼中的世界和我们观察到的世界很不一样。在他们眼里，红色的消防车、绿色的草地以及三色交通灯可能都是黄色的，这种也是最常见的色盲症，即红绿色盲。红绿色盲的患者会将红色和绿色都感知为黄色。另外，还存在其他类型的色盲症，比如黄蓝色盲，这种类型的患者不能区分黄色和蓝色，不过这些类型都比较少见。最为极端的是全色盲，全色盲的患者完全感知不到颜色，在他们眼里，世界全部是由黑白灰构成的。

一个色觉能力正常的人能够区分出不少于七百万种不同的颜色。

解释颜色视觉 为了更好地理解为什么有人会患色盲症，我们需要考虑颜色视觉的两个

一名广告经理 为了同时吸引色盲群体和拥有正常色觉的群体，你会让你的产品使用什么颜色呢？

加工过程。三色视觉理论（**Trichromatic Theory of Colorvision**）试图解释了第一个加工过程，该理论认为，人的视网膜有三种不同的锥体细胞，每种只对特定范围的光波敏感，分别是蓝-紫色、绿色和黄-红色。颜色视觉即是由不同感受器按相应的比例活动而产生的，比如当我们看天空时，负责感受蓝-紫色的锥体细胞最大程度地被激活，而其他两种锥体细胞的激活程度则相对较低。

现在请你盯着上面的旗帜插图看一会儿，然后把视线移开，出现了什么现象呢？如果刚才你盯着旗子上的小圆点看上一分钟，然后又去看一张空白白纸，你会看到一面红白蓝色美国国旗。原图黄色的位置变成了蓝色，绿色和黑色则被替换成了红色和白色，这个现象即视觉的后像。它的出现是因为视线离开原图后，视网膜仍在继续加工原信息。但是对于后像中的颜色为什么会和原图不同，三色视觉理论无法提供合理的解释。

针对三色视觉理论的不足，有学者提出了**拮抗过程理论**（**Opponent-process Theory of Color Vision**）。该理论认为，视网膜的感受细胞是成对联结出现的，而且它们的功能是拮抗的。具体来说，即存在着黑-白、红-绿和黄-蓝三对。如果一个物体反射的光波中蓝色成分大于黄色成分，就会激活蓝色感受细胞，同时降低黄色感受细胞的敏感度，这时物体在我们眼中呈现为蓝色。反之，若是反射光波中黄色成分较多，则会激活黄色感受细胞而限制蓝色感受细胞的作用，使物体呈现为黄色。

加入我们！

如果你是一个色盲患者，你眼里的世界将会变成什么样？在很多相关网站上，你都可以上传一幅你最爱的图片，一幅你宿舍甚至是你自己的图片。然后选择你想体验的色盲类型，这些图像处理网站会将图片自动转换，使你看到色盲者眼中的世界。

用一分钟的时间注视美国国旗上的小圆点，然后把视线转到一张白纸上。现在你看到了什么？多数人会看到一面美国国旗，即这幅图的后像。如果你没有看到，眨眨眼休息一下然后再试试吧。

拮抗过程理论能较好地解释视觉后像。当我们注视黄色一段时间，会降低黄色感受细胞的敏感性，而蓝色感受细胞因为没有受到刺激所以仍处于休眠状态。这时我们将视线转移，去注视一张白纸，白纸的反射光线会同时激活黄蓝两种感受细胞。但由于黄色感受细胞已经很疲惫了，只有蓝色感受细胞能充分发挥作用，所以白纸会呈现出蓝色，也就是说后像使物体向自己的反色转化。不过，后像维持的时间其实很短暂，因为被消耗的感受细胞很快就能恢复过来，这样就能准确地呈现出物体的原有色彩了。

现在我们了解到颜色视觉的产生既有三色过程也有拮抗机制的作用，只是它们分属于不同系统。三色过程只发生在视网膜，而拮抗机制需要视网膜和后续神经元的共同加工。

随着我们对视觉的了解越来越充分，一些心理学家已经利用相关知识来帮助失明患者。比如科学家研发出可以移植到视网膜后的感光芯片，这种芯片可以检测并吸收光，然后将光能转化为神经冲动，再传导至神经节，这一过程与正常人眼的图像接收过程几乎一样。不过，这种芯片的作用也受到一定限制，目前它只能应用于简单图形。

心理学小贴士

分别解释颜色视觉的两种理论——三色视觉理论和拮抗过程理论的区别。

心理学思考

>>> 人们可以通过眼镜等装置来弥补感官上的不足。心理学家是否应该继续研发相关技术来大幅提高人们的感知能力？如果真的实现了，这会给人类带来什么益处？又会有什么弊端？

>> 听觉及其他感觉

虽然乘坐火箭升上太空的确很令人激动，但那种兴奋却可能被宇航病消磨殆尽。一名女性宇航员在升空后持续地恶心和呕吐，甚至她都开始后悔自己当初为什么要立志成为宇航员了。尽管之前曾有人提醒她会出现这种情况，但她真的没想到问题会这么严重。

拮抗过程理论： 该理论认为，颜色感受细胞是成对联结出现的，而且它们的功能是拮抗的。

对于航天工作者来说，很多人面临着同样的困扰。也许你不知道，宇航病其实与我们的一种基础感觉息息相关，那就是运动和平衡觉。这种感觉帮助人们保持平衡，使我们可以在各种空间里自由行走而不至于总是跌跌撞撞。运动和平衡觉、听觉都与人耳关系紧密，而听觉是指将声波转化为其他可理解且有意义的形式的加工过程。

感觉声音

一提到耳朵，多数人想到的是外耳，它其实只是整个耳部结构的一小部分。外耳形似喇叭，它能收集声音并将其传导至内耳。两只外耳各自分布在头的两侧，这样也更有利于声音的定位，即辨别声音是从哪个方向传来的。声波在进入耳朵时其实存在细微的时间差，大脑也正是利用这个偏差来判断声音源。

物体振动会对周围空气产生压力，使空气分子做疏密相间的运动，空气分子的运动就是**声音**（**Sound**）。声音以波形抵达外耳，然后通过管状形态的耳道到达**鼓膜**（**Eardrum**）。当声音从耳道传至鼓膜时，会引起鼓膜的机械振动，这些振动又被传输至中耳。中耳包含了三块听小骨，分别是锤骨、砧骨和镫骨。鼓膜的运动带动三块听小骨，然后把声音传至卵圆窗，它是通向内耳的一层薄膜。由于三块听小骨像一套杠杆那样共同作用，所以它们不仅能传输振动，还会增加其强度。另外，由于鼓膜的面积要远大于卵圆窗，所以声音经过中耳的传音装置后，声压会增强很多倍，因此中耳就像是一个很小但功效强大的扩音器。

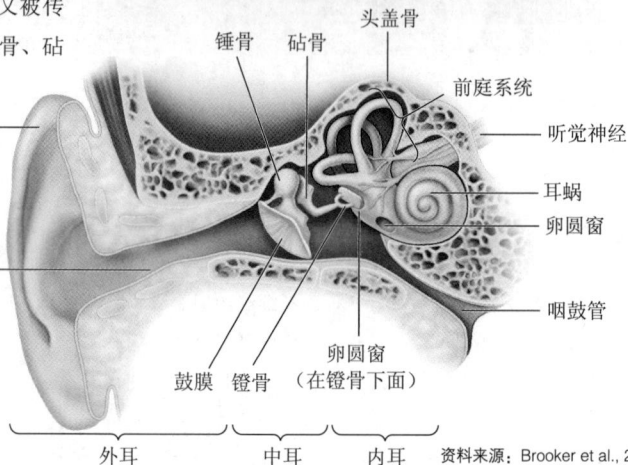

声音：由物体振动引起的空气分子运动。

鼓膜：耳朵的一部分，当声音从耳道传至鼓膜时，会引起鼓膜的机械振动。

耳朵的构造

头盖骨
锤骨　砧骨
前庭系统
听觉神经
耳蜗
卵圆窗
咽鼓管
耳廓
耳道
鼓膜　镫骨
卵圆窗（在镫骨下面）
外耳　中耳　内耳
资料来源：Brooker et al., 2008。

你知道吗？

日本的电话运营商正在研发一项新技术：远程遥控我们的身体！为什么会有人想这么做？假设你身处一座陌生城市中，你想步行去附近的植物公园却不认识路。这时，如果只是带上耳机身体就能按照路线自动前行，是不是很酷？你相信吗？

如果你是……

一名医生　一个大学生患有眩晕症，这是一种会影响到平衡的临床症状。他站起来就会感到天旋地转，以至于呕吐和行走困难。你会如何帮助他？

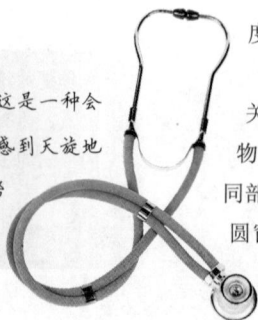

内耳能将声波转化为适当的形式，并将其传输给大脑（它还包含能帮我们定位和保持平衡的器官）。声音通过卵圆窗进入内耳，然后抵达耳蜗，**耳蜗**（**Cochlea**）是卷曲的管状体，形似蜗牛并且充满液体。耳蜗内部是**基底膜**（**Basilar Membrane**），基底膜在靠近卵圆窗的一端最狭窄，在蜗顶一端最宽。基底膜被**毛细胞**（**Hair Cell**）覆盖，声音经过镫骨运动会产生压力波，由此带动基底膜的运动，使毛细胞兴奋，产生动作电位，从而实现能量的转换。

听觉理论　大脑如何区分不同频率或强度的声波？比如，我们如何区别探寻者朵拉（Dora）和黑武士（Darth Vader）的声音？关于基底膜的研究发现，耳蜗可以将声波的物理震动转换为神经冲动，并且基底膜的不同部位会与相应频率的声音产生共鸣。靠近卵圆窗处的基底膜对高频声音格外敏感，靠近内耳处的基底膜则对低频声音敏感。这

了解听觉的位置理论和频率理论之间的差异。

一研究经过扩展后，发展为**听觉的位置理论**（**Place Theory of Hearing**），该理论认为，基底膜不同位置对不同频率的声音产生共鸣。

位置理论较好地说明了我们如何辨别高频声音，但仍有些片面，它忽视了对低频声音的解释。针对这方面的不足，又有学者提出了频率理论。**听觉的频率理论**（**Frequency Theory of Hearing**）认为，整个基底膜就类似一支麦克风，会依据声音频率产生振动。当声音频率较低时，基底膜的振动较少；如果声音频率提高，基底膜也会发生较快、较多的振动。

但不论是位置理论还是频率理论都存在缺陷，位置理论更针对高频声音，频率理论则在解释低频声音时更有效。对于中等频率的声音而言，可能同时存在着这两种作用机制。

声音信息离开耳朵后，会通过一系列复杂的神经传导，然后被传输至大脑中的听觉皮层。在传输过程中，不同的神经元会对不同类型的声音做出反应。像是在听皮层，就有一些神经元只对点击声或是口哨声敏感，而另一些神经元则只对持续的声音做出反应，间断的声音刺激并不能激活它们。并且，一些特定的神经元还可以传达声音所在位置的信息。

平衡：生活的起伏 要想听懂语言必须要求我们能在类似的声波刺激中做出区分。事实上，我们不仅能理解说话人所说的内容，同时还能利用一些线索来判断是谁在说话，或是通过一个人的口音来判断出他的家乡、他现在情绪怎么样，等等。这些能力都表明我们的听觉其实是一套相当复杂的系统。而且，耳朵中的一些部位还与人体的平衡感觉息息相关。像是前庭系统，它会针对不同重力情况做出调整，这样即便我们是站在一辆摇摇晃晃的公交车上，也不会摔倒。**半规管**

（**Semicircular Canals**）位于内耳处，它由三条管状器官构成，内部充满液体。当我们摆头时，半规管内部的液体也会随之晃动，并将运动信息传送给大脑。而当处于稳定的重力情境中，或因突然加速导致前倾、后仰、上下旋转时，这些有关平衡的感觉则都由耳石负责。**耳石**（**Otoliths**）位于半规管内，是对运动刺激敏感的微小晶状体。当我们运动时，耳石就像是沙滩上随风而散的小沙粒。在外太空那种零重力的环境下，重力失衡的耳石不能准确地将运动信息传送给大脑，因此2/3的宇航员会出现宇航病症状。

耳蜗： 卷曲的管状体，形似蜗牛并且充满液体。

基底膜： 位于耳蜗中心的振动结构，把耳蜗分为上室和下室，内部包含听觉细胞。

毛细胞： 遍布基底膜的微小细胞，当振动传入耳蜗时会产生弯曲，由此将声音信息传入大脑。

听觉的位置理论： 该理论认为，基底膜不同位置会对不同频率的声音产生共鸣。

听觉的频率理论： 该理论认为，整个基底膜类似一支麦克风，会依据声音频率产生振动。

对于多数宇航员来说，重力失衡的耳石是造成宇航病的原因。

嗅觉和味觉

雷蒙德·福勒（Raymond Fowler）之前并没考虑过自己的味觉可能有问题，直到二月的一个晚上，他咬了一口生的卷心菜，那块卷心菜是他为家人准备的意大利菜里的。咬了一口后，雷蒙德觉得嘴里有奇怪的焦灼感，但是他并没在意。几分钟后，他的女儿递给他一杯可乐，只喝了一口，雷蒙德

半规管： 位于内耳处，由三条管状器官构成，内部充满液体。

耳石： 位于半规管内，对运动刺激敏感的微小晶状体。

就觉得痛不欲生，"就好像是硫酸，"他说，"感觉像是把世界上最烫的东西倒进了你嘴里。"

很明显，雷蒙德的味觉出现了严重问题。医生在仔细检查后，诊断他的味觉细胞受损，损伤可能是因病毒感染或是他服用的药物所导致的（幸运的是，几个月后雷蒙德的味觉恢复了正常）。

嗅觉　即便我们没体会过雷蒙德味觉紊乱的那种痛苦，我们也明白味觉、嗅觉对于个体来讲有多么重要。虽然人类的嗅觉不如动物那么敏锐，但正常人类也能区别出1万多种不同的气味。而且，我们会对气味保有深刻记忆。一些时隔很久、看似已经被我们遗忘的事件，如果有与当时情境吻合的气味出现，比如棉花糖的甜味、爽身粉的清香，尘封已久的记忆说不定就能被重新唤起。

位于鼻腔内的嗅觉细胞可以感知进入鼻子的空气分子，由此激活嗅觉。研究发现，嗅觉细胞类型多达1 000多种，每种细胞对相应的气味做出反应。一种气味可能会激活几种独立的嗅觉细胞，这些细胞将信息传给大脑，在大脑经过整合后，合成为一种气味。

对于人类而言，气味也经常是一种隐性的交流方式。我们都知道动物会在周围环境中分泌一些气息，这些气息中包含了信息素，它们由此来观察同类的反应，或是传达性交的欲望。比如，母猴阴道的气味就含有能刺激公猴性欲的信息素。

味觉　果冻的甜、柠檬的酸、炸薯条的咸……作为味觉正常的人，我们能品尝到如此多的味道实在是很幸运。不过，有些味道也会令我们产生相反的感慨，比如我们经常在服药后产生宁愿自己尝不出味道的想法。人类有四种基本味觉：甜、酸、咸、苦。其实还有第五种，即鲜味，不过鲜

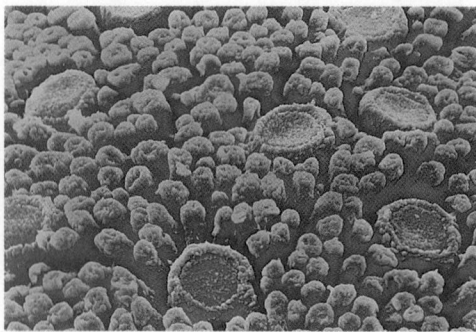

味蕾可能没有看上去这么多，但是它对于我们的生存至关重要。你认为味觉必须具有适应性的原因是什么？

味是否能算作是基本味觉还存有争议。在日语中，很难找到和鲜味近似的词语，而对于英语而言，"meaty（口感香醇的）"和"savory（可口的）"可以算作是近义词。从化学成分看，产生鲜味的食物通常含有氨基酸，而氨基酸是蛋白质的主要组成物质。

虽然大多时候味觉细胞只是专长于一种类型的味道，但它们也会对其他类型的味道做出反应。事实上，每种味道都是四种基本味觉的组合，就好像三原色因为不同配比而形成多种颜色一样。

味觉细胞位于味蕾中，人类的味蕾总数接近1万，这些味蕾遍布于舌头、口腔和咽喉中。味蕾新陈代谢的周期是10天，每10天更替一次以保证个体的味觉能正常工作。

个体在味觉上存在很大差异，并且这种差异通常是由基因导致的。有一些"超级味觉者"，他们的味觉十分敏锐，相比于"失味者"而言，前者的味觉要胜过后者一倍之多。超级味觉者（通常女性多于男性）会觉得甜尝起来更甜，辣吃起来更辣。总之，即便调味程度要比普通食物淡，也足够满足他们的味觉要求。与之对比的是失味者，因为对味道不敏感，所以他们会寻求格外甜或格外油腻的食物来刺激味觉，结果往往导致自己过度肥胖。

味觉细胞大约分布在**1万**个味蕾中，这些味蕾遍布舌头、口腔和咽喉，味蕾会每**10**天更替一次，以保证个体的味觉能够正常工作。

皮肤感觉：触压觉、温度觉和痛觉

詹妮弗·达林（Jennifer Darling）在体育课上刚伤到右手腕时，她没怎么在意。一开始，她只觉得是普通扭伤，但是即便手腕已经好了，疼痛却没有消失。不仅如此，剧烈的疼痛还蔓延到她的胳膊甚至是腿部。"就像是在胳膊上放了一块烙铁"，令人难以忍受的疼痛无时无刻不在发作着。

詹妮弗后来被确诊为患上了交感神经失养症（RSDS）。这种综合征十分罕见，对于患者而言，任何轻微的刺激，比如徐徐微风或是羽毛落在皮肤上，都会引发极大的痛苦，即便是明亮一点的阳光或是稍微大声些的噪音也会导致剧烈疼痛。

詹妮弗的痛苦的确是毁灭性的，但如果我们体验不到疼痛，那也是有害无益的。如果你感觉不到自己的胳膊碰在了热锅上，那么就会造成严重灼伤。同样地，如果你感觉不到因阑尾发炎引起的腹痛而错过了及时去医院就诊的机会，阑尾很可能会破裂，导致整个腹腔感染。

> **皮肤感觉**：包含触压觉、温度觉和痛觉。

事实上，所有的**皮肤感觉**（Skin Sense）（触压觉、温度觉、痛觉）对于个体而言都是至关重要的，它们帮助我们意识到一些危险，甚至可以防患于未然。皮肤感觉通过遍布于皮肤的神经细胞发挥作用，这些神经细胞在皮肤上分布不均，比如指尖处就分布着更多对触觉敏感的神经细胞，因此人类手指的触觉要比其他部位都敏锐。

VV大展身手！

味觉测试

回答以下问题，看看你对于自己感官的敏锐程度了解多少：

1. **味蕾数量**
先用打孔机在方形蜡纸上打出一个小孔，放在边上备用。然后将棉签蘸上几滴蓝色色素，用蓝棉签涂抹舌头前端。接着把蜡纸放在舌头前端上，使用手电筒和放大镜来观察舌头，数一下那些粉色的小圆圈，正是它们包含着味蕾。

2. **甜味**
在尝试样品前先用清水漱口。准备一个量杯，放入半杯量的糖，然后加入足量的水，冲满一杯。用棉签蘸取搅拌好的液体，把它们涂在舌头的前半部分。几分钟过后，依据下面的表格来给甜味打分。

3. **咸味**
在量杯中放入两茶匙盐，然后加水冲成一杯。重复第二题的步骤，依据表格来给咸味打分。

4. **辣味**
在一杯清水中加入一匙辣椒酱，搅拌均匀。用棉签蘸取杯中液体涂抹在舌头前端，保持将舌头伸在嘴外，直到感觉到辣味达到峰值，然后依据表格来给辣味打分。

说明：中等味觉者的得分会落在超级味觉者和失味者之间。Bartoshuk和Lucchina的报告中漏掉了咸味的数据，但你可以和做这个测试的其他人进行比较。

味觉量尺

几乎觉察不到	中等		强烈	非常强烈		最强烈，难以想象的强烈
微弱						
0 10 20	30	40	50	60 70	80 90	100

	超级味觉者	失味者
味蕾的数量	平均25	10
甜味	平均56	32
辣味	平均64	31

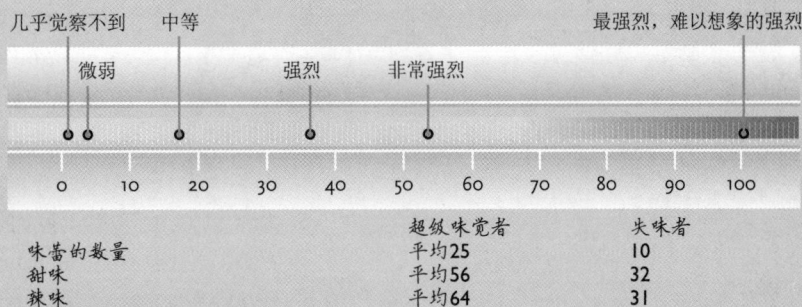

资料来源：改编自Bartoshuk, L., & Lucchina, L. "Take a taste test," from Brownlee, S., & Waston, T. (1997, January 13). The senses, U. S. News & World Report, pp. 51-59. Reprinted by permission of Dr. Linda Bartoshuk。

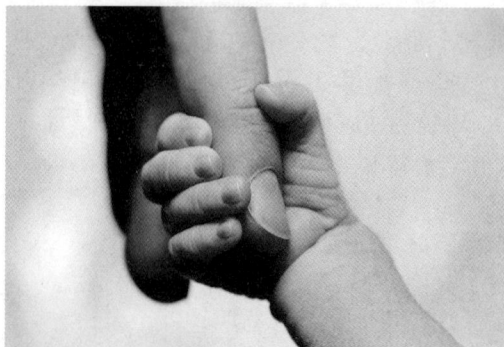

人类研究最多的皮肤感觉是痛觉，原因也很明显：人们通常都是因为出现某种疼痛而去看医生或服药。调查发现，仅在美国，疼痛造成的花销就高达每年1 000亿美元。

很多刺激都会引发疼痛感，灯光如果太明亮会刺痛眼睛，声音如果太大会刺痛耳朵。有理论认为，疼痛是由于细胞受损导致的。只要细胞受伤，不论造成这种伤害的刺激源是什么，受损细胞都会释放出一种P物质，而该物质会向大脑传递疼痛信息。

痛觉的闸门控制理论：该理论认为，骨髓中的神经细胞各自负责相应身体部位疼痛信息的传递。

皮肤的敏感性

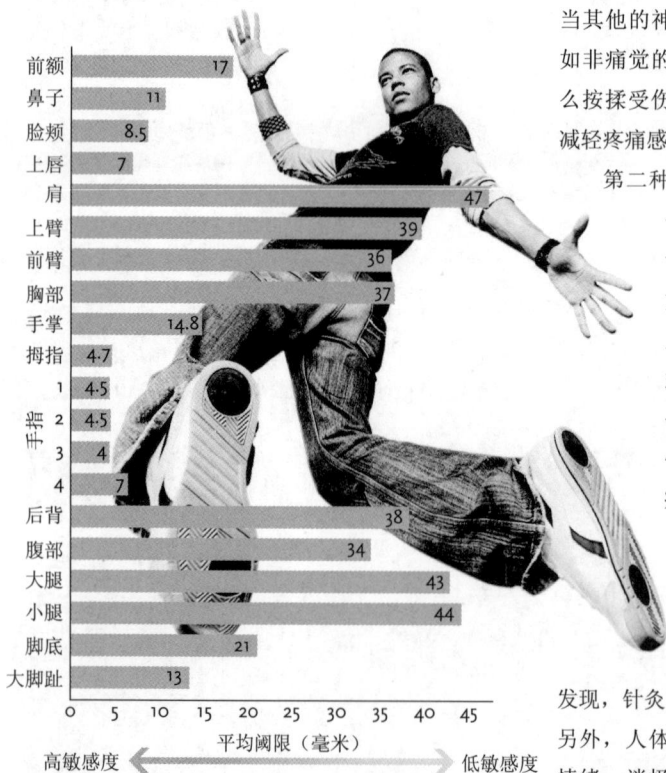

部位	平均阈限（毫米）
前额	17
鼻子	11
脸颊	8.5
上唇	7
肩	47
上臂	39
前臂	36
胸部	37
手掌	14.8
拇指	4.7
手指 1	4.5
手指 2	4.5
手指 3	4
手指 4	7
后背	38
腹部	34
大腿	43
小腿	44
脚底	21
大脚趾	13

高敏感度 ←——————→ 低敏感度

资料来源：Kenshalo, *The Skin Senses*, 1968. Springfield, IL; Charles C. Thomas.

有些人会对疼痛格外敏感，比如女性体验到的痛感往往大于男性，这种性别差异也与女性月经周期中荷尔蒙的分泌有关。另外，一些基因也与痛觉相关，所以我们对痛觉的敏感性可能也会受到遗传的影响。

根据**痛觉的闸门控制理论**（**Gate-control Theory**），骨髓中的神经细胞各自负责相应的身体部位。身体某一部位受伤会激活与之相关的神经细胞，这时通向大脑的痛觉"阀门"被打开，我们就会感觉到疼痛。

同时还存在另一种类型的神经细胞，当被激活时，它们会关上通向大脑的"阀门"，由此减轻个体的疼痛感。有两种方式能够关闭痛觉阀门：第一，当其他的神经冲动将传递疼痛的神经冲动淹没，比如非痛觉的刺激强过痛觉刺激时。这也解释了为什么按揉受伤部位的周围，甚至是听首歌分分心都能减轻疼痛感。

第二种关闭阀门的方式属于心理因素，即大脑依据个体当前的情感状况、对信息的解读以及先前经验来判断是否关闭阀门。如果决定关闭，大脑会向骨髓传递信息，个体也会因此降低疼痛感。这种方式使很多战场上的士兵即便是深受重伤也感觉不到疼痛，这是因为信念的支撑作用，大脑会不断向受伤部位传递关闭痛觉阀门的信息，由此大大提高了士兵们对疼痛的耐受性。

不过我们对痛觉的了解还不充分，比如现在的理论还不能很好地解释针灸的作用机制，目前只是有研究发现，针灸对一些特定类型的疼痛的确有缓解作用。另外，人体自身的"止痛片"即胺多酚，以及积极情绪、消极情绪，它们都对痛觉阀门的控制有重要作用。

疼痛管理

在美国，有五千万患者持续不断地受到疼痛的困扰，有什么有效的办法来帮助他们缓解疼痛吗？

心理学家和药剂师研发出了不少有效策略，现在我们来看看最重要的有哪些。

· 药物治疗。止痛药是缓解疼痛的最常用手段，止痛药有多种形式，如口服药、外用贴片、注射液等。

· 神经和脑刺激。对疼痛部位给予低电压的电击可以缓解疼痛。在疼痛十分严重的情况下，可以将电极植入患者大脑，或者通过手持电池来刺激神经细胞，直接降低疼痛感。

· 光线疗法。特定波长的红外线能够促进酶的产生，从而缓解个体疼痛。

· 生物反馈和放松技术。使用反馈技术，人们能学会控制机体的一些自发反应，像是心跳、呼吸等。如果疼痛涉及肌肉，比如剧烈的头痛或肩背痛，患者可以学习如何系统地放松机体，通过这种方式来缓解疼痛。

· 认知重组。一些患者会认为"疼痛从未停止过""疼痛毁了我的生活""我再也忍受不了了"，这类负性的想法会加剧他们的疼痛。通过重新建构积极的思维方式，增加掌控感，可以有效地缓解疼痛。

当然，在使用这些方法前都必须要经过仔细的研究。不是所有的方法用在所有的情况下都适合。此外，要记住疼痛意味着哪里出了问题，你需要去发现和解决疼痛背后潜在的实质问题，搞清楚疼痛的来源之后再去想办法治疗它。

感觉的相互作用

当马修·布莱克斯利（Matthew Blakeslee）亲手制作牛肉汉堡时，他好像感觉到嘴里有一丝苦味；而当埃斯梅拉达·琼斯（Esmeralda Jones）聆听C大调钢琴曲时，她仿佛看到了湛蓝色的天空。对于琼斯而言，不同的音符会激活不同的色彩感觉，于是和弦变成了色彩编码，这能帮她轻松记忆和演奏各种乐谱。

为什么在马修和埃斯梅拉达身上会出现这种现象呢？因为他们具有罕见的联觉，联觉是指当个体暴露于一种感觉刺激中（如声音）时，除了激活相应的感觉（如听觉）外，还会附加其他感觉（如视觉）。

目前，联觉的成因还是个谜题。有学者认为，具有联觉的个体是因为他们脑中不同感觉间的神经连接要比常人更紧密。不过也有观点认为，出现这种现象

你知道吗？

近年来，针灸疗法已经获得广泛关注。科学研究认为，针灸疗法不仅能缓解短期或长期疼痛，而且对其他病症也有不错的疗效，比如干眼症、头晕，甚至帕金森症等。

用针灸来缓解疼痛已经有几千年的历史。

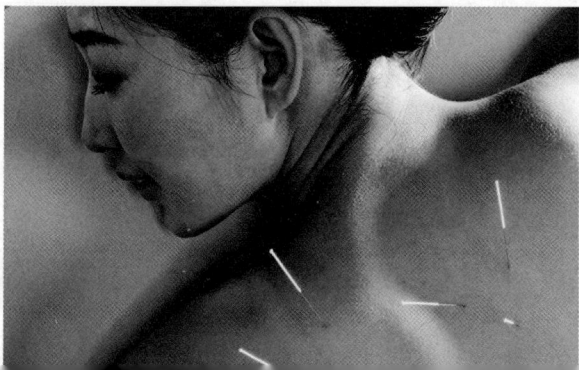

| (a) 单一感觉联合区 | (b) 多感觉联合区 |

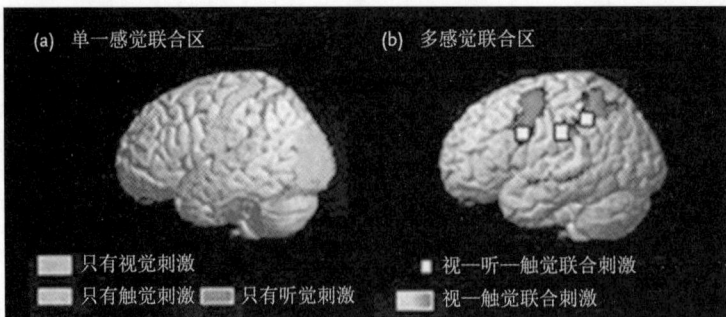

在一项研究感觉交互作用的实验中，被试暴露于视觉、触觉和听觉刺激中。结果显示，脑中的一些区域只对特定类型的刺激有反应，同时还有一些区域会被任一类型的刺激激活。这说明，大脑中存在着多种信息加工的方式。

- 只有视觉刺激
- 只有触觉刺激
- 只有听觉刺激
- 视—听—触觉联合刺激
- 视—触觉联合刺激

是因为他们脑中缺少神经控制，所以不能有效地抑制感觉间的连接。

不论是什么原因导致个体出现联觉，这种现象终归是很罕见的。而在正常个体中，其实也存在着感觉间的相互作用。比如，食物的味道就经常会受到其外观和温度的影响，我们会认为热的食物更甜些（想象有两杯巧克力奶，一杯热气腾腾，一杯已经放凉了）；辣和过热的食物都会激活痛觉，所以在英文中，"hot"既可以表示很热，也能用来形容食物辛辣。

总之，感觉间的相互作用有着重要意义。有关脑成像的研究发现，我们在理解周围环境时，感觉会以串联的方式工作。也就是说，我们的知觉是多模式运作的，大脑收集从各个感官来的信息，然后将它们整合在一起。

值得注意的是，不论激活感觉系统的刺激在类型上如何多种多样，它们作用的原理在本质上几乎是一致的。如同我们在本章最开始介绍的那样，不论是视觉、听觉还是味觉刺激，作用原理都符合韦伯定律，即个体的感受性随刺激强度的变化而变化。

而且各种感觉间的相似性其实要大于它们之间的差异性，每种感觉的存在意义都是从周围环境中收集信息，并且将它们转化为可用的形式传输给大脑。不论是独立工作还是共同作用，各个感觉系统都可以帮助我们理解复杂世界，使我们以更高效、更智慧的方式生活。

>> 知觉：构造对世界的印象

人们通过感官得到了关于外部世界的信息，而这些信息需要被整合和解读，才能真正具备意义。知觉，即这些信息在头脑中的加工过程。

知觉是对机体感觉到的信息进行加工，使其具备意义的过程。

电影中的心理学

《巧克力情人》(*Like Water for Chocolate*, 1992)
蒂塔（Tita）在为家人和朋友烹饪美食时，食物承载的不仅是味道和营养，还有她深深的感情。

《充气娃娃之恋》(*Lars and the Real Girl*, 2007)
在这部离奇的喜剧中，男主人公的知觉明显异于常人。

《失宠于上帝的孩子》(*Children of a Lesser God*, 1986)
一名聋哑女孩竭力向男友展示没有声音的世界是多么美妙。

《魔术师》(*The Illusionist*, 2006)
一名魔术师利用高超的视错觉来追求自己的爱人。

《末世纪暴潮》(*Strange Days*, 1995)
人们能够买卖感觉体验，于是大家可以不冒风险就体验到高空跳伞、抢劫银行等高危行为的快感。

《黑客帝国》(*The Matrix*, 1999)
这是一部科幻电影，影片中机器控制着人们的感知，在那个世界里，没有什么是真实的。

花瓶—人脸错觉
这是一个花瓶还是两个人的
侧脸？

如果将对象从背景中区别出来的线索不全，我们的认知也会产生摇摆。盯着这两幅图看一会儿，你会感觉到图像的变化。

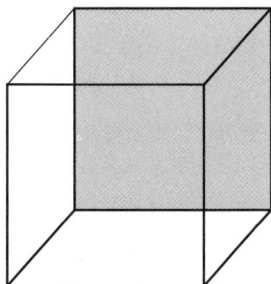

内克尔立方体
灰色部分是在立方体的前面还是后面呢？

首先你需要明确的是，知觉解读出的信息并不是百分之百地符合真实世界。为什么会这样？因为来自外部世界的信息通常模棱两可，感觉负责收集这些物理信息，交由知觉以合理的方式解释它们，这种解释基于我们先前的知识、经验等因素，因此有可能与真实世界存在偏差。

知觉组织的格式塔法则

我们是如何将看到的点和线条知觉成有意义的图形的？知觉的格式塔法则（Gestalt Laws of Organization）阐述了这一过程。格式塔学派是由几名德国心理学家在1900年左右创立的，该学派致力于研究图形、完形等。他们发现了适用于视觉和听觉刺激的组织法则，即封闭律、邻近律、相似律和简单律等。

其中，封闭律是指视野中的封闭线段更容易被知觉为图形；邻近律是指在其他条件相同时，空间上彼此接近的部分容易被组成图形；相似律的意思是视野中相似的部分容易形成图形；简单律是指视野中具有简单结构的部分更容易组成图形。

尽管格式塔学派已经不是主流，但其曾经为心理学做出的贡献不可磨灭。该学派提出的影响最为深远的观点即整体大于部分之和。他们认为，知觉并不是将个体感觉到的刺激进行简单叠加，而是在头脑中进行了积极建构的结果。

自上而下和自下而上的加工

Ca- yo- re-d t-is -en-en-e, w-ic- ha- ev-ry -hi-d l-tt-r m-ss-ng？你能读懂前面这条信息吗？可能你只用了一小会儿就明白了它的意思："Can you read this sentence, which has every third letter missing（你能读出这句每两个字母后有一个缺失字母的句子吗）？"

如果知觉只是将一种刺激拆分为基本元素，然后进行理解，那对于个体而言，读懂上面的句子或是理解一些模糊刺激就几乎是不可能完成的任务。事实上，你能正确理解不完整刺激依赖于知觉的两种加工方式：自上而下的加工和自下而上的加工。

想象下一名成年人和一名5岁小男孩在一起看"幸运大转盘（Wheel of Fortune）"节目，两人都很努力地解谜，但总是成年人赢，这不仅是因为她更聪明，更重要的是她懂得运用线索。比如她能借助"名人"这个提示线索和已经给出的单词部分"BE_ _ _ _E"，猜出答案是"Beyonce"。而刚刚识字的小男孩恐怕还不能理解线索的意义，他只能

> **知觉的格式塔法则**：个体将点、线等信息知觉成有意义整体时所遵循的一系列法则。

心理学小贴士

格式塔法则是心理学中的经典法则，利用下面四个图形来帮助你记忆吧。

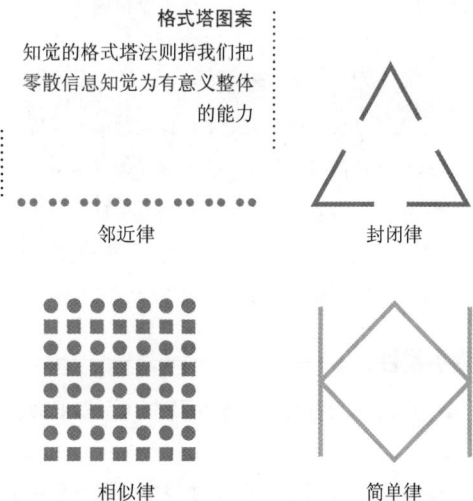

格式塔图案
知觉的格式塔法则指我们把零散信息知觉为有意义整体的能力

邻近律

封闭律

相似律

简单律

A B C D E F
10 11 12 13 14

依赖于给出的字母，比如猜测答案是"Beehive"。心理学家认为，成年人之所以能更快地破解谜题是因为她同时进行了自上而下和自下而上的加工，而5岁小男孩只进行了自下而上的加工。

自上而下的加工： 知觉受到处于更高思维水平的知识、经验、期望以及动机的引导。

自下而上的加工： 先对刺激的各个独立部分进行加工，然后整合成总体知觉。

知觉恒常性： 无论客观事物的外观如何变化，我们依然将其知觉为不变和恒定的现象。

在**自上而下的加工**（Top-down Processing）过程中，处于更高思维水平的知识、经验、期望以及动机会引导知觉的进行。还记得本节开头的那个不完整句子吗？你能读懂它是受到先前阅读经验的影响，同时还因为你意识到英文单词中存在冗余现象，并不是所有字母都会影响单词意义。更重要的是，你清楚它会跟心理学知识有关，这种期望使你没有把它知觉为Lady Gaga的一句歌词或是其他什么。

自上而下的加工赋予了情境以重要意义，而情境会在很大程度上影响我们对物体的知觉。不过，自上而下的加工并不能独立发生，虽然它能帮我们补充残缺刺激，但如果完全脱离自下而上的加工，知觉也是不成立的。**自下而上的加工**（Bottom-up Processing）是指先对刺激的各个独立部分进行加工，然后整合成总体知觉。如果连每个单词中的字母都不认识，自然也不能正确知觉整个句子。

自上而下和自下而上的加工同时进行，并且相互作用。个体通过自下而上的加工来获取刺激的基础信息，然后借助自上而下的加工将先前经验等高级思维带入知觉过程。随着心理学家对知觉的了解越来越充分，我们的大脑如何解释外界刺激以合理应对环境的过程已经不是秘密了。

知觉恒常性

你的朋友和你结束谈话然后走开了，接着会发生什么？随着她渐行渐远，她在你视网膜上的成像也越来越小，你会开始诧异于她为什么在不断缩小吗？我想你会答：当然不会。不论视网膜上图像的改变是如何真实，你也只把它知觉为是朋友在走远，而不是她在渐渐变小。**知觉恒常性**（Perceptual Constancy）是指无论客观事物的外观如何变化，我们总是将其知觉为不变和恒定的现象。由于知觉恒常性，即便同个物体的视像在视网膜上存在变化，我们也能把它知觉为具有相同的形状、大小、颜色和明亮度。比如，不论一架飞机是刚刚降落、起飞，还是远在天边，我们都认为它的大小不变，并不会觉得天边的飞机要远远小于眼前的。

深度知觉

尽管视网膜的结构和作用机制很复杂，但投射在上面的图像仍然是二维平面的。可我们所处和感知到的世界却是三维的，那么个体是如何将二维信息转化为三维的呢？

我们能感知三维世界的能力依赖于**深度知觉**（Depth Perception），而这和双眼是分不开的。由于两眼间存在一小段距离，投射到每只眼睛上的图像也会存在微小差异。人脑在处理视觉信息时，会把两幅视像整合成一幅，并且把视像间的差异作为一种距离线索，由此来判断物体的远近，而两眼视像的差异被称为双眼视差。

现在来体会一下双眼视差：手握一根铅笔然后把胳膊伸直，闭上右眼只用左眼看这根铅笔，然后再只用右眼看，是否感觉到有不同？现在把这根铅笔放到离你面部只有10厘米的地方，按照刚才的做法，轮换着只用一只眼睛看，两次图像的差别是不是更大了？

距离不同使图像在视网膜上也会发生变化，这给我们知觉物体远近提供了线索。如果物体A要比物体B距离我们近得多，那么它们的视像也会存在很大差异。反之，如果两个物体距离我们差不多远，那么它们在视网膜上的视像差异也会很小，由此我们会知觉两个物体是处在近似的距离水平上的。

知觉恒常性
随着月亮不断地接近地平线，它看起来比之前要大了许多，与我们视野内的其他物体相比，它显得巨大，知觉恒常性使我们错误地估计了距离。

深度知觉
远处的铁轨好像连在了一起，出现这种现象是因为线条透视。

除了双眼线索，一些单眼线索也能提供深度和距离知觉。其中一种是运动视差，它是指因身体的相对运动造成的视像变化。比如，你坐在一辆行驶着的汽车上，视线扫过路旁的树木，这些树看起来就像是在向后运动。并且，距离越近的树木，你会觉得它移动的速度越快。而如果是远端的静止物体，比如群山，它们看起来就只是在缓慢移动，而且移动的方向与你乘车的行驶方向一致，大脑正是利用这些线索来知觉出树木要比群山离我们更近。

类似地，如果两个物体本身大小相同，那么视像小的那个物体距离我们更远，这就是单眼线索中的相对大小。其实不仅物体的大小能提供距离信息，图像的纹理同样具有这种作用。纹理梯度就是指投影密度大、细节模糊的物体距离更远。

最后，任何见过铁轨的人都会知道，远端的铁轨看上去更紧密，这个现象即线条透视。人们也会运用线条透视的原理来知觉物体距离，从而将视网膜上的二维信息转化为三维。

> **深度知觉：** 将世界视作是三维的并知觉到距离的能力。

错觉

帕台农神殿（Parthenon）是古希腊的一处伟大建筑，它位于雅典卫城。如果你曾仔细观赏过它，你会发现这座建筑物的每一面都是凸出来的，若是没有这种设计，神殿看上去就像是快要坍塌一样。也就是说，正是这种弯曲的弧线设计使神殿彷佛是笔直矗立于山峰中。

帕台农神殿看似笔直的现象是视错觉造成的，**视错觉（Visual Illusions）**是因为知觉不能正确表达外界刺激的特性而出现歪曲的现象。在我们的例子中，如果帕台农神殿真的是以方方正正的形式被建起来的，它看上去反而会像曲形，这是因为位于直线上方的直角总会显得不像90度一样。为了平衡这种视错觉，建筑师们只能将神殿建成弧形。

另一个经典错觉是缪勒-莱耶错觉（Müller-Lyer Illusion），它曾吸引了很多心理学家的研究目光。该错觉是指有两条相同长度的线段，如果一条线段的两端加上指向内的箭头，另一条线段两端加上指向外的箭头，那么前者会显得比后者长得多。

尽管心理学家发展出不同理论来阐述错觉的作用机制，但多数理论只聚焦于两方面，一是知觉系统的神经生理学原因，二是认知层面。比如，一种解释观点认为，人在看两端附有内指向箭头的线段时，眼动幅度更大，因此会把

> **视错觉：**因知觉不能正确表达外界刺激的特性，而出现歪曲的现象。

线段知觉为更长。另一种观点则认为，人们在知觉三维空间物体的大小时，会把距离估计在内，而当人们把这种特点用在知觉二维平面物体时，就会引起错觉。比如，附有外指向箭头的线段会被看做是房间外部的一侧墙角，而附有内指向箭头的线段会被认为是房间内部的墙角。先前的经验告诉我们，当人们在屋外观察时，外墙角要比内墙角离我们更近。但两条线段在视网膜上的长度一样，所以我们会认为更远的线段要更长。

可能第二种观点有些复杂，但很多证据的确支持了这一解释。比如，在跨文化的研究中发现，非洲的祖鲁地区很少有方方正正的建筑物，那里的人们也较少受到视错觉的影响。而在西方，大部分建筑都是笔直的立方体，人们出现视错觉的概率也显著高于祖鲁人。

文化和知觉

1950年前后，人类学家柯林·特恩布尔（Colin Turnbull）曾研究过姆布蒂俾格米部族（Mbuti Pygmies），那里的人们一生都居住在浓密的原始森林中，从未离开。某天下午，柯林问一位名叫肯吉（Kenge）的当地人是否愿意陪他去森林外的远山看看，由于这趟旅程需要穿越刚果平原，从未踏出过森林的肯吉犹犹豫豫地答应了。当他们驾车行驶在平原上时，柯林指着远处的一些小黑点，告诉肯吉说那是

错觉：
在这幅图片中，帕台农神殿看起来拥有完美的直角。

如果帕台农神殿真的以直角设计被建造的话，它看起来会像这个样子：

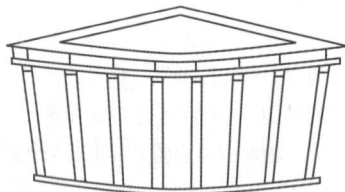

为了抵消视错觉，它被设计成轻微弯曲的形状，如下图所示：

缪勒-莱耶错觉

在缪勒-莱耶错觉中，尽管两条线段相等，但左边的线段看起来明显短于右边的线段。

对缪勒-莱耶错觉的一个解释是：附有外指向箭头的线段会看做是房间外部的一侧墙角，而附有内指向箭头的线段会被认为是房间内部的墙角。先前的经验告诉我们，当人在屋外观察时，外墙角（左）要比内墙角（右）离我们更近。但两条线段在视网膜上的长度一样，所以我们会认为更远的线段要更长。

一群水牛。肯吉听后坚定地表示不可能，并且他坚称那不过是一群小飞虫。然而随着车越开越近，看似是小飞虫的黑点越来越大，肯吉甚至惊慌地认为是柯林在施展巫术把这些虫子变成了水牛。后来，类似的情况又出现了几次，肯吉也慢慢相信物体是因为离得远才会看上去很小，以及柯林关于知觉恒常性的一些说法。但是在他回到森林后，他还是对人宣称平原是"可怕的国度"。

肯吉的经历生动地说明了文化会影响我们对世界的知觉。也许你曾见过"魔鬼的音叉"（见上图），这是一幅令人惊异的图画，中心那只叉子看上去总是若隐若现。

现在请你在纸上画出一幅"魔鬼的音叉"，你能完成吗？除非你是一名几乎没接触过西方文化的非洲部族成员，不然你很难完成这个任务。这是因为西方社会的人通常会把这幅图知觉为"不可能图形"，也就是在三维空间中不可能存在的结构。当然了，这种认知也会阻碍人们把它复制出来。而非洲部族的人并不认为它是不可能存在的，而

"魔鬼的音叉"有三只叉子，还是两只？

且他们会把该结构知觉为二维平面图，所以很容易就能画出一幅。

文化同样会影响深度知觉的发展。比如下页的一幅图，西方人会认为猎人是在瞄准老虎，同时远处的树下站着一只鹿。而对非洲一个隐居小部族的有关研究发现，观看同样的图画，那里的人们会认为猎人是在瞄准鹿。可以看出，西方人观察到两个动物的大小存在差异，并且把这种差异知觉为距离线索，从而判断出鹿离得更远。

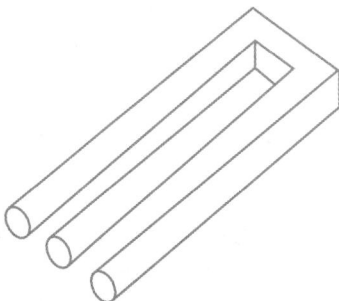

那么这是否能说明知觉的加工过程在不同文化间存在差异呢？答案是否定的。人们之所以会出现一些知觉差异，是因为学习和经验导致的。知觉背后的基本心理加工过程在不同文化间几乎都是一致的。

也许视错觉看上去仅仅是好玩而已，但它的确表明了关于知觉的一些最基本信息。显然，我们的知识、需要、动机和期望等这些因素会共同作用来影响感知。我们对世界的看法不仅是各个心理因素作用的结果，更重要的是，每个人感知到的世界都不相同，就像一千个读者心里就有一千个哈姆雷特一样。

心理学小贴士

对于缪勒-莱耶错觉的解释比较复杂，本页上面的图片会帮助你掌握它。

心理学思考

深度知觉

> > > 画家是如何在二维平面上展现三维世界的？非西方艺术家所运用的手法是否会不同？

我的心理学笔记 >>

- 感觉和知觉有何不同

  感官受到物理刺激会激活感觉，而知觉是我们对感觉到的刺激进行归类、解释、分析和整合的过程。

- 我们对物理刺激的特性有怎样的反应

  绝对感觉阈限是我们能觉察到的刺激最小强度，差别感觉阈限（最小可觉差）是刚刚能引起差别感觉的刺激物间的最小差异量。根据韦伯定律，最小可觉差是原刺激强度的固定比值。感觉适应是机体暴露在同一刺激下，感觉神经反应性下降的结果。

- 感觉器官加工刺激的方式是什么

  视觉依赖于眼睛的感光性，人类可见光谱中的电磁波来自物体反射和直接光源，眼睛先会将光线形成各种图像，然后再将这些信息转化为神经冲动传递给大脑。听觉、动觉和平衡觉都离不开耳朵。声音是因物体振动产生的空气分子运动，声波通过外耳、耳道、鼓膜进入到中耳。在内耳处，覆盖在基底膜上的毛细胞可以将声波转化为神经冲动传递至大脑。皮肤感觉主要指触压觉、温度觉和痛觉。

- 知觉如何将感觉刺激转化为有意义的信息

  知觉是对我们感觉到的信息进行建构，使其具备意义的过程。格式塔学派的组织原则帮助我们把零散信息知觉为有意义的整体。在自上而下的加工中，知觉受更高水平的知识、经验、期待和动机引导；自下而上的加工则指先对刺激的各个独立部分进行加工，然后整合成总体知觉。由于知觉具有恒常性，我们通常认为物体的大小、形状、颜色和明亮度保持不变。

测试一下

1. _____源于对感官的刺激；_____是对感官输入的刺激进行解释、分析和整合。

2. 如果你重做一遍韦伯定律活动，你最有可能_____
   a. 得到一个更准确的数值
   b. 由于疲劳的影响得出不同结果
   c. 可能得到一个更准确的数值，但这取决于两次测验的间隔时间
   d. 所得结果相同

3. 光线穿透人眼需要经过以下结构：_____、_____、_____和_____。

4. 把视觉细胞与它相应的功能匹配起来。
   a. 棒体
   b. 锥体
   ____（1）在灰暗灯光下发挥作用，对颜色不敏感。
   ____（2）察觉颜色，在明亮光线下起作用。

5. _____理论认为在视网膜中有三种不同的锥体细胞，每种主要对光谱一定范围内的刺激敏感。

6. _____理论认为声音的振动会引起整个基底膜的振动，神经冲动的数量与声音的频率相同。

7. 在内耳中有三个充满液体的管状器官，它们负责我们的平衡觉，即_____、_____、_____。

8. _____理论说明当身体某一部位受伤时，会激活与之相关的神经细胞，这时通向大脑的"阀门"被打开，我们就会感觉到疼痛。

9. 将以下图形的组织法则与其定义匹配起来。

   a. 封闭律
   b. 邻近律
   c. 相似律
   d. 简单律
   ____（1）空间上彼此接近的部分，容易被组成图形。
   ____（2）具有简单结构的部分，容易被组成图形。
   ____（3）视野中的封闭线段更容易被知觉为图形。
   ____（4）相似部分容易形成图形。

10. 涉及到期待、动机等更高水平的知觉加工方式是_____，先对刺激的各个独立部分进行加工，然后整合成总体知觉的加工方式是_____。

11. 将以下单眼线索和各自定义匹配起来。
    a. 相对大小
    b. 线条透视
    c. 运动视差
    ____（1）两条线段的远端似乎连在一起。
    ____（2）摆动头部时，物体在视网膜上的视像位置会发生改变。
    ____（3）如果两个物体本身大小相同，那么在视网膜上视像较小的那个物体距离较远。

12. 当以下选项中的哪种情况出现时，深度知觉的训练能发生作用？
    a. 背景被改变
    b. 三维物体远远多于二维物体
    c. 画出令人信服的画作
    d. 二维物体远远多于三维物体

12. a
11. a-（3），b-（1），c-（2）
10. 自上而下，自下而上
9. a-（3），b-（1），c-（2）
8. 闸门控制
7. 半规管
6. 频率理论
5. 三色理论
4. a-（1），b-（2）
3. 角膜，瞳孔，晶状体，视网膜
2. d
1. 感觉；知觉

4

意识状态

失控

　　一年前，当安妮·富勒（Annie Fuller）在几小时内把一个比她壮一倍的男同事灌得烂醉如泥时，她知道自己惹麻烦了。当然，这其实也没什么，因为她之前人生的1/4都是这么过的。47岁那年，她每天都要喝一品脱的威士忌、12扎啤酒和两瓶葡萄酒，那时她的体重才52.16千克。

　　比起享受美食和性、陪伴朋友和爱人，她更喜欢喝酒。除了工作和喝酒，她几乎不会走出家门。这些年她戒酒屡试屡败，最后终于明白，单靠自己，她无法保持清醒。

　　安妮·富勒是个酒鬼——因为酗酒而给生活带来严重问题的人。同安妮一样，许多酒鬼都对酒精产生了抵抗力，这就意味着他们需要更多的酒来激发自己想要的感觉。酒精给人的感觉究竟是什么，为什么人们如此喜欢这种感觉，为什么有些人成了酒鬼？这些正是我们将要讨论的问题。

　　在本章中，我们会提到一系列有关意识状态的话题。其中，对于我们大多数人来说，睡眠和梦是非常自然的状态。而其他一些则可能是人为制造出来的，如吸毒、饮酒、催眠和冥想所带来的感觉，也就是说，我们会故意采用一些方法改变我们对客观环境和内心世界的主观感受。

　　你知道吗？有很多途径可以理解意识。例如，即使是睡着了的你依然在监控着周围的环境。

边读边想

- 什么是意识?
- 我们睡觉时会发生什么?
- 梦的含义是什么?
- 被催眠的人会经历怎样的意识状态?
- 不同的药物怎样影响意识?

意识（Consciousness）是我们对于特定时刻体验到的感觉、思维和感受的觉知。在清醒状态下，我们有意识，能够觉察到自己全部的思想、情感和知觉。尽管心理学家认为自然发生的意识状态改变（如睡眠和梦）和那些由酒精与药物引起的意识状态改变是不一样的，但是我们仍将清醒之外的其他一切意识状态统称为意识状态变化。

> **意识**：我们对于特定时刻体验到的感觉、思维和感受的觉知。
>
> **睡眠的第一阶段**：从清醒觉醒状态转换到睡眠状态，这个阶段的特征是脑电波的频率较高、波幅较小。

>> 睡眠和梦

29岁的迈克·崔维诺（Mike Trevino）为了赢得一个穿越全国的4828千米的自行车比赛，竟然在9天之内只睡了9个小时。在开始的38小时里他骑了1039千米，完全忽略了睡眠。后来他打了个盹儿——不记得做过任何梦——一个晚上睡眠不超过90分钟。不久他开始想象他的后勤补给小组被牵涉到一个炸弹阴谋中。"我似乎在一部电影中骑车。尽管我有意识，但我以为这是一个复杂的梦。"崔维诺最终获得亚军之后回忆说。

崔维诺的经历不同寻常（部分是由于他能够在如此缺乏睡眠的情况下长时间活动），这让我们对睡眠和梦产生了很多疑问。没有睡眠我们可以存活吗？睡眠是什么？梦又是什么？

睡眠阶段

很多人认为，睡眠是我们抛开白日的紧张之后，在宁静之夜享受平淡。但是，科学家对睡眠的研究表明，即使在夜晚大脑和身体也会完成一系列的活动。

在睡眠状态下，我们的心理和生理状态一直处于变化之中。对脑电活动的监测显示，大脑在整个夜晚都处于活跃之中。在睡眠状态下，大脑会产生一系列脑电波，脑电波的高度（或振幅）和速度（或频率）会发生改变。肌肉和眼睛也有显著的生理活动。

随着电波模式的改变，我们在夜晚会经历一系列不同的睡眠阶段。睡眠阶段一共有五个，它们分别是阶段一到阶段四和快速眼动睡眠阶段。我们循环地经历这些阶段，大概90分钟可以完成一个周期（事实上，90分钟的睡眠周期只是针对大部分不滥用药物的年轻、健康的成年人而言的）。每一个睡眠阶段都有它独特的脑电波模式。

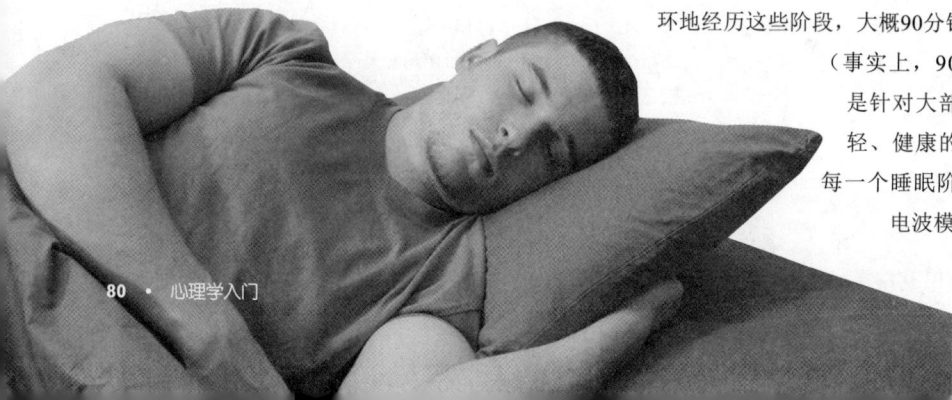

当人们开始进入睡眠时，从闭上眼睛放松的清醒状态进入到**睡眠的第一阶段（Stage 1 Sleep）**，这个阶段的脑电波频率较高、波幅较小。这一阶段是从觉醒状态到睡眠状态的过渡，仅仅持续几分钟。

在睡眠的第一阶段，尽管人未经历真正意义上的梦，但大脑中有时会出现意象，就像我们在看一些静止的图片一样。与此同时，我们的肌肉活动变缓，偶尔还会出现肌肉抽搐。值得注意的是，只有在刚入睡时才会经历睡眠的第一阶段。

随着睡眠变得越来越深，我们进入到**睡眠的第二阶段（Stage 2 Sleep）**。二十岁出头的年轻人的睡眠时间有一半属于第二阶段。这个阶段的特征是脑电波较慢、较有规律，并伴随着波幅较大、爆发性的睡眠锭。这一阶段里呼吸和心率变慢，体温也略微下降。这时候要想把人弄醒就比第一个阶段困难了。

在**睡眠的第三阶段（Stage 3 Sleep）**，脑电波变得更慢、波峰更高、波谷更低。此时深度睡眠开始。接着进入**睡眠的第四阶段（Stage 4 Sleep）**，这一阶段脑电波变得更慢，而且更有规律。呼吸节律愈加平稳，肌肉活动进一步受限。在第四阶段，我们最不容易被惊醒，如果真的醒过来，再入睡后睡眠可能会更深。

睡眠的第四阶段通常发生在上半夜。在上半夜，睡眠主要处于第三和第四阶段。在下半夜，更多时间处于睡眠的第一和第二阶段以及第五阶段——梦境出现的阶段。

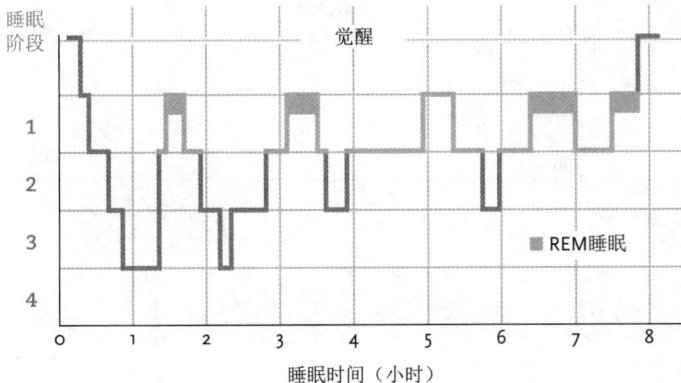

快速眼动睡眠：睡眠的悖论

每次我们回到比较浅的睡眠状态时，都会出现一些奇怪的现象，而且这些现象一晚上会反复好几次，例如，心率增加且变得无规则，血压上升，呼吸快速而浅显，男性——甚至是男婴——都会勃起。这个阶段最显著的特征是眼球来回地运动，好像睡眠者正在观看一部动作电影。这个阶段被称为**快速眼动睡眠阶段（Rapid Eye Movement）**或者REM睡眠阶段，因此阶段一到四又可以统称为非快速眼动（NREM）睡眠阶段。在成人全部的睡眠时间中，约有20%多一点属于快速眼动睡眠阶段。

但是很奇怪的是，上述所有活动出现时，身体主要的肌肉却好像处于瘫痪状态（此时大脑的活跃和身体的瘫软仿佛形成了一对悖论）。此外最重要的是，快速眼动睡眠阶段与做梦有着莫大的关联。换言之，快速眼动睡眠阶段通常伴随着梦境，无论人们是否记得这些梦，每个人在晚上都会经历梦境。尽管也有一些梦发生在NREM阶段，但是最生动、最容易记住的梦还是最可能发生在REM阶段。

睡眠的第二阶段：比起第一阶段，这个阶段睡眠更深，它的特征是出现较慢、较规律的波形，并伴随着波幅较大、爆发性的睡眠锭。

睡眠的第三阶段：这个阶段的特征与第二阶段相比脑电波变得更慢、波峰更高、波谷更低。

睡眠的第四阶段：睡眠最深的阶段，这个阶段我们最不容易被外界刺激惊醒。

快速眼动睡眠阶段：成人20%的睡眠发生在这个阶段，它的特征为：心率加快、血压升高、呼吸急促、勃起、眼动以及梦境体验。

资料来源：摘自Ernest Hartmann, The Biology of Dreaming (1967). Springfield, 1L: Charles, C. Thomas, p. 6。

睡眠阶段 | 觉醒 | REM睡眠

睡眠时间（小时）

牢记睡眠五阶段：第一阶段、第二阶段、第三阶段、第四阶段和快速眼动睡眠阶段。每一阶段都会产生不同的脑电波。

我们有理由相信快速眼动睡眠在个体的生活中起着关键性的作用。那些快速眼动睡眠被剥夺的人——他们每一次出现这个阶段的生理信号时都会被叫醒——当睡眠不再被打扰时，就会表现出一种回弹效应，即花更多的时间处于快速眼动睡眠阶段。此外，快速眼动睡眠还有助于学习和记忆，可以让我们回想起和储存白天经历过的信息与情感。

我们为什么要睡觉，睡多久才够

人体各功能正常运转需要睡眠的支持。但令人惊讶的是，我们还没有真正搞清楚睡眠到底有什么作用，为什么我们需要它。一个貌似常识的解释是我们的身体需要一段安静的"休息放松"时间来恢复自己。老鼠实验表明，完全剥夺睡眠会导致死亡。对人类的睡眠剥夺研究也表明，个体在睡眠剥夺后免疫系统功能会降低，注意力会下降，而且会变得烦躁易怒。

对于睡眠，有几种解释。有一种基于进化理论视角的解释认为，我们的祖先可以利用睡眠在夜晚贮存能量，因为这个时候较难得到食物。因此，他们在旭日东升时更有可能找到食物。睡眠的第二个解释是，睡眠让我们的身体和大脑得到恢复与补充。例如，在非快速眼动睡眠阶段，大脑活动会减少，这样，大脑中的神经元就有机会修复自己。而且，快速眼动睡眠

如果飞行员连续工作很长时间，睡眠不足，那么就是把乘客和机组成员置于危险之中。

开始之后，就不再释放单胺类神经递质，可以让感觉细胞得到必要的休息，以增加它们清醒时的敏感性。最后，睡眠的必要性还表现在它有助于儿童的身体生长和大脑发育上。例如，生长激素的释放与深层睡眠相关。

但这些解释仍是推测性的，至今仍没有结论性的说法告诉我们睡眠为何如此重要。此外，科学家也不能确定个体至少需要多长时间的睡眠。大多数人每晚睡七八个小时，但个体的差异很大，有些人只需要睡三个小时。在个体的一生中，睡眠需求也是不同的：通常随着年龄渐增，睡眠需求逐渐减少。

那些参加睡眠剥夺实验并在实验中保持200个小时不睡觉的人没有表现出持久的不适。这可不是一个有趣的实验——因为参与者无不感到疲倦和暴躁，注意力涣散和创造力下降，这些现象即使只是轻微的睡眠剥夺也会引起。但是，在连续休息几天后，他们就迅速恢复了活力并表现正常。

简而言之，据我们所知，短暂的睡眠剥夺并不会给人留下永久性的影响。但即使是暂时性的睡眠不足也会让我们变得急躁和反应迟钝，在脑力和体力任务中的表现均出现下降。而且，如果我们在非常疲惫的状态下做一些日常事务，如开车，就可能让自己和他人身陷险境。

梦的功能与含义

活到70岁时，平均每个人做过150 000个梦。尽管对于做梦者来说，梦的内容比较主观，但是每个人的梦境中都有一些频繁出现的共同元素。个体通常会梦到每天发生的事，如逛超市、工作、做饭等。学生梦到去上课，教授梦到在教学；牙科病人梦到牙被拔了，牙医梦到拔错牙；英国人在梦中和女王喝茶，而美国人梦到和总统去酒吧。

多年以来，学者们提出了一系列理论来解释我们做梦的原因。每个理论都趋向于关注某一个方面。然而，做梦的理由可能是很复杂的，所以我们需要多个理论来全面理解梦的作用。

梦有隐义吗？ 西格蒙特·弗洛伊德把梦看作是通向潜意识的途径。他在**潜意识欲望满足理论**（Unconscious Wish Fulfillment Theory）中提出，梦代表着人们希望满足的潜意识愿望。但是，由于这些潜意识愿望威胁到了个体的意识内容，因此真实的愿望被伪装隐藏起来了，称为**隐性梦境**（Latent Content of Dreams）。在弗洛伊德看来，梦的真实含义与其表面情节关系不大，后者称为**显性梦境**（Manifest Content of Dreams）。

对于弗洛伊德而言，理解梦的真实含义需要解释它的表面内容。当人们把自己的梦讲给他听时，他试图将显性梦境里的符号象征与隐性梦境相连。他认为某些符号和它们的含义是普遍一致的。例如，对弗洛伊德来说，一个人在梦中飞翔代表一种性交的欲望。

然而，很多心理学家都反对这种观点，他们认为梦境中那些一目了然、清晰可见的内容就是梦的意义本身。例如，在梦中，我们走过一条长长的走廊去参加一场没有准备的考试，这并不代表潜意识的、不为人所接受的愿望。相反，这可能只是说明，我们为即将来临的考试担忧。

梦的生存理论 根据梦的生存理论（Dreams-for-survival Theory），在梦中，我们可以重新考虑那些对我们的生存至关重要的信息。从

> **潜意识欲望满足理论：** 弗洛伊德的理论认为，梦代表着人们希望满足的潜意识愿望。
>
> **隐性梦境：** 根据弗洛伊德的理论，这指的是在明显的梦境内容下潜藏着的"伪装的"真实含义。
>
> **显性梦境：** 根据弗洛伊德的理论，这指的是梦境的表面内容。

心理学小贴士

下页顶端的这幅图表总结了三种释梦理论之间的差别。

关于梦的三种理论

理论	基本观点	梦的含义	梦的真实含义会被隐藏吗
潜意识欲望满足理论（弗洛伊德）	梦代表着人们希望满足的潜意识愿望	隐性梦境揭示了潜意识的愿望	是，会被显性梦境所隐藏
梦的生存理论	那些与日常生存有关的信息得到重新审议和再度加工	梦是有关日常生存担忧的线索	不一定
激活合成理论	梦是通过对排列成一个有逻辑情节的各种记忆随机刺激的结果	特定构成的梦中情节与做梦者的忧虑有关	不一定

这个观点来看，梦是从我们的动物祖先那里遗传而来的，它们袖珍的大脑无法过滤清醒时所接收到的所有信息，因此梦为其提供了一个每天24小时加工信息的机制。

梦的生存理论：该理论认为，在梦中，那些与生存有关的信息得到重新审议和再度加工。

激活合成理论：艾伦·霍布森提出的理论，认为大脑在快速眼动睡眠时产生的随机电能会刺激大脑各个部分储存的记忆。

根据这种理论，梦代表着日常生活中的忧虑，表达着我们的不确定感、犹豫不决、思想以及愿望。梦和日常生活相一致，体现着日常经验中需要特别关注和考虑的地方。

有研究支持梦的生存理论，科学家提出，某些梦可以让人们巩固记忆，特别是巩固那些相关的运动技能。例如，老鼠可能梦到它们在白天走过的迷宫，至少根据它们睡眠时大脑活动的模式来说是这样的。

激活合成理论 精神病学家J·艾伦·霍布森（J.Allen Hobson）从神经科学的视角提出了梦的**激活合成理论（Activation-synthesis Theory）**。这个理论关注大脑在快速眼动睡眠时产生的随机电能，它可能是大脑正在释放特定的神经递质的结果。这种电能随机地刺激大脑中存储的记忆，因为即使我们在睡梦之中，也需要理解自己的世界。大脑将这些混乱的记忆排列成一个有逻辑的情节，将断续的记忆补充完整，生成合理的故事。

激活合成理论在激活信息调制（Activation Information Modulation, AIM）理论的影响下得到进一步完善。根据激活信息调制理论，梦产生于脑桥，它将随机信号传送到皮质，皮质中负责清醒时特定行为的区域和梦的内容有关。例如，和视觉有关的大脑区域参与梦的视觉方面，和运动有关的大脑区域参与梦中和运动有关的方面。

激活合成理论和激活信息调制理论并不完全排斥梦表达潜意识愿望的观点。它们认为做梦者并不

心理学思考

弗洛伊德式释梦

>>> 假如有一种"神奇的药"，它可以让人每天晚上只睡一个小时。但是，由于睡眠时间太短了，吃了这种药的人不能再做梦。现在你已经知道了睡眠和梦的作用，从个人角度来说，这种药有哪些优缺点？你会选择服用这种药吗？

是随机地产生特定情节，相反，这些情节与做梦者的恐惧、焦虑等情绪有关。因此，看似随机的信息慢慢累积，最终表现出一些意义。例如，假设你关于马的视觉记忆、关于猫叫的听觉记忆，以及关于悲伤的情绪记忆一起被激活，而你这段时间最担心的就是母亲的健康。那么当你的大脑力图理解这些信息时，你的焦虑就可能使你组织出这样的故事：你梦到你骑着马靠近你的母亲，但此时马突然发出猫的叫声并变成了一只猫，这让你感到非常悲伤。

睡眠障碍

我们所有的人几乎都曾在某些时刻感到难以入睡——这种情况被称为失眠。失眠可能发生在特定的情境中，比如关系破裂后、大考在即时，或行将失业前。但是，有时候失眠并没有明显的原因，有些人就是难以入睡，或者入睡后在夜里频繁醒来。大概三个人中就有一个人在人生的某个阶段经历过某种程度上的失眠。

其他一些睡眠问题没有失眠这么常见，但也经常发生。例如，大概有两千万人患有睡眠呼吸暂停综合征，即在睡眠时发生呼吸困难。由于睡眠时缺氧，导致不停地惊醒，使得睡眠断断续续。尽管睡眠呼吸暂停综合征患者甚至察觉不到自己曾经醒过，但是他们在一夜间可能醒来500次之多。于是，个体在第二天感到极度疲乏就不足为奇了。睡眠呼吸暂停综合征可能也是婴儿猝死症的病因之一，婴儿猝死是一种神秘的死亡现象，那些看起来非常正常的儿童在睡眠中悄无声息地死去了。

发作性嗜睡症指个体在清醒时突然发生短时间的无法控制的睡眠。一个发作性嗜睡症的人不管正在做什么（热烈的讨论、运动或者喝酒），都可能突然睡着。这种病人会直接由清醒状态转换到快速

如果你是……

一名学生 你会如何运用睡眠和梦的研究结果来帮助自己取得更好的成绩？

眼动睡眠阶段，而跳过了睡眠的其他阶段。尽管可能存在一些基因作用——因为这种病症世代相传——但是其具体原因现在还不清楚。

> 尽管睡眠呼吸暂停综合征患者甚至觉察不到自己曾经醒来过，但他们在一夜间可能醒来500多次。

我们对梦惊、梦话、梦游的了解相对较少，这三种睡眠障碍对我们来说通常是无害的，它们一般在第四睡眠阶段出现，发生在孩子身上的频率大于成年人。梦惊的孩子会尖叫不停，令父母担忧地前去查看。但孩子们不明白父母为什么过来，也回忆不起自己尖叫的原因。说梦话和梦游的人通常对周围的世界有一个模糊的印象，梦游者或许能够在一个杂乱的房

加入我们！

一起来参与调查研究项目，研究睡眠如何影响记忆和思维能力。你在回答问题的同时，可以看看科学家们认为哪些问题和睡眠以及睡眠障碍有关。

间里熟练地绕过障碍物。除非梦游者步入危险的环境，否则梦游几乎没有任何危险。

昼夜节律

在清醒和睡眠之间来回交替是人体昼夜节律的一个例子。昼夜节律（Circadian Rhythms）是每天的生理波动，比如清醒和睡眠就是我们身体内部的节律，它24小时循环一次。诸如体温、激素分泌、血压等其他一些生理机能同样遵循昼夜节律。

昼夜节律与各种行为有关，例如，睡眠通常发生在每天的同一时刻，不管我们午餐吃得多不多，午后大部分人都会感到昏昏欲睡。在有些文化中，午睡是人们的日常生活习惯，这就很好地利用了身体的自然倾向来让身体获益。

对于有长期睡眠问题的人来说，你们应该去睡眠障碍中心接受治疗。

>> 催眠和冥想

现在你的身体越来越放松，你觉得自己很想睡觉；你开始昏昏欲睡，你的身体越来越柔软；眼皮变得越来越重，你慢慢地闭上了眼睛；你睁不开眼睛了，你感到全身完全放松了。现在，把你的手放到你的头上，但是你觉得你的手变得越来越重，越来越重——重到你几乎不能支撑住它们。事实上，尽管你已经用尽了全力，但是你还是举不起它们。

当一个观察者看到这个情景时，他会注意到一个奇怪的现象：大部分人听到这些暗示时，胳膊就逐渐垂落在身体两侧。这个奇怪的行为是因为什么？答案是这些人已经被催眠了。

催眠：灵魂出窍了吗

被催眠（Hypnosis）的人们显然处在一种意识恍惚的状态，此时他们对他人的暗示高度敏感。从某方面说，他们好像睡着了一样，然而从行为方面看却又不是这么回事，因为他们能够专注于催眠师的暗示，并根据暗示做出奇怪甚至愚蠢的行为。

催眠：一种对他人的暗示高度敏感的意识恍惚状态。

你知道吗？

想象一下，你正坐在牙科手术椅上，牙医对你说现在你感觉到了酸味，或者听到有人在喇叭里呼叫你。你真的能产生这样的幻觉吗？一个有趣又新颖的研究发现，牙科病人在一氧化二氮（笑气）诱发的意识状态下更容易受到这类幻觉的暗示。

这些人是如何被催眠的？通常来说，这个过程需要四步：第一，必须处在相当舒适的环境中；第二，催眠师要解释清楚将要发生什么，诸如告诉对方他将处于一个愉快的、完全放松的状态中；第三，催眠师会让个体将目光聚焦在一个特定的物体或图像上，例如，催眠师会移动自己的手指或呈现一幅平静湖面的图像；或者也可以用言语指导被

催眠者放松各个身体部位，如胳膊、腿和胸部等；第四，如果被催眠者已经处于高度放松的状态，那么催眠师就可以对其进行暗示，如"你的胳膊变得越来越重""你的眼皮越来越重，一点儿也不想睁开"。由于被催眠者确实开始体验到了这些感觉，因此他会相信这些感觉是由催眠师引起的，并对催眠师的暗示变得极其敏感。

尽管个体被催眠时会遵从催眠师的暗示，但他们并没有完全失去个人意志。他们不会做出反社会行为，也不会自我伤害。人们也不会吐露自己隐藏的真相，他们仍然可以说谎。也就是说，人们不会在催眠状态下从事违背自己意愿的事情。

心理学小贴士

有关催眠究竟是一种不同的意识状态，还是与正常清醒时的意识状态相似的问题，目前在心理学领域仍然存在争论。

个体对催眠的敏感性大不相同，有5%～20%的人不能完全被催眠，约15%的人很容易被催眠。大部分人都处于这两者之间。个体的催眠易感性与其他一些特征是相关联的，例如，容易被催眠的人在阅读或听音乐时很容易集中注意力，对他们周围发生的事情毫不在意，而且会花更多的时间做白日梦。换句话说，他们容易高度集中注意力，并完全专注于自己手中的事情。

你相信吗? >>>

获得一晚好睡眠

你有睡眠障碍吗？其实你并不孤独，在美国，有七千万人存在睡眠问题。但在你为了打发睡不着的时间而跑出去买一张"白色噪音"CD或一张有助于改善睡眠状态的床，或者一些昂贵的、声称可以帮助你分析睡眠状态的小玩意之前，请考虑一下那些不花钱就能改善睡眠的方法吧。心理学家在有关睡眠障碍的研究中发现了许多不错的有助于克服失眠的方法。

• 每天坚持运动（至少在上床前六个小时）并且最好不要时不时就小睡一会儿。不出意外的话，这将使你在上床之前就已经感觉很疲倦了。

• 选择一个常规的上床时间并将其固定下来，每天都在同一时间上床睡觉，这样有助于你调节体内自然生物钟的节奏。

• 避免在午餐后喝咖啡。因为，如果在午后饮用这类饮品，如咖啡、茶以及一些软饮料，其作用会延续8~12个小时。

• 睡前喝一杯热牛奶。牛奶中有一种色氨酸化学成分，这有助于人们入睡。

• 试着不睡。这种方法往往对那些入睡困难的人有用，因为他们入睡很困难。所以，更好的办法是只在你感到困乏时才上床。如果你10分钟内不能入睡的话，那么就起床做点什么，当你再次感到困乏时再返回去睡。如果有必要的话，可以整晚重复这个过程。但如果早上是准点起床的话，白天一定不要午睡。这样持续三周或四周的时间，大多数人就能很好地入睡了，并且能够在晚上很快入睡。

催眠是一种完全不同的意识状态吗？有一种观点认为，催眠代表着一种分裂的意识状态。根据著名催眠研究者欧内斯特·希尔加德（Ernest Hilgard）的观点，催眠把意识分裂或者分离成两个相似的成分：在一种意识水平上，被催眠者服从催眠师的指令；然而在另一种意识水平上，他们以"隐藏的观察者"的身份观察自己身上会发生什么。例如，从表面上看，被催眠者听从催眠师的暗示而感觉不到痛苦，然而他们在某种水平上是能够意识到疼痛的。

有一些心理学家反对这种观点，认为催眠发生在正常的意识状态之下。他们指出，脑电波形状的改变并不足以说明个体的心理状态有质的改变，因为个体被催眠时并没有发生其他特定的生理变化。而且，几乎没有证据可以证明成年人被催眠时能够精确地回忆起童年的事件。但是，也少有证据表明个体在催眠状态下的意识状态还一如往常。

心理学家新近提出的一些模型认为，对催眠状态最好的解释可能是：它涉及正常的意识状态，但是又与正常的意识状态存在很多显著的区别。

尽管关于催眠本质的争论还在继续，但是有一点已经非常明确：催眠可以成功应用于解决人们的心理问题上。事实上，不同领域的心理学家已经发现催眠是一种控制疼痛、减少吸烟、改善现实行为和治疗心理障碍的有效手段。

冥想：调节我们自己的意识

古老东方禅宗佛教的传统修行者若想达到更高的精神境界，就会使用一种流传已久的用来改变意识状态的技术——冥想。**冥想（Meditation）**是一种集中注意力改变意识状态的方法。常用的冥想方式是不断重复某个咒语（一种声音、单词或者音节）。还有一些冥想形式可能会关注一张照片、一簇火焰或者身体的某个部位。还有一些冥想需要身心共

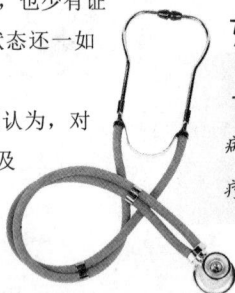

如果你是……

一名医生 如果你的病人患有与压力相关的疾病，你会不会建议他在服药之余运用冥想辅助治疗？冥想可以起到什么作用？

(a) 12 个专业冥想者

(b) 12 个年龄一致的初级冥想者

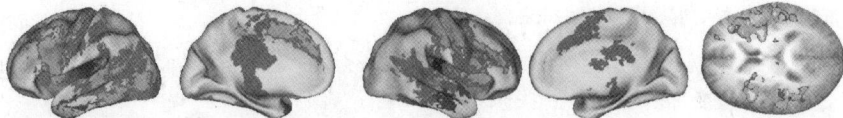

(c) 专业冥想者对初级冥想者

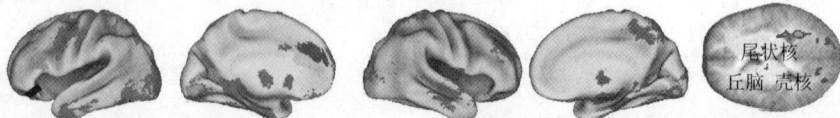

尾状核
丘脑 壳核

大脑左半球　　　　　　　大脑右半球　　　　　轴向

为了了解冥想的长期效果，研究者比较了经验丰富的冥想者和初级冥想者的大脑活动。
这些功能磁共振成像的大脑扫描显示了各种被试的大脑区域活动：（a）是拥有10 000到54 000个小时的实践经验的专业冥想者；（b）是没有冥想经验的初级冥想者；（c）是两组之间的比较。在（c）中，红色表示专业冥想者的大脑活跃区域，蓝色表示新手的大脑活跃区域。
这个发现说明，长时间的冥想显著地改变了与专注和注意力有关的大脑区域。

同集中注意力，例如瑜伽。不管采用何种形式，冥想的关键都是全神贯注使冥想者达到另一种意识状态。

体验冥想之后，人们通常会报告感觉彻底放松了，有时还会声称对自己或事物有了新的看法。长期冥想甚至可能会改善身体健康，因为在冥想过程中会产生一些生理变化。例如，在冥想期间，氧气的需求量下降，心率和血压降低，而且脑电波的波型也会改变。

通过一个简单的程序，每个人都可以在冥想中达到放松的效果。它的基本步骤包括闭上眼睛坐在一个安静的房间内，进行有规律的深呼吸，不断地重复一个单词或是一个声音，如"一"这个单词。每天两次，每次20分钟，这种方法能够达到很好的放松效果。

不同文化下改变意识状态的各种途径

一群美国本土的苏族男人裸体坐在一个热气腾腾的小屋里，一名药师把水倒在烧红了的岩石上，让滚烫的蒸汽翻腾在空气中。

北美洲阿兹特克的牧师在自己身上抹上捣碎的毒草药、毛茸茸的黑虫、蝎子和蜥蜴的混合物。有时他们还口服这种方剂。

在16世纪，一个虔诚的哈西德派犹太人横卧在一个著名学者的墓碑上，口中一遍一遍地默念着上帝的名字，希望这个过世的智者的灵魂可以在自己的身上附体，以便借自己的口说出箴言。

这些仪式都有一个共同的目标：暂停自己的常规意识，遁入另一种意识状态。尽管从现代西方文化的视角来看，这些做法荒诞离奇，但它们彰显着一个事实：改变意识的尝试不分国界、不分文化。

心理学思考

药物作用

> > > 你认为是什么原因使得每种文化中都有人想尽办法改变意识状态？

一些学者认为，这种改变意识的需求代表着人类的一种基本愿望。不管我们是否认可这种观点，但是很显然，各种不同的意识状态都具有一些跨文化的共同特征：首先，意识状态的改变可以导致思维方式的改变，人们可能由此而变得浅薄、不理智或者不正常；其次，个体的时间知觉可能受到影响，他们对于物理世界以及对自己的知觉都发生了变化；再次，他们可能失去控制，做出在其他情况下绝对不会做的行为；最后，他们可能产生一种难以言喻的感觉——无法从理性上解释自己所经历的或无法用语言来形容它。

> **冥想：** 一种集中注意力改变意识状态的方法。

当然，认识到全世界的人们都在努力改变意识状态，这并不能解决一个基本问题：在不同文化中，他们原本的意识体验相同吗？

由于各类人群的大脑和身体的组织方式非常相似，我们可能认为，在不同的文化中，意识的基本体验也是类似的。但是，事实上不同文化对于意识某些方面的解释和看法大相径庭。例如，比起北美人，阿拉伯人认为时间的流逝更慢，因此北美人比阿拉伯人行事更匆忙。

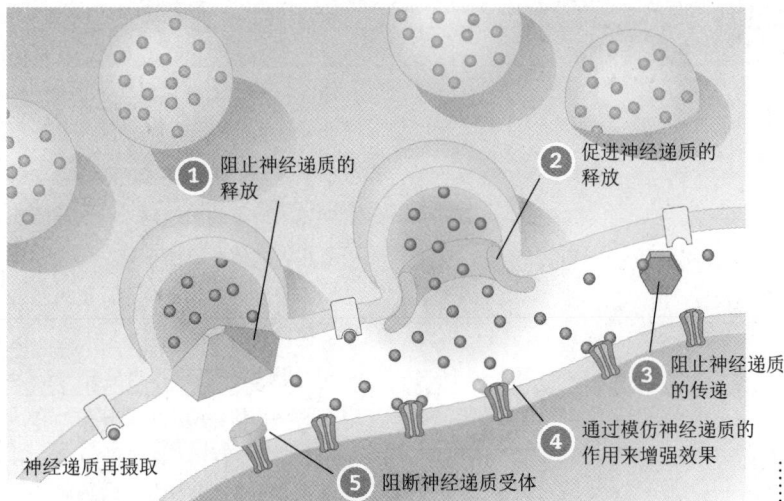

① 阻止神经递质的释放
② 促进神经递质的释放
③ 阻止神经递质的传递
④ 通过模仿神经递质的作用来增强效果
⑤ 阻断神经递质受体
神经递质再摄取

: 不同的药物通过影响神经系统和大脑的不同区域来发生作用。

>> 药物使用：意识的起落

在美国，几乎每个人都在服用某种药物。从婴儿时期开始，很多人就服用维他命、阿司匹林和退烧药，等等。调查显示，80%的美国成年人在过去的半年中购买过止痛片。不过这些药物很少能让人改变意识。

即使施以广泛的治疗，药物成瘾仍是最难纠正的行为之一。

相较而言，一些被称作神经活性药物的物质可以改变意识状态。**精神活性药物（Psychoactive Drugs）**能影响一个人的情绪、知觉和行为，并且这类药物在我们的生活中也很常见，你平时所喝的咖啡和啤酒就是精神活性药物。很多人还摄入过比咖啡和啤酒危害更大的药物，例如，调查显示，41%的美国高三学生至少在近一年中摄入过非法药物。而且，30%的人表示他们曾经喝醉过。对于成年人来说，这个比例会更高。

精神活性药物：能影响一个人的情绪、知觉和行为的药物。

成瘾性药物：能使用药者对其产生心理和/或生理依赖的药物，停药后个体会对药物产生不可抑制的渴求。

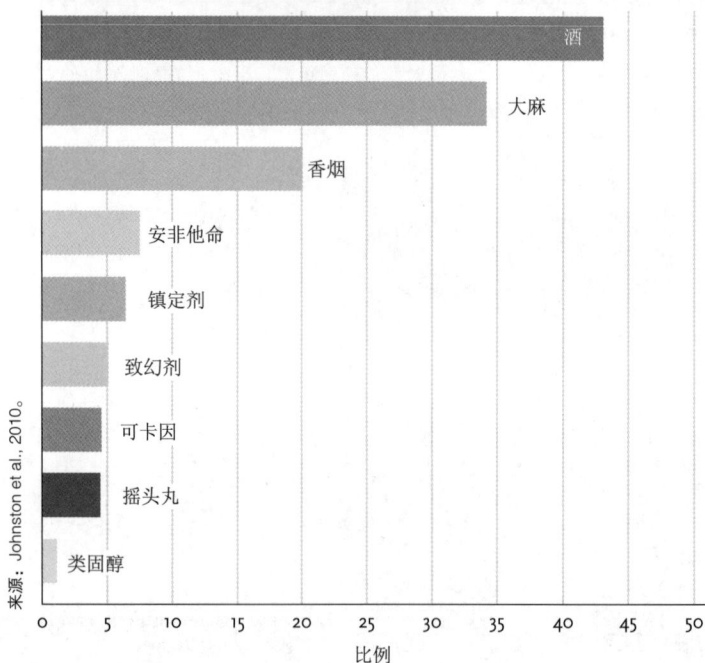

咖啡在世界各地的文化中都是社会礼仪中不可或缺的部分。

当然，药物的作用各有不同，部分是由于它们以不同的方式影响神经系统。有些药物改变边缘系统，而另一些药物影响某种神经递质的运作。例如，一些药物阻断或者促进神经递质的释放，一些药物阻断神经递质在突触间的接收和传送，而另一些药物模仿特定的神经递质发生作用。

通常，最危险的药物是那些**成瘾性药物（Addictive Drugs）**。成瘾性药物会使用药者对药物产生心理和/或生理依赖，停药后个体会对药物产生不可抑制的渴求。当个体从生理上对药物上瘾时，他们的身体习惯了在有药物作用的情况下运作，戒断时就无法运行了。当个体从心理上对药物上瘾时，他们相信，借助这种药物才能面对日常生活中的压力。尽管我们通常认为成瘾是对像海洛因这样的药物上瘾，但其实日常生活中的很多药物，像咖啡因（常见于咖啡）和尼古丁（常见于香烟），也可以让人上瘾。

那么最开始时，人们为什么要摄入这些药物呢？有很多原因，有的想体验药物产生的快感，有的想借由药物产生的快感逃避日常生活的压力，有的想达到一种宗教的或者精神的体验。还有一些原因和体验本身并没有什么关系，但仍然可能促使人们尝试用药。

例如，有些行为榜样（如电影明星和体育明星）会使用药物，药物方便获取以及同伴的压力等都会对个体是否用药造成影响，甚

高中学生的药物使用

来源：Johnston et al., 2010。

比例

普通饮料和药物中的咖啡因水平

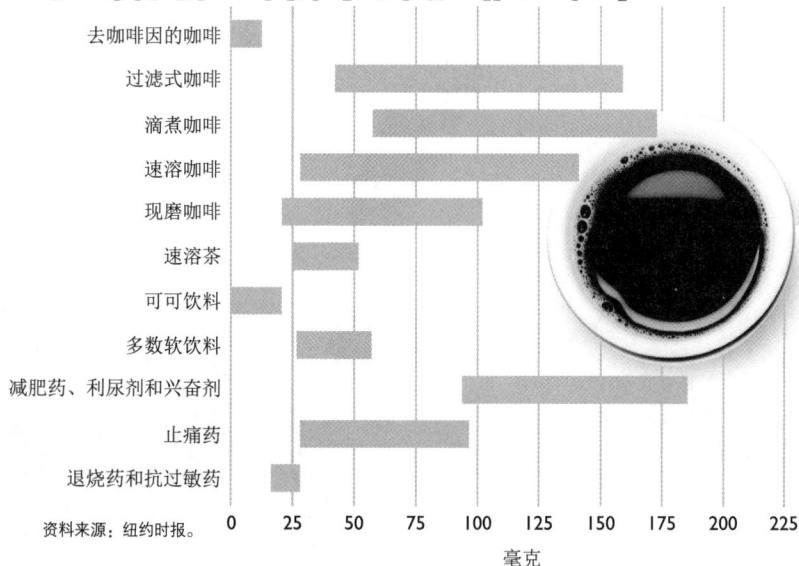

去咖啡因的咖啡									
过滤式咖啡									
滴煮咖啡									
速溶咖啡									
现磨咖啡									
速溶茶									
可可饮料									
多数软饮料									
减肥药、利尿剂和兴奋剂									
止痛药									
退烧药和抗过敏药									

0　25　50　75　100　125　150　175　200　225

毫克

资料来源：纽约时报。

重要影响是提高注意力和缩短反应时间。咖啡因还能令人心情愉悦，它可能是通过模仿一种大脑自然产生的化学成分腺甘酸的作用而达到这种效果的。但是，过量摄入咖啡因会导致紧张和失眠，而且人们会对咖啡因产生一种心理依赖。那些经常喝咖啡的人突然停止喝咖啡后可能会觉得头痛或者抑郁。

至个体会仅仅出于尝试新鲜事物的动机而使用非法药物。除此之外，遗传因素也可能让一些人对药物更敏感且上瘾程度更深。不管是什么原因导致个体服用这些药物，即使施以广泛的治疗，药物成瘾仍是最难纠正的行为之一。

由于药物成瘾很难治疗，人们都赞成处理这种社会问题的最好办法是从一开始就防止人们接触这些药物。但是，在如何达到这个目标上，人们的看法并不一致。

兴奋剂：药物快感

假设现在是凌晨1点，但你还没有看完书的最后一章，而且明天早晨就要考试了。你感到精疲力竭，于是你喝了一点能够帮你维持两个小时清醒状态的东西——一杯浓黑咖啡。

如果你有过类似的经历，那么你曾经使用过一种最主要的兴奋剂（咖啡因）来保持清醒。咖啡因是很多**兴奋剂（Stimulants）**中的一种，兴奋剂能够作用于中枢神经系统，从而提升心率、血压和肌肉的紧张感。咖啡因不只是咖啡里有，它也是能量饮料、茶、软饮料和巧克力等的重要成分。

服用咖啡因会产生一些反应，它对行为的一个

在香烟中发现的尼古丁是另一种常见的兴奋剂。除了刺激中央神经系统之外，尼古丁还会提高大脑神经递质多巴胺的水平，让吸烟者感觉很舒服。抽烟一段时间之后，吸烟者的大脑会对尼古丁产生依赖，需要靠它来维持一定的多巴胺水平。因此，那些突然戒烟的人会对香烟产生强烈的渴望。这种机制类似于对可卡因和海洛因上瘾，它们都是高依赖性的。

安非他命　中枢神经刺激剂和苯丙胺，还有脱氧麻黄碱、黑美人、大黄蜂、司机之友和苯齐巨林，它们都属于安非他命一类的强兴奋剂，作用是刺激中枢神经系统，只要服用很小的剂量就可以令人产生一种活力充沛、警觉机敏、滔滔不绝、高度自信和兴高采烈的感觉。它能集中注意力并减轻疲劳，但同样能导致食欲下降、焦虑易怒。长期服用安非他命可以导致被害妄想和猜疑心理。服用这种

兴奋剂： 提高中枢神经系统的唤醒度从而提升心率、血压和肌肉紧张感的药物。

药物的人很可能会丧失性欲。服用过量的二氮安非他命，会过度刺激中枢神经系统，引起惊厥和死亡。

每个超过**14**岁的个体每年平均会摄入**2.5**加仑（约**9.5**升）的纯酒精。

心理学**小贴士**

下面这个总结能帮助你更好地掌握每种药物的作用。

药物及其药效

药物	效果	戒断症状	危害
兴奋剂 可卡因 安非他命	自信提升，情绪高涨，精力充沛和警觉机敏，胃口降低，焦虑，易怒，失眠，暂时性嗜睡，延迟性高潮	冷漠，四肢乏力，嗜睡，抑郁，迷失方向，有自杀想法，焦躁不安，易怒，做奇怪的梦	血压升高，身体温度上升，挑剔，多疑，表现出奇怪的重复性行为，出现生动的幻觉，痉挛，可能导致死亡
镇静剂 酒精 止痛药	焦虑感降低，冲动，戏剧性的情绪波动，怪异想法，自杀行为，含糊不清的言语，易怒，迷失方向，心理和生理功能减弱，注意广度受限	虚弱，焦躁不安，恶心呕吐，头痛，做噩梦，易怒，抑郁，强烈的不安，出现幻觉，痉挛，可能导致死亡	困惑，痛觉反应降低，呼吸微弱，瞳孔放大，脉搏微弱而快速，昏迷，可能导致死亡
迷奸药	焦虑感降低，肌肉放松，健忘，昏睡	痉挛	痉挛，昏迷，无力，无法反抗性侵犯
麻醉剂 海洛因 吗啡	焦虑和疼痛感降低，注意力难以集中，冷漠，语速变慢，生理活动降低，流口水，瘙痒，欣快，恶心	焦虑，呕吐，打喷嚏，腹泻，下背疼痛，眼睛一直流泪，流鼻涕，打哈欠，易怒，颤抖，惊恐，感觉发冷和出汗，绞痛	意识水平降低，血压降低，心跳加快，呼吸变浅，痉挛，昏迷，可能导致死亡
致幻剂 印度大麻	情绪高昂，放松抑制，食欲增加，行为没有目标	极度活跃，失眠，食欲降低，焦虑	少有剧烈的反应，但表现出疼痛，偏执，疲劳，怪异危险的行为，长时间的睾丸素分泌降低，免疫系统问题
二亚甲基双氧苯丙胺（摇头丸）	高度的自我知觉和洞察感，平和感，共情，有活力	抑郁，焦虑，失眠	身体温度增加，记忆困难
迷幻药	审美反应提升，视觉和深度知觉扭曲，对脸部和手势敏感，情感扩大，偏执，疼痛，惊恐，欣快	没有报告	恶心、发冷，心跳加快，体温和血压升高，呼吸变深变缓，食欲丧失，失眠，出现怪异危险的行为

甲基丙苯胺是一种白色晶状药物，现在被美国联邦警察认为是最危险的街头药物。它通常被称为冰毒、去氧麻黄碱或者甲安非他明。这种药非常容易使人上瘾且相对来说价格便宜，又能给人带来强烈而持续的快感，因此社会各个阶层的人都对它欲罢不能。一旦上瘾，吸食者用药的剂量会越来越大，频率也会越来越高。长期服用这种药物可能会造成大脑损伤。

可卡因 尽管过去十年里可卡因的使用热潮已经衰退，但是这种兴奋剂以及它的衍生物——可卡因药丸——仍然非常令人担忧。可卡因通过直接吸入、卷烟吸入以及直接注射的方式进入血液循环，能很快被人体吸收并立即产生吸食反应。

如果服用的剂量较小，可卡因可以让人产生浓浓的幸福感，增加自信感和觉醒度。它通过神经递质多巴胺产生这种快感，多巴胺是与愉悦情绪有关的化学物质之一。通常大脑在释放多巴胺时，会通过再吸收过程释放神经元以吸收多余的神经递质，但是如果可卡因进入大脑，它就会阻碍多余的多巴胺被再吸收的过程。因此，大脑中就会充斥着多巴胺带来的愉悦感。

但是，为了获得可卡因带来的愉悦感，吸食者必须付出很高的代价。大脑可能会永远保持这种模式，从心理上和生理上对这种药物产生越来越多的依赖。久而久之，吸食者的生理和精神状况不断恶化。严重时，可卡因可以使人产生幻觉，最常见的幻觉就是昆虫爬到自己身上。最终，吸食过量的可卡因可以导致死亡。

镇静剂：药物镇定

和兴奋剂增强中枢神经系统的兴奋度相反，**镇静剂（Depressants）**的作用是抑制神经元放电以阻止神经系统的活动。小剂量的镇静剂会给人带来暂时的酒醉感以及一种兴奋和快乐感。但是，如果摄入了大剂量的镇静剂，则会出现发音含糊不清、肌肉不受控制、动作困难等症状。而且，服用大剂量镇静剂的个体可能会完全失去意识。

酒精 在美国，最常见的镇静剂是酒精，它也是美国人使用最多的药物。酒的销售额表明，每个超过14岁的个体平均每年会摄入2.5加仑（约9.5升）的纯酒精，这意味着每年人均喝掉200多瓶酒。尽管

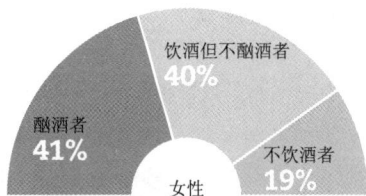

美国高校学生的饮酒习惯

资料来源：Wechsler, et al., 2003。

在过去十年中，酒精的使用量稳步下降，但对大学生的调查显示，超过3/4的大学生在过去一个月内喝过酒。

大学生频繁酗酒的趋势令人不安。对男性酗酒的定义是每餐喝五杯以上的酒。通常女性的体重比男性轻，她们身体的酒精吸收量会差一点，所以女性酗酒被定义为每餐喝四杯以上的酒。

大约50%的大学男生和40%的大学女生声称自己在过去两周里至少有过一次酗酒经历，而且17%的女大学生和3%的男大学生承认自己在过去一个月中喝酒次数超过十次。此外，即使很少喝酒的人也会受到影响：2/3很少喝酒的人声称他们

镇静剂： 让神经系统运作减缓的药物。

的生活或学习曾被喝醉酒的学生打扰过，1/4的女学生声称，有同学喝醉酒后把自己当作性侵扰的对象。

在过去，美国女性比男性喝酒更少，但是对于年龄较大的个体来说这种差别在缩小，而且在青少年群体中性别差异是不存在的。相比之下，女性更容易受酒精影响，而且饮酒过量对女性大脑的伤害比对男性大脑的伤害大。

尽管酒精是镇静剂，但是大多数人声称酒精提高了他们的社交能力和幸福感。酒精的实际效果和感知效果的差别源于它在大部分饮用者身上发生的最初作用——释放紧张压力、产生快乐感觉、失去抑制力。

长时间地摄入甲基丙苯胺会导致心理疾病，这种疾病在很多方面和精神分裂症非常相似。而且长时间摄入这种药物会使智商下降。

但是，随着酒精摄入量的增加，镇静的作用越来越明显。个体可能会感到情绪上和生理上的不稳定，还表现出判断力下降和攻击性行为。而且，他们的记忆力受损，大脑的空间信息处理能力下降，语言含混不清、断断续续，最终变得麻木甚至昏迷。如果他们在短期内摄入太多酒精，就有可能死于酒精中毒。

大部分美国人都经常饮酒，其中有1 400万人因饮酒产生了问题——13个成年人中就有1个。酗酒者指的是那些经常酗酒并产生酒精依赖，即使酒精已经给他带来了严重的健康和生活问题仍然继续饮酒的个体。此外，他们对酒精的麻醉作用逐渐免疫，所以酗酒者必须饮用越来越多的酒，才能体验到酒精带给他们的最初快感。

有一些酗酒者不得不频繁地喝足够的酒，以维持他们的日常生活。另一些人可能在频率上并不太高，但一旦喝上便会放纵地摄取高强度的酒精。

我们目前还不清楚为什么一些人会变成酒鬼，而另一些人却没有。这可能有基因因素的作用，对于是否有某种遗传基因导致酗酒还存在争论，但是很显然，如果家中有酒鬼长辈，那么个体成为酒鬼的可能性就会高很多。但是并不是所有酒鬼都有酒鬼亲戚，对于这些人而言，环境压力可能是导致酗酒的重要因素。

止痛药 止痛药包括巴比妥酸盐、苯二氮、非苯二氮等，它们都是镇静剂，可以降低兴奋性达到安定效果。巴比妥酸盐，例如耐波他（戊巴比妥钠）、速可眠（西可巴比妥）、苯巴比妥等，早期都作为处方药使用，它们特别容易使人上瘾。像速可眠、苯巴比妥这样的巴比妥酸盐能够使人产生放松感，医生用它们来促进睡眠、缓解压力。这些药物非常容易被滥用或者被过度使用。

VV 大展身手！　测测你的饮酒风格

如果你平时饮酒，那么你的饮酒方式是安全可靠的吗？阅读下面的陈述并根据自己的情况做出评价：

1=非常不同意　2=不同意　3=中立　4=同意　5=非常同意

	1	2	3	4	5
1. 我通常一周喝几次酒。					
2. 我有时候喝完酒去上课。					
3. 我经常在孤独时饮酒。					
4. 我曾经酒后驾驶。					
5. 我习惯用假身份证买酒。					
6. 在喝酒时我就像完全变了一个人。					
7. 我经常把自己喝醉。					
8. 如果宴会上没酒，我就不想参加。					
9. 我避免跟不喝酒的人接触。					
10. 有时我希望别人喝更多的酒。					

计分：你的分数越接近（也就是越远离最小值10），你就越能够审视自己的酒精摄取，以及你是否可能滥用酒精。如果你的酒精摄取得分不高（分数为25分），你的饮酒方式对你自己可能是健康的。如果你的酒精摄取得分比较高（分数多于40分），你可能需要重新审视你的饮酒方式，以及寻求来自家人和朋友的帮助和支持。

作为一类新药，苯二氮已经在很大程度上取代了巴比妥酸盐来治疗短期的焦虑、失眠、癫痫以及戒酒综合症。和巴比妥酸盐一样，像阿普唑和安定这样的苯二氮药物，都是必须在医生的监督下才能服用的处方药。

还有一种苯二氮药物是迷奸药，有时又被称为"约会强奸药"，是一种短效镇静剂。与酒精一同服下后，受害者就不会抵抗性侵犯行为。有时候那些服用了此药却毫不知情的人会无法行动，甚至记不起自己被侵犯了。在美国，使用迷奸药作为处方药或者售卖都是违法的。

安必恩、鲁尼斯塔这样的非苯二氮药物与苯二氮的化学成分不同，但是它们能起到相似的效果。医生通常用这类药来治疗失眠。比起巴比妥酸盐和苯二氮，它们不容易让人产生生理依赖。

生理和精神上瘾的标准，最终，海洛因成为吸食者生活的全部。

由于海洛因能带来生理上的强烈快感，这种瘾尤其难以戒断。有一种稍微见效的治疗方法就是用美沙酮代替海洛因。美沙酮是一种合成药品，可以代替海洛因满足吸食者生理上的渴求，但是并不能带来海洛因带来的精神快感。海洛因吸食者使用正常剂量的美沙酮就可以相对正常地生活。但是，尽管美沙酮可以消除吸食者对海洛因的心理依赖，吸食者却会对美沙酮形成生理依赖。现在，研究者正在试图为海洛因等寻找一种不会使病人上瘾的药品，这样吸食者就不用转而对另一种药物上瘾了。羟考酮（就是处方药奥施康定）是一种止痛药，大

> **麻醉剂：**能够使人放松，减轻痛苦和焦虑的药物。

麻醉剂

麻醉剂（Narcotics）指能够使人放松，减轻痛苦和焦虑的药物。吗啡和海洛因是两种药效最强的麻醉剂，它们都是从罂粟籽中提取出来的。在美国，吗啡被医生用来控制严重的疼痛，而海洛因却是非法药物，但是这并没有阻止海洛因的广泛使用。

海洛因可以通过鼻子吸食，也可以用注射器直接注入血管。海洛因的迅速反应被形容为一种排山倒海般的兴奋感，这种感觉难以形容，它在某些方面类似于性高潮。在兴奋冲击之后，海洛因吸食者便会体验3～5个小时的愉快和平静。但是药效消失以后，吸食者会感到极度焦虑和绝望，希望再次体验原来的感受。此外，为了得到愉快感，海洛因的用量需逐次增长。这已经符合了

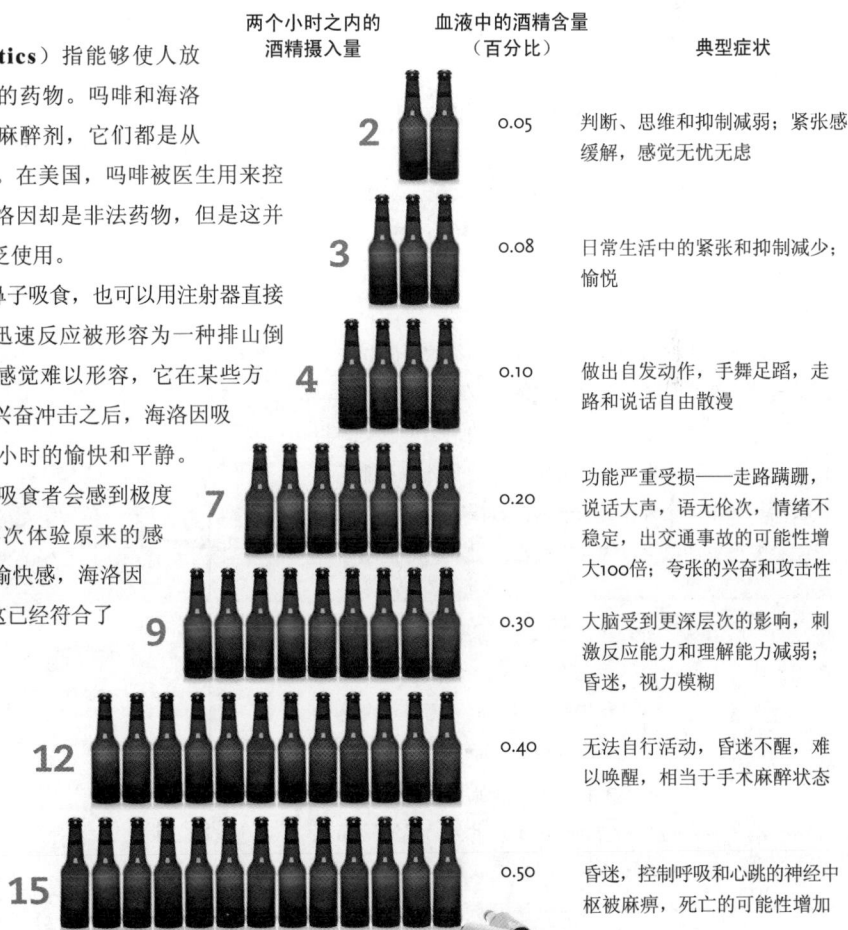

两个小时之内的酒精摄入量	血液中的酒精含量（百分比）	典型症状
2	0.05	判断、思维和抑制减弱；紧张感缓解，感觉无忧无虑
3	0.08	日常生活中的紧张和抑制减少；愉悦
4	0.10	做出自发动作，手舞足蹈，走路和说话自由散漫
7	0.20	功能严重受损——走路蹒跚，说话大声，语无伦次，情绪不稳定，出交通事故的可能性增大100倍；夸张的兴奋和攻击性
9	0.30	大脑受到更深层次的影响，刺激反应能力和理解能力减弱；昏迷，视力模糊
12	0.40	无法自行活动，昏迷不醒，难以唤醒，相当于手术麻醉状态
15	0.50	昏迷，控制呼吸和心跳的神经中枢被麻痹，死亡的可能性增加

酒精的作用

注意：这里的一瓶酒指典型的12盎司（约6.8两）一瓶的啤酒，1.5盎司（约0.8两）一杯的烈性酒，或者5盎司（约2.8两）一杯的白酒。这些都是粗略的衡量。这些数据会随着一个人的身高、最近的食物摄入、遗传因素，甚至心理状态的不同而不同。

一对酒鬼夫妇的孩子 你有一些朋友喜欢酗酒，当他们告诉你他们准备生孩子的时候，你如何向他们解释酗酒对家庭关系的影响？

量的人滥用这种药物。很多名人〔包括美国演员科特妮·洛芙（Courtney Love）和著名主持人拉什·林堡（Rush Limbaugh）〕都对它形成了依赖性。

致幻剂：引起幻觉的药物 蘑菇、曼陀罗和牵牛花有什么共同之处呢？除了是普通的植物以外，它们都可以用来制造强效**致幻剂（Hallucinogen）**。致幻剂可以使人产生幻觉，或者改变人的认知过程。

当今使用最广泛、最普遍的致幻剂是大麻，它的活性成分四氢大麻酚（THC）是从大麻的种子里提取出来的。尽管可以烹饪食用，但大麻一般被做成雪茄或者放在烟斗里吸食。美国大约有32%的高中生和11%的中学生报告自己在过去一年中吸食过大麻。

大麻的作用因人而异，通常包括精神欣快感和愉悦舒适感。似乎吸食大麻后个体的知觉经验更生动、更强烈，自我重要感增强。但是个体的记忆可能受到损伤，导致"魂不守舍"。大麻给人的感觉并不都是积极的。如果一个人在心情低落的时候吸食大麻，则可能会变得更加低落，因为大麻会同时放大好情绪和坏情绪。

长时间大量使用大麻会带来一些危害。研究者正在积极研究大麻依赖的潜在机制。有些证据表明，大

致幻剂： 一种能够产生迷幻效果或改变人的认知过程的药物。

麻和海洛因、可卡因等对大脑的影响相似，而且，大量使用大麻至少会降低男性荷尔蒙的分泌，潜在地影响性活动和排精量。此外，尽管研究结果并不一致，但在怀孕期间吸食大麻可能对胎儿行为产生一些深远的影响。吸食大量大麻还会影响免疫系统抵抗细菌的能力，增加心脏负担，但现在还不清楚这种影响有多强。

现在，科学家正在研究吸食大麻会对肺产生何种影响。如果把大麻和香烟一起抽，抽烟的负面影响可能就会更大。

尽管吸食大麻有很多风险，但是大麻还有一些药物用途。它可以消除化疗带来的恶心症状，治疗艾滋病的某些症状，还可以减轻脊椎受伤产生的肌肉痉挛。尽管美国联邦法律规定大麻是非法药物，但是许多州做出了饱受争议的决定，认定大麻是一种合法处方药，必须凭医师的处方购买。

二亚甲基双氧苯丙胺（摇头丸）和麦角酸二乙基酰胺（LSD）是两种药效很强的致幻剂。它们都影响大脑中的神经递质血清素的功能，改变脑细胞的活动和知觉。

二亚甲基双氧苯丙胺的吸食者会产生一种平和宁静的感觉。服用这种药物的人报告称，他们和别人的共情以及联系会增强，并且感到放松，同时活力充沛。尽管这些数据并不具有确定性，但是一些研究者发现，记忆力和智力任务成绩的下降和摇头丸的摄入有关，这个发现表明，摇头丸吸食者大脑中的5-羟色胺受体可能发生了长期变化。

LSD的结构和血清素相似，它可以产生生动的幻觉。个体对声音、颜色和形状的感觉都会发生很大的改变，以至于即使是最普通的知觉经验——比如木桌上的

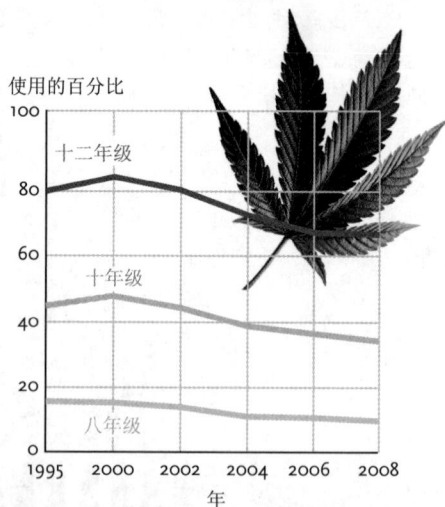

使用的百分比

美国青少年的大麻使用情况

资料来源：Johnson et al., 2010。

节疤——看起来都像是在移动，给人以兴奋的感觉。他们的时间知觉也被扭曲，待人接物的方式发生改变。一些吸食者报告称，LSD加深了它们对于世界的认识。而另一些人，尤其是那些有感情障碍的吸食者声称，LSD给他们带来的感觉非常可怕。而且，人们在吸食致幻剂之后的很长一段时间里，会经常体验到闪回。

鉴别药物和酒精使用问题

从治疗普通感冒到"给生命注入鲜活血液"，在现在的社会中，到处都充斥着包治百病的药物广告，难怪药物问题成了一个重要的社会问题。但是许多存在药物和酒精使用问题的个体都否认自己有问题，即使是亲近的朋友和家庭成员也意识不到他们的正常使用从何时开始变成了滥用，社交饮酒何时开始变成了酗酒。

当正常使用变成滥用时，你可以发现某些迹象。其中一些如下：

- 总是需要快感才能玩得高兴；
- 大部分时候情绪都很高亢；
- 需要快感才能保持状态；
- 工作或者上课的时候很高亢；
- 为了"爽"一下而缺课，或者无法准备学习和工作；
- 事后对自己兴奋时候说的话、做的事感觉糟糕；
- 在情绪高亢时开车；

- 由于用药而违反法律；
- 在情绪高涨时做一些平时不会做的事情；
- 在非社交性场合、独自一人的时候也想兴奋一下；
- 无法阻止自己获得快感；
- 感觉需要药物或酒精才能度过一天；
- 身体变得不健康；
- 在学业或工作上很失败；
- 总是想着喝酒或者使用药物；
- 在喝酒或者使用药物的时候躲开家人或朋友。

同时出现多个症状意味着个体很有可能存在严重的药物使用问题。由于酒瘾和毒瘾问题很难进行自我治疗，怀疑自己存在这些问题的人应该立即向心理学家、医生和顾问寻求帮助。

我的心理学笔记 >>

- 什么是意识

  意识是某个时刻个体对感觉、思维和情感的觉知。清醒的意识有活跃状态和消极状态之分，改变意识状态包括自然发生的睡觉、做梦和药物诱导的意识状态。

- 我们睡觉时发生了什么，梦的含义是什么

  大脑在整个晚上都是活跃的，睡眠会经历一系列的过程。这些过程由独特的脑电波模式来区分。快速眼动睡眠阶段的特点是心率增加、血压上升和呼吸频率增加，而且男性还会发生勃起。梦境发生在快速眼动睡眠阶段。根据弗洛伊德的观点，梦既有显性内容（一个明显的情节），又有隐性内容（一个真实但是隐藏的含义）。梦的生存理论认为，在梦中，那些跟生存有关的信息得到重新审议和再度加工。梦的激活合成理论认为梦是各种记忆随机激活的结果，然后这些记忆被编织成一个连贯的故事。

- 被催眠者会经历怎样的意识状态

  催眠会让行为产生重要的改变，包括注意力和受暗示性提高、回忆和构建图像的能力提高、自主性下降，以及更易接受那些明显违反现实的建议。

- 不同的药物怎样影响意识

  兴奋剂可以促进中枢神经系统的兴奋，两种常见的兴奋剂是咖啡因和尼古丁。作为兴奋剂，安非他命和可卡因更加危险，大量使用会导致死亡。酒精和其他一些镇静剂会降低中枢神经的兴奋性，在获得快感的同时它们也会引起中毒。酒精的最初效果是释放压力，但是随着摄入量的增加，积极情绪会消失，个体的诸多功能会受到抑制。吗啡和海洛因是麻醉剂，这种药物可以让人放松、缓解疼痛和焦虑。由于个体很容易对它们上瘾，吗啡和海洛因特别危险。致幻剂是能够产生幻觉或其他认知改变的药物。最常用的致幻剂是大麻，这种药物有一些长期性的危害。另两种致幻剂是二亚甲基双氧苯丙胺(摇头丸)和麦角酸二乙基酰胺（LSD）。

测试一下

1. _____ 被用来描述我们对外部世界以及自身内部世界的了解。

2. _____ 是以一天为周期发生的内部身体过程。

3. 弗洛伊德的潜意识 _____ 理论认为个人在梦中表达的真实欲望是被掩饰的，因为它们威胁到了个体的意识觉知。

4. 把下面梦的理论与其对应的解释匹配起来。

   a. 在睡眠期间，梦让重要的信息得到再加工
   b. 梦的显性内容掩盖了梦的隐性内容
   c. 电能随机刺激记忆，不同的记忆交织在一起便产生了梦
   ____（1）激活合成理论
   ____（2）潜意识欲望满足理论
   ____（3）梦的生存理论

5. _____ 时个体对别人的暗示的敏感性提高。

6. 一个朋友告诉你："我以前听说一个人在催眠状态下被谋杀了，因为催眠师让他从金门大桥跳下去！"这件事情会是真的吗？为什么？

7. _____ 是一种集中注意力改变意识状态的方法。

8. 药物作用的活动说明 _____

   a. 一些人更容易对药物产生依赖
   b. 一些药物使神经接收器更加敏感
   c. 药物影响有时候非常小，甚至在大脑成像中也看不到
   d. 诸如颞叶这类大脑结构对药物有不同的反应

9. 把药物的类型与相对应的例子匹配起来。

   a. 二亚甲基双氧苯丙胺（摇头丸）
   b. 海洛因
   c. 右旋苯丙胺或脱氧麻黄碱
   ____（1）麻醉剂
   ____（2）安非他命
   ____（3）致幻剂

10. 把下面药物分为兴奋剂（S）、镇静剂（D）、致幻剂（H）或麻醉剂（N）。

    （1）尼古丁
    （2）可卡因
    （3）酒精
    （4）咖啡
    （5）大麻

11. 二亚甲基双氧苯丙胺（摇头丸）的作用可以在吃药之后很长时间内再次出现，正确还是错误？

1. 意识
2. 昼夜节律
3. 愿望满足
4. （1）-c，（2）-a，（3）-b
5. 催眠
6. 不会。被催眠者不会做出有悖自己本意的行为
7. 冥想
8. b
9. （1）-b，（2）-c，（3）-a
10. （1）-S，（2）-S，（3）-D，（4）-N，（5）-H
11. 正确

5

学习

我曾是个黑莓控

为了安全起见，美国密西西比州参议员撒德·科克伦（Thad Cochran）同国会中的大多数政治家一样，也在"9·11事件"后买了一部黑莓手机。但他后来还是把手机退了回去。"我总是会分心，"科克伦说道，"每次手机屏幕一亮，我就得停下手里所有的事情。"虽然科克伦并不介意同事们对于黑莓手机的依赖，但他觉得不好的地方就是大家总是在会议过程中收发信息。"手机响个不停，一直有人起身离席，进进出出。"

你是否也和科克伦参议员一样，手机一振动就必须伸手去拿？你身边是否也有这样一些人，只要铃声一响，不管正在做什么都要停下来接手机？

或许你还听说过"苹果控"等手机成瘾的笑话，其实这些人并没有真的成瘾，他们的行为都是学习来的，而且掌握得非常牢固。类似的学习过程也让我们得以顺畅地阅读、驾驶、完成各种各样的活动，这些习以为常的行为就构成了我们每个人的日常生活，而我们正是在这样的学习过程中不断地掌握技术、提升能力的。

心理学家试图从不同的视角来解读与学习这一心理过程。有的学者关注内在反应是如何和外界事件关联起来的，例如，为何当人们感到饥饿或听到午饭铃响时就会分泌唾液；也有学者认为学习是一系列奖惩的结果；还有的学者从认知角度看待学习，关注学习中的思维加工过程。

边读边想

>>

- 在学习过程中，奖励和惩罚扮演什么样的角色？
- 如何应用本章的知识来塑造行为？
- 在学习过程中，思考重要吗？

在行为心理学家看来，**学习（Learning）**是由经验带来的行为上相对持久的变化。在生命的初始，人类就已经做好了学习的准备。即便是小小的婴儿，也能展现出学习的原始形态，心理学家将其定义为习惯化，它是指当同一刺激反复出现时，人们对这种刺激的反应会减少。例如，婴儿一开始会对色彩明亮的玩具很感兴趣，但若是反复看到同一玩具，这种兴趣很快便会丧失。习惯化帮助我们忽略掉一些旧信息，以便接收新信息。在成年人中也有习惯化的现象，例如，新婚夫妇很快就不再留意无名指上的婚戒。

学习： 由经验引起的行为上相对持久的变化。

在西方，尽管从亚里士多德的时代起，哲学家们就在探索学习的基础，但第一个系统的研究直到20世纪才真正展开：伊万·巴甫洛夫（Ivan Pavlov）提出了第一个学习理论——经典性条件作用。

>> 经典性条件作用

在夏威夷有种很受欢迎的李子果脯，如果对当地人大声喊出这种小吃的名字，很多人就会情不自禁地开始流口水；但若不是本地人，恐怕就会无动于衷了。有没有什么词语或事物会让你一想起来就

纽约时代广场是一个著名的旅游胜地，巨大的灯箱广告、热闹的街道、鼎沸的人声、刺激的味道，无不让游客们感到新鲜、振奋，而这一切对于当地人来说早已习以为常。

流口水？如果有的话，这就是一种经典性条件作用。经典性条件作用可以解释很多现象，例如，当电影中出现诡异的音乐或幽暗的场景时，我们通常会手心出汗、心跳加速。

什么是经典性条件作用

伊万·巴甫洛夫（1849-1936）是一位俄国生理学家，他其实从未打算过从事心理学研究。1904年，巴甫洛夫因在消化生理学方面的出色成就而荣获诺贝尔奖。不过人们记住的不仅是他在生理学方面的贡献，还有他对于学习过程的开创性研究（虽然纯属偶然）。

巴甫洛夫一直致力于研究通过改变食物的数量和种类来控制狗的胃酸和唾液的分泌。在这个过程中，他发现了一个有趣的现象：有时狗还没有进食就已经开始分泌唾液。除食物之外，在食物出现之前的其他刺激（如送食物来的人员或其脚步声等）也会引起狗分泌唾液。巴甫洛夫敏锐地发现了这一现象的本质，他认为狗的这种反应不仅具有生物学上的原因，更是一种学习的结果——即经典性条件作用。**经典性条件作用（Classic Conditioning）**是指一种原是中性的刺激（如实验者的脚步声）与一个原本就能引起某

种反应的刺激（如食物）相结合，使得这个中性刺激也能够引起同样的反应。

为了论证经典性条件作用的存在，巴甫洛夫（1927）在狗的腮部唾腺位置连接了导管，来精密测量狗的唾液分泌情况。他先是摇铃，几秒钟后再让狗进食。铃声和食物的结合经过精心安排，以保证每次铃响和食物出现的时间间隔是相同的。在刚开始，狗只有在吃到食物时分泌唾液。但很快，它会一听到铃声就分泌唾液。并且在巴甫洛夫不再给狗喂食后，狗在听到铃声时，分泌唾液的反应依旧会出现。

尽管条件性作用这个术语稍显深奥，但是这一过程并不复杂。在条件作用发生之前存在着两种毫不相干的刺激：铃声和食物。通常来讲，铃声会引起狗的一些反应，比如竖起耳朵，但并不会导致唾液的分泌。鉴于铃声不能引发我们感兴趣的反应，它被称为**中性刺激（Neutral Stimulus）**。而食物能够引起狗分泌唾液——正是我们期待的反应。因此，食物被称为**无条件刺激（Unconditioned Stimulus, UCS）**，即在条件作用形成之前就可以引起预期反应的刺激。进食后分泌唾液的反应是**无条件反应（Unconditioned Response, UCR）**，这是一种天生的反应性行为，不需要学习就已经具备。

> **经典性条件作用：** 中性刺激与一个原本就能引起某种反应的刺激（无条件刺激）相结合，从而获得引发相同反应的能力。
>
> **中性刺激：** 在条件作用形成前，不能引起预期反应的刺激。
>
> **无条件刺激：** 在条件作用形成前就能引起预期反应的刺激。
>
> **无条件反应：** 天生的、不需要训练就具备的反应性行为，如闻到食物的气味就分泌唾液。

怎样判断一种刺激是不是无条件刺激？很简单，设想一下每个正常人在这种刺激下都会体验到相同的无条件反应吗？如果是的话，它就是一种无条件刺激。比如，是不是每个健康的人都会在酷热潮湿的环境下出汗？应该是的。那么，酷热潮湿就是无条件刺激，出汗则是无条件反应，无条件反应总是由无条件刺激引起的。

现在回到巴甫洛夫的研究上，铃声每次响起时，狗都可以吃到食物。这种条件作用的目的是让狗把中性刺激（铃声）和无条件刺激（食物）联结起来。经过铃声与食物多次结合后，当只有铃响而不给食物时，狗也会分泌唾液。

对于很多在夏威夷长大的人来说，李子果脯是非常流行的小吃，甜酸可口，令人垂涎。但若不是本地人，就很难产生这种反应。

① **条件作用形成前** 铃声并不会使狗分泌唾液，它只是一种中性刺激

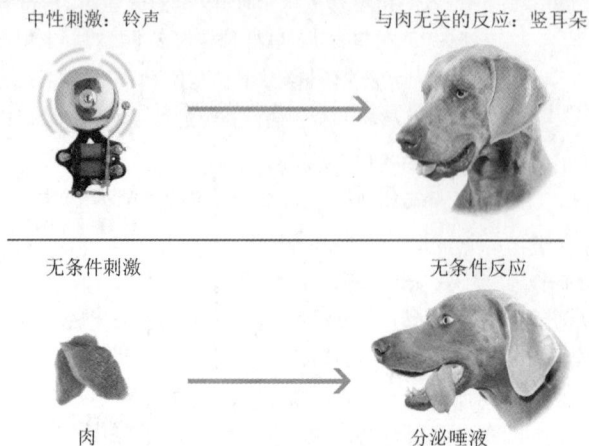

中性刺激：铃声　　　　　　　　　　与肉无关的反应：竖耳朵

无条件刺激　　　　　　　　　　　　无条件反应

肉　　　　　　　　　　　　　　　　分泌唾液

② **条件作用形成中** 铃声出现后，随之给狗喂食

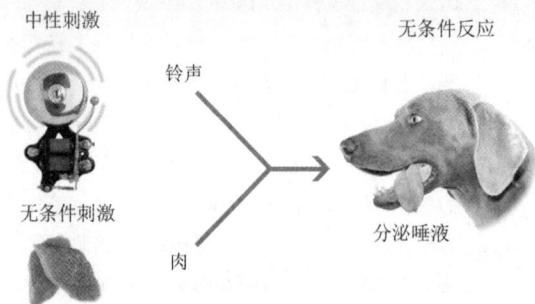

中性刺激　　　　　　　　　　　　　无条件反应

铃声

无条件刺激

肉　　　　　　　　　　　　　　　　分泌唾液

③ **条件作用形成后** 只出现铃声也会使狗分泌唾液。铃声成为了条件刺激；分泌唾液成为了条件反应

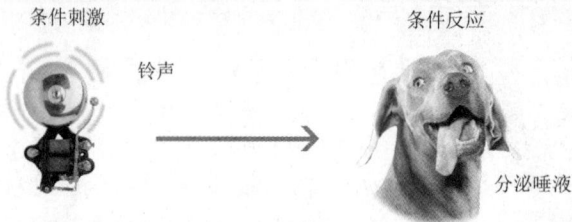

条件刺激　　　　　　　　　　　　　条件反应

铃声

分泌唾液

心理学小贴士

为了更好地理解经典性条件作用的过程，你需要理清条件刺激、无条件刺激、条件反应和无条件反应之间的联系与区别。

条件作用形成后，铃声就不再是中性刺激，而变成了**条件刺激**（Conditioned Stimulus，CS）。我们将这一过程称为习得。**习得**（Acquisition）即将中性刺激与无条件刺激联系起来的学习过程。这时，分泌唾液作为由条件刺激引起的反应，被称为**条件反应**（Conditioned Response，CR）。也就是说，在条件作用形成后，条件刺激会引发条件反应。

巴甫洛夫使用的术语多少有些费解，下面的总结可以帮助你理清这些刺激和反应间的关系：

- 条件的=需要习得的；
- 无条件的=无需学习的（天生的）；
- 无条件刺激引发无条件反应，并且这种引发是不需要学习就具备的；
- 在条件作用中，先前的中性刺激成为了条件刺激；
- 条件刺激引发条件行为，并且这种引发是需要学习与训练才能具备的；
- 无条件反应与条件反应可能会很类似（在巴甫洛夫的实验中，都是分泌唾液），但是无条件反应是自然发生的，力量更为强大；条件反应是需要学习才能展现出来的，强度稍弱。

人类行为中的经典性条件作用

虽然第一个条件作用实验是以动物为被试的，但心理学家很快发现大量的人类行为都可以用它来解释。比如，在看到麦当劳的金黄色招牌时，很多人都会情不自禁地流口水。这一反应就是由于经典性条件作用：金黄色的"M"招牌和之前的就餐经验（无条件刺激）联系起来，使得M招牌成了一种条件刺激，会引起流口水这一条件反应。

有时，情绪反应也可以经由经典性条件作用而习得。我们为什么会害怕一些明知无害的事物呢？在一项颇具争议的实验中，心理学家华生和他的同事罗塞利·雷纳（Rosalie Rayner）对一个11个月大的婴儿

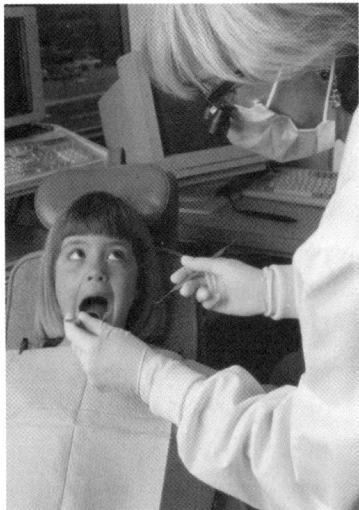

因为以前看牙的不快经历而不愿去拔牙是司空见惯的现象，原因正是刺激的泛化。

小艾尔伯特开始害怕白鼠，一看到它就会大哭。在这一过程中，白鼠成为了条件刺激，会引起条件反应（恐惧感）；而且这种恐惧还泛化到了其他刺激上：五天后，小艾尔伯特不仅害怕白鼠，还怕一些和白鼠类似的物体，比如小白兔、白色的海豹皮大衣，甚至白胡子的圣诞老人。

条件刺激： 原是中性刺激，因为和无条件刺激的多次结合，可引发与无条件反应同样的效果。

习得： 将中性刺激与无条件刺激结合起来的学习过程。

条件反应： 中性刺激成为条件刺激后引发的反应。

艾尔伯特（Albert）进行了经典性条件作用的操控，一手培养了他对于白鼠的恐惧感。一开始，小艾尔伯特和其他健康婴儿一样，只是对很大声的噪音（无条件刺激）感到害怕，并不惧怕小白鼠（中性刺激）。

实验开始了，每当小艾尔伯特伸出手去触碰小白鼠的时候，实验者就制造一声巨响。噪音（无条件刺激）无疑激起了小艾尔伯特的恐惧感（无条件反应），在噪音与白鼠多次配对呈现后，

如果你是……

一名家长 由于经典性条件作用，媒体中的暴力图片会引起恐惧、愤怒等情感。孩子们更容易习得这一点，于是当他们在现实生活中碰到暴力场面时，他们会表现出更多的恐惧和愤怒。

那么小艾尔伯特长大后会不会仍然害怕这些物体呢？也许会，也许不会。遗憾的是，我们已经无从得知了，因为他在6岁时不幸夭折。

从理论上来说，因经典性条件作用习得的反应可能会持续终身。例如，你因为先前一次看牙的痛苦经历而一直逃避检查牙齿。这时器械钻牙是无条件刺激，疼痛是无条件反应，想想条件刺激是什么？在一些极端的案例中，经典性条件作用会导致恐怖症，即对某类物体或情境产生强烈的紧张、恐惧和回避反应，我们在之后的章节里会进行介绍。

经典性条件作用能否帮助你提高考试成绩？如果你有考前焦虑的话，可以一试。你可以引导自己对一首特别的歌曲形成放松反应。先挑一首你并不经常听的舒缓曲子，然后找一个令人平静放松的环境，每天听上5~15分钟。

在听的时候，搭配上深呼吸练习。注意，在其他时间里不要听这首歌。坚持几个星期后，可以在听的时候只是听而不再做深呼吸。现在一听到这首歌，你有没有觉得放松些？如果有的话，那么在考试前你就可以听听看，它会帮助你缓解焦虑，更好地专注于考试上。

加入我们！

经典性条件作用也可以产生愉快经验。一些事件能够刺激某些神经递质的释放，从而产生愉悦的体验。运动员在参加马拉松的过程中，身体会释放内啡肽来起到镇痛作用，运动员也因此得以保持亢奋的运动状态。在这里，长跑是无条件刺激，内啡肽的分泌是无条件反应；而运动服的味道、跑鞋的样子都可能成为条件刺激。学习经典性条件作用的原理，可以帮助我们理解周围世界中的很多现象。

条件反应的消退

由于经典性条件作用，狗学会了一听到铃声就分泌唾液。如果只有铃响却再也不出现食物，狗还会继续保持这种反应吗？答案涉及学习过程中的一种常见现象：消退。

消退：先前习得的条件反应逐渐衰退直至消失。

自然恢复：在没有后续条件作用的前提下，消失的条件反应再度出现。

刺激泛化：对与条件刺激类似的刺激也作出条件反应的现象。

消退（Extinction）是指先前习得的条件反应逐渐减弱，直至完全消失。

为了实现消退，我们需要切断条件刺激和无条件刺激之间的联系。如果我们已训练一只狗学会在铃声（条件刺激）出现时分泌唾液（条件反应），那么我们就可以通过反复地响铃却不给狗喂食来实现条件反应的消退。在刚开始时，狗听到铃声依旧会分泌唾液。但重复几次后，它分泌的唾液量会逐渐减少，直到最后不再对铃声做出反应，这时可以认为条件反应已经完全消退了。也就是说，当条件刺激反复地单独出现，而不再伴随无条件刺激时，就可以实现行为的消退。

那么在条件行为消退后，它就永远消失了吗？也不尽然。巴甫洛夫发现在狗不再对铃声产生反应的几天后，条件行为似乎是已经消失了，可这时若是摇铃，狗还会再一次地分泌唾液，这个现象即**自然恢复**（Spontaneous Recovery）。它是指在没有后续条件作用的情况下，已经消退的行为反应又重新出现。

自然恢复的现象能帮助人们理解为何克服毒瘾是如此之难。那些曾成功戒毒的人，当他们再次面对可卡因或类似毒品的刺激时，往往会感到极难克制的冲动，很多人就此重蹈覆辙。

泛化与分化

尽管不同品种的玫瑰花争相斗艳，我们闻到的芬芳和体验到的美感却大致相同。巴甫洛夫在他的实验中也注意到了类似的现象。狗不仅会在铃声出现时分泌唾液，对与之类似的蜂鸣器发出的声音，也会做出同样的反应。

在某一反应与某种刺激形成条件联系后，这一反应也会与其他类似的刺激形成某种程度的条件

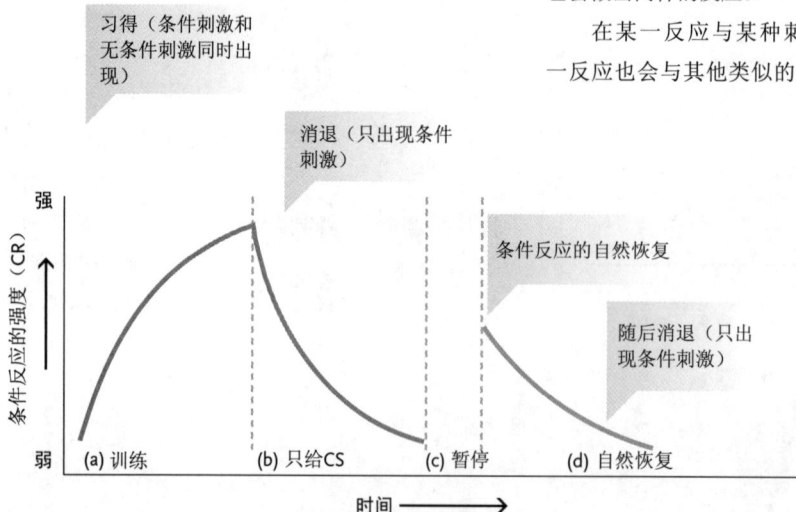

习得（条件刺激和无条件刺激同时出现）

消退（只出现条件刺激）

条件反应的自然恢复

随后消退（只出现条件刺激）

强

弱

条件反应的强度（CR）

(a) 训练　　(b) 只给CS　　(c) 暂停　　(d) 自然恢复

时间

经典性条件作用中的习得、消退和自然恢复

联系，这一过程称为**刺激泛化**（**Stimulus Generalization**）。两个刺激越相似，就越有可能引起泛化。这能解释为什么有人被蜜蜂蜇过后，在看到黄蜂甚至是很普通的家蝇时也会害怕。我们之前曾提过的小艾尔伯特也是如此，他被培养出了对白鼠的恐惧感，随后也开始害怕与白鼠类似的白色毛茸茸的物体；同时我们也可以推断出小艾尔伯特不会害怕黑色的大狗，因为根据泛化的原则，黑色大狗与之前的恐惧源相去甚远。

泛化帮助我们理解为什么有的人被蜜蜂蜇过后，在看到黄蜂甚至是很普通的家蝇时也会害怕。

新刺激与原始刺激越相像，反应就会越类似。但即便如此，由新刺激引起的反应在强度上仍不及原始刺激引起的大。不过小艾尔伯特的例子是一个例外，他对圣诞老人的恐惧和对白鼠一样强烈。

与之形成对比的是**刺激的分化**（**Stimulus Discrimination**）。分化指的是只对条件刺激作条件反应，对相似的刺激不作条件反应，这表现出的是区别刺激的能力。好比我（作者）家里养的狗克里奥（Cleo），它每次听到开罐头的声音就会冲进厨房，因为它知道这是在给它准备晚饭。可是食物加工器和开罐器发出的声音很像，克里奥却一点反应都没有。换言之，它能够区分这两种声音的差别。同样地，我们也懂得区分狗摇尾巴是高兴，咆哮是生气。

心理学思考

> > > 你会如何帮助小艾尔伯特克服他的恐惧呢？

>> 操作性条件作用

非常好……好主意……太棒了……我赞成……太出色了……真赞……没错……这是你写过的最好的文章……极为优秀……太令人佩服了……要给你涨工资了……吃块饼干吧……你看起来真是棒极了……我爱你……

若看到上面这些赞赏，想必没有人会不高兴。所以它们中的每一个都可以运用于操作性条件作用，以此来塑造行为。操作性条件作用对于人类的学习过程举足轻重。

操作性条件作用（**Operant Conditioning**）是指行为因其后果而得到增强或减弱的学习过程。如果你每阅读本书的一章就有一笔意外收入进账，那么你会不会多读几章？如果会的话，收入就是一种正性的结果，它可以增加阅读行为出现的可能性。

在经典性条件作用中，无条件反应往往是针对食物、水、疼痛等做出的天生的生理性反应。而在操作性条件作用中，反应是自发的，是机体做出的有意行为。操作一词意在强调：有机体主动地实施行为作用于环境，以达到对环境的有效适应，像是勤奋工作以得到加薪、努力学习以取得好成绩。

与经典性条件作用一样，我们也通过动物实验来理解操作性条件作用，下面先来回顾一下前人的研究。

> **刺激的分化：** 只对条件刺激作条件反应，对相似的刺激不作条件反应。
>
> **操作性条件作用：** 人们有意做出的行为因其后果而增强或减弱的学习过程。

操作性条件作用的原理

B.F.斯金纳（B.F.Skinner，1904-1990），20世纪影响力最大的心理学家之一，他激励了一代学者投入到操作性条件作用的研究中。斯金纳发明了一个学习装置，名为"斯金纳箱"，箱中的环境经过严格控制，从而可以通过改变环境来观察动物的行为变化。为了详细说明操作性条件作用的原理，我们来看看当白鼠置身于"斯金纳箱"时会有怎样的表现。

设想一下你想教会白鼠踩操纵杆。一开始，它只是在箱子里漫无目的地探索环境。偶然之中它踩到了操作杆，这时供丸装置就会自动落下一颗食物粒。刚开始，白鼠并不理解按压操纵杆和获得食物粒之间的关系。但几次之后，白鼠就学会了不断按压操作杆来得到食物，直到吃饱为止，这说明白鼠已经建立起这两者之间的联系。

强化：操作性条件作用的中心概念 斯金纳认为，操作性条件作用的关键在于强化，**强化（Reinforcement）**是指伴随行为之后出现某种刺激，从而使得该行为再度出现的可能性增加的过程。食物能够增加按压行为的出现，因此给予食物就是一种强化。

B.F.斯金纳发明了斯金纳箱，研究白鼠按压操纵杆以获得食物的学习过程。

成为强化物。而具体选择什么刺激作为强化物则要因人而异，也许巧克力对于一个人来说是强化物，但对于另一个人来说给他五块钱更为有效。判断一种刺激究竟是不是强化物，要看它是否能够增加个体行为再次出现的频率。

当然，我们并不是生来就知道五块钱可以买一块巧克力。随着生活经验的增长，我们逐渐了解到金钱的作用，它能够换来食物、水等，而这些又是天生的强化物。两类刺激的区别也正是初级强化物和次级强化物的区别，初级强化物能够满足人和动物的基本生理需要；次级强化物本来是一个中性刺激，经由与初级强化物反复结合而获得了强化的效力。金钱能够帮我们买到食物、水、住所，它与初级强化物多次结合，因而成了次级强化物。

正强化、负强化和惩罚 强化与奖励都能增加行为发生的频率，两者看似是同义词，但是奖励对于个体来说总是正性事件，而强化既可以是正性事件也可以是负性事件。

正强化（Positive Reinforcement）通过呈现我们期待的愉快刺激来增加反应频率。比如在反应后给予个体食物、水、金钱或是夸奖，那么这种反应很可能会再度出现。如果工人们在工作一周后可以拿到薪水，他们也会在接下来的日子里继续工作。

你知道吗？

通过操作性条件作用，中风患者可以再度学会开口讲话。像是"做得好"这样的奖励性语言能提升他们运用语言的能力。

此时，食物被称为强化物。**强化物（Reinforcer）**就是能够增加行为再次出现可能性的刺激。

在这里，食物增加了按压行为的发生可能性，因此它就是强化物。

什么样的刺激可以成为强化物呢？玩具、好成绩……只要是能增加行为再次发生频率的就都可以

强化：行为之后出现某种刺激，从而使得该行为再度出现的可能性增加的过程。

强化物：能增加行为再次发生频率的刺激。

正强化：通过呈现人们期待的愉快刺激来增加反应频率。

心理学小贴士

初级强化物能够满足人和动物的基本生理需要；次级强化物因与一级强化物相结合，也具备了强化效力。

我们从小就知道金钱作为次级强化物的价值。

与之相反，**负强化**（**Negative Reinforcement**）通过终止厌恶刺激来增加反应频率。比如，你身上起了皮疹（厌恶刺激），在涂抹某个牌子的药膏后，症状减轻了，那么下次当你又出疹子时，你还是会选择这个牌子的药膏。这个过程就是负强化，它移除了皮疹这个厌恶刺激。同样，如果你的音乐播放器开机时音量太大，刺痛了耳朵，那你就会降低音量，这也是负强化。下次开机时，你会记得先把音量调低。负强化教会人们去移除环境中的不利刺激，但不论是正强化还是负强化，它们都增加了行为再度出现的可能性。

强化增加行为发生率，惩罚降低行为发生率。

要注意，负强化不等于惩罚，**惩罚**（**Punishment**）指会减弱行为或降低反应频率的刺激和事件。而负强化最终增加了反应频率，两者会带来相反的结果。

现在想象一下发生在你周围的不愉快事件，妈妈唠叨你去收拾屋子可以算一个。假设你乖乖去把屋子收拾了，随后妈妈不再唠叨了，那么你就很可能继续重复这个行为。也就是说，收拾屋子的行为得到了增强。而如果你每次调高电视音量，室友都会抱怨，那么为了避免他的抱怨，你就不会再调音量。在这里，调高音量的行为减少了。那么，在第一个例子中，为了不让妈妈继续唠叨，收拾屋子的行为会增加，这是因为负强化；而在第二个例子中，为了避免室友抱怨，调高音量的行为会减少，这是因为惩罚。

> **负强化**：消除环境中的厌恶刺激，以此增加行为反应频率。
>
> **惩罚**：能降低行为再次发生可能性的刺激。

如同强化可以分为正强化和负强化一样，惩罚也可以分为正惩罚和负惩罚。其实无论是强化还是惩罚，"正"都是指在环境中呈现刺激，"负"则是撤销环境中的刺激。正惩罚通过呈现厌恶刺激来降低反应频率。因超速而被开罚单，因抢劫而被判入狱这些都是正惩罚。反之，负惩罚是通过撤销愉快刺激来降低反应频率。像是少年因为成绩下降而被禁足，或者员工因为绩效不合格而被扣薪水，这些都是负惩罚。而不论是哪种类型的惩罚，结果都会降低先前行为再度出现的可能性。

以下的小结可以帮助你区分正/负强化及惩罚。

- 强化能够增强行为反应频率，而惩罚会降低反应频率；
- "正"刺激是指在环境中给予某种刺激。这种刺激可能是愉快刺激（正强化），如高分数；也可能是厌恶刺激（正惩罚），如在学校里被嘲笑；
- "负"刺激是指从环境中撤销某种刺激。这种刺激可能是厌恶刺激（负强化），如烟瘾；也可能是愉快刺激（负惩罚），如使用手机的权利。

强化和惩罚

期望的结果	在环境中呈现刺激	从环境中撤销刺激

正强化

举例：因为表现优秀得到赞赏

结果：以后会保持良好的表现

负强化

举例：涂抹药膏消除过敏反应

结果：增加了再出现过敏反应时涂抹药膏的可能性

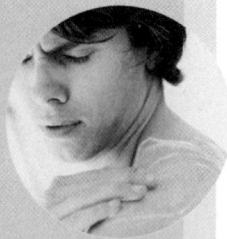

强化（增加行为）

正惩罚

举例：青少年在偷窃CD时被拘捕

结果：降低了偷盗行为在以后出现的可能性

负惩罚

举例：青少年因为不遵守宵禁规定而被没收车钥匙

结果：降低了不遵守宵禁规定的可能性

惩罚（减少行为）

惩罚的利与弊：为什么强化优于惩罚 惩罚是不是塑造行为的有效手段？在有些情况下的确如此。比如，父母可能没有第二次机会警告孩子不要冲出马路，所以在他第一次这么做时就给予惩罚是明智的。而且运用惩罚来压制行为，即便是暂时的，也能使人以更为合理的方式行事。

对于一些严重的行为障碍，惩罚可以说是最为人性的治疗手段。像是深受孤独症困扰的孩子会做出自残行为，这时对他们实施快速的电击可以阻止自我伤害（当其他治疗手段都无效时）。类似这样的惩罚可以确保孩子们不伤害自己，也能为之后的正强化争取时间。

但是惩罚也有不少弊端，使得这种手段的使用备受质疑。首先，惩罚经常无效。若行为出现时不能马上实施惩罚，那么惩罚就是无用的。而且人们常常能逃避惩罚，被老板训斥的员工也许一气之下辞职了；被没收车钥匙的少年可能会去借朋友的车开，这些不仅使惩罚失去意义，还将导致更恶劣的后果。

其次，体罚可能会使被惩罚者认为这是一种有效的手段。一个经常打骂孩子的父亲，会在无形中让孩子以为暴力是解决问题的合理方式。他可能会模仿父亲的行为，对待周围人时更具攻击性。另外，本身易怒的人会更为频繁地采用体罚。可是在愤怒的情况下，他们很难理智地权衡惩罚的力度是否合理。而且，惩罚会降低被罚者的自尊，除非他们明白自己为什么被惩罚。

心理学小贴士

正强化、负强化、正惩罚、负惩罚这四个概念很容易混淆，请好好利用上面的图表来理解它们之间的关系。

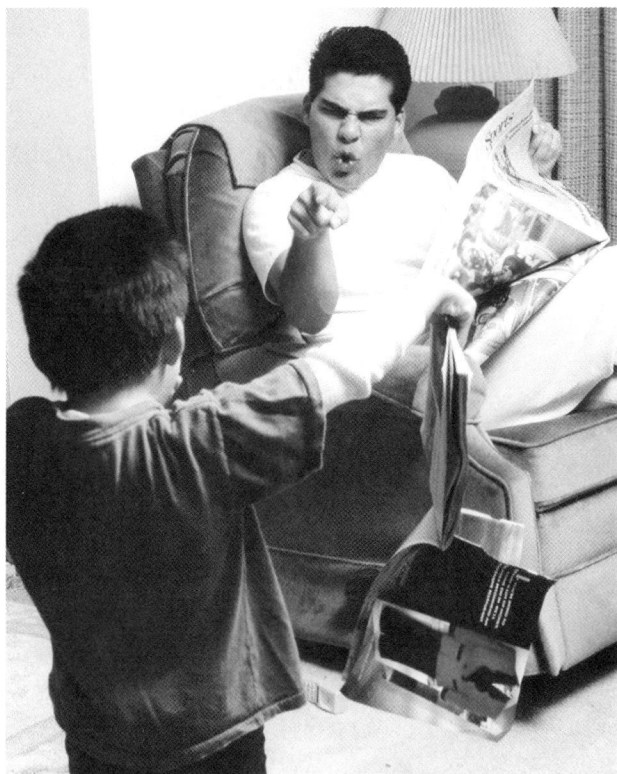

：什么时候惩罚会毫无用处？

强化程式（Schedules of Reinforcement）是指强化出现的时机和频率。其中，连续强化程式（Continuous Reinforcement Schedule）指在每一个期待行为出现之后，都予以一个强化。如果只在部分反应之后进行强化，则为间隔（断续）强化程式（Partial or Intermittent Reinforcement Schedule）。当行为持续受到强化时，人将学习得更快。想象一下你教自己的猫打招呼，如果它每次跟你打招呼时你都给它一个奖励，那么它很快就能学会这个行为。而在习得之后，若是猫咪打了招呼但不是每一次都给它奖励，换句话说，改用间隔强化程式，那么猫咪打招呼的行为会保持得更久，甚至在完全不予强化的情况下还能持续保持这个行为。

为什么间隔强化程式比连续强化程式更能塑造出稳定持久的行为呢？我们可以来对比下自动贩售机和老虎机的运作原理。当使用自动贩售机时，人们只要投进适当数量的硬币就可以得到强化，比如得到一块巧克力。也就是说，自动贩售机采用的是连续强化程式。而老虎机可没有这么大方，人们很清楚自己在玩老虎机时通常不会得到任何回报，只有偶尔能赢，这就是间隔强化程式。

> **强化程式：** 强化出现的时机和频率。
>
> **连续强化程式：** 在每一个期待行为出现之后，都予以一个强化。
>
> **间隔强化程式：** 只在部分而非所有反应之后给予强化。

最后，惩罚并没有传达出有关正确行为的信息。为了塑造出人们想要的预期行为，在实施惩罚时应该辅以具体教导，明确地说明为什么错以及什么是对的。如果对一个总是盯着窗户看的孩子简单地施以惩罚，他可能确实不会再看窗户了，却改为盯着地板看了。另外，如果在惩罚之后，对于个体表现出的积极行为不予以强化，那么也很难塑造出好的行为。

总之，在行为塑造上，强化要比惩罚更有效。不论是在科学研究中，还是在现实生活中，强化都要优于惩罚。

强化程式　如果赌徒在输一把后就收手，渔夫在错失一条鱼后就收网，那么世界可能就不是现在这个样子了。某些行为并没有受到强化却一再出现，这说明想学会和保持一种行为，并不一定非要在行为发生后给予连续的强化。事实上，有些行为只是偶尔才被强化，反而学得更快，掌握得也更牢固。

心理学思考

> ＞＞＞ 基于前面的内容，如果有家长向你咨询体罚是否对孩子的学习有帮助，你应该如何回答？你的答案又是否会因文化背景不同而发生变化？

假设现在自动贩售机和老虎机出了故障，投钱进去没有任何反应。那么不难想象，对于自动贩售机，人们投了几次币之后就不会再尝试了。但是，对于老虎机却不是这样，人们还会不停地投币，而且这种行为可以保持相当长的时间，即便在此过程中一无所获。

由此我们可以得出两种强化程式的区别：在条件反应被消退之前，运用间隔强化程式（如老虎机所为）要比连续强化程式（如自动贩售机所为）更能保持行为。

特定的间隔强化程式能够塑造出格外强烈和持久的行为。研究者们把各种形式的间隔强化程式大致分为两类：以给予强化前的反应数量为考虑重点的定比和变比程式，以及以给予强化前过去了多长时间为考虑重点的定时和变时程序。

定比强化（**Fixed-ratio Schedule**）是指在反应累积一定次数后给予强化。如白鼠每第十次按压操纵杆时，就会被奖励一颗食物粒，这个比率就是1:10。类似的还有计件工作制，如成衣工人每制作一件衬衫就会得到相应数额的报酬。产量越高强化就越多，因此在这种强化程式下，人们会尽可能迅速地工作。

变比强化（**Variable-ratio Schedule**）是指在反应累积不定次数后给予强化。虽然不确定要做出多少次反应才能得到强化，但数额上还是有大致的范围。一个很好的例子就是电话推销，推销员可能在她打第三、第八、第九和第二十通电话时成功卖出了产品，其他时候则失败了。尽管不知道要打多少通电话才能成功推销一次，但可以大概估计有20%的成功率。这种情况下，人们会觉得推销员应该在短时间里尽可能多地打电话。变比强化程式下的反应率很高，而且很难消退。

定比与变比强化关注于反应次数，定时和变时强化与之不同，它们关注强化之间的时间间隔。先说定时强化，比如周薪制。对于每周按时拿工资的人来说，只要时间到了就可以领钱，他们并不关心在这一周里要完成多少工作量。

由于**定时强化**（**Fixed-interval Schedule**）是在固定时段后给予强化，因此从整体上说反应率偏低。在刚刚得到强化之后的那段时间里尤其如此，特别是当下一次强化到来之前的等待时间比较漫长时。比如，两次考试相隔很久（意味着成绩好所能得到的强化不频繁），那么一些学生平时就完全不学习了。可是等到临近考试的时候，你会看到他们突击学习、临时抱佛脚，即表现为反应率的大大增加。不过你肯定也料到了，这一行为在考试过后会迅速消失：考后第二天就几乎没有人再看书了。由于设置了一个固定时间间隔，定时强化程式会使得强化前反应率激增，强化后反应率骤降，表现为一种"扇贝效应"，如下页图所示。

为了不让强化后行为懈怠得那么快，同时让反应在强化间隔期间内得以保持，可以采用**变时强化**（**Variable-interval Schedule**），即不定时地给予强化。例如，一个教授不定期地进行随堂测验，有时候每三天一次，有时候每三周一次，平均下来是每两周一次，这就是变时强化。变时强化下的学习行为与定时强化中的大不相同。因为不知道什么时候会突然测验，学生就必须一直持续规律地学习。通常来说，变时强化要比定时强化更能塑造出稳定、持久的行为。

操作性条件作用的分化和泛化　儿童很快就懂得分享自己的玩具可以得到糖果奖励，拒绝分享则可能被罚。类似地，操作性条件作用使鸽子学会在绿灯亮起时去啄钥匙，红灯时则不予反应。和经典

心理学小贴士

记住，使用不同的强化程式会影响到反应习得的速度以及在强化结束后能够保持的时长。

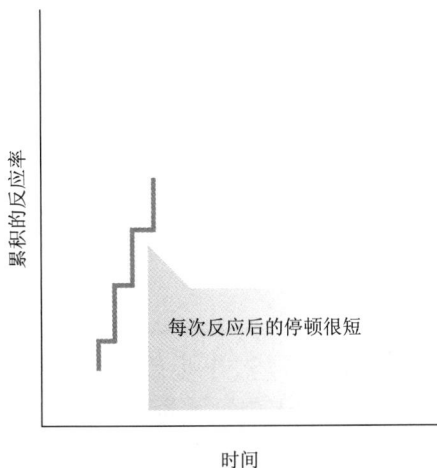

定比强化

累积的反应率

每次反应后的停顿很短

时间

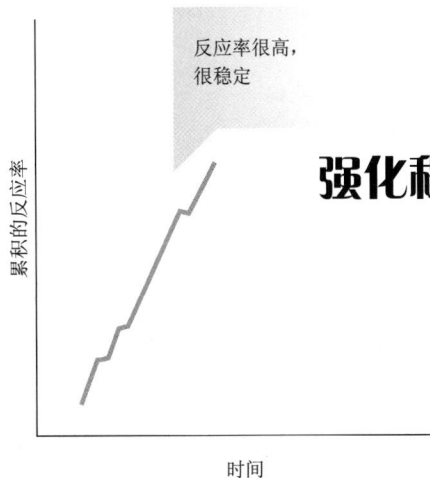

变比强化

反应率很高，
很稳定

累积的反应率

强化程式结果

时间

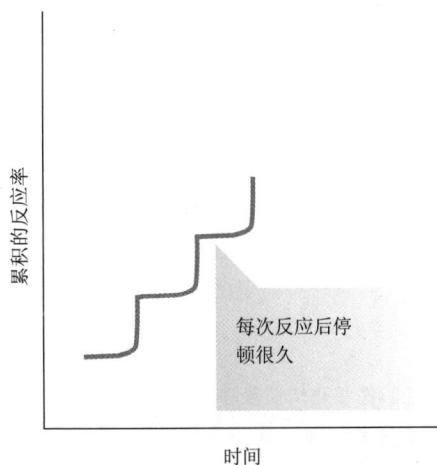

定时强化

累积的反应率

每次反应后停
顿很久

时间

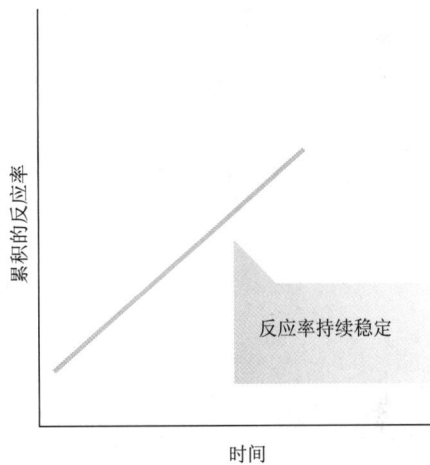

变时强化

累积的反应率

反应率持续稳定

时间

性条件作用一样，操作性条件作用中也存在着刺激的分化和泛化现象。

刺激控制训练可以帮助人们学会分化刺激：当某一刺激出现时，行为会受到强化；而该刺激未

出现时，行为则不会受到强化。通过这种手段，人们就能学会知觉刺激的差异并对这种差异做出反应。人们在生活中会面临很多难以分化的情境，像是如何辨别一位异性仅仅是普通朋友还是对自己心存好感？这时人们会利用非言语线索进行判断，比如眼神接触的次数等。如果并不存在这类的浪漫线索，人们倾向于认为这仅仅是朋友关系。在这种情况下，非言语线索就是辨别刺激，它暗示着在反应后会伴随强化。当你想找室友借车时，你会一直等到他心情好时才开口。这说明你懂得区分提出要求的时机好坏，也就是对刺激进行了分化。

：你的学习行为是定时强化的产物吗？

来达成这个目标。**塑造（Shaping）**是指通过小步反馈帮助个体习得复杂行为的过程。在塑造的最初，对于任何与目标行为类似的行为都可以给予强化。随后，只强化那些与目标行为十分接近的行为。最后，只强化目标行为。通过这样的办法，个体每次都能向着目标行为前进一小步，直至最终完全学会复杂行为。

塑造是通过小步反馈帮助个体习得复杂行为的过程。

塑造也可以让动物们学会一些不可能自发出现的复杂行为，如狮子跳火圈、海豚救溺水者等。同时，人类学习诸多复杂技术的过程中也有塑造的功劳。比如在大学里修习课程的能力就是从小塑造起来的。小学课堂上所需的注意力和专心程度远远不如大学课堂上所要求的，但正是通过这样经年累月地塑造，我们学会了怎样专心致志，直到符合大学课堂的要求。

对比经典性和操作性条件作用　我们把经典性条件作用和操作性条件作用看做是两个完全不同的过程。二者引发的学习形式具有本质的差异。例如，经典性条件作用的核心是将刺激与人们的本能性反射行为相联结，而操作性条件作用的重点是做出自主反应以获得强化。

同经典性条件作用一样，操作性条件作用中也存在着刺激泛化现象，即将所习得的行为从一个情境迁移到另一个类似情境。例如，你知道在某些场合中礼貌待人对你有益（强化了礼貌行为），于是在其他场合里也会继续保持这种礼貌。不过泛化也可能产生消极影响，比如你曾和某群体中的个别成员有过不愉快的接触，那么这种负性的情感就会泛化到该群体的所有成员身上。

塑造：通过小步反馈帮助个体习得复杂行为的过程。

塑造：强化那些非自然行为　想象一下，要教会人们修理汽车，如果只运用操作性条件作用，那该是多么困难。因为人们要先自己摸索好长一段时间，然后才能偶尔做出正确的动作，继而才能获得强化。这一过程将是无比漫长的。

生活中很多复杂的行为不可能自然而然就习得。鉴于这些行为不会自发地出现，也就没有机会给予它们强化以稳固和保持。但是我们可以通过塑造

心理学思考

塑造

>>>经过前面的学习，你认为缉毒犬是通过经典性条件作用还是操作性条件作用训练出来的呢？理由是什么？如果你有一只小狗，你会如何运用条件作用来训练它？

概念	经典性条件作用	操作性条件作用
基本原理	建立条件刺激与条件反应的联结	"强化"可以提升行为后续发生频率；"惩罚"会降低行为后续发生的频率
行为性质	以进化的、自然的、先天的行为为基础。行为由无条件或条件刺激所引发	个体有意识地操作环境以获得期望的结果。一个行为完成后，再次做出该行为的可能性是提高了还是降低了由行为后果决定
事件顺序	条件作用前，无条件刺激引发无条件反应；条件作用形成后，条件刺激引发条件反应	强化使行为增加；惩罚使行为减少
举例	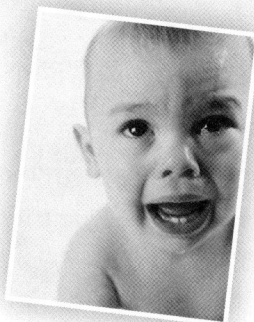 一个小孩接连好几天去医院打针（无条件刺激），每次打完针后他都会哇哇大哭（无条件反应）。于是以后每次见到那位医生（条件刺激），他都会感到很害怕（条件反应）	 一名学生在努力学习了一阵后，考试得到了A（正性强化物），以后他会继续努力学习；另一名学生在考试前一晚去酒吧玩没有复习，结果考试不及格（惩罚），那么他下次考试前就不太可能再去酒吧了

经典性和操作性条件作用

行为分析和行为矫正

一对共同生活了三年的夫妻近来开始频繁吵架，从谁该去洗碗到感情生活的质量，两人都存在着分歧。

烦恼了好一阵之后，这对夫妻找到了一名行为分析师，即专门从事行为矫正的心理学家。在初次见面时，他请夫妻二人在接下来的两周里详细记录下他们每次互动的过程和细节。

再次就诊时，分析师仔细查看了他们反馈上来的记录。他发现一个规律：每次吵架都发生在有人没完成家务的时候，比如没洗碗或把脏衣服扔在洗衣机里就不管了的时候。

研读完记录材料后，分析师请这对夫妻列出所有的家务事项以及完成每一项所需的时间，然后他将这些家务平均分给两人。并且规定，如果有人没做完家务，那么他（她）就要往夫妻共同的储蓄罐里放一元钱。同时，一方每完成一项家务，对方就要给予表扬。

两人都同意按照行为分析师给出的方案执行一个月，并且在这一个月里严格记录下他们的吵架次数。出乎他们的意料，这个数字急剧下降了。

以上就是一个行为矫正的例子，**行为矫正（Behavior Modification）** 是一种能促进期望行为发生、减少不良行为出现的有效技术。行为矫正的原理是前面说到的那些学习基本理论，它在各种情境下的有效性已经得到了证明。如严重智力障碍患者经过行为矫正治疗后得以学会自己穿衣吃饭。行为矫正技术还能帮助人们减肥、戒烟，以及习得其他安全行为。

> **行为矫正**：一种能促进期望行为发生、减少不良行为出现的有效技术。

行为分析师运用的技术手段多种多样，包括强化程式、塑造、泛化训练、消退等。一般而言，接受行为矫正的个体都会经历以下几个基本步骤。

- 确定目标及期望行为。第一步首先要明确什么是期望的目标行为，是提高花在学习上的时间？还是减轻体重？还是降低攻击行为的次数？目标必须具体，并用可观测的行为来表述。例如，最终目标是"增加学习时间"，那么期望行为可以是"平时每天至少学习两个小时，周末学习一个小时"。

- 设计一个数据记录系统并记录初始数据。为了判定行为是否发生变化，必须先收集行为矫正前的初始数据，以此作为后续行为改变的比较基线。

- 制定行为矫正策略。选择适当的行为矫正策略是最为关键的一步。由于以各种学习理论为基础的技术都能带来行为的改变，因此在矫正过程中通常会"打包"使用各种治疗手段。比如系统强化期望的行为（口头表扬或给予物质奖励）、消退不期望出现的行为（孩子发脾气时不理他）。强化物的选择非常关键，可能需要做一些试验来发现什么强化物对于个体来说有意义、能起作用。

- 执行矫正程序。在执行过程中，最重要的就是坚持不懈，其次是正确地强化期望行为。比如，一位妈妈想增加女儿的学习时间，但是这个小女孩每次一坐到书桌前就嚷着要吃零食。如果这时妈妈满足了她的要求，那么强化的就很可能是小女孩的拖延行为，而非学习行为。

- 详细记录行为矫正过程中的行为数据。在实施过程中另一个重要任务就是坚持记录数据。如果数据不全，就很难知晓行为矫正是否成功。

- 评估并调整矫正程序。最后，将记录的数据和基线数据进行比较，以判断是否成功地矫正了行为。如果成功了，就可以逐渐停止矫正程序。比如，之前是在个体每次捡起地板上的衣服时就给予强化，慢慢可以改为定比程序，如每三次后进行一次强化。如果行为矫正不成功，那么就要考虑其他的方法了。

基于这些原则的行为矫正技术已经获得了广泛成功。很显然，我们可以把学习理论运用于生活的方方面面，让世界更美好。

>> 认知学习理论

新手司机们坐在驾驶座上，胡乱摸索一番后偶然用钥匙打着了火，然后又是一通手忙脚乱后碰巧踩到了油门把车子开动了，于是获得了正强化。假如学习的途径只有条件作用一种，那么驾校里就该是这么一番混乱的景象了。幸好，现实生活中学习复杂行为的方式还有其他。比如我们在坐车的时候已经学到了一些关于驾驶的基本常识，知道怎么点火、怎么踩油门等。

学习驾驶就是认知学习的一个例子。

也就是说，经典性和操作性条件作用只能解释部分学习过程。比如学开车这样的复杂行为就需要思维、记忆等高级加工过程参与。为了全面理解人类的学习行为，我们需要摆脱机械学习论的束缚。学习不是如经典性条件作用所说的只是自动化地习得刺激与反应的简单联结，同时也不像操作性条件作用所认为的皆是强化的结果。

一些心理学家认为，学习是思维的过程，这种观点称为**认知学习理论（Cognitive Learning Theory）**。持这种观点的学者并不否定经典性和操作性条件作用，只是相比外部刺激、反应、强化而言，他们更关注学习内部的思维过程。像潜伏学习和观察学习，经典性和操作性条件作用就难以解释。

潜伏学习

认知加工的重要性在早前的一些研究中已有所体现，通过一系列动物实验，研究者发现了潜伏学习的现象。**潜伏学习（Latent Learning）**是指新行为已经习得，但直到诱因出现时才表现出来。简单来说，潜伏学习的发生不需要强化。

心理学小贴士

记住，认知学习取向关注学习者内部的思维和期望；而条件作用取向关注外部的刺激、反应和强化。

潜伏学习的发生不需要强化。

如本页图所示，心理学家通过白鼠走迷宫的实验论述了潜伏学习。在该实验里，白鼠被随机分配到三种条件中。第一组白鼠每天被放到迷宫中一次，持续17天，并且不对它们的行为进行任何奖励。结果这组白鼠花了很长时间才学会走出迷宫，犯错误的次数也最多。第二组白鼠每次走出迷宫时，都会受到奖励，它们最快、最好地学会了走迷宫。

：艾尔伯特·班杜拉

第三组白鼠在开始时和第一组一样，没有受到任何奖励。这样的状况持续了10天，在第11天时，引入了一项重要的实验操控：此时白鼠若走出迷宫，会得到奖励。这个操控给实验结果带来了戏剧性的改变，那些之前没被奖励的白鼠在前十天里漫无目的地探索，而一旦受到奖励，它们走迷宫的时间和错误数都急剧下降，很快就表现得和第二组白鼠一样好。

认知心理学家认为，很明显白鼠早已学会了如何走迷宫，只是在给予强化后才将学习到的行为表现出来。而且白鼠在头脑中形成了一幅"认知地图"，即关于空间位置和方向的心理表征。

同样地，人们对于周围的环境也会形成认知地图。比如你常去的超市里有一家厨房用品店，虽然你从未光顾过，但被问起时，你还是能说出那家店的所在方位。

通过潜伏学习形成认知地图，这一思想对操作性条件作用理论形成了冲击。在白鼠走迷宫的实验里，即便没有强化，白鼠也学会了如何走出迷宫。这一结果的确支持了学习的认知观点，即改变发生在看不见的思维层面。

观察学习：通过模仿来学习

让我们再回到学开车的例子上，怎么解释人们完全没有直接经验却可以习得并做出某些行为呢？

为了回答这个问题，心理学家提出了认知学习取向的另一理论：观察学习。

心理学家艾尔伯特·班杜拉（Albert Bandura）

> **认知学习理论：** 以学习的思维过程为研究焦点的研究取向。
>
> **潜伏学习：** 已习得新行为，但直到诱因出现时才表现出来。
>
> **观察学习：** 通过观察他人或榜样行为来学习。

在17天的时间里，白鼠们每天都要走一次迷宫。第一组白鼠从来没得到过奖励（无奖励控制组），所以它们的错误率一直最高。第二组白鼠每次走出迷宫后都能得到食物（奖励控制组），它们的犯错率自然要低得多。实验组的白鼠一开始没有奖励但十天后开始受到奖励了，它们的错误率迅速降低到跟奖励控制组同样低的水平。很显然，第三组白鼠发展出了关于迷宫的认知地图，当它们获得奖励时表现出了潜伏学习。

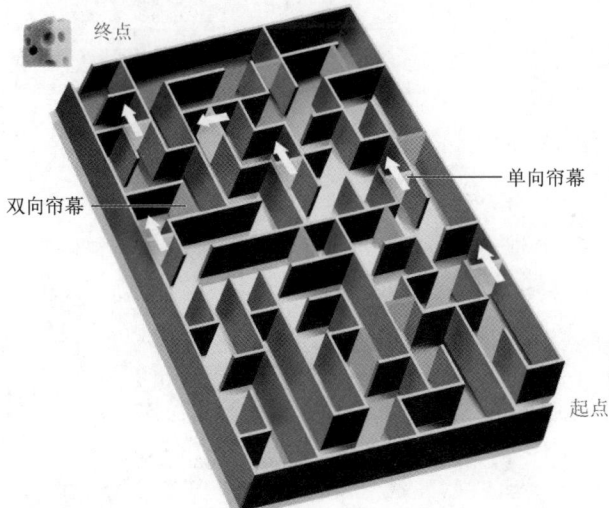

终点

单向帘幕

双向帘幕

起点

资料来源：Tolman & Honzik, 1930。

小白鼠的潜伏学习

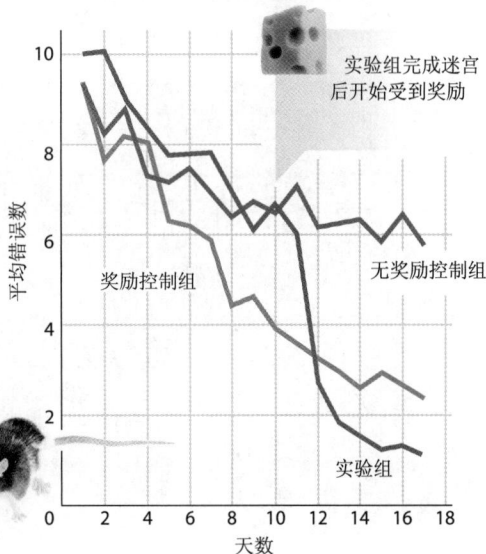

实验组完成迷宫后开始受到奖励

奖励控制组

无奖励控制组

实验组

平均错误数

天数

及其同事认为，人类学习很大部分是经由**观察学习（Observational Learning）**完成的，即通过观察他人或榜样的行为而进行的学习。由于这种观察依赖于他人，是社会性的，因此也被称作学习的社会认知理论。

班杜拉通过一项经典实验论证了榜样在观察学习中的重要作用。在这项实验中，孩子们观看了一段影片，内容是一个成年人非常野蛮地踢打一个高约1.5米的充气娃娃。随后，孩子们被带到一个放有跟影片中一模一样的充气娃娃的房间里单独待着。不难想象，绝大多数孩子都对充气娃娃实施了暴力，有的动作和影片中如出一辙。

当不宜采用操作性条件作用技术来塑造行为时，观察学习就显得尤为重要。例如，像驾驶飞机、开颅手术这样的行为，如果采用条件作用那种试误的

电影中的心理学

《发条橙》(A Clockwork Orange, 1971)

一名无恶不作的英国少年因强奸和谋杀被判入狱。为了缩短刑期，他自愿接受所谓的厌恶治疗（经典性条件作用的一种）。

《巧克力》(Chocolate, 2008)

这部泰国电影讲述了一名身患孤独症的妇女拥有惊人的观察学习能力的故事。

《天才也疯狂》(What about Bob? 1991)

鲍勃（Bob）从他的心理治疗师的书中学习了行为塑造技术（小步强化），来克服自己的非理性恐惧和焦虑。

《赌王之王》(Rounders, 1998)

赌场里充斥着各种形式的强化程序，本部电影讲述了主人公与赌瘾抗争的故事。

《哈曼尼和我》(Harmony and Me, 2009)

这部独立喜剧说明了一个道理，对一个人来说是奖赏的事情换到另一个人身上就未必了。哈曼尼和女友分手了，换作别人大概不会伤心很久，但他却一直走不出这段恋情。也许在某种程度上，痛苦对他来说也是一种奖励。

你知道吗？

学习真的能重塑大脑。当你开始学某个新东西时，新的神经联结就产生了。你用它用得越多，神经联结就越牢固，你也就越不容易忘掉它。

孩子模仿父亲的行为进行学习。

方法来学习，代价必然是惨重的，这时观察学习的方法要适宜得多。

当然了，我们并不会把看到的一切行为都学习或表现出来。其中，榜样是否因其行为受到奖励是一个重要的影响因素。如果我们观察到自己的朋友因为努力学习而取得了好成绩，那么我们也会更努力；而如果看到朋友因为多花时间在学业上，身心俱疲却一无所获，那么我们也就不会效仿他了。通常来讲，人们更倾向去模仿受到奖励的榜样行为。值得注意的是，观察到榜样因行为受到惩罚，也不会阻止人们学习该行为，只是会降低人们的表现倾向。

对于现实中的很多问题，观察学习提供了一个可供解释的理论框架。比如，观看含有暴力内容的电视节目会不会提高人们的暴力倾向？

心理学小贴士

观察学习的关键点在于，行为受到奖赏的榜样要比行为受到惩罚的榜样更容易被模仿。

电视与游戏中的暴力：媒体传达的信息是否重要

美国电视剧《黑道家族》（*The Sopranos*）的主人公托尼·瑟普拉诺（Tony Sopranos）谋杀了自己的一位亲戚。为了增加警方辨认受害者的难度，他和一名手下将尸体肢解并抛弃四处。

几个月后，加利福尼亚州一对同母异父的兄弟，20岁的维克多·保蒂斯塔（Victor Bautista）和15岁的马修·蒙特霍（Matthew Montejo）杀害了他们的母亲，将她勒死后分尸。他们在抛尸时被保安发现垃圾袋中露出了一只人脚，继而被警方逮捕。在审讯过程中，他们交代自己是看了《黑道家族》后受到启发，从而制订了这个谋杀计划。

冷血两兄弟以及其他一些媒体暴力模仿者的事件向社会提出了一个尖锐的疑问：观看含有暴力和反社会行为内容的节目会诱发人们的暴力和反社会行为吗？观察学习的诸多研究已证明，人们的确会很快习得并模仿观察到的行为。因此，这毫无疑问

如果你是……

一名犯罪学家 你如何判断一名嫌疑人是基于学习原理来获得犯罪手段的？

成为了一个严峻的社会问题。

早期关于媒体暴力的研究揭示了媒体暴力形式及观众类型的重要性，如今的研究则更为关注暴力的一些具体方面以及哪种类型的观众更易受其影响。研究发现，经常观看暴力节目的孩子，在自卫时更易出现身体上的攻击行为。不过奇怪的是，经常观看暴力节目与主动发起身体攻击之间并没有相关性。

研究不同类型观众的脑部结构或功能是找到观众类型差异性的另一种方法。如果媒体暴力对人们具有不同的影响，那么在不同观众身上会观察到不一样的脑成像吗？有研究发现，相对于那些经常观看暴力节目并且表现出破坏性行为的成年人，不经常看暴力节目也没有精神障碍的成年人的杏仁核更为活跃。当然，在运用这一发现来解释两者关系时，我们还需谨慎。因为现在还不能确定是脑部差异导致了在暴力行为易感性上的差异，还是相反。

暴力视频游戏与攻击性同样存在关联。心理学家克雷格·安德森（Craig Anderson）和同事通过一系列研究发现，经常玩《喋血街头》（*Postal*）、《毁灭战士》（*Doom*）等暴力游戏的大学生，更易出现过失行为和攻击行为，学业表现也较差。

媒体暴力可能是从以下一些方面促进了攻击行为的发生。首先，观看暴力节目会削弱人们对攻击行为的抑制，使人们认为在相应情境中使用暴力是合理的。其次，观看暴力节目会使人更易歪曲他人的行为意图，将别人的中性行为知觉成是具有攻击性的。最后，持续观看暴力节目会使人麻木不仁，对于过去憎恶的行为不再在意，对于暴力造成的痛苦和伤害无动于衷。

儿童观看暴力节目的时间越长，表现出的身体攻击次数也越多。

文化会影响我们如何学习吗

在奇尔科廷印第安部落里，妈妈在教女儿烹饪鲑鱼，刚开始她只是让女儿在一旁观看，慢慢地才允许她打点下手。当女儿提出问题时，母亲的反应很耐人寻味。比如，女儿问"怎么处理鱼骨部分？"母亲的反应是再拿出一条鱼然重复整个烹鱼的过程。为什么要这样做？因为她认为从整个任务里挑出一部分来零散地学是行不通的。

一个孩子若是在奇尔科廷长大，就会习惯于从整体入手解决问题，那么当他接触到西方式的教育时就会感到很难适应。因为在西方文化里，老师通常会把任务分为具体的几个部分，只有学会其中的每一部分才能完成整个任务。

教学方法上的文化差异是否会影响人们的学习过程？持认知学习观点的心理学家认为，人们会形成特定的学习风格，这种颇具个人特色的方式既基于他们的文化背景，也源于个人独特的能力模式。

学习风格可以从多个维度进行划分，其中较重要的一个维度是关系型和分析型学习风格。具有关系型学习风格的人，在对整体有所概览时的学习效果最好，只有理清各部分与整体的关系，他们才能透彻理解单独的各部分。比如，一个学生正在学习操作性条件作用，那么他会先参加几个相关实验获得一个总体感觉，通过这么做来理解强化、惩罚这些要素。

而具有分析型学习风格的个体，倾向于先对问题或现象的原理以及构成要素做初步分析，通过理解基础的原则和要素来对整体形成认识。遇到同样的学习任务时，他会先学习强化、惩罚、强化程式这些概念，然后把它们放在一起来理解操作性条件作用。

根据詹姆斯·安德森（James Anderson）和玛瑞安妮·亚当斯（Maurianne Adams）的研究，西方社会中的一些少数群体会展现出特定的学习风格。他们发现，白人女性、黑人、印第安人和拉丁裔美国人倾向于关系型学习风格；而白人和亚裔男性更倾向于分析型学习风格。

不过，特定群体内的成员都具有相似的学习风格，这个结论是有争议的。因为不论哪个群体内部都是存在个体差异的，过于将学习风格泛化会导致无法预测群体内单个个体的行为。

此外，在特定家庭和文化背景下形成的学习价值观也会影响到学生在学校里的表现。一种理论认为，自愿移民的少数群体成员比非自愿的成员在校表现更好。比如，在美国的韩国儿童——通常他们的父辈都是自愿移民赴美的——虽然是学校里的少数群体，但他们在校成绩一般都很出色。而在日本生活的韩国儿童，他们成绩会偏低，且他们的父辈多是在第二次世界大战期间被迫迁到日本的。这个理论表明，被迫移民群体中的儿童追求成功的动机偏低。

心理学思考

>>> 关系型学习风格与传统的西方教学环境往往存在冲突，学校应该如何为这样的个体塑造更有利的学习环境？

∨∨大展身手！ 学习风格

你的学习风格是怎样的？ 阅读下面的短句，根据每种学习途径对你学习的有效性进行打分：

1分=完全无效，2分=不是很有效，3分=中立，4分=有些效果，5分=非常有效，总分分值意义在下页有说明。

	1	2	3	4	5
1. 单独学习					
2. 利用图表来学习复杂概念					
3. 听课					
4. 自己动手进行研究，而不仅仅是看和听					
5. 通过阅读文字说明来学习复杂程序					

6. 观看视频课程 ＿＿＿＿＿＿＿＿＿＿
7. 听录有书籍或课程内容的磁带 ＿＿＿＿＿＿＿＿＿＿
8. 做实验 ＿＿＿＿＿＿＿＿＿＿
9. 学习老师发的讲义和其他文字资料 ＿＿＿＿＿＿＿＿＿＿
10. 在安静的房间里学习 ＿＿＿＿＿＿＿＿＿＿
11. 参与小组讨论 ＿＿＿＿＿＿＿＿＿＿
12. 参与课堂上的动手演示活动 ＿＿＿＿＿＿＿＿＿＿
13. 记笔记并且课后复习 ＿＿＿＿＿＿＿＿＿＿
14. 制作并使用复习卡片 ＿＿＿＿＿＿＿＿＿＿
15. 在头脑中大声地读出单词拼写，通过这种方法来记单词 ＿＿＿＿＿＿＿＿＿＿
16. 把知识要点写下来帮助记忆 ＿＿＿＿＿＿＿＿＿＿
17. 通过在头脑中演示单词拼写来帮助记忆 ＿＿＿＿＿＿＿＿＿＿
18. 在阅读时对重要的内容进行标注 ＿＿＿＿＿＿＿＿＿＿
19. 出声学习 ＿＿＿＿＿＿＿＿＿＿
20. 通过在空气中或纸上比划拼写来记单词 ＿＿＿＿＿＿＿＿＿＿
21. 阅读教科书来学习新知识 ＿＿＿＿＿＿＿＿＿＿
22. 使用地图以找到不熟悉的目的地 ＿＿＿＿＿＿＿＿＿＿
23. 在一个小组里学习 ＿＿＿＿＿＿＿＿＿＿
24. 不需要指引就能找到只去过一次的地方 ＿＿＿＿＿＿＿＿＿＿

计分：以上的陈述反映着你的学习风格

读/写式学习风格 如果你属于这一类型，那么你会更偏好以书面形式呈现的信息。在回忆单词拼写时，也是通过在脑中呈现出单词的样子来想起的。阅读而非听课对你来说是最好的学习方式。

视/图式学习风格 这类风格的学生在学习材料以视图形式呈现时的学习效果最好。你可能会通过在头脑中重现化学元素周期表来回忆起其中某一个化学元素。如果老师经常使用可视化教学手段辅助授课，如视频、地图、模型等，你会学得更好。这类学生会发现在头脑中将任务或概念以视觉化而非语言文字的形式呈现更为轻松。

听/说式学习风格 你有没有在工作时请朋友帮你阅读任务说明？如果有的话，你很可能属于听/说式学习风格，该风格的学生更偏好听觉材料，喜欢听课和讨论。通过这种形式的学习，他们能更好地掌握知识要点。

触/动式学习风格 这类风格的学生偏好在实践中学习——通过触摸、操作或做事情，比如有的学生喜欢写作，是因为他们喜欢笔在纸上摩擦或敲键盘的感觉，在学习新知识时，如果能够帮他们建立起一个立体的三维模型，他们会学得更好。

要判断你是哪种学习风格，请对应以下的信息，计算出在每个风格上的总分。若打分为1～3分，就忽略不计，只记4分和5分的题目（"4"=4分，"5"=5分）。

读/写式：1，5，9，13，17，21题
视/图式：2，6，10，14，18，22题
听/说式：3，7，11，15，19，23题
触/动式：4，8，12，16，20，24题

每个类型总分最低0分，最高30分。分数最高的即是你最主要的学习风格类型。如果有多个分数相同，那么就是混合型学习风格。

我的心理学
笔记 >>

- 什么是学习

  学习是由经验带来的行为相对持久的变化。经典性条件作用是指之前并不会引起反应的一个中性刺激，因和无条件刺激反复结合，也能引发同样反应的过程。通过研究狗的唾液分泌情况，巴甫洛夫认为，呈现中性刺激后后马上呈现无条件刺激，这样多次结合后，中性刺激也能引发与无条件反应类似的行为。中性刺激从而成为了条件刺激，得以引发条件行为。后来，华生运用巴甫洛夫的原理，培养了小婴儿艾尔伯特对白鼠的恐惧。而且小艾尔伯特在见到其他毛茸茸的白色物体时，也会感到害怕，这说明了刺激的泛化现象。同时，学习也不是一劳永逸的，消退使之前学习到的行为逐渐减弱直至完全消失。

- 奖励和惩罚在学习中起到什么作用

  在操作性条件作用中，强化和惩罚分别会增加和降低反应的出现频率。强化又可以分为正强化和负强化，但不论是哪种，都增加了行为再度出现的可能性。反之，正惩罚和负惩罚都降低了行为的出现频率。

- 如何运用本章中的知识来改变不期望出现的行为

  行为矫正技术是学习理论的一项重要应用，人们通过运用该技术增加目标行为、减少厌恶行为。

- 思维在学习过程中重要吗

  认知学习理论认为学习是一个思维或认知过程，潜伏学习和认知地图的形成都证明了此观点。在我们观察别人的行为时，也会发生学习。我们是否表现出观察到的行为，取决于观察的榜样是受到了奖励还是惩罚。学习风格也因人而异，既有文化上的差异，也有个人能力上的差异。

测试一下

1. _____是由经验引起的行为变化，而成熟是生理发展的结果。

根据下面的短文，回答2~5题。

　　小特蕾莎（Theresa）前三次去复查身体时，洛佩兹（Lopez）医生都给她打了疫苗针。注射的时候很疼，每次特蕾莎都会忍不住哭起来。妈妈第四次带特蕾莎去检查时，她一看到洛佩兹医生就开始大哭，其实医生连招呼都还没来得及打。

2. 每次注射疫苗是一个_____，会引起_____，也就是哭泣。

3. 洛佩兹医生很沮丧，因为他的出现成为了会引起特蕾莎哭泣的_____。

4. 幸运的是，后来洛佩兹医生不再给特蕾莎注射疫苗。在这段时间里，她见到医生时渐渐就不再大哭了，甚至还喜欢上了洛佩兹医生。_____发生了。

5. _____条件作用认为，学习是一系列强化的结果。

6. 将下面4个选项填入合适位置。

　　a. 正强化
　　b. 负强化
　　c. 正惩罚
　　d. 负惩罚
　　____（1）呈现厌恶刺激来降低行为出现频率
　　____（2）消除厌恶刺激来增加行为出现频率
　　____（3）呈现愉快刺激来增加行为出现频率
　　____（4）消除愉快刺激来降低行为出现频率

7. 将下面4个选项填入合适位置。

　　a. 定比强化
　　b. 变时强化
　　c. 定时强化
　　d. 变比强化

　　____（1）在固定时段后给予强化
　　____（2）在固定反应次数后给予强化
　　____（3）不定时地予以强化
　　____（4）在不定反应次数后给予强化

8. 强化程式教会我们

　　a. 一些人喜欢在每周的固定时间得到强化，另一些人则喜欢不定期的惊喜。
　　b. 给人们很大奖励能够激发他们的动机，但这也取决于人格特质。
　　c. 一些人很容易相处，而另一些人则相反。
　　d. 大多数人喜欢频繁的小奖励，但也有人喜欢一次性获得一个大奖励。

9. 在行为塑造过程中，

　　a. 我不得不一会使用正强化，一会使用负强化。
　　b. 我强化的第一个行为和最后一个行为是不同的。
　　c. 有三只鸟要训练。
　　d. 我用一只鸟作为榜样，让我要训练的那只鸟去模仿它。

10. 认知学习理论认为，当人们以特定方式行事时，会对获得强化物产生一种_____。

11. 在_____学习中，新习得的行为并不会立刻表现出来，直到出现合适的强化。

12. 班杜拉的_____学习理论认为，人们通过观察_____，即表现出某种行为的他人，来获得学习。

1. 学习
2. 无条件刺激，无条件反应
3. 条件刺激
4. 消退
5. 操作性
6. （1）-c，（2）-b，（3）-a，（4）-d
7. （1）-c，（2）-a，（3）-b，（4）-d
8. a
9. b
10. 期望
11. 潜伏
12. 观察，榜样

6

记忆

记住一切

和吉尔·普莱斯（Jill Price）约在洛杉矶她最喜欢的一家餐厅见面，她一进来就开始回忆，"1996年12月11日，星期三，我和朋友来这里买我们最爱吃的蟹饼。"同时，她还记得1995年11月4日那个星期六，她在电视里看到以色列总理伊扎克·拉宾（Yitzhak Rabin）被刺杀；以及1985年9月20日，星期五，那天她第一次来到这家店用餐，戴着一顶大帽子。"这些情景历历在目，"她平静地说，"清晰得有如昨日重现。"

42岁的普莱斯是第一例被确诊的精确性自传体记忆患者，从14岁开始，她所经历的每一天都被牢牢记在脑海里。只要告诉她一个日期，她就能说出那天是星期几、自己做了什么事以及发生了什么重要的历史事件。"就好像我随身携带着一个录像机，"普莱斯说，"我无知无觉，它永不停歇。"

也许有人会认为拥有这样超常的记忆力非常幸运，但普莱斯并不这样觉得。这种罕见的疾病（称为"情感增盛综合征"）使她不得不将生活里发生的所有事情存储起来，不论是好是坏。虽然她可以不断重温那些幸福往事，但同时也逃不开痛苦过去的纠缠。

普莱斯的例子体现了记忆的复杂和神秘。通过记忆，我们能回忆起多年不见的好友的名字，或是小时候曾经挂在房间里的画。同时，记忆也经常会失败，我们忘记把钥匙放在了哪里，或怎么也想不起来刚刚复习过的知识点。这些都是为什么呢？

边读边想 >>

- 什么是记忆?
- 为什么有的信息回忆效果更好?
- 为什么会遗忘?

>> 记忆的基础

假设你在玩棋盘问答游戏时遇到一个问题:孟买坐落于哪片水域旁边?你在大脑中不停地搜索答案,这个过程正是记忆加工的体现。可能你从未接触过这方面的地理知识,也可能你曾经看到过却没有记住,换句话说信息没有被记录在你的大脑中。记录信息的过程就是记忆的第一步,称为**编码**(**Encoding**),即将信息输入到记忆中的过程。

即便你曾接触过这方面的知识,听说过那片水域叫什么,也依然有可能答不出来,因为你没有保存它。**存储**(**Storage**),即将信息材料保存起来,是记忆过程的重要一环。如果信息存储得不充分,那么日后在回忆时就可能失败。

记忆还取决于**提取**(**Retrieval**)过程,也就是查找已存信息的过程。信息需被准确定位并被意识到,才算提取成功。你想不起来孟买的位置,可能就是对之前学过的知识提取失败的缘故。

总之,心理学家认为**记忆**(**Memory**)是对信息的编码、存储和提取。定义中的三个部分,即编码、存储、提取是记忆的三个加工过程。你可以把它们想象成电脑的键盘(编码)、硬盘(存储)和软件(提取)。只有这三个过程都顺利,你才能正确回答孟买的所在位置:阿拉伯海。

> **编码**:将信息输入记忆的过程。
>
> **存储**:将获得的信息保存于记忆的过程。
>
> **提取**:从记忆中查找已有信息的过程。
>
> **记忆**:对信息进行编码、存储和提取的过程。

相机的运作是否包含了编码、存储、提取三个过程?

记忆的三个基本加工过程

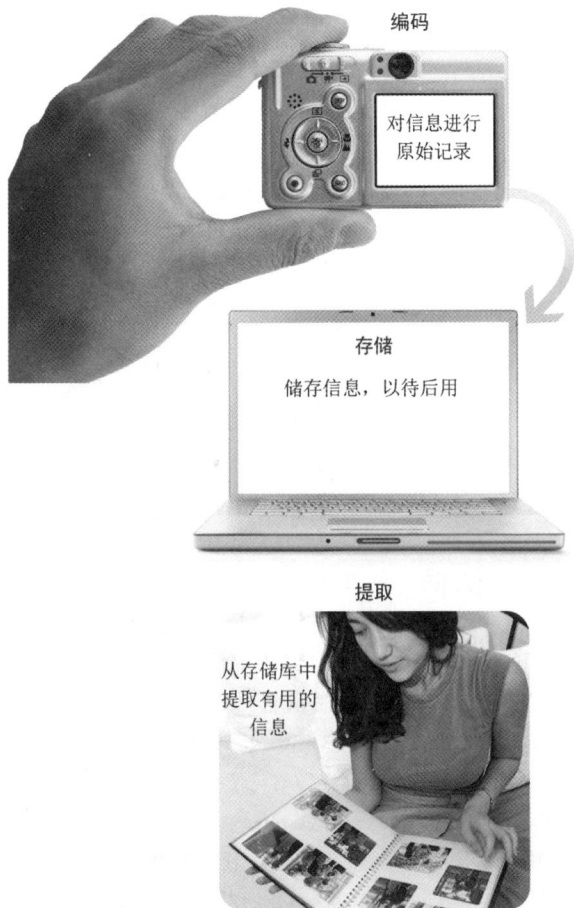

编码

对信息进行原始记录

存储

储存信息，以待后用

提取

从存储库中提取有用的信息

根据近几十年来记忆研究领域的主流理论——记忆三系统理论的观点，记忆是一个结构性的信息加工系统，由三个不同的子系统构成，信息需要通过这三个系统才能最终被记住。数十年来，记忆三系统理论的影响颇为广泛。虽然新近的一些研究对它提出了质疑，但是该理论在帮助人们理解记忆的工作原理上的确功不可没。

记忆三系统理论关注于存储过程，认为记忆的存储可分为三个阶段。**感觉记忆（Sensory Memory）**是记忆系统的开始阶段，信息在该阶段转瞬即逝。中间为**短时记忆（Short-term Memory）**，信息最长可以被保存25秒，然后视信息意义而决定是否进行更深的存储。最后，当信息进入**长时记忆（Long-term Memory）**时通常就会被永久保留，但有时会出现提取困难的问题。

感觉记忆

闪电的光亮、树枝折断的声音、针刺在皮肤上，这些刺激持续的时间都很短暂，但这不代表它们不会引起任何反应。这些转瞬即逝的刺激存储在感觉记忆中，是记忆系统对外界信息进行进一步加工之前的暂时登记。感觉记忆有多种类型，其中视觉的感觉记忆叫图像记忆，听觉的感觉记忆叫声像记忆。除此之外，其他类型的感觉也有各自相应的感觉记忆。

心理学小贴士

虽然我们将三种记忆类型分开介绍，但可不要把它们想成位于大脑不同地方的小仓库。它们是三个各具特色的记忆系统。

在了解了概念之后，问题来了。记忆究竟是如何工作的？什么样的信息会被编码、存储，又是如何被提取的？

总之，感觉记忆就如同信息的快照，很清晰，但很快就会被下一张快照代替。除非信息能够进入到其他类型的记忆中，否则就会消失。

记忆三系统理论

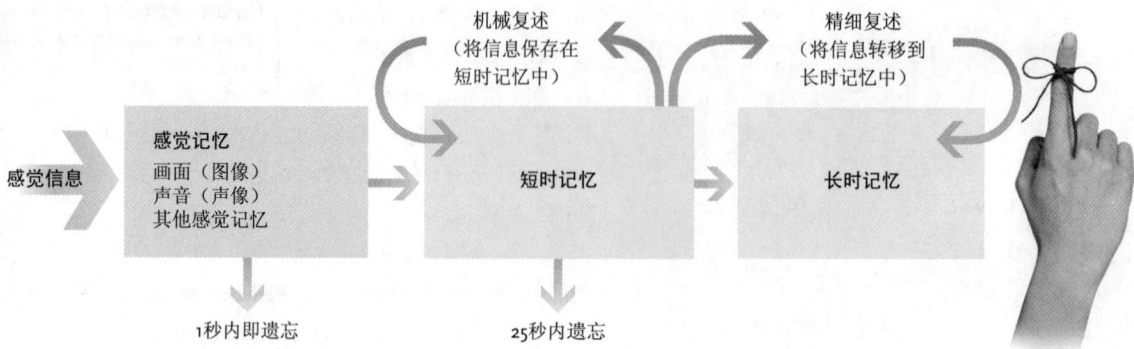

机械复述（将信息保存在短时记忆中）

精细复述（将信息转移到长时记忆中）

感觉信息

感觉记忆
画面（图像）
声音（声像）
其他感觉记忆

短时记忆

长时记忆

1秒内即遗忘

25秒内遗忘

资料来源：Atkinson & Shiffrin, 1968。

信息在感觉记忆中的保留时间非常短。而且，若是没能进入到短时记忆，信息会就此消失。通常来讲，图像记忆只维持不到1秒钟，而声像记忆可以达到2～3秒。特别值得一提的是，感觉记忆具有鲜明的形象性，存贮在其中的信息甚至能和原始刺激完全一致。

总之，感觉记忆就如同信息的快照，很清晰，但很快就会被下一张快照代替。除非信息能够进入到其他类型的记忆中，否则就会消失。

感觉记忆如同信息的快照，清晰但存储时间相当短暂。

短时记忆

存储在感觉记忆中的信息只是对外界信息的初步登记，并不具备意义。在对其编码后，才有可能进入到短时记忆。但短时记忆中的信息虽具意义，数量却有限。

组块： 可以作为一个单元存储在短时记忆中的有意义的刺激组合。

感觉记忆转化成短时记忆的详细过程我们还不完全了解，但已有一些研究关注这个领域。研究发现，有意地注意图像记忆会使视觉信息停留在初级视皮层中。彻底理解这一过程还需要大量的研究，

不过能明确的是，和感觉记忆具备鲜明的形象性不同，短时记忆只保留了信息的部分要素。显然，短时记忆会对输入的信息进行过滤，只保留那些重要的、有意义的部分。比如，你正在找一本书，在这个过程中你会接收到无数视觉刺激。只有那些你注意了并予以思考的信息，才会进入到短时记忆。

事实上，短时记忆的容量已经被确认为7 ± 2个信息、单位或"组块"。组块（**Chunk**）指的是可以作为一个单元存储在短时记忆中的有意义的刺激组合。按照乔治·米勒（George Miller）的说法，组块可以是一些数字或字母群，比如7位的电话号码（226-4610）就能以两个组块的形式存储在短时记忆中。

组块也可以是字词或其他有意义的结构，比如看看下面21个字母：

PBSFOXCNNABCCBSMTVNBC

这一串字母显然超出了7个组块，因此很难记住。但如果以这样的方式呈现：

PBS FOX CNN ABC CBS MTV NBC

虽然总量上仍是21个字母，但记忆起来就轻松多了。因为通过合成有意义的单位，21个字母变成了7个组块。

也就是说，组块的大小是不定的，单个数字可以，复杂词组也可以，具体形态有赖于个体的知识经验。比如，专家级的象棋手能记住的棋局数要远远多

用5秒钟时间看上边的棋盘图，然后盖住原图，在白纸上画出每颗棋子所在的位置。一般人会觉得很难完成，但是专业的象棋手能达到90%的正确率。倒不是因为他们记忆能力超于常人，而是他们会将几个棋子视为一个组块，利用组块来重现位置。

于象棋新手，因为专家棋手的组块方式不一样，他们的单个组块容量更大。

虽然短时记忆大致可以存储7个组块的信息，但维持的时间却很短。有多短呢？比如你正在翻电话本找号码，找到后你在心里反复默念，但是当拿起电话拨了前三位后你还是忘记了后面的数字。如果有过上述经历，你就会对短时记忆的短暂性深有体会。心理学家认为，信息通常在短时记忆中停留15~25秒，如果接下来不能进入到长时记忆，信息就会消失。

复述　短时记忆中的信息要想进入长时记忆，很大程度上要依靠**复述**（Rehearsal），即不停重复短时记忆中存储的信息。通过复述，一方面，信息得以保留在短时记忆中；另一方面，信息能够进入到长时记忆。

如果你是……

一名市场营销专家　只要在广告中简单地重复商品名就能使顾客在购物时更快识别出你的产品。那么，你会如何运用精细复述的策略来促进消费者的购买可能性呢？

不过，仅仅是简单机械的复述还不能确保信息进入长时记忆。一遍一遍反复念着电话号码只能让短时记忆持续，一旦拨号完毕，那些数字立刻就会被新的信息取代。

如果经过精细复述就不一样了，若能对信息进行思考，以某种逻辑组织起来，或与过去的经验建立联系，或转换为图像，那么信息就能进入长时记忆。比如，想要记住需要买的蔬菜，可以把它们组成一道沙拉来记，可以和上次买的东西联系起来记，还可以转换成视觉图像（比如它们在田地里的样子）来记。

工作记忆　短时记忆不仅仅是一个信息中转站，只有消退和进入到长时记忆两个选择。现代记忆学者更倾向于将短时记忆看作一个信息加工站，由感觉记忆输入的信息和从长时记忆中提取的信息都汇聚于此。这一观点的影响力日益扩大，于是短时记忆渐渐被工作记忆的概念所取代。所谓**工作记忆**（**Working Memory**）指的是对信息进行暂时性加工和存贮的能量有限的记忆系统。

工作记忆包含一个中枢执行系统，它负责推理和作出结论。中枢执行系统又包含三个子系统：视觉存贮器、语音存贮器和情景缓冲器。视觉存贮器负责视觉材料的暂时储存和处理；语音存贮器负责口语材料的处理，用于记住对话、单词和数字；情景缓冲器用于保存情景和事件信息。

工作记忆使信息能以相对活跃的形式储存在大脑中，这在处理多步骤任务时格外有用。因为在这种任务中，我们往往需要先存储上一步的结果，然后才能进行下一步的加工（在餐厅付小费时，如果打算付总账单的20%，我通常会运用工作记忆先算出总额的10%，然后再乘以2）。虽然工作记忆对提取信息的帮助很大，但是它会占用相当数量的认知资源，使人们忽视周围环境——这也是建议司机不要在开车时使用手机的理论依据。因为打电话会占用认知资源，从而加重工作记忆的负担，使司机忽视周围环境，从而导致发生交通事故。

复述：不断重复短时记忆中的信息。

工作记忆：对信息进行暂时性加工和存贮的能量有限的记忆系统。

陈述性记忆：对事实性信息的记忆，如名字、面孔、日期等。

> 打电话会占用认知资源，
> 加重工作记忆的负担，
> 导致司机忽视周围环境。

长时记忆

　　短时记忆里的信息一旦进入到长时记忆，就相当于进入了一个容量无限的仓库。它们在长时记忆里的存档方式有点类似于图书馆，是相互参照、交叉引用的，这样在需要的时候就能方便地提取。

　　已有很多证据证明长时记忆确实存在，且与短时记忆是完全不同的。如一些脑部受损的患者，他们不能记忆受伤后接收的新信息，但受伤前的信息却保存得完好无损。这是因为以前的信息是受伤前已经编码存储好的，在提取时自然没问题；而受伤之后接收的新信息只能留存很短一段时间，过后无法回忆。这就说明确实存在着两种不同的记忆存储器：一种是短时记忆，另一种是长时记忆。

　　另外，系列位置效应也说明了短时记忆和长时记忆的存在。系列位置效应是指对信息的回忆效果受到信息所在位置的影响。其中首因效应是指最先呈现的材料较易回忆，遗忘较少；近因效应是指最后呈现的材料最易回忆，遗忘最少。

长时记忆模块

　　与短时记忆概念越来越频繁地被工作记忆替代

记住特殊技能及使用它们的顺序的能力称为程序性记忆。如果驾驶属于程序性记忆，那么一边开车一边打字安全吗？

类似，现代记忆学者认为，长时记忆这个概念也包含了多个不同的成分，或称记忆模块，每个模块代表了大脑中不同的记忆系统。

　　根据记忆内容的性质，可将长时记忆分为陈述性记忆和程序性记忆。其中，**陈述性记忆**（**Declarative Memory**）是指对事实性信息的记忆，比如名字、脸孔、日期和事实，像"自行车有两个车轮"。**程序性记忆**（**Procedural Memory**）（又称非陈述性记忆）则是关于技术和习惯的记忆，像如何骑自行车、如何击打棒球的记忆都属于程序性记忆。也就是说，陈述性记忆储存"是什么"的信息，程序性记忆储存"怎么做"的信息。

　　陈述性记忆又可以细分为语义记忆和情景记忆。**语义记忆**（**Semantic Memory**）是指人们对一般性的知识和事实，以及推论事实所用的逻辑规则的记忆。因为它的存在，我们得以记住北京的电话区号是010、夏威夷位于太平洋上、"纪忆"是"记忆"的错误写法等。可以说，语义记忆就像是我们头脑中的一本百科全书。

　　与之对应的是**情景记忆**（**Episodic Memory**），它是指人们对于发生在特定时间、地点和情境中的事

工作记忆模型

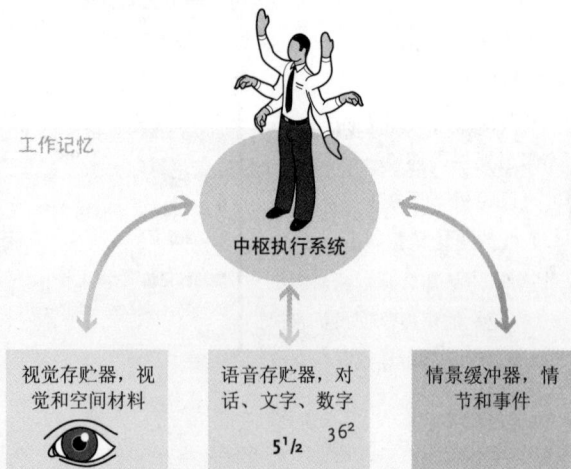

工作记忆

中枢执行系统

| 视觉存贮器，视觉和空间材料 | 语音存贮器，对话、文字、数字 $5^{1}/_{2}$ 36^{2} | 情景缓冲器，情节和事件 |

资料来源：改编自Baddeley, Chincotta, & Adlam, 2001。

心理学思考

> > > 人们都说只要学会了骑自行车，就不会忘。为什么这话是对的？（提示：它属于哪种记忆类型？）

```
                          ┌─────────────────┐
                          │    长时记忆      │
                          └────────┬────────┘
                    ┌──────────────┴──────────────┐
          ┌─────────────────┐          ┌─────────────────┐
          │   陈述性记忆     │          │   程序性记忆     │
          │  （事实信息）    │          │ （技能和习惯）   │
          │ 举例：乔治·华盛顿 │          │ 举例：骑自行车   │
          │（George          │          └─────────────────┘
          │ Washington）     │
          │ 是美国第一任总统 │
          └────────┬────────┘
        ┌──────────┴──────────┐
┌─────────────────┐  ┌─────────────────┐
│   语义记忆       │  │   程序性记忆     │
│ （一般性记忆）   │  │ （个人化记忆）   │
│ 举例：乔治·华盛顿 │  │ 举例：你去弗农山庄参观华 │
│ 戴着假发         │  │ 盛顿的故居       │
└─────────────────┘  └─────────────────┘
```

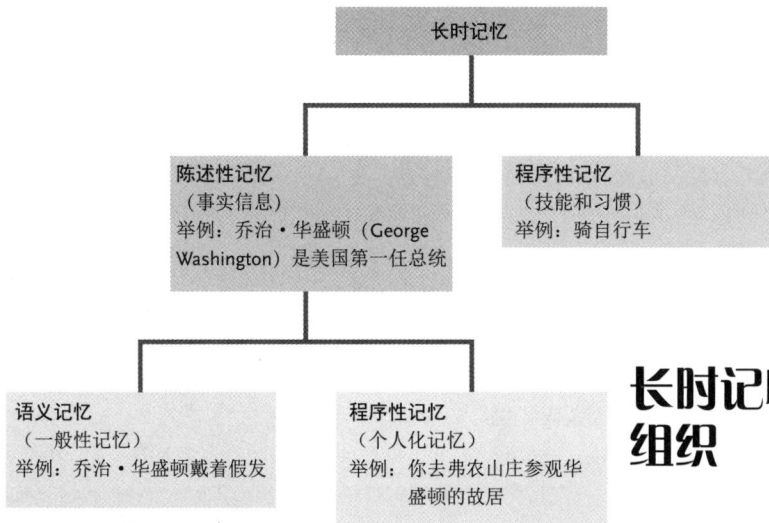

长时记忆的层级组织

件的记忆。例如，回忆起甜蜜的初吻、回想起第一次骑车时是谁帮你保持平衡以及为朋友准备惊喜的生日聚会，这些都基于情景记忆。同时，情景记忆与个人的亲身经历是分不开的。回忆起是什么时候和怎样学会2×2=4是情景记忆，而记住2×2=4这个事实是语义记忆。

令人惊讶的是，情景记忆可以保留得相当详细。假设现在让你回忆一下两年前的某一天自己在做什么，你会怎样回答呢？那么，请你看看下面这段发生在记忆实验中主试和被试的对话，看过之后也许你的看法就会改变了。

主试：两年前的九月第三个星期一的下午，你在做什么？

被试：拜托，我怎么可能记得！

主试：试试看。

被试：好吧，我想想。两年前……我应该还在匹兹堡上高中……应该是三年级。九月的第三个星期……刚过夏天，那应该是下学期……嗯……我记得星期一我有化学课……记不清了……我应该是在化学实验室，等等，那应该是开学后的第二个星期……我记得那时候我们开始学化学元素周期表，一个五颜六色的表，我当时觉得老师肯定是疯了，竟然让我们把这个表背下来。啊，我记得我好像坐在桌子前……

程序性记忆：关于技术和习惯的记忆，如怎么骑自行车、如何打篮球等。有时也叫非陈述性记忆。

语义记忆：对一般性的知识和事实，以及推论事实所用的逻辑规则的记忆。

情景记忆：对于发生在特定时间、地点和情境中的事件的记忆。

语义网络：一些相互连接的信息簇的心理表征。

情景记忆能够向我们提供关于尘封往事的信息。相比之下，语义记忆留给人的印象就没有那么深刻了。它帮助人们记住的是成千上万的事实，如自己的生日是哪一天、1元钱比5元钱少。

语义网络

现在给你一些时间，你要尽可能多地列举出红色的事物，然后再尽可能多地列举出水果的名字。

你对这两个问题的回答中有没有出现相同的部分？对于西方人来说，苹果就经常同时出现在两个回

你知道吗？

亨利·莫来森（Henry Molaison）无法生成新的陈述性记忆，如果你跟他谈完话离开房间，45秒后再回来，他完全不记得曾跟你说过话。但是他的程序性记忆却完好无损，甚至表现得很超凡。想象一下，如果你可以轻易做一件事，却不记得自己是什么时候做的，甚至连什么时候学会的都不记得，会不会感觉很痛苦？

答里。并且，如果你在回答第一个问题时想到了苹果，那在答第二问时就更容易想到它。

长时记忆中存储着数量庞大的信息，从这么多的信息中提取出自己需要的部分，这个过程堪称神奇。一些学者认为，个体具有将不同部分的信息串联在一起的能力，由此我们可以将长时记忆中的信息系统化，在需要的时候准确定位、方便提取。该观点认为，知识是以**语义网络（Semantic Networks）**的形式存储的，语义网络是一些相互连接的信息簇的心理表征。

在你的记忆中，消防车与哪些信息相关呢？红色，以及其他一些语义概念。思考某个概念时也会连带回想起与之有关的其他概念。例如，看到一辆消防车，可能会使你想起其他的抢险车辆，如救护车。救护车又会激活汽车这个概念，通过汽车，再想到公交车。也就是说，唤起对一件事物的记忆，往往也会激活与之相关的记忆，这个过程就是激活扩散。

记忆的神经生理机制

我们能在大脑中找到感觉记忆、短时记忆和长时记忆的储存位置吗？不同类型的记忆是由一个脑区负责，还是几个区域共同作用？记忆是否真的会留下可以观察到的痕迹？

不论是对于心理学家还是神经科学者而言，记忆印迹（即记忆的物理痕迹）都是一个谜。科学家们借助脑成像技术来探寻记忆的神经生理机制，他们已发现大脑中一些区域和结构与特定的记忆类型存在关联。海马是边缘系统的一部分，它对陈述性记忆的发展至关重要。海马位于内侧颞叶，也就是眼睛的后面，主要作用是对信息进行编码，相当于神经性的电子邮件系统。编码后的信息会进入大脑皮质，在那里进行保存。

杏仁核是边缘系统的另一部分，它在记忆中也发挥着重要作用，尤其是当记忆富有感情色彩的事件时。比如说，你曾经被一只大型杜宾犬惊吓过，那你很可能对那次事件记忆深刻，这就是杏仁核的作用。当你再次遇到杜宾犬或其他的大型犬时，杏仁核就很可能被再度激活，使你回想起那次不愉快的经历。

>> 唤醒长时记忆

面试已经结束 1 小时了，里卡多（Ricardo）坐在咖啡厅里，向自己的朋友劳拉（Laura）讲述面试的情况。"之前进行得很顺利，这时女面试官走进来，跟我打招呼……"想给面试官留下良好印象的里卡多当时准备介绍自己，但他突然意识到自己想不起面试官的名字了。于是他一边结结巴巴地说着，一边在大脑中使劲搜索，可还是一无所获。"我知道她的名字的，"里卡多说，"可就是想不起来，完了，反正我是得不到这份工作了。"

你有没有试图回想一个人的名字，虽然明明知道但就是想不起来。这其实是一种很普遍的现象——**舌尖现象（Tip-of-The-tongue Phenomenon）**，它证明了从长时记忆中提取信息是有难度的。

提取线索

在长时记忆中存储的信息是如此之多，提取时难免会失败。鉴于信息进入长时记忆几乎就被永久保存，我们可以认为长时记忆的容量是近乎无限的。如果你是一名普通大学生，那你的词汇量应该在五万左右，此外你脑中还有成千上万的"事实"信息，图像信息也不计其数。要想计算出你的长时记忆中到底存

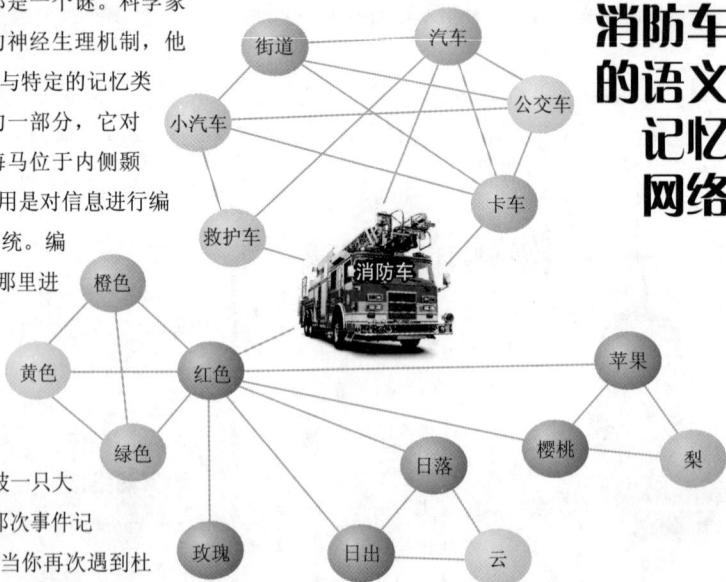

消防车的语义记忆网络

资料来源：Collins & Loftus, 1975。

杏仁核
海马

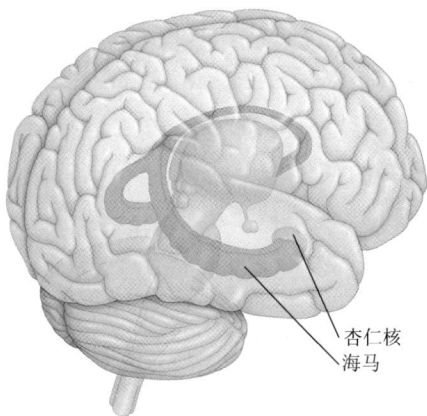

资料来源：Van De Graff, 2000。

大脑记忆区

储着多少信息，估计得花上好几年的工夫。既然如此，你还能从海量信息中立刻回想起家乡的模样，这个过程实在是神奇。

我们是如何将这些信息分门别类从而在恰当的时间提取出特定信息的呢？一个办法是通过提取线索来完成。线索就是能帮助我们顺利提取长时记忆的刺激。线索可以是一个字、一种情绪或一个声音。不论具体是什么，只要线索出现，记忆中的信息就会浮现在脑海里。比如闻到火鸡的味道，就会立刻想起感恩节时家庭聚会的场面。

线索能帮助人们在长时记忆中搜索到有用的信息，如同人们使用搜索引擎在互联网上搜索信息一样。比起再认任务，完成回忆任务时记忆线索发挥的作用更大。**回忆（Recall）**是必须提取出特定的信息，如想起写给姐姐的婚礼贺词，或高考时写的作文。而**再认（Recognition）**只需在刺激呈现时，确认它是否曾经出现过，或是在一系列选项中挑出之前出现过的刺激。

再认要比回忆容易得多，对此你一定深有体会。回忆更难是因为它包含了一系列的操作：搜索——提取相关信息——判断提取到的信息是否正确。如果是正确的，搜索就结束了，如果不正确，搜索还会继续。再认则相对简单，不需要这么多步骤。这也是为什么很多学生会觉得选择题更容易——它只需要再认出正确选项即可，简答题则需要回忆。你觉得哪种题型更容易呢？

层次加工

记忆效果好不好很大程度上取决于记忆材料初次被知觉、加工和理解的情况。记忆的**层次加工理论（Levels-of-Processing Theory）**认为，材料在一开始输入的时候被加工了多少决定着最后回忆的时候还剩下多少。换句话说，记忆效果有赖于个体对材料的加工程度，加工程度越高，就越有可能被记住。

对于接触到的新信息，很多我们都没有特别留意，加工程度不高导致关于新材料的记忆转瞬就消失了。而那些吸引了我们注意的信息则被加工得更为深入，因此不会轻易被遗忘。

该理论还认为，在不同记忆水平上，信息的加工方式也不同。加工程度较低时，信息多是依物理特性加工的。比如，看到"dog"一词，我们只是注意到

> **舌尖现象：**明明知道却回忆不起来的现象，是由长时记忆的信息提取困难导致的。
>
> **回忆：**必须提取出特定信息的记忆任务。
>
> **再认：**确认某个刺激是否曾经出现过的记忆任务。
>
> **层次加工理论：**认为记忆效果有赖于个体对材料的加工程度。

心理学小贴士

记住再认与回忆的区别。前者是信息呈现时被辨别的过程，后者是特定信息被提取的过程。

如果有人让你说出十年前你们足球队队员的名字，也许你并不能在脑海中浮现出他们的名字。但一张你们的合影足以让你回忆起大部分队员的名字来。

加工层次

＞＞＞你是否注意到层次加工理论与精细复述的关系？复述越精细，记忆效果也就越好。

外显记忆和内隐记忆

如果你曾做过手术，相信你当时一定希望主刀医师可以全神贯注。然而手术室中的真实情况往往与我们认为的大相径庭，医生也许在和护士聊着天，谈论一家新开的餐厅或是一些和手术完全无关的内容。

就像大多数病人一样，在被打完麻醉药后你躺在手术台上，似乎已经意识不到周围的情况了。但有趣的是，虽然你对他们说的那家餐厅并不会形成有意识的记忆，但事后你还是能想起一些零散的信息。事实上已经有研究发现，被麻醉的患者对于医生、护士们的谈话内容是有记忆的，只是他们意识不到自己是在什么情况下接收到了这些信息。

人们对一些事情存有无意识的记忆，这是一个重要发现。由此，学者们将记忆分为了两个类型：外显记忆和内隐记忆。**外显记忆**（Explicit Memory）指对于信息有意的或有意识的回忆。当我们试图回忆一个名字和某个日期时，就是在对外显记忆进行搜索。

与之相对，**内隐记忆**（Implicit Memory）指人们无法清晰意识到，却能够对后续行为产生影响的记忆。比如一些操作性的技术是无需思考而自动发生的，像当汽车驶过来时，我们会自动跳到一边避让；

这个单词中三个字母的外形。加工程度中等时，外形成为了具有意义的单元。d、o、g不再是随意圈圈画画的字符，而是英文字母，它们出现在同一个情境里，彼此关联，且各有自己的发音。

加工程度较高时，信息具有了自己的意义。我们可以把它纳入更广泛的信息网络中，或是运用于其他情境。比如说，我们不仅认为狗是有四条腿和一条尾巴的动物，还会思考它和猫或是其他哺乳动物的关系，甚至会想起自己养的狗的形象，于是"dog"的信息和自己的联系就更为紧密了。总之，层次加工理论认为对信息的加工程度越高，信息在大脑中保存的时间就会越久。

层次加工理论具有重要的现实意义。在学习时，加工深度与学习效果息息相关。由于死记硬背只进行了低水平的加工，故而不会产生长久记忆，背过一阵也就忘了。而对学习内容进行深入思考，将它们与已有的知识建立起联系，通过这样的学习，才能牢固地掌握新知识。

为了应付考试而背重点属于浅层加工，这样的知识几乎不可能转化为长时记忆。

外显记忆得益于频繁的复述。

又或者你对某个人总有隐约的厌恶感，却说不上来为什么，这时也可能是内隐记忆在起作用。也许这个人让你想起了以前讨厌的人，而你自己却没有意识到。

对少数群体的偏见和歧视与内隐记忆有着紧密的联系。我们在第一章介绍心理学研究方法的时候曾提到过，虽然人们都表示自己对少数群体没有偏见，但通过内隐记忆的研究发现，结果并非如此。这种偏见会表现在人的行为上，甚至连他们自己都没有意识到。

研究内隐记忆的方法之一是使用启动实验。**启动**（**Priming**）是指之前曾经接触过一个字或概念，之后在识别与之相关的信息时会更快、更好。即便人们没有意识到之前信息的存在，启动也会发生。

一些经典的实验已经证实了启动效应的存在。在启动实验中，实验人员首先会快速地向被试呈现某种刺激，可能是字词、物体或人脸。接着间隔一段时间，短到几秒长则数月。最后，实验人员向被试呈现与原始刺激相关的不完整刺激，让被试判断自己是否曾经接触过该刺激。例如，向被试呈现之前单词中的四个字母，或是图画的一部分。如果被试在判断之前出现过的刺激时所需时间要少于判断从未出现过的刺激，这就证明发生了启动效应。说明初始刺激是存在于记忆中的，只不过是在内隐记忆而非外显记忆中。

生活中有很多这样的现象，比如几个月前你曾看过一部关于行星的纪录片，片中详细地介绍了"Phobos"①，它是火星的一颗卫星。在看过之后，你很快就忘记了这个名字，至少在意识层面上看是这样。然而几个月后，有一天你在玩字谜游戏，谜面中出现了"obos"，你一下子就想起了"Phobos"这个单词，并且在看完纪录片后第一次回想起它是一颗卫星的名字，这个现象就是因为你的记忆受到了"obos"的启动。

总之，当经验以无意识的形式影响我们的行为时，就是内隐记忆在发挥作用。我们的行为会受到我们意识不到的经验的影响，似乎不费吹灰之力就

①中文名"火卫一"。——译者注

自动完成了"记忆"。

闪光灯记忆

2003年2月1日，你在哪？当被突然这么问起时，你很可能什么都记不起来，直到被告知那天其实是哥伦比亚号航天飞机失事的日子。

如果把问题换成"哥伦比亚号失事时，你在哪"也许你就能很快回忆自己在哪，甚至还有当时的一些具体细节，即便距那天已经过去了好些年，这个现象就是闪光灯记忆。闪光灯记忆（**Flashbulb Memories**）是指由于周围环境中发生了引人注目的重大事件而产生的非常生动的记忆。

大学生的闪光灯记忆通常与一些特定事件有关。比如发生交通事故、与室友的初次见面、高中的毕业典礼，这些都是闪光灯记忆的典型例子。

当然，闪光灯记忆并不能包含当时事件的全部细节。比如一位55岁的中年人，他能回忆出肯尼迪总统被刺时自己和朋友在哪，却说不出来朋友当时穿着哪件衣服或那天午饭时他们吃了什么。

而且，闪光灯记忆中的细节并不是都完全正确。你还记得"9·11"事件中纽约被袭击的景象吗？你是否记得那天早上的电视新闻里，先是第一架飞机，紧接着是第二架飞机撞上世贸大厦的画面？

原事件越是与众不同、与个人关系越大，事后回忆就越容易。

巴拉克·奥巴马（Barack Obama）当选美国总统的那天晚上，你在哪里？对于这个事件，你是否有闪光灯记忆？

有73%的美国人回忆说，他们在当天的电视画面中看到了两架飞机，然而事实并非如此。"9·11"当天，电视里只有第二架飞机撞向大厦的画面，直到次日的报道中才出现第一架飞机。

闪光灯记忆也表明了记忆中的一个普遍现象：相比于普通事件，对于不寻常事件的记忆和提取要更为容易（却不一定准确）。原事件越是与众不同、与个人关系越大，事后回忆就越容易。

虽然原始的信息与众不同，我们却有可能回忆不起来它源自何处。这种现象即来源遗忘，它是指可以提取呈现过的信息，但无法记起是如何获取的现象。在生活中，我们知道曾见过某人，可是想不起来是在哪见过，这个现象就来源于遗忘。

记忆的建构过程

我们已经看到了，虽然人们对于重大事件能形成很详细的记忆，但很难衡量这种记忆的准确性。事实上，记忆或多或少地要经过**建构加工过程**（Constructive Processes），即会受到我们对事件赋予的意义的影响。当我们提取信息时，记忆不仅受到原有经验的影响，还会受到我们对刺激含义的猜测及推断的影响。

英国心理学家弗雷德里克·巴特莱特（Frederic Bartlett）首次提出了记忆基于建构这一观点。他认为信息是以**图式**（Schemas）的形式存储在记忆中的，图式会影响信息的解读、储存和提取。比如，你的大脑中有一家餐厅的图式，它包含了你想在那里做什么和期望遇到什么两部分。具体来说，你可能希望在那里用餐，同时预期这家餐厅里有店主和服务生。后来，你去了一家新餐厅用餐，那里只有服务生。事后有人问起你时，你很可能会回忆说新餐厅里既有服务生同时还有一名店主。也就是说，我们对于图式的依赖使得记忆被再建构了。

巴特莱特认为，图式的形成不仅基

建构加工过程：我们所赋予事件的意义会影响记忆。

图式：信息在记忆中的存储方式。

于材料的具体信息，还受到我们对情境的理解、预期、行为动机等的影响。

最早对图式的阐述源于一个经典研究，该研究采用的方法与美国一个很流行的儿童游戏"传话筒"有些类似。通过它，记忆中存储的信息由一个人传给另一个人。具体流程是被试会先看一幅画，画的内容是一群不同种族、不同肤色的人聚集在一节地铁车厢中，其中一名白人手握一枚刀片。第一名被试要向第二名被试描述这幅画的内容，在此过程中不能重新去看原画。之后，第二名被试再向下一个人描述这幅画的内容。一直重复这个过程，直到所有被试全部做完为止。

结果发现，最后一个被试报告的内容虽和原画在大方向上一致，细节上却相去甚远。尤其值得注意的是，很多人都描述到一名黑人手持小刀的画面，而在原画中手握刀片的明明是一个白人。从白人拿着刀片转化成黑人手持小刀，这表明被试具有对于黑人有偏见的图式，他们认为黑人更具暴力倾向。总之，我们的预期、知识以及偏见都影响着记忆的可信度。

法庭上的记忆 对于卡文·威利斯（Calvin Willis）而言，两位证人不真实的记忆使他失去了20年的自由时光。他曾经被一位强奸案受害者指

心理学**小贴士**

关于记忆的一个重要事实是，它是一个建构的过程。我们回忆的内容受到我们赋予事件的意义的影响。

加入我们！

来自哈佛大学的诺塞克（Nosek）、巴拿吉（Banaji）和格林沃德（Greenwald）在网上创建了一个暗示项目，这一网上的研究项目除了能够把你的相关反应编入他们的研究之外还能教你学会自我暗示记忆。这个网站有超过90份不同的暗示联合测试题供你选择回答。

认为罪犯，因此被拘捕并处以终生监禁。但是21年后，DNA技术证明他是清白的，当年的指认完全错误。

不幸的是，威利斯并不是唯一的受害人。在很多案件中，错误指认导致了不公正的裁决。对于目击证人的研究发现，当证人努力回忆犯罪行为的细节时，有可能出现重大错误，即便他们对自己的记忆自信满满。

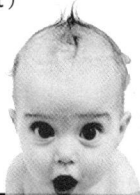

心理学思考

目击者错误

>>> 目击者对于犯罪细节的记忆有可能出错。那么，律师应该如何评定目击者的证词？目击者证言又是否真的能作为证供？

导致这类悲剧的原因之一是罪犯在实施犯罪行为时使用了武器。如果一名罪犯手持枪械，那人们的注意焦点很可能落在武器上，从而忽视犯罪场景中的其他细节，导致事后很难回忆起真实情况。

另一个使目击证人出现错误记忆的原因是警察和律师提问的方式。在一个实验中，主试

给被试放映了一段两车相撞的影片，随后向被试提问"两车相撞时，车速是多少？"他们平均回答为每小时65千米；但如果是问"两车接触时，车速有多少？"答案则为平均每小时50千米。

当目击证人是儿童时，记忆可信度的问题就会变得更为尖锐。越来越多的研究发现，儿童的记忆在很大程度上受他人的影响。在一项实验中，几名5~7岁刚做过身体常规检查的小女孩被带到一个房间，

如果你是……

一名法官 现在你知道了，即便证人很想诚实作答，记忆也有可能出错。那么你该如何运用目击者证词做出正确裁断，避免误判呢？

房间里有一个充气娃娃，主试指着充气娃娃的生殖器部位向小女孩提问："医生有没有碰过你这里？"三名并没有做阴道或肛门检查的女孩回答说有，而事实是医生从未碰过她们身体的这些部位。甚至有一名女孩还"回忆"出了具体细节，"医生用一根小棒子碰的"。

在情绪激动或处于很大压力的情况下，儿童的记忆会受到更大的影响。如果面谈者没有受过专业的训练，那么在录口供时很可能会反复向受害者提出同一问题。于是，受害者的记忆就会被问题类型所左右。

被压抑的记忆是指原初事件对人的冲击太大，导致人们将其压抑到无意识层面的现象。一些研究发现，除非被适当刺激引发（比如通过心理治疗），否则被压抑的记忆可能会一直隐藏，甚至持续终生。

两_____时，速度是多少？

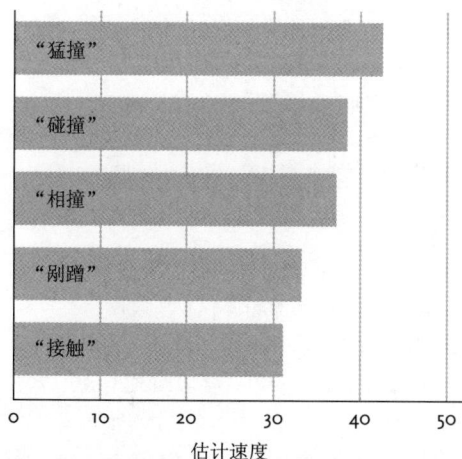

"猛撞"					
"碰撞"					
"相撞"					
"剐蹭"					
"接触"					

0　10　20　30　40　50

估计速度

资料来源：Loftus & Palmer, 1974。

目击者证词的准确性会受提问者言语措辞的影响

你知道吗？

借助fMRI技术，托马森（Thomason）等人发现，儿童和成人一样，也能运用大脑相关区域完成工作记忆任务，但是他们所能存储的信息量要小于成人。也许是因为这点，儿童的记忆特别容易受到他人的影响。

然而，记忆学者伊丽莎白·洛夫特斯（Elizabeth Loftus）认为，被压抑的记忆不一定是正确的，有时可能是对事实的完全扭曲，即错误记忆。当人们对事件只有模糊的印象时，就可能形成错误记忆。比如当记忆的源头不清楚时，我们就会困惑自己是真的经历过这样的事情，还是根本就是自己想象出来的。

关于被压抑记忆的合法性存在着很大的争议。很多治疗师认为被压抑的记忆是真实可靠的，也有研究支持这一观点。例如，大脑中的确存在着负责存储被压抑记忆的特定区域。同时还有研究表明，被压抑的记忆至少在某种程度上是真实可靠的。但另一些学者认为，支持被压抑记忆的研究并不充分。在这两个阵营中间，还存在着中间派：他们认为，被压抑的记忆的确含有错误的成分，但那也是对信息正常加工的结果。总之，不论持何种观点，对研究者而言，真正的挑战其实在于如何区分真实记忆和虚构的记忆。

自传体记忆：对个人复杂生活事件的混合记忆。

自传体记忆 你在回忆自己的过去时，记忆内容很可能只有部分是真实的。对记忆的建构既会导致我们错误地回忆他人行为，同时也会影响我们的自传体记忆。**自传体记忆**（**Autobiographical Memory**）是指对个人复杂生活事件的混合记忆，它与记忆的自我体验紧密相联，并且包含了涉及自身的情景记忆。

在生活中，我们倾向于遗忘那些与自我评价不符的记忆。一项研究发现，曾经在早年因情感问题接受过治疗的成年人，他们会倾向忘记在童年发生的重大但令人苦恼的事件，比如被寄养。大学生则可能会错误回忆糟糕的成绩——但是对于曾经取得的高分数，他们通常记得非常准确。

类似地，让一组48岁的被试回忆他们在高中一年级时填写的一份调查问卷，回忆的正确率并没有比随机猜测高多少。虽然61%的被试在当时表示运动是自己平时最喜欢的消遣方式，但只有23%的被试在多年后正确回忆出这一点。

此外，对于生命中的特殊时期，人们总是能更容易地回忆起来。一般来说这些时期都涉及人生的重大转折，比如进入大学、参加工作等。研究发现，老年人对于发生过重要事件的时期的回忆效果要明显好于略显平淡的中年时期。

文化对记忆的影响 世界上的有些地方没有文字，在那里文化只靠口口相传。曾经去这些部落游历过的旅行者总会叹服于当地人非凡的记忆力，比如那里的人能讲述篇幅惊人的年代记，而且其中通常都包含了大量的名字和事件细节。这种现象使一些学者想到，在无文字的社会中，人们会不会发展出一种完全不同的、甚至更为高级的记忆类型。他们认为，当缺少书面文字时，人们精确记住事件的动机就会更高，尤其当这些事件与部落历史和传统息息相关时。因为若不能准确地记住它们，并通过讲述告诉下一代人，部落的文化可能就会失传。

但如今，记忆研究者们否认了这一观点，他们认为，人们并不是只在无书面文字的社会中才能具备卓越的记忆力。一些希伯来学者可以背诵出上千页的书作，甚至能答出某一词语出现在哪一页，唱诗班的歌手也能够回忆出大量的诗词。所以，即便是在有书面文字的社会中，人们也一样可以记忆超群。

当代记忆研究者一般认为记忆在不同的文化中既有相似性，也有差异性。记忆的基本加工过程，像短时记忆的容量、长时记忆的结构（记忆的硬盘部分）等都具有普适性；而信息具体是如何获得和解读的（记忆的软件部分），则存在着文化差异。文化决定了人们如何解释信息、如何学习和回忆信息，以及在回忆时采取何种策略。

你的记忆风格是什么？

你的记忆风格是怎样的？图像、声音、感觉，哪种对你来说最容易回忆？看看下面的描述，然后标出与你情况最相符的选项。

为了回想起老师在课堂上讲授的内容。我会……

    V. 阅读在课上记的笔记

    A. 闭上眼睛，回想老师说的话

    K. 想象自己回到了课堂上，将原景重现

为了记住一道复杂工序，我会……

    V. 写下所有必要的步骤

    A. 很仔细地听，然后重复教授者的话

    K. 一遍一遍做

在学习一门外语时，我用……办法时，学习效果最好

    V. 阅读，并且看单词是如何拼写的

    A. 反复听，直到我能大声地说出来

    K. 模仿母语者说话的样子

如果学习一个舞蹈动作，我比较喜欢……

    V. 先看动作的分解介绍图

    A. 有教练教我

    K. 看一遍别人怎么跳，然后自己尝试

当回忆一段美好记忆时，我会……

    V. 在头脑中出现当时的画面

    A. 听到当时愉快的声音

    K. 体验到当时身上的感觉

如果需要记住行车路线，我会……

    V. 在大脑中形成路线图

    A. 大声重复怎么走

    K. 按照正确路线驾驶一遍，记住沿途的感觉

答案：如果你选择最多的V最多，那么你
很可能是视觉记忆风格，你倾向于通过
重构的形式来记忆。

如果你选择最多的A最多，那么你很可能
是听觉记忆风格，你倾向于以听到事物
原来声音的形式来记忆。

如果你选择最多的K最多，那么你很可能
是动觉记忆风格，你倾向于用触觉和
动作来记忆。

请注意这只是你个人主观上了解自己记忆的记忆
习惯。记住，我们每个人都会用各种方式来
帮助记忆。

在一些文化中，部族长老能记住几百年传承下来的故事并能讲述得栩栩如生。这种能力主要与他们获取和保持信息的方式有关，与记忆的基本加工过程无太大关联。

>> 遗忘：当回忆失败

每个人都有过忘记事情的经历，比如忘了在哪里见过某个人或忘了在五点钟的时候去接弟弟。只要你有过这种经验，就会了解回忆有时候是会失败的。有时我们会强烈希望自己能拥有吉尔·普莱斯那样惊人的记忆力，这样就不会再出现忘记别人名字、忘记约会，或忘记考试答案的尴尬时刻了。可具有讽刺意味的是，正是因为有遗忘的存在，我们才能更好地存储重要信息。

把信息中不太重要的部分忘掉，可以对事物形成一个概览，从而减轻记忆负担。比如，不论处于哪种情境中，我们都会认为朋友是熟悉的。这是，因为我们的记忆忽略了朋友的服饰、妆容等易变因素，而只保留了基本的五官信息，这是对记忆容量更为经济的使用。

衰退： 信息因长时间不被使用而逐渐消退的过程。

19世纪末，德国心理学家赫尔曼·艾宾浩斯（Hermann Ebbinghaus）曾对遗忘进行了一系列研究，他的工作为后来者奠定了坚实的基础。艾宾浩斯采用无意义音节作为记忆材料，这种材料中间是一个元音，两边各有一个辅音，如FIW和BOZ。他把自己作为被试，采用机械复述的方法学习词表，当达到刚能一次成诵的程度时便停止。间隔一段时间后，重新对之前的词表进行学习，然后比较两次学习的所需时间。通过这种方法，他发现遗忘是有系统性的。遗忘的过程在最初9小时，尤其是第1个小时里进展得非常快。9小时后，遗忘就变得很缓慢，甚至在很多天后，仍可依稀记得。虽然采用的方法有些原始，但艾宾浩斯的记忆观点已得到证实。在记忆的初始阶段，遗忘会非常快，随后渐渐缓慢下来。并且重新学习曾学过的知识时，所需时间也会比第一次学习时少，不论是陈述性知识（伦敦是英国的首都），还是程序性知识（如何驾驶摩托车），这种现象都存在。

为什么会发生遗忘

为什么会出现遗忘？一个原因是我们对记忆材料没有给予足够的注意，也就是编码不足。比如你从小到大看见过无数的硬币，但也许你从未留意过这些硬币上的细节。由于加工程度不深，关于硬币细节的信息就没能进入长时记忆。所以，当需要这方面信息时，也就无从提取了。

为了记忆更为重要的信息，人们需要遗忘。

可是经过编码进入到长时记忆的信息为什么也会出现遗忘呢？这与另外一些过程有关，它们是衰退、干扰和线索性遗忘。

衰退（Decay） 观点认为，遗忘是记忆痕迹得不到强化而逐渐减弱直至最后消退的过程。当头脑中输入新信息时，就会产生记忆痕迹。随着时间的流逝，记忆痕迹会慢慢淡去。

虽然有证据表明衰退过程的确存在，但它并不能完全解释遗忘，间隔时间与记忆效果之间似乎也并不存在明显的关联。如果遗忘皆是由衰退引起的，那么间隔时间越长，回忆应该越困难。可研究发现，在被试学习完相同的材料后对其进行测验时，学习与测验的间隔时间越长，测验成绩反而越好。如果是衰退导致了遗忘，那么实验结果就应是相反的。

艾宾浩斯遗忘曲线

回忆保持比例

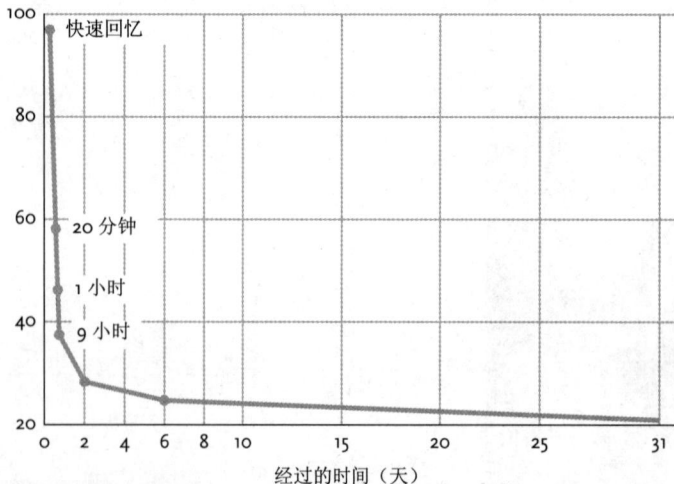

100 快速回忆
80
60 20分钟
40 1小时
   9小时
20

0 2 4 6 8 10 15 20 25 31

经过的时间（天）

资料来源：Ebbinghaus, 1885, 1913.

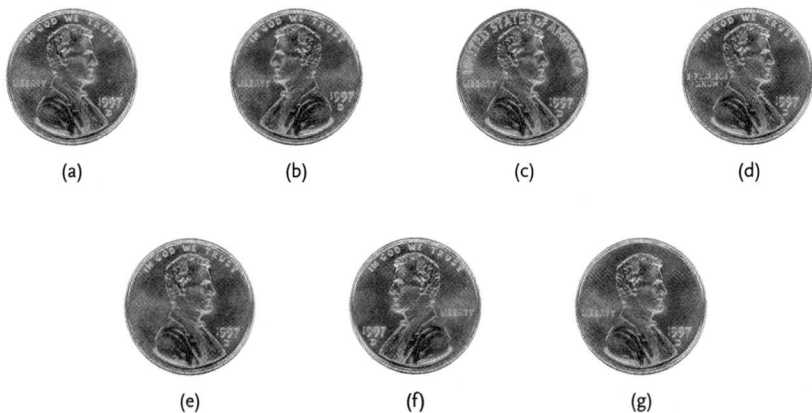

在这些硬币中只有一枚是真的。你能从中找出来吗？为什么这个任务比最初看上去更难？（资料来源：Nickerson & Adams, 1979）

正确答案是："(a)"。（确保硬币上没有硬币出来的。）

由于衰退不能完全解释遗忘过程，所以一些记忆学者提出了**干扰**（**Interference**）说。该观点认为，遗忘是由于在学习和回忆之间受到了其他刺激的干扰所致。

最后，**线索性遗忘**（**Cue-Dependent Forgetting**）理论认为，不充分地提取线索也会导致遗忘。比如想不起来把钥匙放在了哪里，这时你会在大脑中回想一遍自己一天都做了什么、去了哪里。当想到图书馆——也就是丢钥匙的提取线索时，你会一下子想起当时把钥匙放在了图书馆的桌子上，离开时没有带走。如果没有这个线索，你可能会一直记不起来钥匙丢在了哪儿。

另外，线索也与记忆内容的物理特点及当时的情绪相关。例如，在陆地和水中分别教授潜水技术，随后在这两种情境下对学习者进行技能测评。结果发现，当学习情境和测评情境一致时，潜水员的成绩最好。

心理学小贴士

消退说认为遗忘是由于信息总不被使用，使得记忆痕迹逐渐消退所导致的；干扰说认为是其他信息的干扰造成了遗忘。

大多数研究表明，干扰和线索依存遗忘是记忆中遗忘过程的关键所在。遗忘多是由于信息间的相互干扰，或是没有合适的提取线索所导致的，而非记忆痕迹的消退。

前摄抑制和倒摄抑制

遗忘过程中存在着两种类型的干扰：前摄抑制和倒摄抑制。**前摄抑制**（**Proactive Interference**）是指先学习的材料对识记和回忆后学习的材料产生干扰作用。比如你在高一时学习了法语，在高二时又选修了西班牙语。那么在进行西班牙语的期中测验时，你可能很难回忆起某个单词的西班牙语意义，想起来的都是它的法语释义。

与之相对，**倒摄抑制**（**Retroactive interference**）是指后学习的材料对识记和回忆先学习的材料发生干扰作用。由于最近每天都在学西班牙语，导致法语考试成绩不佳，这就是因为倒摄抑制。两者的区别在于，前摄抑制是时间的顺行作用，也就是之前的记忆对之后信息的干扰；倒摄抑制则是时间的逆行作用，即之后的记忆对之前信息的干扰。

干扰：回忆信息时受到其他信息影响的现象。

线索性遗忘：因提取线索不充分导致的遗忘。

前摄抑制：先学习的材料对识记和回忆后学习的材料产生干扰作用。

倒摄抑制：后学习的材料对识记和回忆先学习的材料产生干扰作用。

虽然前摄/倒摄抑制解释了信息是如何被遗忘的，但没有说明这种遗忘是信息真的消失了，还是仍然存于记忆中只是提取不出来。大多数学者认为，因干扰而遗忘的信息并非真的消失，当有合适的刺激出现时，仍可被成功回忆，只是这一观点还没有被完全证实。

你相信吗？>>>

提高你的记忆力

你了解银杏这种植物吗？生产银杏叶营养品的公司，一直标榜他们的产品有助于提高记忆力。但研究发现，这些产品并没有达到上述功效。

其实并不需要服用药物或营养品，按照下面的策略做，你就可以提升自己的记忆力。

- 将信息组织化　首先将你学过的东西在头脑中过一遍，尽量理清它们之间的关系。通过这样做，大量的信息在头脑中得以结构化，各部分间的联系也趋于明晰。在对学习材料进行了较深程度的加工后，更利于日后的提取。

- 运用关键词　如果你正在学习外语，可以试着将新单词和熟悉的、发音近似的英语单词（母语）联系起来，这个英语单词就是关键词。比如，西语"pato"是鸭子的意思，在记忆时就可以选发音接近的"pot"作为关键词。确定后，还可以将目标词和关键词结合起来。像是想象一只小鸭子（pato）在盆里（pot）洗澡。

- 进行精细复述　虽然熟能生巧，但是将学习材料构建出一个意义框架更有助于记忆。研究发现，如果在刚好将学习内容掌握后再继续学习或精细复述一会儿，即进行过度学习，个体的长期记忆效果会更好。

- 有效记笔记　记笔记时最好的原则大概是"在精不在多"，与其记下老师的每一句话，不如只记关键词和知识点。在记笔记的过程中，要思考学习内容，而不是简单地听到什么记什么，这也是为什么去借别人的笔记并不是好办法的原因。首先要在头脑中有一个自己的框架，再借助笔记，才能真正提高记忆效果。

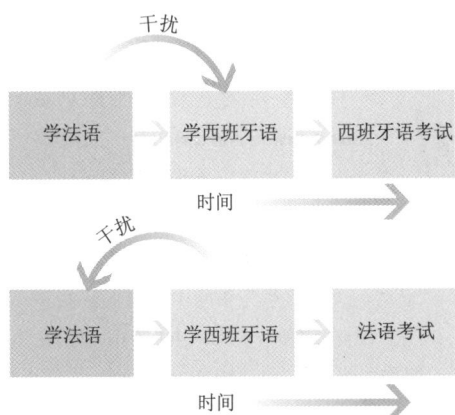

| 学法语 → | 学西班牙语 → | 西班牙语考试 |

前摄抑制：
西班牙语成绩受到先前学习的法语影响

时间 →

| 学法语 → | 学西班牙语 → | 法语考试 |

倒摄抑制：
法语成绩受到刚学习完的西班牙语影响

时间 →

前摄抑制和倒摄抑制

在美国，阿尔茨海默病是导致成年人死亡的第四位病因。

心理学思考

>>> 在学习外语时，前摄/倒摄抑制会有什么影响？先前的语言训练会促进还是妨碍新语言的学习？

记忆功能障碍

起初你发现自己经常想不起来把东西放在了哪里，或是记不住新学到的知识。不久你开始忘记约会，或是在驾车时突然手忙脚乱。状态不好的时候，连一个电话号码都记不住。你很努力地想阻止记忆恶化，结果却适得其反。后来你可能会撞坏自己的车，花一个早上努力穿衣服，到最后你甚至可能失去阅读、弹琴的能力，你很明白自己正在经历着什么。

阿尔茨海默病（Alzheimer's Disease） 即所谓的老年痴呆症，其中一个临床表现就是记忆功能的不断恶化。在美国，阿尔茨海默病是导致死亡的第四位病因，五百万人深受其害。最初，病人只是表现出轻微的健忘，比如忘记约会或生日。随着病情加重，记忆功能退化得越来越厉害，甚至连一些很简单的任务如打电话，也不记得该如何完成。最后，患者会完全失去语言理解和生活自理能力，直至死亡。

阿尔茨海默病的病因尚未明确，但不断发现的研究证据表明，这种病可能是由于患者存在淀粉样蛋白（神经细胞发挥功能的必要物质）合成缺陷，从而引起神经元纤维缠结和细胞死亡。

除了阿尔茨海默病，记忆功能紊乱疾病还表现为失忆症。**遗忘症（Amnesia）** 是指记忆力减退或丧失，但不伴随其他精神障碍症状。遗忘症包含很多类型，其中一种还经常被搬上电影、电视，如主人公因头部受到撞击而想不起来他/她的过去。电影里提及的这种是 **逆行性遗忘症（Retrograde Amnesia）**，在现实中其实很少见，它是指丧失了事件发生前的记

阿尔茨海默病：以记忆功能严重恶化为症状之一的疾病。

遗忘症：记忆力减退或丧失，但不伴随其他精神障碍症状。

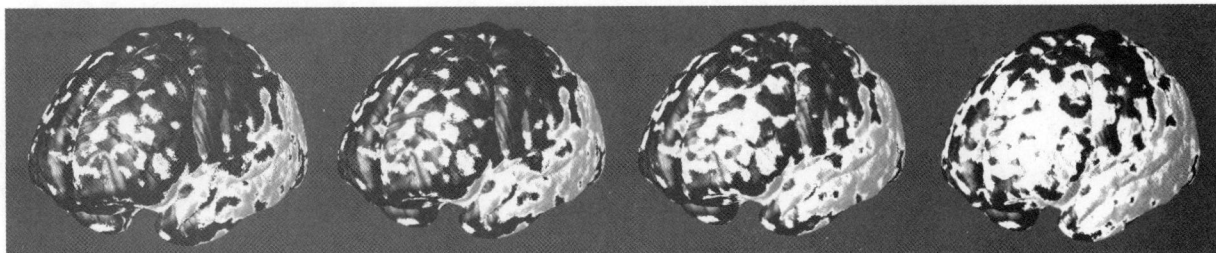

初始　　　　　　6个月后　　　　　　12个月后　　　　　　18个月后

: 系列脑成像清楚地显示了阿尔茨海默病在18个月中的发展，可以看出正常组织（深色）随时间
: 逐步被蚕食。

电影 中 的 心理学

《本杰明·巴顿奇事》 (*The Curious of Benjamin Button, 2008*)
这部浪漫情感剧的男主人公拥有和常人不一样的生命：他可以越活越年轻。也正因如此，他不能依靠正常的经验来解释自己的人生和记忆。

《谍影重重》 (*The Bourne Identity, 2002*)
一名美国中央情报局特工因故失去了记忆，他想不起任何与其身份有关的信息。但是他的程序性记忆并没有受到影响，他依然身手不凡。

《恋恋笔记本》 (*The Notebook, 2004*)
迟暮的老人时常去疗养院看望他的妻子，并温柔地给她读他们年轻时的爱情故事。只有在短暂的间歇中，身患阿尔茨海默病的妻子才能够恢复神智，认出她的丈夫。

《暖暖内含光》 (*Eternal Sunshine of the Spotless Mind, 2004*)
痛苦的记忆如果全都消失会不会更好？如果有可能的话，你会清除掉所有的痛苦记忆吗？这部电影的主人公正面临这样的抉择。

《失忆》 (*Hunting Down Memory, 2009*)
改编自真实故事，一名27岁的挪威男青年突然失去了全部记忆，想不起生活中的任何事情。他该怎么办？

记不起来自己的亲人和朋友，但却仍记得如何玩扑克与织毛衣。

与之相对的是顺行性遗忘症（**Anterograde Amnesia**）。它是指患者丧失了发生在脑损伤之后的记忆。脑部受损会导致顺行性遗忘症，因为再也无法将信息从短时记忆存储到长时记忆，所以信息在头脑中只能保持20秒左右。但在这种情况下，人们仍可以回忆起受伤之前存储在长时记忆中的信息。

如果你是……

一名丈夫或妻子 如果你的伴侣患有阿尔茨海默病，你会用什么办法来保障他/她的安全？又会如何帮他/她提升生活质量？

你知道吗？

神经性厌食患者大都倾向于负面的记忆，但他们显然不善于运用有效的应对策略去处理这些负面记忆。相反，他们会通过遗忘那些令他们痛苦的亲身经历中的特定情节来处理记忆。

忆。通常来讲，记忆是可以慢慢恢复的，不过这种恢复也许会花上好几年。有些情况下，丧失的记忆可能会永久消失。但即便是在记忆丧失严重的情况下，这个过程也是选择性的。比如有些患者虽有严重的逆行性遗忘症，他们甚至

逆行性遗忘症： 遗忘症的一种，在特定事件发生之前的记忆丧失了。

顺行性遗忘症： 遗忘症的一种，发生在脑损伤之后的记忆丧失了。

我的心理学
笔记 >>

- **什么是记忆**

  记忆是对信息进行编码、存储、提取的过程。它包含三阶段：感觉记忆、短时记忆和长时记忆。感觉记忆非常短暂但鲜明，与原始刺激几乎别无二致；短时记忆可以存储7±2个信息组块，最多保留25秒。通过进行意义加工（如精细复述），可以使信息进入到长时记忆，否则信息就会消失。长时记忆包含陈述性记忆和程序性记忆，前者又可分为语义记忆和情景记忆。

- **为什么有的信息回忆效果更好**

  提取线索，如情绪、灯光、声音等，会影响信息的回忆效果。层次加工理论认为，对信息的加工水平决定了回忆效果。最初加工程度越深，回忆时效果越好。闪光灯记忆是对特定的、重大事件的记忆。记忆内容越与众不同，之后越容易记起。记忆同时还是一个建构过程，其内容会受到个体对事件意义解读的影响。目击证人在努力回忆犯罪细节时可能会出现错误。当儿童作为目击证人时，记忆的可信度尤其值得商榷。

- **为什么会遗忘**

  一些因素会导致记忆失败，如衰退、干扰（前摄/倒摄抑制）和线索性遗忘，从而引起阿尔茨海默病或遗忘症。

  阿尔茨海默病和遗忘症都是记忆功能紊乱的病症，临床表现之一是记忆力逐步丧失。两者区别在于，后者并不伴随其他的精神性障碍。遗忘症又可以分为两种：逆行性遗忘症和顺行性遗忘症。

测试一下

1. 将下面三个选项填入合适位置

   a. 长时记忆

   b. 短时记忆

   c. 感觉记忆

   _____（1）能保存信息25秒

   _____（2）能永久保存信息

   _____（3）呈现的信息具有鲜明的形象性

2. 陈述性记忆分为两种：_____记忆是对一般性知识和事实的记忆；_____记忆是对个人经验的记忆。

3. 一些记忆研究者认为，长时记忆是通过_____网络来存储信息的。

4. 在舞会上，伊娃（Eva）遇到了一个月前曾约会过的男子。当她将男子介绍给朋友时却怎么也想不来他的名字了。这说明了什么现象？

5. _____是从记忆中提取信息的过程。

6. 妈妈的朋友告诉你："当约翰·列侬（John Lennon）被杀害时，我清楚地记得我在哪、正在做什么。"这属于什么记忆类型？

7. _____理论认为，对学习材料分析得越深入，回忆效果越好。

8. 层次加工理论认为_____。

   a. 比起对意义进行编码，关注视觉和听觉信息对回忆效果更有帮助

   b. 图像对扩充记忆量很有用

   c. 如果我理解了学习内容，会记忆得更好

   d. 我应该每天晚上练习加工的前五步，后五步每周练习一次

9. "目击者错误"练习体现了_____。

   a. 记忆的三系统理论

   b. 工作记忆理论

   c. 陈述性记忆与程序性记忆的区别

   d. 情景记忆

10. 两年前，你曾上过古代历史课，但是现在却想不来所学的内容了。这种现象是因为消退引起的记忆_____。

11. 其他信息的呈现会影响对于目标信息的提取，也就是_____。

12. _____抑制是后学习的材料对先学习的材料的干扰；_____是先学习的材料对后学习的材料的干扰。

1. (1) -b, (2) -a, (3) -c
2. 语义，情景
3. 语义
4. 舌尖现象
5. 回忆
6. 闪光灯记忆
7. 层次加工
8. c
9. a
10. 衰退
11. 干扰
12. 倒摄，前摄

7

思维、语言

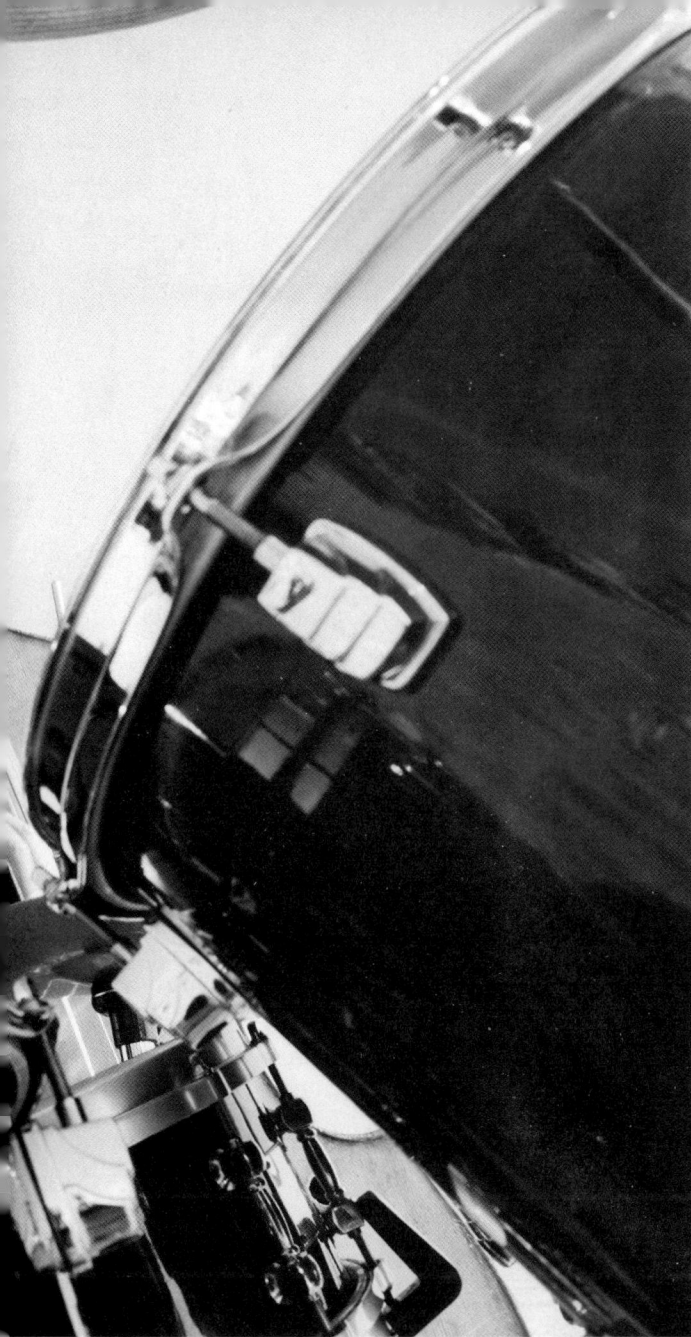

有了

就在蠹虫飞进浴室的那一瞬间，克利福德·麦特森（Clifford Matson）灵光一闪："有了！"

高大的麦特森医生在美国俄勒冈州姜欣市从事了50年的牙医工作，退休时已是白发苍苍。那天他正在烦恼浴室里总有小虫子飞来飞去，突然，一些零散的思绪出现在脑海中。

其中一个念头是关于恼人的蠹虫；另外他还想起自己曾读过一本介绍楝树的书：这种树生长在印度和缅甸等热带地区，它的种子几乎是天然的杀虫剂；最后他留意到用来分离浴室双层窗户的软木小方板。

麦特森医生想，如果在小方板上滴几滴楝树油，应该可以杀死蠹虫。随后他试验了一下，果然成功了。他又把小方板浸泡在楝树油中，然后拿蟑螂试验。同样，蟑螂也都被杀死了。

两年前，美国专利局为麦特森医生的发明"杀虫软木（Cork-EZ）"颁发了专利认证，认证号码为6093413。它是一块和拼字游戏里的小方格差不多大小的软木板，背后有粘性胶可以贴在地板或墙面上，里面含有从雪松蜡里提取的天然杀虫剂。

克利福德·麦特森对他的发明可谓是寄予厚望。我们暂且不论它是否能给灭虫产品领域带来变革性的影响，这个发明至少说明了麦特森医生具有一种复杂的思维能力，这种带他走上发明之路的能力就是创造力。

麦特森的创造力从何而来？人们如何运用信息去想出新颖的解决问题的办法？又是如何思考、理解和用语言描述这个世界的？

认知心理学（Cognitive Psychology）可以回答上述问题，该学派主要关注人们的高级认知加工过程，如思维、语言、问题解决、推理、判断和决策。在本章中我们会对上述内容有所介绍，同时讲到智力、智力测验以及创造力的一些方面。而第6章的主题——记忆，也是认知心理学感兴趣的研究部分。

和智力

边读边想 >>

- 什么是思维？
- 人们如何解决问题？
- 语言是如何形成和发展的？
- 什么是智力？
- 在西方，测量智力的主要方法有哪些？智力测验都测量哪些内容？

>> 思维和推理

此时此刻你在想什么？这个问题本身已经说明了人类的思维能力，世界上其他任何生物都不能像人类这样思考、分析、回忆和计划事情。心理学家将思维（Thinking）定义为对信息的心理表征的操作。心理表征可以是单词、概念、图像、声音或其他任何一种感觉形式，被表征过的信息存储在记忆里。借助思维，这些信息可以从一种表征形式转换为另一种，从而满足人们回答问题、解决问题及达成目标的需要。

> **认知心理学：** 心理学的一个分支，关注人的高级认知过程，包括思维，语言，记忆，问题解决，决策等。
>
> **思维：** 对信息的心理表征的操作。
>
> **表象：** 在心理上对客体或事件做出的表征。

虽然在思维过程中究竟发生了什么尚未明确，但对于影响思维过程的要素，人们已了解得越来越充分。接下来我们先介绍表象和概念，它们是思维的两块基石。

表象

想想你最好的朋友。

当你这么做时头脑中会立刻浮现出他/她的影像，这就是表象。认知心理学家认为，表象是思维的重要组成部分。

表象（**Mental Images**）是指在心理上对客体或事件做出的表征。表象可以是视觉的，也可以是听觉的，如在脑海中回响起一段旋律。事实上，每类感觉都有与之相应的表象。

研究表明，表象与所表征的现实刺激的特性是一致的。例如，在头脑中呈现较大物体的表象，所需时间也较长，就如同人们面对真实物体时，物体越大，扫视时间也会越长。另外，表象还具有可操作性。例如，人们可以在头脑中对表象进行旋转，这种操作就如同人们通过外部动作旋转客观事物一样。

有专家认为，通过形成表象，人们的真实技艺可以得到提高。比如运动员使用表象训练，练习时，篮球运动员在脑海中呈现赛场、篮筐、篮球，甚至观众喧嚣的表象。他们仿佛看到自己置身赛场，准备罚球。然后看到篮球被掷出时的抛物线，听到篮球落网的声音。这个过程的确有效：通过表象训练，可以提高人们在赛场上的真实表现。

概念

如果有人问你家橱柜里都放了些什么，你可能会列举出一系列物品名（一瓶花生酱、三盒奶酪、六个餐盘等）。不过更可能的是你只说到几个宽泛的类别，如放了"食物"和"餐具"。

后一种回答体现出人们对于概念的运用。**概念（Concepts）**是对相似物体、事件和人的心理分类。它能帮助人们将复杂现象进行组织，变成更为简单的、方便使用和认知的类别。

通过概念，人们可以基于过往经验对新遇到的对象进行分类。例如，我们在看到有人轻触一块小小的手持屏幕时，就能判断出那是一部智能手机，即便我们之前从未见过那种手机型号。更重要的是，概念影响行为。如果我们把一个动物判断为狗，那去拍拍它的头是合适的；而如果判断为狼，我们的行为就会大不一样了。

认知心理学家最初研究概念时关注于那些可以由几个特征精确定义的概念。例如，等边三角形是由三条等长线段构成的闭合图形。如果一个图形符合上述标准，就是等边三角形；不符合则不是。

但更多概念是与生活息息相关的，它们比较模糊、较难定义。例如，像"桌子"和"鸟"就是很宽泛的概念，它们包含了一系列一般性的、较松散的、会跟其他概念相重合的特征。比如乒乓球桌，它是属于一种家具，还是运动器械呢？为了理解这些模糊概念，我们经常会想一些

很多运动员，例如小威廉姆斯（Serena Williams），都需要利用表象以更好地专注于比赛。还有什么职业也特别需要这种能力呢？

例子，称为原型。**原型（Prototypes）**是指最能代表概念、最符合我们表象的典型例子。比如，向一个从小与知更鸟相伴的人提问，让他说出一种鸟的名字。虽然知更鸟和鸵鸟都属于鸟类，但他在回答时会更容易想到知更鸟而非鸵鸟。同样，当被问及"桌子"这个概念时，举例说出的是咖啡桌而不是制图桌的人，他们认为咖啡桌更符合"桌子"的原型。

算法和启发式

当面对问题时，人们经常使用一些认知捷径来解决，如算法和启发式。**算法（Algorithm）**是一些规则，如果运用得当，就能确保问题得到解决。例如，已知直角三角形的两边边长，请计算第三边的边长。这时你会用$a^2+b^2=c^2$的公式来计算，即便你并不清楚公式背后的原理。

概念：对相似物体、事件和人的心理分类。

原型：最能代表概念、最符合我们表象的典型例子。

算法：一些规则，如果运用得当，就能确保问题得到解决。

启发式：有可能正确解决问题的认知捷径。

左右两幅图哪个更符合你的"电话"原型？左边是世界上的第一部电话，由亚历山大·格雷厄姆·贝尔（Alexander Graham Bell）发明。

启发式（**Heuristic**）则是有可能正确解决问题的认知捷径。与算法不同，启发式可以使人更快地找到解决办法，但不能保证正确。比如，我每次玩三连棋（tic-tac-toe）游戏时都会使用启发式，不管三七二十一上来先在正中心那个格里画一个"×"。这种方法虽不能保证每局都赢，但的确大大增加了获胜概率。与之类似，一些学生在考试前可能不去看指定教材，而是复习自己记的笔记，这种方法也许有效，也许无效。

虽然启发式能帮助人们解决问题、制定决策，但也有可能导致不正确的结论。例如，我们在知觉他人时会依据他所代表的群体来做判断，也就是代表性启发。假设你是一家快餐店的老板，并且最近被一个青少年团伙打劫了好几次。之前介绍的原型理论告诉我们，你会对有可能打劫店铺的人形成一个原型。之后，在代表性启发（运用形成的原型）的作用下，每当有青少年走进店里时，你都会提高警惕。

获得性启发是指根据事件被回忆起来的难易程度来推论现实事件发生的可能性。根据这一法则，人们认为如果某一事很容易被想起来了，那么它一定在过去经常发生，同时以后也更可能发生。

获得性启发使人们对飞机安全的担心远甚于火车。但其实早有数据表明，乘坐飞机出行要比乘坐火车安全得多。与之类似，其实从床上跌落致死的人数是被闪电击中而死的人数的十倍，但人们还是更害怕自己会被闪电击中。这是因为飞机事故、闪电致人死亡的事件要更容易回忆一些。

> **一些学生在考试前不看指定教材，而是复习自己的笔记，这种方法也许有效，也许无效。**

问题解决

有一个古老的传说，一群越南僧侣守卫着三座宝塔，塔上有64口古钟。这些僧侣们相信，如果将所有的古钟从第一座宝塔移到第三座宝塔，世界就会毁灭。（你不必为此担心，因为达成这个目标需要经过2^{64}个步骤——如果一步需要1秒钟，那么完成整个任务需要6亿年。）

：也许你没注意到，其实你每天都在运用启发式来解决问题。

而在河内塔游戏中，僧侣们面对的问题就简单多了。如下页图所示，在一块板上有3根柱子，柱1自上而下放着大小渐增的三个圆盘。任务的目标是用尽可能少的步骤将全部圆盘移到柱3上，且保持原来放置的顺序不变。但有一个条件：每次只能移动一个圆盘且大盘不能放在小盘上。

为什么认知心理学家会对河内塔游戏感兴趣？因为研究人们在解决这类谜题时的思维过程，可以更好地理解人们是怎么解决实际生活中的复杂问题的。现在心理学家已经知道，问题解决过程通常包含三个步骤：准备、解决和判断。

准备阶段：理解和诊断问题 在面对类似河内塔这样的问题时，大多数人会先试着全面地理解它。当感觉问题不太寻常时，人们就会去特别注意有没有什么限制条件——比如河内塔问题里每次只能移动一个圆盘的规则。相反，如果问题比较熟悉，那么人们花在准备阶段上的时间就会大大减少。

心理学思考

启发式

> > > 获得性启发是怎样促进种族、年龄、性别偏见的？意识到这一过程是否能防止偏见的产生？

河内塔问题

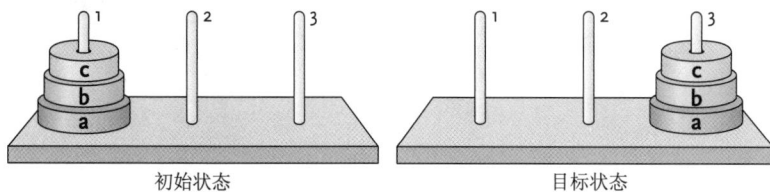

初始状态　　　　　　　　　目标状态

注释：把C移到钉到钉3，把B移到钉到钉2，把C移到钉到钉2，把A移到钉到钉3，把C移到钉到钉1，把B移到钉到钉3，把C移到钉到钉3。

你能解决河内塔谜题吗？目标是把三个圆盘从第一根柱子转移到第三根柱子上，同时保持圆盘原有顺序不变。每次只能移动一个圆盘，并且大圆盘不能覆盖在小圆盘上。所用步骤越少越好。

> **心理学小贴士**
>
> 算法最终总是能解决问题，而启发式更快、更便捷，但只是有可能解决问题。

问题解决的步骤

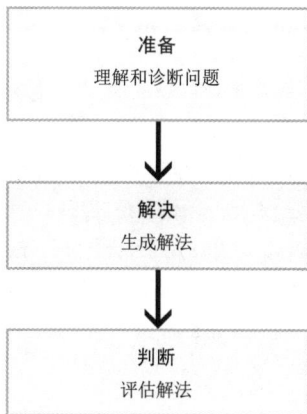

根据问题的明确程度，可分为界定清晰的问题和界定含糊的问题。界定清晰的问题是指问题本身和用以解决问题的信息都说得很清楚，如数学方程、拼图游戏等。对于这类问题，我们可以明确判断出解决办法是否合适。而界定含糊的问题是指问题本身和相关信息都不清楚，例如，如何提高流水线员工的士气、怎样为中东地区带来和平等。

根据问题的解决手段，可分为排列型、结构型和转换型问题。每类问题需要运用不同类别的技巧和知识来解决。

其中排列型问题需要个体通过符合问题要求的方式对问题中的要素进行重新排列组合来获得解法。一般来说在找到正确解法之前需要尝试多次重组。拼字和拼图游戏就是典型的排列型问题。

在结构型问题中，个体首先要对问题各要素之间的关系有明确认识，然后在要素间建立起一个新联系。同时，个体还了解每个要素的结构和包含的信息量。

河内塔游戏代表的是第三种问题类型——转换型问题，这类问题包含了初始状态、目标状态以及如何由初始状态到达目标状态的方法等几个要素。在河内塔游戏中，初始状态就是原有的布局；目标状态是将三个圆盘置于第三根柱子上；方法是移动圆盘的那几条规则。

不论问题是排列型、结构型还是转换型，首先都应在准备阶段中被充分地理解。做好这一步对于解决问题至关重要，它能帮助我们对问题形成自己的看法。之后我们可以选择把问题分解成几个部分来逐一解决，或者忽略掉一些信息以将任务简单化。在问题解决的准备阶段，排除无关信息也是一个必要的环节。

> **心理学小贴士**
>
> 问题解决包含三个步骤：准备、解决和判断。

排除非关键信息，对于解决问题是至关重要的一步。

思维、语言和智力 • 153

如果所有的办法都失败了，还可以通过试误的方式来解决。托马斯·爱迪生（Thomas Edison）就是通过不断尝试最终找到了适合作灯丝的材料（碳），由此发明了电灯，但这实在是下下策了。毕竟，当你被迫只能通过一个个试来解决问题时，就会感觉非常沮丧。另外，试误的方法对复杂问题也是不可行的。在这类问题里想把每一个可能性都试验到，也许需要花上一生的时间。例如，数据显示在国际象棋中，每一局包含10^{120}种走法（即1后面120个零）。

我们表征问题的能力和最终会使用什么样的解法还取决于问题的呈现形式（或称"框架"）。假设你是一名癌症患者，需要在手术和化疗两个方案中做出选择。当信息是以两种方案的存活率介绍给患者时，只有18%的人会选择化疗。然而当两种方案以死亡率的形式介绍给患者时，有44%的人选择了化疗。而方案始终是同一个，只是在表达方式上有所不同。

手段-目的分析： 通过反复考察当前状态和目标状态之间的差异来获得解决的方法。

解决：生成解法 问题解决的第二阶段是想出可行的解决办法。如果问题很简单，那么长时记忆中可能已经储存了直接的解决方法，我们需要做的就只是提取出合适的信息即可。如果问题比较难，我们并不知道直接的解决办法，这时就需要想一些可行的方案，并将它和长时记忆、短时记忆中的信息进行比较来完成。

与试误法相比，人们在面对复杂问题时会更倾向使用启发式的认知捷径，最为常用的是手段-目的分析。**手段-目的分析（Means-Ends Analysis）** 是指通过反复考察当前状态和目标状态之间的差异来获得解决的方法。来看这个简单的例子：我要送儿子去上学。那么，目标状态和当前状态的差异是什么？是距离。如何缩短距离？可以开车过去。但是我的车坏了，怎样能修好它？换一块新电池。哪里有新电池？汽车修理店……

问题：手术还是化疗

生存框架	死亡框架
手术： 在接受手术的100名病人中，90人手术成功。一年存活率为68%，五年存活率为34%。	**手术：** 在接受手术的100名病人中，10人手术失败。一年后的死亡人数为32人，五年后死亡人数上升至66人。
化疗： 在接受化疗的100名病人中，全部完成了所需疗程。一年存活率为77%，五年存活率为22%。	**化疗：** 在接受化疗的100名病人中，全部完成了所需疗程。一年后的死亡人数为23人，五年后死亡人数上升至78人。
更多病人选择手术	更多病人选择化疗

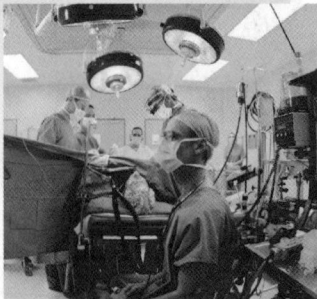

就像这样，手段-目的分析让你一步步离目标越来越近。这种方法虽然常用，但如果碰到一些需要迂回解决，甚至还必须暂时扩大目标状态与初始状态之间差异的问题时，它就不再奏效了。比如，一条登上山顶的最快路线，有时需要登山者暂时地回退。如果要求他们始终保持前进方向的话，可能就不是最快登顶的有效办法了。

另一种常用的启发式捷径是将问题的目标状态分解成若干个子目标，通过实现一系列的子目标最终达到总目标。在河内塔游戏中，我们就可以设定多个子目标，比如把最大的圆盘移动到第三根柱子上。

如果解决子目标可以将人引向最后的成功，那么先设定好子目标然后一一解决就是一个合适的策略。然而这种策略并不一直有效，有时还会增加解决问题的时间。比如一些很复杂的数学问题，与其花时间把它们拆分，还不如想其他的办法来解决。

判断：评估解法 问题解决的最后一个阶段是判断解决方法是否恰当。如果解法是明确单一的，像河内塔游戏，那我们很快就能判断出它是否获得了成功。

如果解决方法相对抽象或不止一个，那我们就要在多个方案中选出最好的一个。不幸的是，我们在评估自己的主意时，往往不够客观、准确。比如一家制药厂的研发团队可能觉得自己的研究成果要远胜于其他公司的产品，导致既高估了自己的成果，又对竞争对手的研发缺乏重视。

理论上讲，如果能系统、有效地运用信息，我们是可以在备选方法中做出正确选择的。但是，就像下文介绍到的那样，问题解决中存在一些障碍，它们会影响问题解决的质量以及我们对解决方案的评估。

问题解决的障碍 想一想下面这个问题该怎么解决。

你面前有几枚图钉、三根蜡烛和一盒火柴，每类物品单独置于一个盒子中。你需要达成的目标是将三根蜡烛固定在门上，位置要与视线齐平。同时，蜡烛在燃烧时，蜡油不能滴落到地板上。该如何完成这个任务？

如果你想不出来也不用沮丧，研究发现，当物品全部装在盒子里呈现给被试时，大多数人都没能想出解决方法。但如果物品在呈现时是散落在桌子上的，则会大大增加被试的成功概率。

在这里，知识表征的方式给处于准备阶段的个体造成了误导，影响了问题解决。当然，这种负性影响不仅限于准备阶段，它能作用于问题解决全过程的任一阶段。虽然我们的思维在通常情况下是理性且具有逻辑性的，但在问题解决中也的确存在一些干扰因素，会妨碍我们想出创造性的恰当的解决方法。

> **功能固着：** 人们只根据某种物品的典型功能来思考它的倾向。
>
> **心理定势：** 坚持使用过去的老办法来解决新问题。

· **功能固着** 大多数人感觉到蜡烛问题难以解决是因为**功能固着**（Functional Fixedness），它是指人们只根据某种物品的典型功能来思考它的倾向。比如，你可能只将书本看作是用来阅读的，而没想到它还能用来当门掣或烧火。在蜡烛问题的第一种情况里，物品是放在三个盒子里呈现的，致使很多人认为盒子不过是装物品的容器，忽略了它还有另外的用途。

蜡烛问题

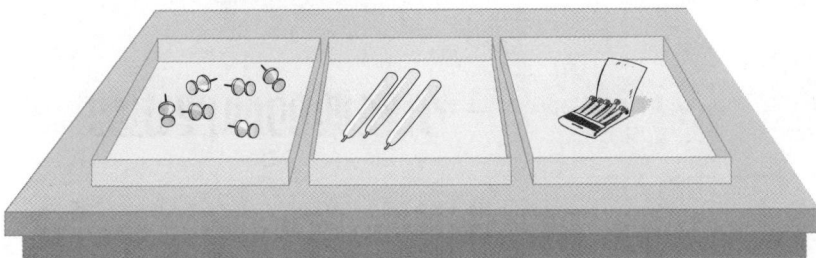

将三根蜡烛固定在门上，位置需与视线齐平。同时，蜡烛在燃烧时，蜡油不能滴落到地板上。可利用的材料如图所示。（解决方案见P157）

电影中的心理学

《小心为上》（*The Lookout*，2007）

克里斯（Chris）因为脑损伤出现了记忆障碍。他的朋友教他用手段-目的分析的方法来关注目标，理清下一步该做什么，然后逐渐接近成功。

《战栗空间》（*Panic Room*，2002）

不速之客突然闯入，受困的母女必须在短时间内想出逃脱的办法。

《布谷鸟》（*The Cuckoo*，2002）

命运把三个说不同语言的人聚在了一起。即便语言不通，大家还是有着强烈的交流欲望。我们可以在影片中看到大量的沟通误会，以及非常夸张的肢体语言。

《鲸骑士》（*Whale Rider*，2003）

一个古老部族的少女面临着许多意想不到的挑战，影片描绘了一个独特的文化对于智力的理解。

《心灵捕手》（*Good Will Hunting*，1997）

一名心理学家帮助一位年轻的清洁工发掘出自身杰出的数学天赋。

如果你刚刚尝试了解决这个问题，你会发现前5个的解决方法是一样的：首先将最大的容器B装满水，然后用这些水灌满中等大小的容器A，最后再分两次灌满最小的容器C，这时B容器中剩余的水量刚好符合题目要求（公式为B−A−2C）。但进入到第6个时，如果习惯了之前形成的思维定势，你会发觉问题解决起来有些困难。大多人会继续尝试用之前的公式来解决，然后在发觉不可行时深感困惑，完全忽视了三者之间存在着更为简单的关系A−C。有意思的是，如果人们是从第6个开始做起，就不存在这个问题了。

- **对解决方法的错误评估** 1979年，位于美国宾夕法尼亚州三里岛上的核电站出现了重大故障，核电站的操作员急需解决这一问题以避免发生严重后果。但当时核电站中的监视器提供的信息是矛盾的：一台表明核反应堆内压力过高，有爆炸的危险；另几台则表明堆内压力过低，会造成堆芯熔化。真实的情况是后者，然而当时的操作员却依据前者的信息做出了错误决定。他关闭了应急堆芯冷却系统，停止向堆芯内注水，最后造成了一起严重事故。这场悲剧也表明，一旦人们做出了行动决定后，就很可能不自觉地忽视与决定相悖的信息。

操作员的失误说明人们在解决问题时存在一种**证实偏向（Confirmation Bias）**，它是指在做出假设后，人们偏好能够证实假设的信息同时忽略反对信息的倾向。即便有证据表明之前的想法不成立，我们仍会固执地坚持己见。

- **定势** 心理定势（**Mental Set**）是指坚持使用过去的老办法来解决新问题，功能固着其实就是心理定势的一种表现。心理学家曾通过一项经典实验证明了心理定势的存在。如下图所示，你需要用大小不同的容器量出一定量的水。（先对照图片自己试试再看下文，感受一下定势的力量）

已知给定容器的容积（盎司）

	A	B	C	目标
1.	21	127	3	100
2.	14	163	25	99
3.	18	43	10	5
4.	9	42	6	21
5.	20	59	4	31
6.	28	76	3	25

一个经典的心理定势

在这个经典例子中，目标是用三个瓶子测量出指定体积的水。当你解决完前5个后，可能会觉得第6个有难度，一时想不出解决办法，但其实第6个完全可以用更为简单的公式解决。有意思的是，如果你一开始就从第6个做起，就能顺利解决该问题了。

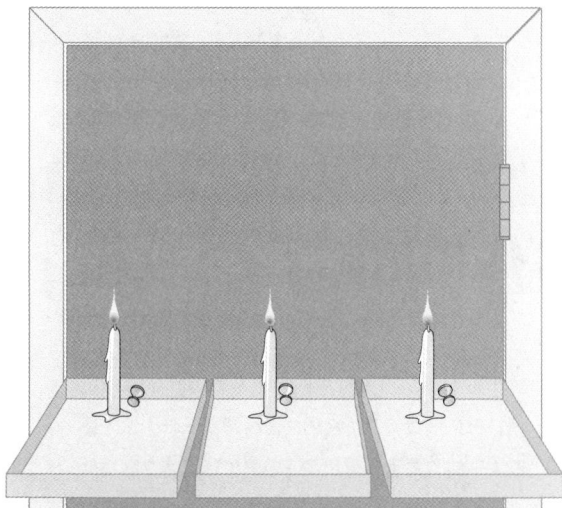

：P155蜡烛问题的解决方案。

你知道吗?

不久之后，你就能通过在网上玩游戏来锻炼自己的创造力了。研究者最近开发了一款在线头脑风暴游戏，它可以激发玩家的创造力。

为什么会出现证实偏向呢？其中一个原因是重新思考问题的解决办法需要付出额外的努力，所以我们倾向于坚持原有的方法；另一个原因是，对于能够支持我们结论的信息，我们赋予它们的权重更大，分配的注意也更多。

创造力和问题解决

虽然在问题解决过程中存在着种种障碍，但还是有很多人能很快找到富有创造力的解决办法。**创造力（Creativity）**是指产生新颖且有价值的思维的能力，认知心理学家一直对创造力的本质及其影响因素非常感兴趣。

之前我们搞清楚了问题解决的三个阶段，但这还不足以解释为什么有的人能想出更好、更有创意的方法。即便是一个很简单的问题，不同人的答案也有高下之分。不信的话试试回答这道题："你能说出报纸的几种用途？"

想好了吗？现在，把你的答案和这位10岁小男孩的答案比较一下吧：

报纸可以读，可以在上面写字，可以躺在上面或在上面画画……你可以用它来装饰墙壁，或垫在垃圾箱里，如果椅子很脏的话，也可以铺在上面垫一下。如果你养狗的话，可以把报纸给它玩或是铺在它的窝里。当你搭了一些东西但不想让别人看见时，可以用报纸遮盖上。没有地毯的话也可以用报纸代替。还能用报纸来包很烫的东西，止血，或者用来吸水。还可以把报纸当窗帘，放在鞋里当鞋垫，做成一个风筝，太晒的时候用来遮光。还可以擦玻璃，或者包钱……你可以把刷过的鞋放在上面，擦眼镜，放在洗手池下面，折成一个纸碗，捆在脚上当拖鞋。放在沙滩上当浴巾用，攥成一个球当棒球使，叠纸飞机，扫地的时候当簸箕，逗猫玩，很冷的话还可以用报纸把手包起来保暖。

这一长串回答显示出小男孩卓越的创造力。但遗憾的是，虽然我们很容易识别出富有创造力的例子，但却很难说出它的成因。不过，有限的一些研究发现了可能与创造力有关的几个因素。

其中之一是**发散思维（Divergent Thinking）**，它是指对问题做出新颖且恰当反应的能力。与之相对的是**辐合思维（Convergent Thinking）**，它主要基于知识和逻辑进行反应。比如同样的问题"一张报纸能做什么？"擅长辐合思维的个体也许会回答"可以阅读，看上面的新闻"；而若回答"可以当簸箕使"，显然后者要更富发散性和创造性。

创造力的另一个表现是认知复杂性，指偏好精巧的、错综复杂的刺激和思考方式。富有创造力的个体通常具有广泛的兴趣爱好，更为独立，对于哲学或抽象问题也更感兴趣。

> **证实偏向**：在做出假设后，人们偏好能够证实假设的信息同时忽略反对信息的倾向。
>
> **创造力**：产生新颖且有价值的思维的能力。
>
> **发散思维**：对问题做出新颖且恰当反应的能力。
>
> **辐合思维**：主要基于知识和逻辑对问题进行反应的能力。

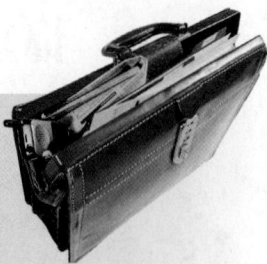

另外，值得注意的是，创造力和智力并不相关。在传统的智力测验中，问题基本上都有一个标准答案，解决它们依赖的是辐合思维。对于高创造力的个体而言，这样的测验反而会压制他们的发散性思维。这也解释了为什么当用传统方式测量学业智力时，得到的结果与创造力的测量结果相关不显著。

>> 语言

'Twas brillig, and the slithy toves
Did gyre and gimble in the wabe:
All mimsy were the borogoves,
And the mome raths outgrabe.

虽然我们当中少有人认识"tove"这个单词，但这不妨碍我们欣赏路易斯·卡罗尔（Lewis Carroll, 1872）的诗作《无意之语》（*Jabberwocky*），"slithy tove"这个短语中既包含了一个形容词"slithy"，同时还有一个名词"tove"。

我们能从看似无意义的材料中提取出意义，这表明人类语言和认知能力的复杂性。**语言（Language）**是使用符号系统来交流思想的行为，运用语言是一种重要的认知能力，对于交流而言是必不可少的。同时，语言也是我们思考和理解世界的一种方式。如果没有语言，人们在传递信息、获取知识、与他人合作等方面都会受到严重的阻碍。也正因如此，很多心理学家都致力于研究语言这一课题。

语法：语言的法则

要理解语言是如何形成，又是怎样与思维相联系的，就必须先了解语言的构成要素。其中，**语法（Grammar）**是最基本的结构，它是一套系统化的法则，决定了文字的表达形式。

语法涉及三部分：音素、句法和语义。**音素（Phonemes）**是能够区别意义的最小语音单位，例如，英语单词"fat"和"fate"虽然都包含字母a，但两个a却代表着两个不同的音素。

音韵学（Phonology）即以音素为研究对象的学科。语言学家在对全世界的各种语言进行研究后，发现了800多种不同的音素。其中，英语通常包含52种音素，而在其他语言中包含的音素少至15种多达141种。音素的不同给人们学习其他语言造成了困难。例如，日语中不包含r音素，因此母语是日语的人在念roar这个单词时，会感觉颇有难度。同样，对于母语为英语的人而言，他们很难分辨p的两种发音。体会一下单词"pull"中"p"的发音，如果你拿一根蜡烛放在嘴的前方，你会看到在读"pull"时，吐出的气息会令烛火摇曳。现在读一下"spell"，有没有注意到烛火纹丝不动？如果你的母语是泰语，那么你对这两种发音都会很熟悉；而如果是西班牙语，则不论在何种情境中出现"p"，你都倾向采用"spell"中"p"的发音方式。不仅如此，对于母语为英语的人来说，更难的是让他们说出"spell"中"p"的发音，但不能包含任何"s"音。试试看，当你念出"pull"而前方的烛火并不摇摆时，就很接近了。

句法（Syntax） 从文法层面规定了词汇的顺序。单词和短语需要按照正确的语序排列、联结成句，才能传达信息。比如，英语使用者在看到"TV down the turn"时，一眼就知道语序有误，这句话是无意义的；正确的表达应该是"turn down the TV（关掉电视）"。为了更好地理解语序的重要性，我们来看下面的例子。这三句话只是改变了语序，意思却大相径庭："John kidnapped the boy（约翰绑架了那个男孩）"，"John, the kidnapped boy（那个被绑架的男孩约翰）"，"The boy kidnapped John（那个男孩绑架了约翰）"。其他一些语言如俄语，改变语序就不会影响句义。它们使用前缀、后缀和其他一些方法来标示动作的发起者和接受者。

第三部分是**语义（Semantics）**，即单词、句子的意义。在英语中，我们可以通过变化语序来改变语义。体会一下这两句话的区别："The truck hit Laura（卡车撞了劳拉）"通常是指我们目击了事故全过程；而"Laura was hit by a truck（劳拉被卡车撞了）"则是当别人问起劳拉为什么不在时的回答方式。并且，英语中也存在近义词的区分，像"Mary loves John（玛丽爱约翰）"和"Mary adores John（玛丽崇拜约翰）"在意思上就存在着细微差别。

虽然语言颇具复杂性，但我们通常是在不经意间就掌握了语法的各种基础规则（这种知识似乎是无意识的，这也是大家都不爱上语法课的原因之一）。尽管很多人并不能准确地陈述出每条语法规则，但这并不妨碍大家熟练运用各种表达方式，那我们是如何获得这种复杂的语言能力的呢？

语言的形成与发展

对于家长而言，婴儿的咿呀之语简直堪比曼妙的

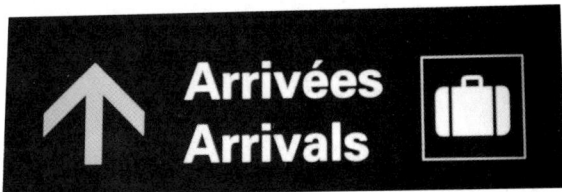

乐声（除了在凌晨三点响起之外）。这些声音其实有着重要意义，它标志着语言形成的第一步。

咿呀学语 婴儿在3个月至1岁期间处于**咿呀学语（Babble）**的阶段，在这段时间，他们会发出连续的无意义的语音，而这正是世上各类语言最基础的部分。即便是听力受损的婴儿，虽然从出生开始接收到的就是各种手势，却也能表现出咿呀学语的现象，只是其形式从口语换成了手语。

婴儿学语阶段的模仿很大程度上取决于其所处的环境。有研究发现，最初婴儿可以识别全世界语言中869种不同音素。但在6~8个月时，这种能力就开始退化，婴儿会专长于在他周围最常出现的那类语言，并且以后只对此类语言中的音素做出反应。

有学者认为，在婴儿早期存在一个语言发展的敏感期，在这个阶段，儿童对语言线索格外敏感也更容易习得语言。事实上，如果儿童在这一时期没能处于语言环境中，之后很可能会出现语言障碍。

曾经有研究关注那些被切断社会联系的受虐儿童，结果也支持了语言发展敏感期的理论。比如，一个名叫金妮（Genie）的女孩，她从20个月一直到13岁都处于无语言环境中，长大后她完全不会说话。尽管后来对她进行了高强度的指导，她也只是学会了几个单词，而且始终不能理解复杂的语言。

> **语言：** 使用符号系统来交流思想的行为。
>
> **语法：** 系统化的法则，决定了文字的表达形式。
>
> **音韵学：** 以音素为研究对象的学科。
>
> **音素：** 能够区别意义的最小语音单位。
>
> **句法：** 单词和短语联合成句的法则。
>
> **语义：** 规范单词和句子意义的法则。
>
> **咿呀学语：** 婴儿3个月至1岁间出现的言语萌芽阶段。
>
> **电报句：** 句子简略不完整，也叫双词句。

儿童在咿呀学语阶段发出的语音，是各类语言最基础的部分。

即便没有受过针对性的指导，儿童也能掌握母语的基本语法。5岁时，他们的词汇量足以满足简单对话。

（**Telegraphic Speech**）。因为这些句子简略、断续、不完整，看起来很像人们发电报时所用的语言。比如，"这是我姐姐的鞋"，婴儿会说成"姐姐鞋"；或是用"书你"来表达"我把书给你"的意思。随后，电报句会减少，婴儿能逐渐说出复杂的句子。

到了3岁，婴儿已经学会使用复数和过去时。但因为刚学会不久，在使用时会经常出错。比如他们会**过度概化**（**Overgeneralization**）语法规则，认为所有的过去时都是在单词后加上后缀"ed"。

5岁时，幼儿已经掌握了语法的各种基本规则，但还需要词汇的进一步积累和锻炼才能正确理解复杂句式后的微妙含义。例如，给5岁的小男孩看一个戴着眼罩的娃娃并且问他，"很容易看到娃娃吗？"他会不知如何回答。这时如果要求小男孩把娃娃摆放得更容易看到些，他会走过去摘掉娃娃的眼罩。但如果是8岁的孩子，就不会误解这个问题了。他们知道，眼罩并不会影响观察者看到娃娃的难易程度。

语言的发生　婴儿到了1岁左右就不再单纯地模仿各种接触到的声音，而是开始可以说出有意义的词。在英语国家，通常是以b、d、m、p、t为开头的单词，这也是为什么婴儿说出的第一个词往往是mama或dada。当然，在说出第一批词前，婴儿已经能够理解大量的词汇。在某种程度上，理解促进了言语的发生。

1岁过后，婴儿学习到更为复杂的语言形式，他们的词汇量也随之迅速增加。等到2岁时，婴儿已能说出50多个词。此后他们掌握新词的速度进一步加快，2岁半时婴儿就可以掌握数百个词语。刚开始，婴儿的表达多为双词句，也叫**电报句**

> **过度概化**：儿童将语法规则错误地应用到不适用的情况下的现象。
>
> **语言获得的学习论观点**：语言获得是强化和条件作用的结果。

语言获得的理论

虽然处于童年期的人类已经能在语言上取得很大进展，但背后的原因尚不明确。心理学家对此给出了两种解释，一是先天生成说，二是后天学习说。

语言获得的学习论观点　语言获得的**学习论观点**（**Learning-Theory Approach**）认为，言语的获得就是条件作用和强化法则的产物（见第5章）。比如，婴儿在说出"妈妈"后，母亲会很高兴地拥抱或

如果你是……

一名语言治疗师　一对年轻夫妇很焦虑地带着他们30个月大的孩子来找你。他们告诉你，这个孩子讲话总是语无伦次。比如昨天晚上这个男孩就说道，"Two childs finded it."（正确的语法应该是"Two children find it."——译者注）那么，你会对这两位家长说什么呢？又会向他们建议该怎么做呢？

你知道吗？

熟练掌握两门语言能使个体在不同观点间自如转换，而这是一种重要的思维能力。

是夸奖他。这样就强化了婴儿的行为，以后他也会更频繁地说"妈妈"。该观点认为，婴儿最开始是在强化鼓励下学着发声，慢慢经过一系列的塑造过程，最终习得成人式的语言。

生活中，如果父母经常跟孩子说话，孩子的表达能力就会发展得更好，这个现象也支持了学习理论的观点。一项针对3岁儿童的研究发现，如果父母的语言复杂度较高，那孩子的词汇增长率也较快，甚至在智力测验上也表现得比其他孩子好。

但是，运用学习理论来解释儿童是如何习得语法时就有些牵强了。因为有时候，儿童虽出现语法错误也会受到强化。例如，孩子问爸爸"why the dog won't eat?"家长可能没注意到语序有错就直接做出了回答，而正确的语序应该是"why won't the dog eat?"按照学习理论，儿童习得的其实是错误的语法。

语言获得的先天论观点 针对学习论的不足，语言学家诺姆·乔姆斯基（Noam Chomsky）开创性地提出了**语言获得的先天论观点**（**Nativist Approaches**）。他认为，掌握语言是人类天生具有的能力，而不是通过模仿和强化得来的。乔姆斯基指出，在全世界各类语言中，存在一种**普遍语法**（**Universal Grammar**）。婴儿先天就具有这种普遍语法，言语获得过程就是由普遍语法向个别语法转化的过程，而这一过程是由先天的"**言语获得装置**"（**Language-Acquisition Device**）实现的。

乔姆斯基的语言理论有合理之处，但其"言语获得装置"只是一种假设，具体是怎样的机制、位于大脑何处，乔姆斯基没有明确说明。但神经学家的大量研究的确发现，语言能力与部分神经的发展紧密相关。

例如，科学家发现了一种与语言能力相关的基因，这种基因最早出现于10万年前。另外，大脑中的确有特定区域与言语相关，人类的口喉形态也在不断进化中日益符合讲话需要。还有证据表明，在汉语、越南语、纳瓦霍语等包含声调的语言中，声调不仅具备意义，还与特定的基因发展有关。

语言获得的交互作用论 学习论和先天论从不同侧面解释了语言获得的过程，鉴于它们各有合理之处，越来越多的学者倾向于支持所谓的**交互作用论**（**Interactionist Approach**），即认为语言的获得是先天基因和后天环境共同作用的结果。

具体来说，乔姆斯基所说的言语获得装置就如同语言学习的硬件，而将个体置于语言环境中按照学习论者说的接受强化则是发展软件的过程。但关于这个过程具体是如何运作的仍有争议。

：我们是如何获得语言的？

你知道吗？

识别面部表情在语言理解的过程中十分重要，所以900多种表情符号（如笑脸、眨眼等）被开发出来，用于人们线上的文字交流。

语言获得的先天论观点：语言发展是基因决定的先天机制的产物。

普遍语法：乔姆斯基的理论认为，全世界的语言都基于一种普遍语法。

言语获得装置：乔姆斯基提出，是头脑中先天存在的神经系统帮助人们理解语言。

语言获得的交互作用论：语言获得是先天基因和后天环境共同作用的结果。

心理学小贴士

在理解复杂现象（如语言获得）时，搞清楚不同的理论各有何贡献非常重要。

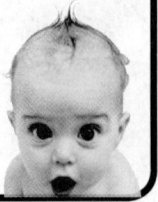

>> 智力

南太平洋上的特鲁克部族成员（Trukese）很擅长航海，即便目的地看上去只是一个遥远的小点，他们也能不借助任何导航工具顺利抵达。哪怕路径是迂回的，也不会影响他们航海的准确性。而对于西方的水手们，如果不使用指南针、六分仪等，在海上航行简直是不可完成的任务。

智力：理解世界、理智思考、有效运用资源解决问题的能力。

特鲁克人是如何做到的？他们自己也未必能解释清楚。也许他们会说他们参考了星空、风向、潮汐等，但在整个航行过程中，他们并不能准确说出自己所在的位置或为什么要实施某一操作。

如果我们对特鲁克人实施西方的标准化航海知识测验或传统的智力测验，他们的得分大概也不高，但这不代表他们是愚蠢的。虽然特鲁克人不能很好地解释自身的行为，但他们的确能做到高效航海。也许在他们看来，我们才是愚蠢的，因为我们不仅无法理解他们的解释，还必须借助大量工具才能航行于海上。

多年来，心理学家一直希望能找到适用于各种文化的智力定义。几乎每个人都对智力有一定理解，但大多是各自文化中约定俗成的看法，并不具备普适性。例如，西方国家认为智力是形式思维和理性辩论的能力；而东方国家则更多认为智力是理解和处理关系的能力。

G因素：早期智力理论认为的、构成智力的单一的一般化因素。

流体智力：反映信息加工、推理、记忆等能力的智力类型。

晶体智力：从经验中习得的用以解决问题的知识、技能和策略的积累。

多元智能理论：加德纳的智力理论认为存在八种不同范畴的智力形式。

事实上，心理学家给出的智力定义也包含了一些大众认为的重要因素。心理学家认为，**智力（Intelligence）**是理解世界、理智思考、有效运用资源解决问题的能力。不过，虽然心理学家给出了这样的定义，也明确了智力表现在特定情境中，但总体来说相关研究仍有滞后，现在还不能准确地说出智力是什么，以及智力能否被测量。

你会觉得自己文笔很好，但数学很差吗？或是擅长编程，在舞蹈方面却一窍不通？你的朋友、家长、老师曾经评价过你不论在哪方面都很优秀吗？

关于智力的一个基本争论是：如果个体智力水平较高，他是否会在各个领域都比一般人强？还是只在个别领域杰出，而在另一些领域表现平平？请带着开放的心态阅读下面的内容。因为下面这些理论各有可取之处。

智力理论

早期心理学家认为，智力是由单一因素构成的，即**G因素（G-factor）**。它是所有智力表现的基础，也是各种智力测验不可或缺的测量内容。

但近代以来，心理学家对智力有了不同理解。更多人认为智力的概念是多维的，包含了很多方面。

流体智力和晶体智力　一些心理学家区分出了两种智力类别：流体智力和晶体智力。**流体智力（Fluid Intelligence）**反映的是信息加工、推理和记忆的能力。当我们完成类比任务、按规则将字母分组、记忆一长串数字时，用到的都是流体智力。它能帮助我们快速解决问题。

特鲁克人不用借助任何工具就能顺利航海，这说明了智力的什么性质？

与之相对，**晶体智力**（**Crystallized Intelligence**）是人们从经验中习得的用以解决问题的知识、技能和策略的积累，它反映的是从长时记忆中提取信息的能力。比如，要讨论如何解决贫困问题，就需要利用过去的知识经验即晶体智力来完成。如果说流体智力反映的是更加一般化的智力成分，那么晶体智力反映的则更多是个体成长的文化背景。二者的区别在成年晚期表现得尤为明显：流体智力显著下降，而晶体智力保持稳定。

驾驶直升飞机既需要流体智力，也需要晶体智力。对于这份工作，你觉得哪种智力更重要呢？

加德纳的多元智能理论　针对传统智力理论的一些不足，美国心理学家霍华德·加德纳（Howard Gardner）指出，与其问"你有多聪明"，不如先回答"你哪里聪明"。为了回答第二个问题，他提出了**多元智能理论**（**Theory of Multiple Intelligence**）。

加德纳认为，智力至少存在八种形式：音乐、运动、逻辑–数学、言语、空间、社交、自知和自然智力。每种智力相对独立，并且各自与大脑的特定区域相关。后来，加德纳又对多元智能理论进行了一些补充。比如加入了存在智力，它是陈述、思考人们生存方式及潜能的能力。

虽然加德纳在阐述他的理论时都是以名人为例的，但对于普通人而言，每个人也都同样具备这八种智力，只是在程度上略有不同。另外，这些智力概念虽是分开表述的，也仍存在交互影响。在日常生活中，完成一项任务往往需要多种智力共同作用。

多元智能理论也对测量领域产生了影响，使得只有一个正确答案的测验受到了挑战。同时，一些支持该理论的教育人士也进行了课程改革，希望通过这种途径来充分发展个体的不同智力方面。

信息加工论　智力领域新近的贡献来自认知方面，认知心理学家认为智力是一个过程，由不同的阶段组成。人们在这个过程中存储信息和运用信息解决问题的方式也正是测量智力的最好方法。与关注智力的结构和内容维度不同，认知心理学家致力于厘清智力行为背后的信息加工过程。

研究发现，智力测验得分高的个体在解决问题时会花费更多的时间用于编码，以此来更好地识别问题以及从长时记忆中提取有用的信息。最初的编码进行得越充分，越有利于后面的阶段，最终能更快、更好地找到问题解决的办法。

另外，信息加工论还关注个体认知加工速度的差异。一些研究显示，个体从记忆中提取信息的速度与词汇智力相关。一般而言，那些词汇智力高的个体，在完成多类别的信息处理任务时速度更快，且不论这些任务是对灯光做出反应还是识别字母，结果都是一致的。心理学家由此认为，处理信息的速度可能与不同类型的智力有关联。

心理学小贴士

加德纳的理论认为，每个人都拥有各种不同类型的智力，只不过程度不同。

音乐智力：辨别声音和表达韵律的能力。

1

举例：沃尔夫冈·阿玛多伊斯·莫扎特（Wolfgang Amadeus Mozart）3岁时就显露出极高的音乐天赋，4岁开始跟父亲学习钢琴，5岁开始作曲，是欧洲最伟大的古典主义音乐作曲家之一。

运动智力：支配肢体完成精密作业的能力，是舞者、运动员、演员、手术医师必须具备的能力。

2

举例：美国网球运动员小威廉姆斯在几年前曾连遭不幸，如脚部被玻璃划破受伤、罹患肺栓塞等，但伤病并没有阻碍她在后来的赛季中满载而归。如今，她是现役球员中获得"金满贯"的第一人，她一直相信自己天生就是一个网球好手。

逻辑—数学能力：数学运算与逻辑思考的能力。

3

举例：曾获诺贝尔经济学奖的小约翰·福布斯·纳什（John Forbes Nash Jr）最初来到卡内基理工学院是为了进修工程学，不过，这名被教授称为"高斯第二"的天才最终成为了一位杰出的数学家。

言语智力：阅读、写作以及日常会话的能力。

4

举例：简·奥斯汀（Jane Austen）以女性特有的细致观察力和活泼风趣的文字真实描绘了她周围的世界，在英国小说发展史上被誉为地位"可与莎士比亚平起平坐"的作家。

空间智力：认识环境、辨别方向的能力，对艺术家和建筑师十分重要。

5

举例：美籍华人建筑师贝聿铭被誉为"现代建筑的最后大师"。他以擅长将建筑造型与所处环境自然融合、建筑空间处理独具匠心、建筑内部设计精巧著称。

社交智力：与人交往且能和睦相处的能力。

6

举例：艾琳·查恩雷（Irene Charnley）曾是一位工会活动家，作为南非全国矿工工会的谈判代表，她凭借自己的机智声名鹊起。后来成为非洲最大的电信集团MTN的执行董事，并带领公司成功打入好几个非洲国家市场。

自知智力：认识自己并选择自己生活方向的能力。

7

举例：史蒂夫·乔布斯（Steve Jobs）和他的苹果公司深刻地改变了现代通信、娱乐乃至人们的生活方式。这位伟大天才曾多次在采访中表示自己经常反思人生，随后会更纯粹地去追寻内心真正渴求的事物，"人一辈子无法做太多事情，你必须找到所爱的东西。"

自然智力：认识植物、动物和其他自然环境的能力。

8

举例：斯蒂芬·黑尔斯（Stephen Hales）独创性地提出了植物是从空气中获得营养（即光合作用）的观点，首创并设计了现在还在使用的血压计，此外还有海水淡化蒸馏装置、谷物硫黄熏蒸消毒法等多种发明。

加德纳的多元智能理论

实践智力和情绪智力 想象一下下面这种情况：

公司里一名女员工约你会谈，她曾经向你的下属汇报过工作，这次会谈正是投诉该下属管理失职。并且，女员工认为该下属的一些行为违反了公司条例和国家法律。但你升到现在的职位只有一年，而且你觉得没有任何迹象表明这名下属行为不检点。公司也没有员工申诉的政策，所以员工有问题时，按理应该去找他的直接上级。但这位员工考虑到事件的微妙性，并没有和她的上级谈，而是直接来见你。

如何处理上面这个问题可能与你会取得多大的职业成就息息相关。心理学家罗伯特·斯腾伯格（Robert Sternberg）设计了一系列类似的情境来测量所谓的实践智力。他认为实践智力（**Practical Intelligence**）是个体在生活中运用所学的知识经验处理日常事务的能力。

斯腾伯格的研究发现，传统的智力测验只能预测学术表现，并不能预测职业成就。虽然优秀主管在传统智力测验中都至少能取得中等成绩，但进一步的研究显示，职场成就与传统方法测出的智力水平几乎没有关联。

斯腾伯格认为，工作与学业所需要的智力成分不同。学业智力是在阅读和听讲的过程中依靠不断地积累知识而提高的；而实践智力来自于对别人的观察学习。实践智力高的个体能够很快掌握行为规范，

并且将它们恰当地运用于生活中。因此，在解决日常问题时，考察个体运用规范准则的能力可以作为测量实践智力的方法。

除了实践智力，斯腾伯格还提出了两种与成功有关的基本智力类型：分析性智力和创造性智力。传统的IQ测验可以用来测量分析性智力，而创造性智力的指标则更多是新颖的想法和产品。

此外，还有一些学者扩展了智力的概念，将情绪因素纳入其中。**情绪智力**（**Emotional Intelligence**）是指个体准确识别、评估、表达和调控情绪的能力。

情绪智力会影响社交能力，它使我们能够理解他人的感受，并做出恰当的回应。换言之，情绪智力是共情、自知力和社交技能的基础。

情绪智力可以解释为什么有的人虽在智力测验上只达到中等水平，却能在工作中取得巨大成功。高情绪智力的个体，能更好地顾及他人，因此扩大了自身的影响力。

情绪智力的概念有其合理之处，但仍不够严谨。不过它提醒我们，智力行为的确存在着多个维度，就如同多元智能论所认为的那样。

> **实践智力**：根据斯腾伯格的理论，指的是个体在生活中运用所学的知识经验处理日常事务的能力。
>
> **情绪智力**：它是指个体识别、评估、表达和调控情绪的能力。
>
> **智力测验**：它主要用于量化个体的智力水平。

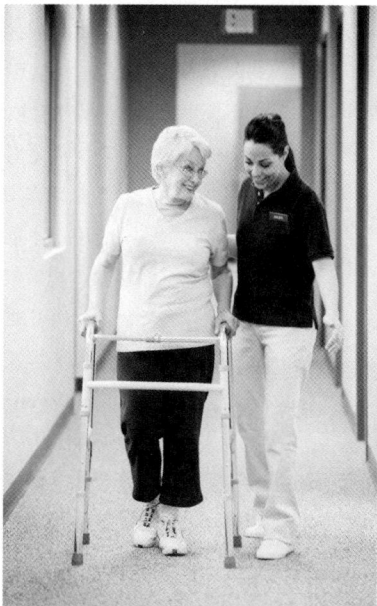
医疗护理职业需要从业人员具有高情商，还有其他职业也是如此吗？

心理学思考

>>> 在学习过程中，情绪智力有何作用？该如何测量？在预测学生的学业成就时，情绪智力是不是一个影响因素？

心理学小贴士

传统智力测验主要用于预测学业表现；实践智力可以预测工作成就；情绪智力主要与情感技能相关。

智力的测量

随着智力理论日益多元化，智力的测量变得越来越具挑战性。因此，智力心理学家们将很大一部分工作重心放到开发**智力测验（Intelligence Tests）**上，以期相对准确地量化个体的智力水平。这些智力测验已证明可以有效诊断认知障碍、鉴别出需要特殊关注的学生、帮助人们在求学和就业时做出最佳选择。但与此同时，它们的使用也充满争议，引发了一系列社会及教育议题。

在西方，对于智力的最早测量基于一个并不复杂但完全错误的假设：个体头部的大小反映出其智力水平高低。这个假设是由英国杰出的科学家弗朗西斯·高尔顿（Francis Galton）（1822-1911）爵士提出的，显然他在其他领域的成就要远胜于智力领域。

高尔顿希望鉴别出高智力人群的动机其实源自他的个人偏见。他认为智力是遗传的，上流社会的人（包括他自己）要更聪明。同时他指出，头部的体积决定了大脑的体积，因此也决定了智力水平。

高尔顿的理论已经被证明是完全错误的，头部的大小、形状与智力水平没有任何关联。但他的工作也不是完全没有意义：高尔顿是第一位指出可以通过客观方法来测量智力的学者。

IQ测验的发展　现代智力测验的奠基者是法国心理学家阿尔弗雷德·比奈（Alfred Binet）（1857-1911），当时他受法国教育部的委托，希望编制出一套测定智力有问题儿童的测验，以便把他们从一

智龄： 在智力测验量表上与某一智力标准水平相当的年龄。

智商（IQ）： 同时考虑到个体的智力年龄和实际年龄的智力分数。

般儿童中区分出来。他的测验基于一个简单的前提：如果某项任务或某个题目的表现会随着身体发育和年龄增长而提高，那么它就可以用来甄别出特定年龄群体中智力较高的儿童。基于这一原则，比奈编制了世界上第一个正式的智力测验。

比奈给一批年龄相同的学生呈现一些题目，这些学生事先已被老师评价为"聪明"或"愚笨"。如果一道题目聪明学生能正确解答而愚笨学生不能，那么这道题就是合适的；如果不符合这条标准，那么这道题就不合适。比奈由此得到了一套能够区分出聪明和愚笨儿童的测验题。如法炮制，随后他研发出了适用于各个年龄组的测验题。

比奈测验用"智龄"来标定儿童的智力水平。某些题目属于某一年龄组儿童都能通过的典型题目，那么这些题目所代表的年龄就叫**智龄（Mental Age）**。例如，8岁儿童平均能正确回答45道题，那么一个人不论他的实际年龄是20岁还是5岁，只要回答出45道题，他就会被判断为属于8岁智龄组。

智龄是对智力绝对水平的测量，它说明了一个个体的智力实际达到了哪种年龄水平。但是，智龄不能用于不同年龄个体间的比较。比如，实际年龄18岁、智龄20岁的个体和实际年龄5岁、智龄7岁的个体，两者谁的智力水平更高呢？

为了解决这个问题，心理学家提出了**智力商数（Intelligence Quotient）**，简称智商或IQ，同时考虑了个体的智力年龄和实际年龄。第一个IQ计算公式是这样的（其中MA代表智龄，CA代表实际年龄）：

$$IQ = (MA/CA) \times 100$$

智力的主要理论

理论	要点
流体智力和晶体智力	流体智力与推理、记忆和信息加工能力有关；晶体智力与经由经验习得的信息、技能和策略有关
加德纳的多元智能理论	八个独立的智力形式
信息加工论	智力体现在人们储存和利用信息解决问题的方式方法上
实践智力	与非学术领域和职业领域的成功有关的智力
情绪智力	与共情、自知力及社交技能有关的智力

运用这个公式，我们再来看看上面提到的例子。实龄18岁智龄20岁的个体，智商是（20/18）×100=111；而实龄5岁智龄7岁的个体，智商是（7/5）×100=140。

由公式不难看出，若个体的智龄等于实龄，智商即为100；若智龄比实龄大，智商则大于100。

虽然智商的概念一直沿用至今，但现在更多使用的是离差智商。提出离差智商的根据是人的智力测验分数按常态分布，大多数人的智力处于平均水平，即IQ=100；离平均数越远，获得该分数的人数就越少。

由大样本得到的智商分布图如同一个钟形（见下页图），如图所示，2/3的个体都处于100±15的范围内，离平均数越远，人数比例越小。

现代的智力测验　比奈的智力测验几经修订，现在使用的已经是第15版，名字也改成斯坦福-比奈智力测验。其中，智力测验的项目是按年龄分组编制的，例如，儿童需要回答与日常生活有关的一些问题，而成人则要解释谚语、近义词及完成类比推理等。

斯坦福-比奈测验采用口述的方式，包含了言语测试和非言语测试两部分。测验以稍低于被试实际年龄的题目组开始，如果某组全部项目都正确通过，就移至更难的项目，直至某组项目全部回答失败为止。之后通过计算就能得到被试的智商分数。

另一种常用的智力测量是由心理学家大卫·韦克斯勒（David　Wechsler，1896-1981）开发的一系列测验，其中包含了韦氏成人智力测验（WAIS-IV）和韦氏儿童智力测验（WISC-IV）。两个测验都能测量言语理解、感知推理、工作记忆和加工速度等内容。

韦氏测验又分为言语和操作两个分测验。其中，言语分测验包含的项目有词汇、常识、理解、回忆、相似性和数学推理等；操作分测验包含的项目

心理学小贴士

传统方法计算IQ是用个体的智龄除以实龄，再乘以100。而现在的计算方法要更加复杂。

有完成图片、排列图片、事物组合、拼凑、译码等。一般而言，个体的言语智商和操作智商有很高的正相关，但如果被试有语言障碍或是脑损伤，这两部分的得分就会有很大差异。借由两个分测验，韦氏智力测验不仅可以度量出智商的一般水平，而且可以测量出智商的不同侧面。正因如此，斯坦福-比奈量表随后借鉴了这一方法，在修订后也能提供不同的分量表分数。

成就测验与能力倾向测验　除了智商测验以外，成就测验和能力倾向测验也是与智力有关的测验类型，但关注的重点有所不同。**成就测验（Achievement Test）** 是经过一段时间的学习后，对个体在特定领域里的知识和技能发展水平的测定。和智商测验测量一般性智力不一样，成就测验局限于考察个体对限定材料的学习情况。比如，每学期期末时的历史考试、化学考试等就是成就测验。同样，律师等职业也需要通过类似的成就测验拿到执照后才能正式上岗。

能力倾向测验（Aptitude　Test） 又与成就测验不同，其目的不在于总结过去，而在预测将来，即预测个体在未来的学习或工作中可能达到的成功程度。最著名的成就倾向测验即美国的学术能力评估测试（Scholastic Assessment Test, SAT）及美国大学考试（American College Test, ACT），它们相当于美国的高考。SAT和ACT的测量目的都是预测学生是否具备大学学习和研究的能力，以及在哪些专业领域更具优势。

虽然成就测验与能力倾向测验在理论上有明显的区别，但实际上能力倾向测验或多或少都依赖于成就测验。例如一些学者就批评SAT更像是对高中学业成就的测评，而不是对大学研究能力的预测。

测验的信效度　用尺子度量同一件物体时，我们会希望每次测得的结果都是一样的。同样，在称体重时我们也希望数字的变化是由自身引起的，而不是因为体重计出了故障（除非你长胖了）。

同样，我们也期望心理学测验具有**信度（Reliability）**，即测量结果稳定一致。换句话说，

成就测验： 在经过一段时间的学习后，对个体在特定领域里的知识和技能发展水平的测定。

能力倾向测验： 预测个体在将来的学习或工作中可能达到的成功程度的测验。

信度： 测验结果的稳定性、一致性、可靠性。

效度： 一个测验实际能测出其所要测的心理特质的程度。

智商的分布

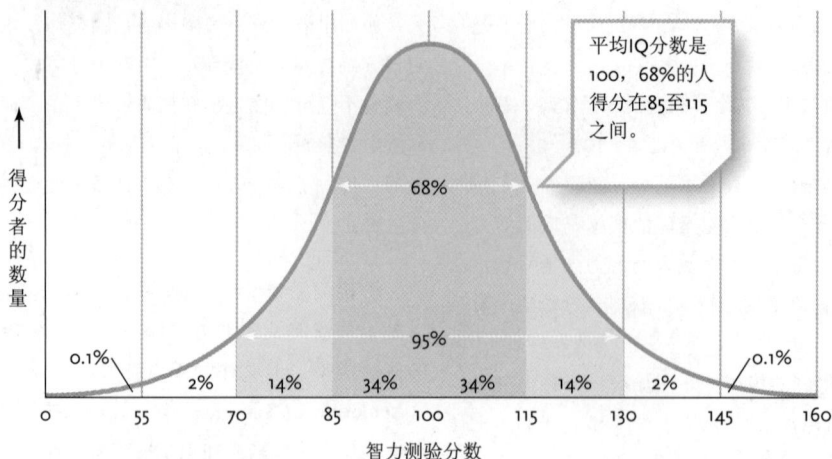

平均IQ分数是100，68%的人得分在85至115之间。

得分者的数量

68%

95%

0.1%　2%　14%　34%　34%　14%　2%　0.1%

0　55　70　85　100　115　130　145　160

智力测验分数

在某个个体身上每次施测都能得到相同的结果——只要在这段时间里个体与测试内容有关的特性没有发生变化。

设想一下，如果你第一次接受SAT时，词汇成绩为400分，几个月后又参加了一次，这次得到了700分。也许刚得知成绩时你会很开心，但接下来不禁会怀疑，这个测试真的可信吗？你真的能在短短几个月里大幅提升，取得高达300分的进步吗？

可是如果你的成绩完全没有变化，两次都是400分，信度倒是没问题，但当你确信自己的词汇能力绝对是高于平均水平时，就会质疑这个测验没有充分实现它的测量目的。那么，测验就不再是信度的问题，而是效度问题。**效度（Validity）**即一个测验实际能测出其所要测的心理特质的程度。

一个测验可信不代表有效。比如高尔顿认为头骨的大小与智力相关，对头骨尺寸的测量虽具有高信度，但用它来衡量个体的智力显然是无效的。

但是一个测验若不可信，基本就是无效的。在几次测验中，若其他所有因素，如动机、对材料的熟悉度、身体状况等都是类似的，结果第一次测验成绩很高，第二次却很低，那么肯定也测不出想要测的东西。也就是说，既没有信度也没有效度。

信效度是好测验的前提，不仅仅是对智力的测量，任何形式的心理测验都需要具备这两个指标。例如，人格心理学家对人格的测量、社会心理学家对态度的测量，都必须满足良好的信效度才能确保结果有意义。

假设你完成了一个测验，心理学家告诉你成绩是300分，300分是高分还是低分？或是平均水平？你需要哪些信息才能回答上述问题呢？

如果一个测验既可信也有效，也仍需再经过一步才能了解测验分数的意义，这个步骤即建立常模。**常模（Norms）**是使得接受同一个测验的不同个体的分数之间能够进行比较的测验标准。例如，通过常模，你知道了自己的分数在所有人中处于前15%的位置。测验有了常模以后就可以称为标准化测验了。现在，告诉你测验的平均分是450分，而你得了300分，你会作何感想？

测验编制者通过计算出测验所针对的群体的代表性样本的平均得分来编制常模。然后将受测者的分数与常模分数进行对比，就知道他处在什么位置了。本页上方的智力分布图就是一个例子。

其中，选择代表性样本在建立常模时是非常关键的一步。这些人必须能够很好地代表测验针对的群体。换句话说，如果该样本选取的都是智商超过200分的天才，他们的平均测验得分有450分，那么即便你只取得300分也不必觉得难过，因为他们不能代表一般的大学生群体。

智力差异

在美国，有数百万儿童及成年人的智力远低于平均水平，他们被视作具有严重的智力缺陷。这些低智商的人，以及拥有罕见高智商的人，都需要特别的关注。

精神发育迟滞（智力障碍） 精神发育迟滞在人群中的发病率为1%~3%。由于该病症的界定宽泛，被诊断为此病的人症状可能表现多样。**精神发育迟滞（Mental Retardation）或智力障碍（Intellectual Disabilities）**是以智力低下和社会适应能力不良为特征的生理缺陷。

可以使用标准化的智力测验筛选出智力功能低下的个体，但在行为层面上如何界定什么是适应性行为是非常困难的。正因如此，心理学家对于判断个体是否患有智力障碍的标准尚未达成一致。同时，巨大的个体差异进一步加大了这一工作的难度，如有人可以在接受训练后进行简单的工作，而有人却完全无法训练，终身不能自理。

大多数（90%）精神发育迟滞患者的智力缺陷相对较轻，属于轻度迟滞。这些人的智商通常在55到69之间。虽然他们的发展速度要低于同龄人，但一般来说到了成年期都能自主生活、正常工作并组建家庭。

再往上还有中度迟滞（智商在40至50之间）、重度迟滞（智商在25至39之间）和极重度迟滞（智商低于25），随着障碍程度的加深，患者遇到的困难会越来越显著。中度迟滞患者很小就表现出明显的缺陷，他们的语言和运动技能都显著落后于同龄人。虽然这些个体可以从事一些简单的工作，但终其一生都需要别人的监管。而重度和极重度迟滞患者完全没办法独立生活，必须终身依赖他人照顾。

造成智力障碍的原因是什么？大约1/3的病例是由生物或环境因素导致的。其中最容易规避的是**胎儿酒精综合征（Fetal Alcohol Syndrome, FAS）**，即由于母亲在孕期摄入酒精导致婴儿出现智力障碍。越来越多的证据显示，女性在怀孕期间即便摄入微小剂量的酒精也可能造成孩子的智力缺陷。在美国，每750个新生儿中就有一个患有胎儿酒精综合征。

胎儿酒精综合征是由于母亲在孕期摄入酒精导致的，它是最易规避的一种智力障碍。

唐氏综合征是另一种主要由生理因素引发的智力障碍，患者出生时携带47条染色体而不是正常的46条。这种疾病大多数是由于21号染色体额外复制了一条而导致大脑及身体发育中的严重问题。另外还有一些智力障碍也是由于染色体的结构变异导致的。此外，生产时的一些并发症，如短暂缺氧，也可能引发智力障碍。还有一些个案显示脑损伤、中风、脑膜炎等都是智力障碍的可能原因。

不过，多数智力障碍属于**家族性发育迟滞（Familial Retardation）**，即家族成员虽没有明显的生理缺陷，但有智力低下的遗传史。造成这种家族性智能不足的原因尚未明确，究竟是环境因素在起作用，如持续的极端贫困导致营养不良，还是存在基因上的问题，仍有待进一步研究。

在美国，过去三十年中，人们给予智力障碍群体的关注越来越多，这主要归功于1975年颁布的残疾儿童法案。在美国联邦法律中，国会规定智力有障碍的儿童也依法享有受教育的权利。通过一系列法律，国家为残障儿童争取了受教育机会。同时政府也指出，要尽可能地让残障儿童融入正规教学中，即让他们主流化。

常模： 使得接受同一个测验的不同个体的分数之间能够进行比较的测验标准。

智力障碍： 以智力低下和社会适应能力不良为特征的生理缺陷。

胎儿酒精综合征： 由于母亲在孕期喝酒导致婴儿出现智力缺陷。

智力超群 智力超群（Intellectually Gifted）的个体与智能不足的个体有相似之处，他们都远离平均水平，只是方向上不同。在人群中有2%~4%的人属于智力超群者，智商在130以上。

对于高智商人群的刻板印象使人们总认为他们腼腆、不善交际、处理不好与同伴的关系，但实际情况并非如此。有研究发现，那些智力超群的个体更开放随和、更受人欢迎，在很多方面都比一般人表现得好。

1920年，心理学家路易斯·推孟（Lewis Terman）选取了1500名智商超过140分的儿童，并随后对他们进行了追踪研究。研究发现，从一开始这些人就在身体、学业、社交上优于同龄人，在学校时如此，走进社会后依然如此。这些优势还逐渐转化为职业上的成功，他们取得的荣誉更多、收入更高、在艺术和文学上获得的成就也更大。最重要的是，他们对生活的满意度要明显高于普通人。

当然，推孟研究的群体中也不是每个人最后都功成

家族性发育迟缓： 家族成员虽没有明显的生理缺陷，但有智力低下的遗传史。

智力超群： 智商高于130，在人群中占2%~4%。

文化公平智力测验： 不歧视任何少数群体的智力测验。

高度遗传性： 关于智商与遗传因素相关性的测度。

大多数患有唐氏综合征的人都有轻微或中等程度的智力障碍。图中是墨西哥唐氏综合征艺术学校的一名学生，即便患病，他们也可以成为有价值的社会成员。

名就。高智商的个体可能只是在个别领域表现优秀，而非全才。同时，高智商并不是获得成功无往不利的通行证。

智力的群体差异

小黄经常用一个绑着（　　）的土块来洗东西。

a. 浪墩

b. 垿磷

c. 杯斧

d. 脍剂

如果你在智力测验中发现了这样的题目，一定会觉得很荒谬。那么，当题目用不熟悉或难以理解的语言来呈现时，个体该如何反应呢？

另外一种情况是，题目形式虽合理，问题本身却是无意义的。例如，问从小生长在城市的孩子如何挤牛奶，或是问从小在农村长大的孩子地铁检票的流程，这样的题目都是不恰当的。因为很显然，个体先前的经验会影响他们正确作答的能力。如果智力测验中包含的都是这类题目，不禁令人质疑测评到的究竟是智力水平，还是个体过去的生活经验。

虽然在现存的智力测验中并没有出现像奶牛、地铁这种明显依赖个体经验的题目，但是个体的背景和经验的确会内隐地影响测验的成绩。以往研究显示，某些特定种族或文化群体中的成员在传统智力测验中的得分总是低于其他种族或群体。针对这一现象，有学者认为应该开发出更为公平的智力测验，以排除掉文化、家庭背景及经验的影响，去真正测量与这些因素无关的一般知识能力。例如，黑人群体的IQ得分要比白人群体平均低10～15分。这真的是因为他们智力水平低吗？还是因为题目形式有问题？如果白人得分更高是因为他们更熟悉测验中涉及的信息，那高分数显然就不足以说明他们真的是高智力。

对于一些标准化智力测验，有证据显示部分内容有歧视少数群体的嫌疑。换句话说，那些在测验中获得高分的个体，是因为与出题人处于同一文化环境才获得高分。比如，当被问到"如果有人抢了你的帽子后逃跑，你应该怎么做？"时，大多数中产阶级白人儿童回答说应该告诉父母或其他大人，这样的回应被评定为正确答案。但同样的问题让黑人儿童作答时，他们会说应该追上那个人并把自己的帽子夺回来，这样的回答其实也合理，却被算作错误答案。

天性、教养和智商

为了开发出**文化公平智力测验（Culture-Fair IQ Test）**，心理学家一直致力于编制具有普适性的题目，或是采用非文字的测验形式，但这个目标很难实现。因为在测验过程中，个体的过去经验、态度和价值观等都会影响到作答。

例如，在西方文化中长大的孩子依据"是什么"对事物进行归类（如将鱼和狗归为一类，因为它们都是动物）；而非洲克佩列（Kpelle）地区的儿童则是按照"做什么"来归类（如将鱼和游泳归为一类）。与之类似，当要求记住家居用品的位置时，美国儿童

表现更好；但如果把家居用品换成各种岩石，则非洲儿童更胜一筹。总之，建立一套在文化上完全公平的测验有一定的难度。

多年来，探究不同群体间是否真的存在智力差异是心理学家开发文化公平测验的动机之一。但在这之前，我们需要探明一个更宽泛的问题：智力水平是由先天（基因）还是后天（环境、经验）决定的。

关于天性与教养之争，上一次全面展开辩论是在1994年，论战因心理学家理查德·赫恩斯坦（Richard Herrnstein）和社会学家查尔斯·莫瑞（Charles Murray）合著的《钟形曲线》（*The Bell Curve*）而起。两人在书中写道，通过对不同人种的研究发现，即便环境因素有部分作用，但黑人和白人间的智力差异更多还是先天原因造成的。他们列举了一些数据，论述说即便考虑到社会经济地位，黑人的智商还是比白人平均低15分。具体来讲，社会经济地位处于中高层次的黑人智商要比同等级的白人低，这与低社会经济地位人群中的比较结果一致。由此，他们认为黑人与白人的确存在智商差异，而且这种差异源于天性。

此外，有研究表明，智力的确具有**高度遗传性**（**Heritability**）。血缘关系越近，智商也越接近。例如，夫妻二人没有血缘关系，并且一般情况下都是成年后才认识，所以夫妻间的智商分数相关性很低；而从小一起生长的同卵双胞胎，他们的智商分数相关性就很高。基于这些数据，赫恩斯坦和莫瑞认为智力差异是遗传造成的。

但也有很多心理学家强烈反对《钟形曲线》中的观点。有学者认为，即便对社会经济状况进行控制，同阶层的个体在家庭条件上也依然存在很大差异。另外，就像之前提过的，传统智力测验在题目编制上并不完善，它所考察的很有可能是下层社会中的黑人孩子没机会接触到的信息。

当黑人儿童被抚养于富裕环境中时，他们的智商分数和同样环境下长大的白人儿童基本持平。由

桑德拉·斯卡尔（Sandra Scarr）和理查德·温伯格（Richard Weinberg）进行的一项研究发现，黑人儿童如果在早年就由中产阶级的白人家庭收养，长大后他们的智商分数平均能达到106分，这比以往研究认为的黑人儿童智商平均值要高15分。另外有研究显示，对完成大学教育的个体进行测验，智商分数在种族间并没有差异。在没有种族区分的文化中，这种人群差异更多地表现为低收入阶层和高收入阶层间的差异，低收入者智商分数会更低。总之，依靠现有证据还不能认为智力差异是由先天造成的。

更重要的是，比较不同种族、群体间的智力差异弊大于利，容易造成误导。不论是黑人还是白人群体，都各自有智商高和智商低的成员。借由智力的概念来更好地构建社会，应更关注于个体的表现，而不是他们属于哪一个群体。

比起智力的先天后天之争，更有意义的命题是如何将个人的智力潜能最大化。如果能找到有效的方法，我们就可以改变环境，如丰富的家庭和学校环境，以此帮助每个人更充分地发挥自己的潜能。

心理学思考

加德纳的多元智能理论

> > > 你觉得有可能开发出一种能够准确测量所有智力类型的标准化测验吗？

心理学小贴士

智力的差异更多存在于个体间，而不是种族或民族等群体间。

> 探究不同群体间是否真的存在智力差异是心理学家开发文化公平智力测验的动机之一。

我的心理学笔记 >>

- **什么是思维**

  思维是对信息的心理表征的操作。通过思维，我们探索新知、学习知识、解决问题、实现目标。表象、概念和原型等共同作用，帮助我们理解这个复杂的世界。

- **人们如何解决问题**

  问题解决包括三个阶段：准备、解决和判断。对于简单问题，可以采用试误的方法；复杂问题可以用算法或启发式。心理定势、策略使用不恰当和证实偏见等因素会影响问题解决。

- **语言是如何形成和发展的**

  婴儿在学会讲话前已经能理解母语，从最初的咿呀学语，到可以说出一个单词，语言能力逐步发展。1岁时，随着词汇量的增加，婴儿可以说出电报句；5岁时，他们已经掌握基本语法。学习理论认为语言是经由强化和条件作用习得的；先天论观点认为存在一个内在的言语获得装置；交互作用论观点认为语言发展是基因和环境共同决定的。

- **什么是智力**

  智力有多种表现形式，难以界定。一个较普遍的看法认为智力是人们理解世界、理智思考、有效运用资源解决问题的能力。心理学家们提出了诸多与智力有关的概念，如流体智力和晶体智力、加德纳的多元智能理论、信息加工模型、实践智力与情绪智力等。

- **在西方，测量智力的主要手段有哪些？智力测验都测些什么**

  传统的智力测验通过比较个体的智力年龄和实际年龄来计算智力商数，用它来代表个体的智力水平。常用的智力测验有斯坦福-比奈测验、韦氏成人智力测验（WAIS-IV）、韦氏儿童智力测验（WISC-IV）等。成就测验与能力倾向测验则是与智力相关的另外两种测验形式。

测试一下

1. _____是对相似物体、事件和人的心理分类。

2. 启发式活动的目的是_____。
   a. 教会个体在特定情况下如何更好地运用启发式
   b. 便于个体理解不同类型的启发式及其工作原理
   c. 表明很多时候个体是在无意识的情况下运用了启发式
   d. 激励个体掌握更多的启发式

3. 不断缩小问题当前状态和目标状态的差异，这种问题解决办法是_____。

4. _____是指将物品功能单一化；_____是指先前问题解决的图式影响了解决后续问题的准备状态。

5. 将下面三个选项填入合适位置。
   a. 单词和短语联合成句的法则
   b. 规范单词和句子意义的法则
   c. 以音素为研究对象的学科
   _____（1）句法
   _____（2）音韵学
   _____（3）语义

6. _____是幼儿说话时省略句子的非关键部分的现象。

7. 儿童知道在使用过去时态时，应该在单词后面加上"ed"。所以会出现"he comed"这样的句子。这种现象是_____。

8. _____是用个体智力年龄和实际年龄计算出来的智力指标。

9. _____测验可以预测个体在特定领域的表现；_____测验是对个体过去知识经验掌握水平的测量。

10. 在引起智力障碍的各种原因中，_____是最容易避免的。

11. _____测验采用的题目旨在适用于所有文化群体。

12. 以下哪一个是对加德纳理论的实际应用。
    a. 对艺术活动的兴趣增长
    b. 评估每个学生不同智力类型的水平，因材施教
    c. 评估个体不同智力类型的水平，帮助其进行职业规划
    d. 采用多样性的教学方式

答案

1. 概念
2. c
3. 目的—手段分析
4. 功能固着，心理定势
5. （1）-a，（2）-c，（3）-b
6. 电报句
7. 过度概化
8. IQ
9. 能力倾向，成就
10. 用几项精确诊治
11. 文化公平性
12. d

8

动机和情绪

你将读到

失控的减肥

柯尔斯蒂·艾利（Kirstie Alley）15个月后再一次站到体重称上，她预感结果一定不会好，但没想到比想象中还要糟。"我以为只有190磅（86公斤），但我一站上去就尖叫了。"艾利回忆到，"228磅（103.5公斤）——有史以来的最高纪录！"但回头看看，身高172cm、58岁的艾利似乎已经对她超过200磅的体重无动于衷了。和以前如出一辙，这一次她不仅没有全力以赴，甚至还放弃了体育锻炼，把健身器材丢到了车库里。在饮食方面，她也没能坚持吃低热量的蛋白质食物，而在中式快餐和黄油意面的诱惑下缴械投降。"我失控了，"这位明星如是说，"我想我有点发狂了。"

女演员柯尔斯蒂·艾利在减肥路上的起起伏伏人尽皆知，她一度节食瘦到145磅（65.8公斤），可最后还是反弹了。这只是人们为保持适当体重而拼命减肥的千千万万个例子之一。但是为什么，我们的自然机制可以成功地调节其他身体机能，却对饮食行为总是无能为力？这是研究动机的心理学家感兴趣的问题。这些心理学家致力于发现人们行为背后的推动力，即动机。例如，我们喜欢和朋友待在一起，驱动这一行为的，可能是孤独。

动机指引未来行为，而情绪则关乎我们在生活中体会到的各种感受。人们每时每刻的内心体验就是情绪研究关注的内容。我们每个人都曾经历过各种各样的情绪：攻克难关时的喜悦，失去挚爱时的痛苦，遭受不公时的愤怒……研究情绪的心理学家已经提出了各种理论，探讨情绪的本质和它们发挥作用的途径。

在这一章开头，我们首先要介绍关于动机的主要概念，讨论不同的动机和需要是如何共同影响行为的。这里既涉及那些有生物学基础的、广泛存在于动物身上的动机，如饥饿等；也涉及只在人类身上出现的动机，如成就需要等。

接下来我们讨论情绪。首先说明情绪在人类生活中的角色和作用，接着介绍几种情绪理论，它们可以告诉我们人为什么要理解和体验自己的情绪，又是如何理解和体验的。最后将介绍非言语行为如何表达情绪。

- 我们的需要是如何引导和激励行为的？
- 进食和性行为的影响因素有哪些？
- 什么是成就需要、亲和需要、权力需要？
- 人们体验情感的方式相同吗？
- 我们怎样无声地表达感受？

>> 解读动机

就在一瞬间，27岁的艾伦·洛斯顿（Aron Ralston）的命运彻底改变。一颗重达800磅（363.2公斤）的石块从高空落下，落入一段狭窄的山谷，当时洛斯顿正在那段人迹罕至的山谷中徒步旅行，石块落下来，正好砸到了他的手臂。

在接下来的5天里，洛斯顿躺在崎岖荒芜的山谷中，叫天天不应，叫地地不灵。他是一个经验丰富的登山者，接受过搜寻营救训练，现在他却不得不考虑把那些技术用在自己身上。他试图慢慢地敲碎岩石，但是失败了。他又试着用绳子做成滑轮来移开石块，也失败了。

最后，水喝完了，洛斯顿几乎脱水，他意识到除了死亡之外，他只有一个选择。他鼓起勇气，折断了自己前臂的两根骨头，扎上止血带，用一把钝刀切下了

自己的前臂。

脱困之后，洛斯顿沿路下山，又走了5公里，才遇到一个荷兰家庭。他们帮他拦下营救的直升飞机，洛斯顿终于获救。

为了摆脱大石块，逃离致命的峡谷，艾伦·洛斯顿不得不用一把钝刀切下自己的右臂。他是出于什么动机？

洛斯顿巨大的勇气背后隐藏着什么力量？

心理学家使用动机概念来回答这个问题。**动机**（Motivation）是指导和激励人类及其他机体行为的因素。动机有很多种，包括生物性的、认知性的和社会性的。由于概念本身的复杂性，心理学家采用了各种方法来对它进行研究。而所有的理论视角都能帮助我们更加理解这种指引人们朝着某个特定方向行事的力量。

本能说

起初，心理学家用**本能**（Instincts）来解释动机。所谓本能，是人生来就有的、由生物性决定的而非习得的行为模式。根据动机的本能说，人和动物生来就有一些预设好的固定的行为模式，这些模式对生存具

动机：指导和激励人类及其他机体行为的因素。

本能：人生来就有的、由生物性决定而非习得的行为模式。

鸟类的季节性迁徙就是本能行为。相较而言，人类行为的动机更为复杂，较难解释。

有重要的意义。本能能够提供能量，引导个体做出适当的行为。

由定义可知，本能行为通常是比较刻板的，种族中的每个成员（如果是性行为，则要区分性别）都会做出相同的反应。这些行为有固定的顺序，只能遵行，无法改变。鲑鱼就是一个典型的例子：它们都选择在同一时刻游回出生的河流，然后溯游繁殖，即使这么做会牺牲自己的性命。但是人类不同，我们不会完全一致地行事，即便努力也无法做到。比如人类的进食行为，它类似于本能：首先咀嚼，然后吞咽。但即便如此这种顺序也不是一成不变的。例如，我们吞阿司匹林的时候，就没必要先咀嚼。

用本能的概念来解释动机，最主要的问题在于，人类的行为比其他物种的行为复杂很多，而且我们似乎没有任何真正的本能。所以，动机的本能说慢慢被一些新解释取代了。

驱力降低理论

部分心理学家拒绝接受本能说，他们试图用驱力降低理论来解释动机。**驱力降低理论（Drive-reduction Approaches）**认为，一些基本的生物需求未得到满足，会驱使人们去寻求满足。例如，当我们缺水时就会产生口渴的驱力，它会促使我们去喝水。

在驱力降低理论里，驱力（**Drive**）被定义为一种动机性的紧张或唤醒，它激发人们采取行动以满足需要。很多基本驱力都和身体或者族群的生物需要有关，如饥饿、渴、睡眠和性，它们叫作原始驱力。原

始驱力是相对于衍生驱力而言的，后者不具备明显的生物需求特征，由过往的经验和学习而获得。例如，有的人对于学术和专业成就有着强烈的需求，我们可以说他们的成就需要是一种衍生驱力，推动着他们的行为。

我们通常通过减少潜在需求来满足原始驱力。例如，如果几个小时没有进食，我们就会感到饥饿，去打开冰箱；如果天气变冷，我们会加衣服，或者打开空调取暖；如果我们身体里的水不足以支持正常运转，我们就会感到渴，并寻找水源。

是什么激励人们做出一些追求刺激的行为，如高空跳伞？

> **动机的驱力降低理论**：这个理论认为，一些基本的生物需求未得到满足会驱使人们去寻求满足。
>
> **驱力**：动机性的紧张或唤醒，它激发人们采取行动以满足需要。
>
> **动机的唤醒理论**：这种理论认为，我们力图维持一定的唤醒和活动水平，在必要时会提高或降低它。
>
> **动机的诱因理论**：动机来自于我们渴望获得外部有价值的目标或刺激。
>
> **动机的认知理论**：该理论认为动机是人们的思想和期望，即认知的产物。

驱力降低理论对于原始驱力如何激发人的行为有着详尽的描述，但它对另一些行为却无法解释：有些行为做出之后不仅无法降低驱力，而且还会维持甚至提高兴奋和唤醒的强度。例如，人们冲到大街上去围观火灾，这只是出于好奇；还有些人嗜好坐过山车或漂流，它们都不能降低驱力，反而会让人觉得更加刺激，这些都与驱力降低理论的解释相悖。

出于好奇和追求刺激而做出的行为使心理学家对驱力降低理论产生了质疑，它无法非常完满地解释动机。

在这两种情况下，人们的动机似乎是提高刺激和活动水平，而不是减少驱力。为了解释这种现象，心理学家又提出了第三个理论：动机的唤醒理论。

唤醒理论

动机的唤醒理论（Arousal Approaches to Motivation）力图解释那些以维持和增强兴奋度为目标的行为。这一理论认为，每个人都想要把自己的唤醒及活动强度维持在一定的水平。如果我们的唤醒和活动水平的太高，就会试着降低它，就像驱力降低理论说的一样；但不同的是，唤醒理论还认为如果唤醒和活动水平太低，我们就会去寻找刺激，提升激活度。

不同人偏好的唤醒水平有很大的不同，有些人喜欢高度唤醒。例如，极限运动爱好者、一掷千金的赌徒以及暴力抢劫犯，他们的唤醒需求可能高于一般人。

诱因理论

已然酒足饭饱，看到一盘美味的点心摆在桌子上，吃还是不吃呢？答案似乎跟进食的生物需求或维持唤醒水平没什么关系。如果我们选择吃掉糕点，推动行为的力量来源于外部，即糕点本身，它是我们期待行为能够带来的奖励。这种奖励从动机的角度来说，就是诱因。

动机的诱因理论（Incentive Approaches to Motivation）认为，动机来自于我们渴望获得外部有价值的目标或刺激。这样说来，外界能吸引我们的刺激——分数、金钱、感情或者食物——都可以是行为的诱因。

诱因理论很好地解释了为什么即使没有内部需要（如饥饿），我们也会在某些诱因（如让人垂涎的糕点）面前低头。但这一理论依然很不完善，因为它无法解释为什么有时手边没有食物（诱因）时我们还是会去到处找食物吃。换言之，这种情况下我们看起来好像只是受到生物驱力的驱使，而没有诱因。因此，很多心理学家认为，驱力降低理论提出的内部驱力和诱因理论提出的外部诱因一起作用，分别"推"和"拉"着人们的行为。也就是说，在我们致力于满足潜在的进食需求时（驱力降低理论的"推"），我们也可能同时被那些看上去令人食指大动的食物所吸引（诱因理论的

"拉"）。在激励行为的过程中，驱力和诱因共同作用，而不是背道而驰。

认知理论

动机的认知理论（Cognitive Approaches to Motivation）认为，动机是我们的认知——思想、期望和目标——的产物。例如，学生复习备考的努力程度，部分是由他对这次考试成绩的期望决定的。

动机的认知理论的重要贡献是对内部动机和外部动机做了区分。我们参加某种活动，如果是为了娱乐自己，那就是内部动机在起作用，如果是为了获得奖品，那就是外部动机在起作用。同样，一个医生加班工作，可以出于他对于职业的热爱（内部动机），也可以是为了赚更多的钱（外部动机）。

当工作动机来自内部而不是外部时，我们的工作行为更可能持久、努力，也更可能产出高质量的成果。事实上，在某些情况下，在期待的行为发生后给予奖励（即增强外部动机），会减少内部动机。

马斯洛的需要层次理论

埃莉诺·罗斯福（Eleanor Roosevelt）、亚伯拉罕·林肯（Abraham Lincoln）和阿尔伯特·爱因斯坦（Albert Einstein）的共同点是什么？根据心理学家亚伯拉罕·马斯洛（Abraham Maslow）的动机模型，其共同之处在于，他们都达成了人类行为中最为高级的动机需求。

马斯洛的模型将动机需要划分为几个层次，而且他认为，在更为复杂、高级的需要被满足之前，首先要满足更为初级的需要。马斯洛用金字塔来表示这个模型，他将更基本、更低层次的需要放在金字塔的塔底，而将那些更高层次的需要放在塔顶。因为在高级需要发生作用之前，必须要先满足低级需要。

马斯洛的模型中最底层的是一些基本的生理驱力：对水、食物、睡眠和性等的需要。安全需要出现在第二层。马斯洛认为，为了能够正常生存，人们需要一个相对安全有保障的环境。在这些低级需要得到满足之后，就可以寻求更高级需要的满足了，例如归属和爱的需要、自尊需要和自我实现需要。

设想一下：你生活在一个饱受战争摧残的国家，你所在的村庄经常遭受炮火袭击，你们的水源被下毒污染，农田也被尽数毁坏。这时你最有可能采取下列哪种行动：寻找一片远离战争的净土、追求真爱、还是去做一个新发型？答案不言而喻。因为马斯洛的理论认为，在关注更高层次的需要，例如爱和自尊之前，我们会先努力确保安全。

爱和归属的需要包括得到爱和付出爱的需要，以及为某个群体或者社会贡献力量的需要。在这些需要满足之后，个体开始努力获得自尊。马斯洛认为，自尊就是获取一种自我价值感，它是通过别人对自身能力的认识和肯定来实现的。

当前面四种需要得到满足之后（这可不是容易的事），人们就可以朝着最高层次的需要——自我实现努力了。**自我实现（Self-actualization）**是一个自我完善的过程，在这个过程中，人们以独一无二的方式发挥出自己最大的潜能。最重要的是，人们对自己感到满意，也对自己正在最大限度地发挥潜能、走向完满感到满意。

尽管没有研究能够证明马斯洛的需要层次模型的正确性，而且要想客观地测量自我实现需要相当困难，但马斯洛的这一理论仍然非常重要。原因有两个：首先，它突出了人类需要的复杂性；其次，它描述出了人类需要的优先性，即在基本的生理需要得到满足之前，人们

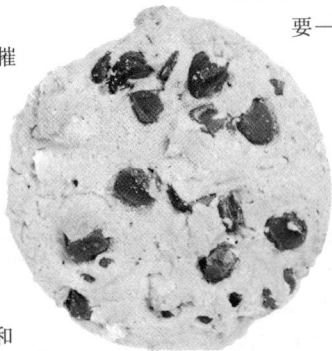

> **自我实现是不断自我完善的过程，在这个过程中，人们以独一无二的方式发挥出自己最大的潜能。**

马斯洛的需要层次模型

高层次需要

自我实现需要
自我完善的过程

自尊需要
提升自我价值的需求

归属和爱的需要
得到和付出爱的需求

安全需要
对于安全、有保障的环境的需求

生理需要
基本驱力：对水、食物、睡眠和性的需求

低层次需要

资料来源：Maslow, 1970。

会相对忽视更高级的需要。因此，如果人们饿了，他们的首要兴趣就是进食。

马斯洛的需要层次理论推动了其他动机理论的发展。例如爱德华·德西（Edward Deci）和理查德·瑞安（Richard Ryan）从心理健康的角度研究了人类的需要，提出了自我决定论。这种理论认为，人们有三种基本的需要：胜任、自主和关系。胜任需要是达成预期目标的需要；自主需要是一种我们可以掌控自己生活的意识；关系需要是和他人形成亲密融洽关系的需要。自我决定论认为，这三种心理需要是与生俱来的，具有跨文化的普遍性，它们和基本的生理需要同样重要。

自我实现： 不断自我完善的过程，在这个过程中，人们以独一无二的方式发挥出自己最大的潜能。

动机理论的应用

各种动机理论为我们提供了不同的视角，哪一种视角能最全面地解释动机呢？实际上，这些理论是互补而非对立的。在解决实际问题时，同时使用多种视角可以帮助我们更全面地理解动机。

比如说，回忆一下之前谈到的关于艾伦·洛斯顿爬山遇险的例子。他喜欢在荒无人烟的危险地区爬山，这可以用动机的唤醒理论解释。他利用各种策略来摆脱石块，这种深思熟虑可以从认知视角解

如果你是……

一名假释官 你会如何运用马斯洛的需要层次理论来帮助你的保释犯人，让他们在以后的生活中远离犯罪？

耆那教僧人的精神信念要求他们在生活上实行禁欲主义，包括限制饮食、远离尘世和功名利禄。他们处在马斯洛需要金字塔的哪一层？

释。而当他受困之后，基本需要无法得到满足，根据马斯洛的理论，他"壮士断腕"般的选择是出于满足食物、水和生命安全需要的动机。

简而言之，多种理论的综合运用要比运用单一理论更能帮助我们全面理解人的行为。接下来我们在讨论到一些具体的动机（如进食、成就、归属和权力等）时，还会再次使用这些理论。

心理学小贴士

回顾各种动机理论（本能说、驱力降低理论、唤醒理论、诱因理论、认知理论和马斯洛的需要层次理论）的区别。

>> 人类的需求和动机

在美国，大约有1/4的女孩和1/10的男孩患有饮食和体重控制相关障碍。这些障碍多发于青春期，可能导致体重剧减和其他形式的身体机能衰退。这种障碍非常危险，甚至可能导致死亡。

为什么有些人会罹患进食障碍，为减轻体重会付出如此巨大的代价？而为什么另一些人又过度饮食，导致肥胖？为了解答这些疑问，我们需要考虑这些行为背后潜藏的特定需求。

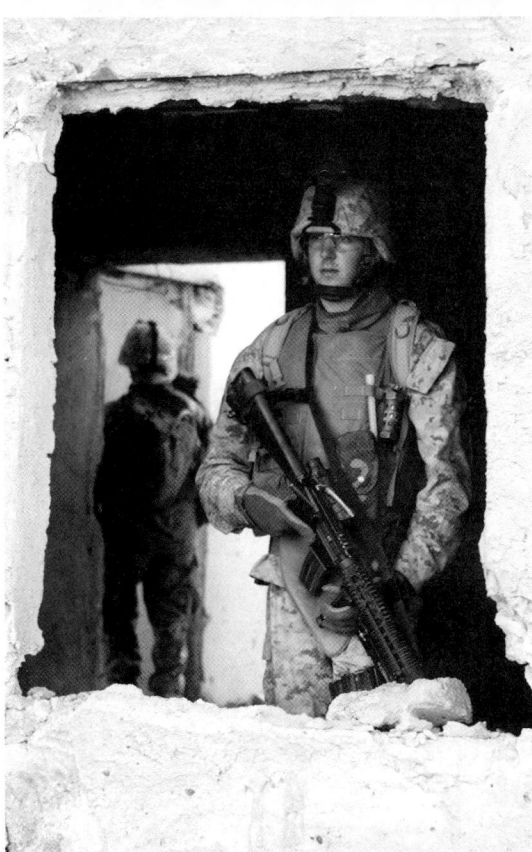

一个年轻人决定志愿参军，该如何用不同的动机理论来解释？

饥饿和进食

在美国，有2/3的人体重超标，而世界范围内的情况也令人堪忧：2008年，世界卫生组织估计，全世界有15亿人体重超标，其中有1/3的人可称为肥胖。体重超标是用身体质量指数（Body Mass Index, BMI）来衡量的，它主要考虑的是体重和身高的比例。当一个人的身体质量指数等于或者超过25，就被认为是超重。如果等于或者超过30，就被认为是**肥胖**（**Obesity**）。世界卫生组织认为，肥胖已经成为世界性的流行现象，伴随而来的则是心脏病、糖尿病、癌症和过早死亡的高发。

调节饥饿感的生理因素　与人类不同，其他物种似乎很难变得肥胖。它们的生理机制不仅调节着摄入食物的数量，也控制着食物的种类。例如，无法得到某种食物的老鼠会努力寻找与这种食物营养成分相似的替代品。也就是说，尽管可供选择的食物种类很多，多数物种还是会均衡地进食。

> **肥胖**：身体质量指数大于或等于30。

你知道吗？

减肥食品和减肥饮料可能会妨碍你减肥。研究表明，摄入人工甜味素可能会让你吸收更多的卡路里，从而使体重增加。

复杂的身体构造告诉我们是该摄入食物还是该停止进食。这可远不止空腹引发饥饿感、饱腹消除饥饿感这么简单（即使是做过胃切除手术的人也会有饥饿感）。血液中化学成分的改变是一个非常重要的因素，例如，葡萄糖含量的改变会导致饥饿感的产生；胰岛素让人在血液中储存过多的糖分、脂肪和碳水化合物；胃饥饿素将饥饿感传达给大脑，快到饭点时它的分泌就会增多，不过，当人们看到美食或者闻到食物的香味时也会分泌胃饥饿素，告诉我们自己饿了，需要进食。

下丘脑可以调节胰岛素的水平。越来越多的证据表明，它是进食行为的最主要调控者。下丘脑受到损伤后，人的饮食行为会有很大的改变。例如，外侧下丘脑遭到损坏的老鼠可能被活活地饿死。给它们提供食物，除非硬塞，否则它们拒绝进食，直到死掉。下丘脑腹内侧核受损伤的老鼠则情况相反，他们会过度饮食。受这种损伤的老鼠，体重可能增长四倍。下丘脑有肿瘤的病人身上也会出现同样的现象。

你的身体质量指数是多少？

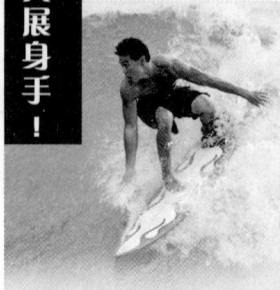

按照下列步骤计算你的身体质量指数：

1. 你的体重是＿＿＿＿公斤；

2. 你的身高是＿＿＿＿米；

3. 用体重除以身高，结果是＿＿＿＿；

4. 用第3题的结果除以身高，结果是＿＿＿＿，这就是你的身体质量指数。

例如：一个人体重100公斤，身高1.8米。用100除以1.8，得到55.56。再用55.56除以1.8，得到30.87。这个人的身体质量指数就是30.87。

解释：

少于18.5分：偏瘦

18.5～24.9：正常体重

25～29.9：偏胖

30或以上：肥胖

注意，身体质量指数超过25不一定是因为身体脂肪含量过高。例如，专业运动员脂肪含量较低，但是他们的体重超过平均值，那是由于他们的肌肉含量更高。

尽管下丘脑在控制饮食方面的重要性非常明显，但它发生作用的途径还不是很明确。有一种假设认为，下丘脑的损伤影响了**体重设置点**（**Weight Set Point**），也就是说，我们的身体努力把体重维持在一个特定水平，就需要对食物摄入进行调节。下丘脑作为一种内在的体重自动调节器，将食物摄入控制在中等水平，既不太多，也不太少。

体重设置点：身体努力保持的一个特定的体重水平。

新陈代谢：食物转化成能量被身体消耗的比例。

在多数情况下，下丘脑能很好地调节体重。尽管人们并没有特意调控体重，并且每天的饮食和运动量都不同，但体重仍然可以保持相对稳定。然而，如果下丘脑受到损伤，体重设置点可能会发生改变，人们就会为了满足内在需求而随意多吃或少吃。甚至偶然地接触某种药物都可能改变体重设置点。

> 新陈代谢水平高的人想吃就吃，不用担心会长胖；而新陈代谢水平低的人可能吃得少，却仍然会长胖。

遗传是体重设置点的重要影响因素之一。由于遗传，人们的**新陈代谢**（**Metabolism**）水平——食物转化成能量被身体消耗的比率——与生俱来、各不相同。新陈代谢水平高的人想吃就吃，不用担心会长胖；而新陈代谢水平低的人可能吃得少，却仍然会长胖。

影响进食的社会因素 你和亲戚们在姑姑家共进晚餐，你吃完盘子里的东西，觉得十分饱了。但这时，你的姑姑突然把烤牛肉的盘子递给你，并鼓励你再消灭一点食物。尽管你已经吃饱了，而且很讨厌烤牛肉，但还是接了一块，并且把它吃掉了。

基于社会规则和心理学家对正常饮食习惯的了解，和内部生物因素一样，外部社会因素也对我们何时进食及如何进食存在巨大的影响。例如，最简单的事实就是，人们总是习惯性地在同样的时间吃早餐、中餐和晚餐。因为他们每天的饮食都是周密计划的，时间一到就会感到饥饿，有时候这种感觉跟他们内部生理线索反映的情况完全不同。而且，尽管人们每天的运动量不同，需要补充的能量也不相同，但是他们几乎每餐都吃得一样多。

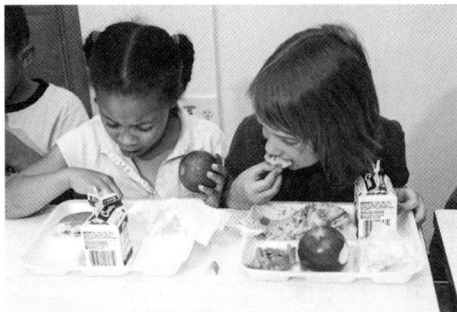

直到最近，学校的餐馆都还在提供很多高脂肪、高热量的食物。这种情况无疑是儿童肥胖症流行的原因之一。现在学校必须提供更新鲜、更健康的食物。

其他社会因素也会影响饮食习惯。有些人遇到烦心事后会打开冰箱找东西吃，希望能从一罐冰淇淋那里找到慰藉，这是为什么呢？可能因为小时候，当我们感到沮丧时，父母就会用食物安抚我们。最终，通过经典和操作性条件作用机制，我们学会了将食物和慰藉连接在一起。同样，我们也学会通过将注意力集中在食物上，获得一时的痛快，从而逃避那些不愉快的想法。结果就是，我们一感到沮丧就吃东西。

肥胖的根源 既然生物因素和社会因素都影响饮食习惯，寻找肥胖的根源就变得非常困难。研究者通过下面几种途径进行了研究。

一些心理学家认为，肥胖是社会因素造成的对外部进食线索的敏感性增强，和对内部饥饿线索的敏感性弱化两个因素共同作用的结果。另一些心理学家认为，超重的人有更高的体重设置点。因为他们的设置点高于一般人，他们越是希望通过节食来减肥，就会对外部与食物相关的线索越敏感。因此，他们就越可能摄入过多的食物，从而越不可能成功减肥。

但是为什么有些人的体重设置点会比其他人高呢？生物学上有一种解释是，肥胖者的瘦蛋白激素水平更高。从进化的角度来说，这似乎是事先设定好的，可以防止人丢失体重。换句话说，身体的体重管理系统更有可能用来防止体重减轻而不是体重上升。这种解释和体重易增难减的现象相符。

另一种生物学解释是，肥胖和身体的脂肪细胞有关。出生之时，身体或者通过增加脂肪细胞的数量来贮存脂肪，或者通过改变脂肪细胞的大小来贮存脂肪。而且，幼儿时期，体重的减轻并不会减少脂肪细胞的数量，只会影响脂肪细胞的大小。因此，个体早期遗传得来的脂肪细胞会全数保留下来，不会减少。出生后四个月体重的增长比率和童年阶段会不会体重超标显著相关。

根据体重设置点假设，由于早期的体重增长而获得了太多的脂肪细胞，可能导致体重设置点停留在一个较高的、不合理的水平上。在这种情况下，减肥尤其困难，因为在节食减肥时，个体的体重经常和他的体重设置点不协调。

有些人并不同意肥胖的体重设置点解释。针对近几十年来美国肥胖症患者的急速增长，一些研究者提出，身体并没有维持一个固定的体重设置点的倾向。他们认为，人的身体有一个由基因遗传和环境特点共同决定的调整点。如果我们偏好摄入高脂肪、高糖分的食物，而我们又有先天的肥胖倾向，我们的体重就会调整并且维持在一个较高的水平。相反，如果我们的饮食丰富健康，先天的肥胖倾向就不会被促发，我们的体重就会调整并维持在一个较低的水平。

进食障碍 进食障碍是年轻女性十大最常见障碍之一。其中**神经性厌食**（Anorexia Nervosa）是一个和体重相关的危害极大的障碍。患者可能拒绝进食，否认他们的行为和形象（即便已经骨瘦如柴）有所异常。10%的神经性厌食患者会死于营养不良。

> **神经性厌食**：一种严重的进食障碍。患者可能拒绝进食，否认他们的行为和形象（即便已经骨瘦如柴）有所异常。

贪食症：患这种障碍的人会一次性摄入大量的食物，然后通过催吐或其他手段努力清胃。

尽管所有年龄段的个体都可能患上神经性厌食，但它在12～40岁的女性身上最为常见。患者通常来自稳定的家庭，生活一帆风顺，长相迷人，相对富裕。这种障碍一般起于激烈的节食行为，继而失控，从此生活开始围着食物转：虽然他们自己很少进食，但可能频繁地为他人烹饪食物和采购食物，或者收集食谱。

与神经性厌食相关的是**贪食症**（**Bulimia**），患有这种障碍的人会一次性摄入大量的食物。例如，一会儿就吃完一大桶雪糕和一个大馅饼。大吃大喝之后，又会感到罪恶和沮丧，于是采用催吐或者吃泻药的方法把食物排出体外——这就叫作清胃。尽管这类患者的体重通常正常，但经常性的暴食和清胃以及滥用药物催吐和腹泻可能导致健康问题甚至心力衰竭。

心理学思考

> > > 电影、电视节目、商业广告、畅销书、音乐视频——所有这些都在向我们传递有关外貌和体重应该如何如何的信息。如果你不喜欢这些信息，应该怎么办？

以过量运动的方式来减肥也是一种进食障碍，叫作运动性贪食症。与患有厌食症的人不同，运动性贪食症患者并不拒绝进食，而是通过过量运动来控制体重。神经性厌食患者用催吐和吃泻药来清胃，运动性贪食症患者则通过消耗掉摄入的每一卡热量来"清身体"。跟其他进食障碍患者一样，他们可能已经很虚弱、病态、甚至瘦骨嶙峋，但仍然觉得自己很胖，整天都在担心自己消耗的热量没有摄入的多。

通常情况下，运动有益身体健康，包括运动员在内的很多人都有频繁或长时间运动的习惯。那么，运动要达到哪种程度才算是一种障碍呢？一种看法认为，当额外的运动不能带来收益的时候，也就是运动的弊大于利时，就可以算是一

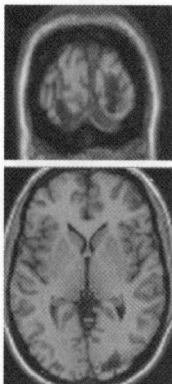

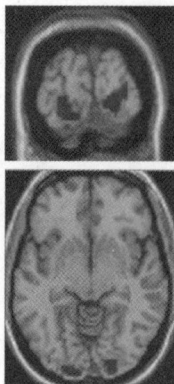

心理学思考

> > > 为什么运动性厌食症被看做是一种进食障碍而非运动障碍？

种障碍。例如，尽管一个运动性贪食症患者已经受到了运动损伤，如肌肉拉伤或关节损伤等，他还是要忍着疼痛继续锻炼。

另一种看法认为，这是一种运动强迫症——患者有运动依赖倾向，如果他们不运动，或者他们的运动被工作及社交生活干扰，就会感到紧张和内疚。一些研究者认为，正是这种强迫，而非实际上的运动量，让这种行为成为障碍。

进食障碍的问题日渐严重。评估显示，在高中和大学女生中，1%的人患有神经性厌食，4%的人患有贪食症，而10%的女性在生命的某个阶段曾经患过贪食症。而且，越来越多的男性被诊断出进食障碍：在所有的病例中，有10%～13%的患者是男性。

还有一种进食障碍叫暴食症，即一次性摄入大量食物，但过后不会清胃也不会运动。这种障碍在人群中非常普遍，男性和女性都可能罹患，可能比神经性厌食和贪食症患者的总数还要多。

> **对进食障碍患者的脑部扫描显示，他们对食物信息的加工方式与正常人不同。**

进食障碍的成因是什么？一些研究者怀疑可能是由生物学因素导致的，如遗传引起下丘脑或脑垂体化学物质失衡。此外，对进食障碍患者的脑部扫描显示，他们对食物信息的加工方式与正常人不同。

在一项对厌食症患者和正常人的比较研究中，研究者要求被试看不同食物的图片，并且观察他们的认知加工过程。通过对厌食症患者（左边）和健康被试（右边）的功能性磁共振成像进行比较可以发现，他们对于食物刺激的反应存在显著的不同。
资料来源：Santel et al., 2006。

你相信吗? >>>

成功减肥

尽管在美国有60%的人声称自己想减肥，但对于他们之中的大多数来说，这件事情难于上青天。很多节食减肥的人虽然体重有所下降，但最终又都恢复到了原来的水平。所以他们尝试一个又一个的减肥计划，陷入一种"减肥–反弹–减肥–反弹"的痛苦循环中。

如果你想减肥，需要牢记以下几点。

- 控制体重没有捷径。如果想成功减肥不反弹，你的生活要做出永久性的变化。最显而易见的策略——减少摄入的食物量——只是永久性改变饮食习惯的第一步。

- 记录你摄入的食物和你的体重。除非你认真仔细地记录，否则不会清楚地了解你每天吃了多少东西。

- 吃"大个头"食物。吃粗纤维和那些看起来分量很大但是卡路里低的食物，如葡萄和汤。这样的食物会让你的身体觉得已经摄入了很多东西，从而减少饥饿感。

- 少看电视。美国肥胖流行的原因之一就是看电视的时间增加。看电视不仅减少了进行其他活动燃烧卡路里的机会（即使在家周围散步也是好的），而且人在坐着看电视时更容易吃垃圾食品。

- 运动。一周三次每次持续运动至少30分钟。当你运动的时候，身体就将体内贮存的脂肪作为肌肉的燃料消耗掉了。这些脂肪消耗掉之后，体重就可能减轻。几乎每种运动都有助于燃烧卡路里。

- 减少外界社会刺激对你的饮食习惯的影响。少点菜，在上甜点之前离席。不要买妙脆角和薯条一类的零食，如果家里有这些东西，最好不要吃。用铝箔纸把冰箱里的食物都包起来，以免每次打开冰箱，看到那些诱人的食物和图片都忍不住想吃。

- 减肥不要随大流。一般来说那些极端的减肥方法（包括流质饮食）都不具备长期效果，而且还会危害健康。因此，不管这些方法在某个时候有多热门，也不要盲目跟风。

- 不要吃电视广告上宣传的能够轻松减肥的速效药。

- 保持良好的饮食习惯。当你达到理想体重时，坚持新的饮食习惯避免体重反弹。

- 设定合理的目标。即使是行为上的微小改变 —— 一天散步15分钟或每餐少吃一点点，都能避免长胖。

巴西时装模特安娜·卡洛琳娜·雷斯顿（Ana Carolina Reston）21岁时死于神经性厌食并发症。在雷斯顿和其他一些模特死后，时装界开始改变审美标准，开创一种更为健康的模特形象。现在，西班牙的马德里时装秀要求模特的身体质量指数至少为18才能参与走秀。

减肥就越来越流行，进食障碍也随之增加。最后，还有一些心理学家认为这些障碍源于父母的高要求或者其他家庭问题。

总之，目前对神经性厌食和贪食症的成因尚没有非常完善的解释。这些障碍最可能源于生物因素和社会因素的共同作用，要想成功治疗也必须综合采用多种方法，包括心理治疗和饮食改善。

你知道吗？

有氧运动不仅对减肥有帮助，还可以改善体盾、获得乐趣。如果你是个身体健康的成年人，但却总是感到疲惫，那么请一周做三次低强度的有氧运动吧，这可以让你精力充沛。

另一些研究者认为，这种现象的根源在于社会。例如对苗条身材的推崇以及肥胖不好的理念。患有神经性厌食和贪食症的人过分关注自己的体重，并且打心底里认为，一个人再瘦也不为过。这就解释了为什么随着经济越来越发达，节食

雄性激素： 睾丸分泌的雄性荷尔蒙。

性动机

尽管人类的生理构造与近似物种差别不大，但在性行为方面，人类的情况复杂得多。例如，就男性来说，他们的睾丸从青春期开始分泌**雄性激素**（**Androgens**）——一种在男性体内水平较高的性激素。雄性激素不仅促进男性第二性征的发育，例如生长体毛、声音变得低沉等，还会增强性驱力。由于睾丸所分泌的雄性激素的量相对均衡，因此男性的性行为没有周期性，可以一直保有相应的能力和兴趣。只要有适当的刺激唤起性欲，男人在任何时候都能参与到性活动中。

女性的生理模式则有所不同。当她们在青春期发育成熟时，两个卵巢开始分泌**雌性激素**（**Estrogens**）和黄体酮（**Progesterone**）——女性体内水平较高的性激素。但是，这些激素的分泌并不是一成不变的，它遵循周期性的模式，在**排卵期**（**Ovulation**）的分泌量最大，此时卵巢将排出一个卵子，它可能和精子结合受孕。而对于非人类的动物来说，只有在排卵期的那一段时间，雌性才接受雄性的求欢。人类则不同，尽管报告称女性性欲个体差异很大，但她们在整个周期内都可以被唤醒。

手淫：孤独的性 如果在75年前你咨询一个内科医生，他可能会告诉你，**手淫（Masturbation）**这种性的自我刺激——通常是用手来摩擦生殖器可能会导致一种广泛的生理障碍（手掌长毛）和心理障碍（精神错乱）。很显然，如果这些内科医生是正确的，那我们中绝大部分人都会戴着手套隐藏自己毛茸茸的手掌了，因为手淫是性活动中最为常见的形式之一。在美国，94%的男性和63%的女性至少有过一次手淫经历。在大学生中，有的人可能从未手淫过，而有的人则一天进行好几次。

尽管手淫的发生率很高，但人们对它的态度仍然如老一辈人一般负面。例如，一个调查显示，10%的人在手淫之后有罪恶感，5%的男性和1%的女性认为这种行为很可耻。但是，尽管看法很负面，很多

专家仍然认为手淫是一种健康的、合理的而且无害的性行为。并且，手淫为人们提供了一种了解自身性欲的方式，也是一种发觉自身变化（如发现癌变肿块）的途径。

异性恋 人们通常认为，个体在第一次发生性交时就到达了人生中的一个重要里程碑。但是，**异性恋（Heterosexuality）**——指向异性的性吸引和性行为——不仅是两性之间的性交。接吻、爱抚、按摩以及其他形式的性游戏都是异性性行为的组成部分。然而，性研究者关注的焦点一直是性交活动，尤其是发生频率以及第一次性交发生的时间。

两性性器官剖面图

女性

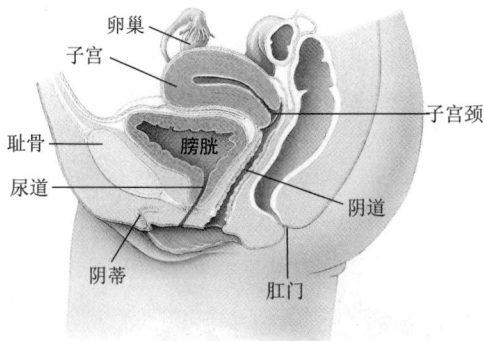

卵巢
子宫
耻骨
尿道
阴蒂
子宫颈
膀胱
阴道
肛门

男性

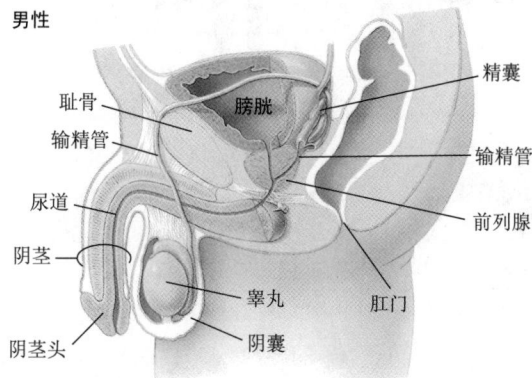

耻骨
输精管
尿道
阴茎
阴茎头
精囊
膀胱
输精管
前列腺
睾丸
阴囊
肛门

婚前性行为 至少对于女性来说，直到近些年，婚前性交都是社会的主要禁忌之一。传统上，女性会被警告婚前性行为不是好女孩应该做的；而男性则会接受这样的信息：即使他们可以发生婚前性行为，还是应该和处女结婚。这种男性可以发生婚前性行为而女性不能的观点就是**双重标准（Double Standard）**。

雌性激素：一种女性荷尔蒙。
黄体酮：卵巢分泌的一种雌性激素。
排卵期：卵巢排出一个卵子的时期。
手淫：自我性刺激。
异性恋：指向异性的性吸引和性行为。
双重标准：男性可以发生婚前性行为而女性不能的观点。

在美国，尽管大部分成年人曾经都相信婚前性行为是不对的，但是公众的看法正在逐步发生戏剧性的转变。例如，中年人中认为"婚前性行为没有错"的人大量增加；超过60%的美国人认为婚前性行为是可以接受的；超过一半的人认为婚前同居并没有违反道德。

公众态度的这种转变与现实情况的变化是一致的。最近的数据显示，在15～19岁的女孩中，半数以上有过婚前性行为。这个数字几乎是1970年同类报告的两倍。显然，过去几十年的发展趋势表明，人们越来越趋于接受女性婚前性行为。

在男性中，变化尽管没有女性显著，涉及婚前性行为的个体比例也在增加。这可能是由于男性的比例本来就高。例如，在20世纪40年代所做的第一份婚前性行为调查中，84%的男性都有过婚前性行

为，而最近的数据显示这个比例达到了95%。并且，男性初次发生性行为的平均年龄在稳步下降，大概有一半的男性在18岁时已经有过性行为，到20岁时这个比例达到了88%。肤色和种族上也有差别：非裔美国人第一次性行为的时间趋向于比波多黎各人早，而二者的初次性交时间都比白种人早。肤色和种族差别可能反映了群体社会经济地位和家庭结构的不同。

婚外性行为： 已婚人士与非配偶之间发生的性行为。

同性恋： 受到同性性吸引的个体。

双性恋： 同时受到同性和异性性吸引的个体。

婚内性行为 如果从报纸杂志上有关异性婚内行为的文章来判断，你可能会以为性行为是衡量婚姻幸福与否的第一标准。因为这些文章的关注点都在于夫妇性行为是否太多、太少，或者是否发生了错误的性行为。

尽管婚姻中的性质量可以从多种维度来衡量，但性频率无疑是其中重要的一点。由于性行为形式多样，要确切地从某一方面衡量并不容易。在一项研究中，43%的已婚夫妇声称他们一个月有数次性行为；36%的夫妇声称他们一星期有两三次性行为。随着年龄的增长和婚龄的增加，性交的频率逐渐下降。但性行为会持续到成年晚期，此时接近一半的人报告说他们在一个月中至少有一次高质量的性行为。

尽管先前研究发现，**婚外性行为（Extramarital Sex）** 越来越普遍，但是现实情况有所差异。根据美国的调查研究显示，85%的已婚女性和75%的已婚男性都忠于他们的配偶。而性伴侣（无论婚内婚外）的数量，18岁以上男性平均为6个，女性为2个。人们对于婚外性行为的态度基本一致，即高度批判。九成的人认为婚外性行为"总是"或者"基本上是"错误的。

同性恋和双性恋同性恋（Homosexuals） 指受到同性的性吸引，而双性恋（**Bisexual**）指同时受到同性和异性的性吸引。很多男同性恋者喜欢说自己是"gay"，女同性恋者喜欢称自己为"lesbian"，因为比起"同性恋"这个词来说，这些词语代表了一种更宽泛的态度和生活方式，而"同性恋"主要是针对性行为而言的。

有很多人会在一生中的某个时间段选择同性作为性伴侣。调查显示，20%～25%的男性和大约15%的女性在成年期至少有过一次同性恋经历。有一些人确定自己只对同性感兴趣，但无法估计这部分人的确切人数，有些调查认为只有1.1%，而有的又认为高达10%。大部分专家认为，大概有5%～10%的人在其人生某一阶段内是绝对的同性恋。

尽管人们经常把同性恋和异性恋看成两种完全不同的性取向，但其划分并非那么简单。性研究先驱阿尔弗雷德·金赛（Alfred Kinsey）意识到了这一点，因此他在调查时设计的量表是连续性的。他把"绝对的同性恋"放在量表的一端，把"绝对的异性恋"放在另一端，而中间则是那些既有同性行为又有异性行为的人。金赛的研究表明，性取向取决于一个人的性感觉、性行为以及浪漫感受。

性取向的成因 是什么决定了一个人是同性恋还是异性恋？虽然现在有很多理论都试图解释这一点，但是没有一个能给出满意的答案。

生物学解释认为性取向是遗传决定的。支持证据主要来自双子研究。研究发现，当同卵双生子中有一个是同性恋时，另一个是同性恋的可能性比普通人高。即使是在生命早期就分开抚养而没有在同一个社会环境下成长的同卵双生子身上也会出现这种现象。

激素也对性倾向有一定的影响作用。例如，研究显示，在出生之前长期暴露于己烯雌酚（DES，一种合成的雌性激素）的女性（她们的母亲服药防止流产），更可能成为同性恋或者双性恋者。

有一些证据表明，大脑结构也和性取向有关。例如，同性恋和异性恋男性的下丘脑前部（大脑中调节性行为的部位）结构有所不同。与之类似，和异性恋的个体相比，同性恋男性的前联合区（连接大脑左右半球的神经束）更大。

也有学者认为生物因素决定性取向这种观点并没有说服力，因为这个发现只基于小样本的研究。但是，遗传和生物因素确实决定着个体对于同性或异性的倾向性，一旦遇到适当的社会环境，就会成为实际的行为。

几乎没有证据表明性取向是由儿童的成长经历和家庭的互动模式造成的。尽管精神分析理论的支持者曾经认为有些亲子关系可能造成同性恋倾向，但实证研究的结果并不支持这一解释。

要为性取向找到一个大众认可的解释非常困难，我们无法确定决定性取向的因素是什么。似乎任意一种单一因素都无法解释一个人为什么是同性恋或异性恋，把生物因素和环境因素结合起来思考才能得出更为合理的答案。

尽管现在我们不能确切地知道为什么人们有某一种性取向，但要澄清一件事情：性取向和心理适应并没有相关关系。同性恋、双性恋和异性恋的精神和生理健康质量都是相同的，尽管前二者受到的歧视可能导致一些障碍发生率偏高，如抑郁。异性恋、同性恋和双性恋的自我态度也相似，和性取向无关。因此，美国心理学会和其他一些心理健康组织都在努力减少社会对于同性恋和双性恋的歧视，如推动认可同性恋婚姻的合法性。

易性癖 易性者（**Transsexuals**）指的是那些认为自己生来就应该是异性的人。从本质上来说，易性癖跟性的关系不大，更多是一种性别认同障碍。

易性者有时候会做变性手术移除自己现有的生殖器官并装上人造的异性生殖器官。变性需要很多步骤，包括深入的咨询，激素注射，以同性的身份和异性一起生活数年，以及复杂的变性手术等。但变性的结果可能是比较乐观的。

> **易性者**：认为自己生来就应该是异性的人。

易性癖则不同，它是一种性倒错。性倒错不仅包含易性癖，还包含把自己视为第三性别的人、异装癖（穿异性衣服的人）以及那些认为传统的男女类别无法准确描述自己的人。

易性者不同于阴阳人或雌雄同体者。阴阳人是生来就具有非典型性器官组合的人，或者说具有非典型染色体或基因模式的人。有些情况下，阴阳人生来就具有男性和女性的性器官，或者他们的性器官模棱两可，无法辨性。阴阳人的出生概率极小，大概在4500个新生儿中有1例。

心理学小贴士

研究证明，性取向的决定因素很难查明。所以我们有必要了解心理学家解释性取向的一系列理论。

成就需要、归属需要和权力需要

在日常生活中，尽管像饥饿这样的原始驱力力量强大，但另外一些没有明显生物基础的二级驱力也会有效地刺激我们的行为。其中最显著的就是成就需要。

电影中的心理学

《触及巅峰》(*Touching the Void*, 2003)

在攀爬秘鲁安第斯山斯拉格兰峰的过程中，和西蒙（Simon）绑在一起的乔伊（Joe）受伤了。为了防止两个人都死在山上，西蒙不得不割断绳子。他以为乔伊死定了，但是这个故事讲述的就是乔伊令人瞠目结舌的生存动机。

《BJ单身日记》(*Bridget Jones's Diary*, 2001)

有时候我们并不是因为饥饿而进食。这个电影中的主角布里吉特·琼斯（Bridget Jones）一伤心就暴饮暴食。

《甘地》(*Gandhi*, 1982)

这个故事讲述了一个领导者以他惊人的勇气展示出自我实现的品质，他用非暴力手段公然反抗英国对印度的殖民。

《看不见的世界》(*The World Unseen*, 2007)

两个女人的故事，她们发现自己的性动机与常人不同。这个故事发生在社会礼教严格又保守的南非。

《不求回报》(*No Strings Attached*, 2011)

这是一对只有性没有爱的生活伴侣的故事，谁要是动了真情就会厄运临头。

心理学**小贴士**

高成就动机者的最显著特征是他们喜欢中等难度的工作。

任何负面的含义，因为几乎所有人都会失败。对失败有强烈恐惧的人不会选择中等难度的任务，因为他们害怕自己失败了，而别人却成功了。

至少在像西方社会这样成功取向的文化中，成就需要高的人通常都会得到积极的结果。例如，被高成就需要驱使的人比起那些成就需要低的人更可能上大学，而且一旦他们入学之后，就会努力在课程中获得更高的分数，因为这与他们将来的事业息息相关。此外，高成就动机还可以预测未来在经济与职业上可能取得的成功。

成就动机的测量

我们应该怎样测量一个人的成就需要呢？最常用的工具是主题统觉测验（Thematic Apperception Test, TAT）。测验时，测试者会呈现一系列意义模棱两可的图片，让受测者根据图片写一个故事，主要描述图片里发生了什么、那些人是谁、事情的原因可能是什么、人们在想什么、或者想要什么、接下来会发生什么，等等。然后测试者根据受测者的描述，用

成就需要 成就需要（**Need for Achievement**）是一种稳定的、习得的心理特征，个体因为努力追求和获取卓越而感到喜悦。高成就需要的人喜欢有挑战的环境，如挑战分数、金钱或比赛，他们通过挑战证明自己的能力。但是他们也是有选择的：他们趋向于回避那些太容易取得成功的环境（没有挑战性），以及那些很难取得成功的环境，而选择难度中等的任务。

相较而言，成就动机低的人容易被一种避免失败的愿望所驱使。因此，他们会选择简单的任务，确保自己不会失败；或者选择非常困难的任务，这样失败就没有

> **成就需要：** 一种稳定、习得的心理特征，个体因为努力追求和获取卓越而感到喜悦。
>
> **归属需要：** 和他人建立关系及维护这种关系的需要。
>
> **权力需要：** 追求影响力和控制力，企图影响他人并表现出权威形象的需要。

：性别和归属需要有什么关系？

一个标准化的评分系统来决定他们的成就动机是多少。例如，一个人写了这样一个故事：主角努力击打对手，为了在某次任务中表现良好而努力学习，或者为了晋升而努力工作。这个故事包含了诸多与成就相联系的情节和意象，因而清晰表明了受测者的高成就需要。

归属需要 恐怕很少会有人选择做一个隐居者，这是为什么呢？原因之一就是大部分人都具有**归属需要**（**Need for Affiliation**），即和他人建立关系及维护这种关系的需要。有强烈归属需要的人在接受主题统觉测验时，会更多强调维持或恢复友情，更为关心主角是否被朋友拒绝。

相对于归属需要低的人来说，归属需要高的人对于人与人之间的关系特别敏感，他们希望花更多的时间和朋友在一起，尽量不要独处。但是，对于跟朋友相处时间长短的问题，性别是一个更强的决定因素。尽管归属需要程度不一，女学生和朋友在一起的时间比男学生要多很多，独处的时间则要比男学生少很多。

权力需要 如果你幻想成为国家元首或世界500强企业的管理者，那么你很可能具有高权力需要。**权力需要**（**Need for Power**）是一种追求影响力和控制力，企图影响他人并表现出权威形象的倾向，它是另一种形式的动机。

如你所想，比起权力动机弱的人，权力动机强的人更有可能进入企业或追求公职。而且他们更倾向于从事专业性的工作以满足自己的权力需要，例如商业管理和教学（这个你可能没想到吧）。并且，他们会努力通过各种方式来展示自己获得的权力。如果他们还只是一个大学生，那么就会去收集一些能带来声望的物品，如高级电子产品和赛车等。

如果你是……

一名职业生涯辅导师 你会如何依据咨询者的特点，如成就需要、权力需要和归属需要来为学生的职业生涯出谋划策？除此之外你还会考虑哪些因素？

>> 理解情绪体验

我们都曾体验过大喜大悲：在找到一个非常抢手的工作之后万分兴奋，在坠入爱河后无比快乐，在朋友逝世后异常悲痛，在无意伤害别人后非常自责……我们也在每天经历着日常生活的平淡五味：友谊带来的快乐，欣赏电影的愉悦，丢东西的沮丧……

尽管这些感觉种类繁多，但他们都代表着情绪。虽然大家都知道情绪是什么，而

> **情绪**：既包含心理元素又包含认知元素，会影响行为的感受。

正式定义"情绪"这个词语却非常困难。在这里我们使用一个广泛的定义：**情绪**（**Emotions**）就是那些既包含心理元素又包含认知元素的感受，它们会影响行为。

举个例子来说，想一想快乐是什么感觉。首先，我们会明显体验到有别于其他情绪的感觉。其次，我们还会感受到一些生理变化：比如心跳加快，或者发现自己"高兴得跳了起来"。最后，这种情绪可能还包含着一些认知元素：我们对于所发生的事情的理解和对其意义的评价，这些都会促进我们的快乐感受。

但是，我们也可以在没有认知元素的情况下感受情绪。例如，我们可能会对一些害怕的东西作出反应，但却不知道为什么害怕；或者我们在性兴奋的时候感到非常愉悦，但却没有任何认知意识，也不知道这个兴奋的情境到底是怎么回事。

情绪的功能

想一想，如果我们无法感受情绪会是什么样子——没有深深的绝望，没有抑郁，没有懊悔，但同时也没有幸福、快乐或者爱。显然，如果我们缺乏感受和表达情绪的能力，生活不会像现在这么满意，甚至会乏味无生趣。

但是，情绪除了能让生活变得有趣之外，还有什么作用？心理学家已经总结出情绪在日常生活中的几种关键性作用。其中最重要的作用如下。

- **为行动做准备** 情绪联结着环境中发生的事件和我们的反应。如果你看到一条凶神恶煞的狗向你咆哮，你的

情绪的层次

情绪

积极情绪 消极情绪

爱 愉悦 愤怒 恐惧 悲伤

喜欢 极乐 自豪 烦恼 轻蔑 害怕 苦恼 愧疚
迷恋 满足 敌对 嫉妒 担心 忧伤 孤单

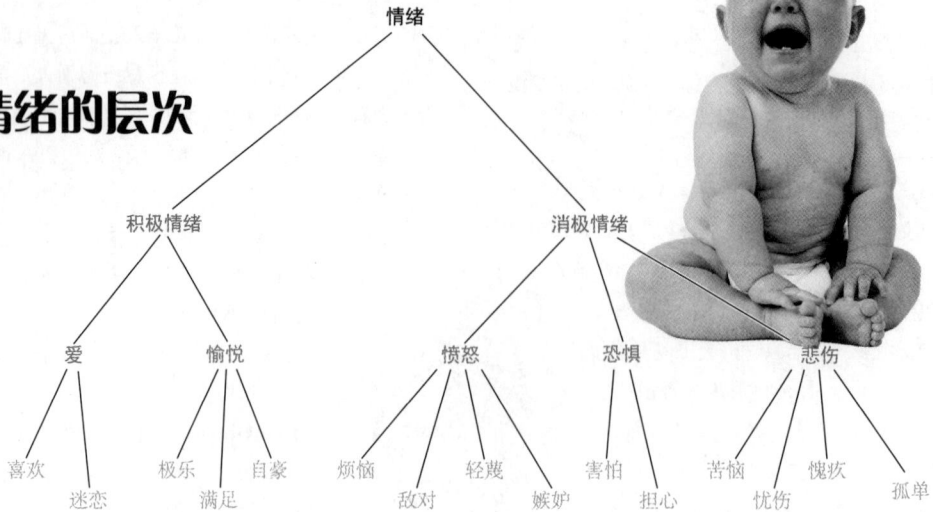

资料来源：改编自 Fischer, Shaver, & Carnochan, 1990。

情绪反应（恐惧）就会迅速与自主神经系统中交感神经的生理唤醒相联系，启动"战或逃"反应。

- **影响将来的行为** 情绪能增强那些让我们做出适当反应的意识。例如，对于不愉快事件的情绪反应可以教我们在将来避免同样的情况再度发生。

- **帮助我们更有效地和他人交往** 我们通常使用语言和非言语行为表达情绪感受，从而让观察者能够明显地识别出我们的情绪。这些行为可以作为信号，让观察者更好地理解我们的感受并帮助他们预测我们将来的行为。

确定情绪的范围

如果要列出英语中用来表达情绪的单词，至少可以列出500个。这些单词中代表的情绪有些显而易见，如快乐和恐惧，有些则不太常见，如敢作敢为和沉思。

对于心理学家来说，把这些单词分类并找出其中最重要和基本的情绪是一项颇具挑战的工作。对于情绪的划分问题，理论家们进行过激烈的讨论，也得出了一些不同的结论。而其他的研究者更赞同把情绪划分为不同的层次，如积极情绪和消极情绪，再从中细分出更多的子类。

然而大部分研究者仍然认为基本的情绪至少包括快乐、愤怒、恐惧、悲伤、厌恶和惊讶。有些人认为还应更宽泛一点，包括轻蔑、愧疚和愉悦等情绪。

在定义何为基本情绪时经常会碰到一个问题：在不同的文化中，体验和表达情绪的方法有显著的不同。例如，德国人会谈论"schadenfreude"——一种在别人遇到困难时感到愉悦的情绪；日本人会体验到"hagaii"——一种低沉的、脆弱的、易心痛的心境；而在塔希提岛，"musu"代表不愿意屈服于父母不合理要求的感受。

只在一些文化中发现类似于schadenfreude、hagaii和musu这样的词语，并不意味着其他文化中的人不能感受到这些情绪。这只说明把特定情绪编码进语言之后，能够更加方便人们讨论、思考甚至体验这种情绪。

情绪的根源

我以前从未这么生气。我觉得心都碎了，而且我一直都胆战心惊的……我不知道是怎么演完这场戏的。我觉得肚子里面翻江倒海……我犯了一个严重的错误！我肯定面红耳赤……当我听到夜里的脚步声时，我被吓坏了，似乎连呼吸都停止了。

只要留心一下我们的语言，就会发现我们可以用非常多的方法来形容我们的感受。而其中大部分都与相联系的生理反应有关。

就拿恐惧情绪来说，想象现在是除夕的深夜，你一个人走在林荫大道上。突然，一辆大卡车从路的另一边朝你冲上来。你快速地扫视了一下周围之后迅速做出决定朝一边跑去，避开了卡车。

在此过程中你的身体会发生一些剧烈的变化。最有可能产生的反应和自主神经系统的活动有关，它包括呼吸加快、心率剧增、瞳孔扩大（提高视觉感受性）、口干舌燥（由于唾液腺发生作用而导致的，实际上整个消化系统的活动都会急速减缓）。同时，你的汗腺可能变得更加活跃，因为出汗可以帮助你排出在应急反应中产生的多余热量。

当然，所有的生理变化都可能在你意识不到的情况下发生，即便伴随而来的情绪体验极为明显：你非常肯定自己害怕极了。

尽管要描述伴随情绪的生理反应很容易，但要找出这些生理反应在情绪体验中发挥的作用却是一个大难题。我们可以看到，有的理论家认为，某种身体反应会产生特定的情绪体验。例如，我们感受到恐惧是因为心跳加快、呼吸急促。相反，另一些理论家认为生理反应是情绪体验的结果。从这种角度来说，我们感到恐惧，所以心跳加快、呼吸急促。

> **詹姆斯-兰格情绪理论：** 该理论认为外部情境引发身体变化，情绪体验是对身体变化的反应（"我感到悲伤是因为我哭了"）。

詹姆斯-兰格情绪理论 威廉·詹姆斯（William James）和卡尔·兰格（Carl Lange）是探索情绪的两位先驱人物。他们认为，我们的身体会本能地对环境中的某些情况或事件做出反应，而情绪体验则是对身体变化的反应。詹姆斯在他的文章里总结了这种

三种情绪理论

感知到情绪事件或情境

詹姆斯-兰格情绪理论 → 激活内部身体变化 → 大脑把内部变化解释为情绪体验

坎农-巴德情绪理论 → 激活丘脑 → 以身体反应的激活来回应大脑 / 关于情绪体验的信息传递到大脑皮质

沙赫特-辛格情绪理论 → 激活广泛的生理唤醒 → 观察到环境中的线索 → 大脑决定唤醒哪种情绪

观点："因为我们哭了，所以才感到难过，我们捶胸顿足所以才感到愤怒，我们瑟瑟发抖所以才感到害怕。"

同理，因为失去而痛哭让我们感到悲伤，因为揍了那些挫败我们的人而感到愤怒，因为受威胁发抖而感到害怕。这样看来，我们每一种主要情绪都伴随着生理的或者"内脏"的反应，即内在体验。人们正是用这些特定的内在体验来形容我们的情绪体验的。

总之，詹姆斯和兰格认为我们的情绪体验是生理变化的结果，是它们产生了某种感觉，大脑再将这种感觉转换成特定的情绪体验。这种观点被称为**詹姆斯-兰格情绪理论（James-Lange Theory of Emotion）**。

詹姆斯-兰格情绪理论存在一些严重的问题。首先，如果这种理论成立，那么内部变化就必须很快地发生，因为有些情绪体验几乎是瞬时出现的——例如，在夜晚听到一个陌生人快速靠近的声音就立刻感到害怕。这些情绪体验甚至会在生理变化转换成行动之前就产生。

其次，生理唤醒并不总会产生情绪体验。例如，人在慢跑时心率和呼吸都很快，而且还伴随着与其他情绪相联系的生理变化。但是慢跑的人并不会感到情绪的变化。所以，内部变化和情绪体验之间并没有一一对应的关系。内部变化本身不足以产生情绪。

最后，我们的内部器官能产生的感觉相对来说范围有限。尽管有些生理变化和某种特定的情绪体验相联系，但是很难想象单一的内部变化能够产生人们体验到的数不清的情绪。实际上，很多情绪都和相似的内部变化相连，这一点和詹姆斯-兰格情绪理论相违背。

坎农-巴德情绪理论：该理论认为，同一神经刺激同时引发生理唤醒和情绪体验。

沙赫特-辛格情绪理论：该理论认为，情绪由非特异性的生理唤醒和基于环境线索对其作出的解释共同决定。

坎农-巴德情绪理论

由于詹姆斯-兰格情绪理论存在不少漏洞，沃尔特·坎农（Walter Cannon）和后来的菲利浦·巴德（Philip Bard）提出了一个新观点，称为**坎农-巴德情绪理论（Cannon-Bard Theory of Emotion）**。他们反对生理唤醒产生情绪知觉的观点，转而提出生理唤醒和情绪体验是由神经刺激同时产生的，具体地说，由丘脑传出。

这种理论认为，在我们知觉到一种能产生情绪的刺激时，丘脑首先接收到这种刺激。然后，丘脑给自主神经系统发出信号，从而产生一种内部反应。同时，丘脑还将信息传送到大脑皮层，在大脑皮层产生相应的情绪体验。这样，不同的情绪就可以不必唯一对应于某种生理模式，只要大脑皮层接收到的信息和特定的情绪对应就行了。

坎农-巴德情绪理论似乎明确否定了生理唤醒产生情绪的观点。但是近来的研究对于这个理论做出了重要的修正。首先，我们现在知道，边缘系统中的杏仁核以及其他结构——而非丘脑——在情绪体验中扮演着重要的角色。其次，坎农-巴德情绪理论中的一个基本假设，生理和情绪同时发生，还没有被证实。这种不确定性促进了另一种情绪理论的产生：沙赫特-辛格情绪理论。

沙赫特-辛格情绪理论

假设你独自行走在一条黑暗的街道上，突然发现有人跟踪你。此时你还注意到，对面街道上的一个男人也被另外一个可疑人物跟踪。这个男人转身看到了他的跟踪者。现在假设他不但没有恐惧，反而愉快地笑了起来。这一反应会不会减少你的恐惧？你会不会觉得，其实没什么好怕的，然后自己也开始感到愉快？

根据关注认知作用的**沙赫特-辛格情绪理论（Schachter-Singer Theory of Emotion）**的解释，这样的事情很可能发生。这种理论强调，人们通过观察环境，拿自己和他人做比较来确定情绪体验。

史丹利·沙赫特（Stanley Schachter）和杰罗姆·辛格（Jerome Singer）的经典实验为这个假设提供了证据。在研究中，主试告诉一半被试他们会接受维他命注射，而另一半被试则被告知他们要被注射肾上腺素。而实际上，他们都被注射了肾上腺素——一种提高生理唤醒的药物，症状有心跳加速、呼吸加快、脸蛋绯红等，这些都是高度情绪体验的典型反应。这些被试都被放在房间单独和实验助手待在一起。助手有两种反应，在一种情况下表现出愤怒和敌对的情绪，在另一种情况下则表现出极度快乐的情绪。

实验的目的是观察被试会对助手的行为做出何种情绪反应。在实验后，要求他们描述自己的情绪状态。在那些认为自己接受的是维他命注射的被试中，接触愤怒助手的被试倾向于报告他们感到愤怒，而接触快乐助手的被试则倾向于报告他们感到开心。那些被告知自己注射的是肾上腺素的被试则不管在哪种情况下都倾向于报告出肾上腺素的典型反应。总之，结论是，那些以为自己接受维他命注射的人被环境影响了，而那些知道实情的人则报告出他们体验到的生理唤醒。

沙赫特-辛格实验的结果支持了情绪的认知观点。即情绪由非特异性的生理唤醒和基于环境线索对其做出的解释共同决定。后续的研究证实了这一假设，生理唤醒和情绪体验确实不一一对应。当生理唤醒的原因不确定时，我们就在周围的环境中寻找线索，来解释我们感受到的生理唤醒。

理解情绪的各种理论 随着越来越多的情绪理论的提出，我们都想了解，为什么会有这么多情绪理论出现。或许更重要的是，到底哪种理论能对情绪作出最全面的解释。实际上，我们只是了解了情绪最表浅的一面。现有的情绪理论几乎和人们的情绪一样，种类繁多。

心理学小贴士

区分这三个经典的情绪理论：詹姆斯-兰格情绪理论、坎农-巴德情绪理论、沙赫特-辛格情绪理论。

为什么会有如此多情绪理论？首先，情绪并不是一个简单的现象，它和动机、认知、神经科学以及心理学的其他分支相互联系。例如，脑成像研究表明，即使当人们进行非常理性、非情绪化的决策（如道德或哲学判断）时，情绪也会影响表现。

简而言之，情绪是一种复杂的现象，它包含生理方面和认知方面。时至今日，现有的情绪理论中还没有可以全面解释情绪体验各个方面的理论。而且，每一种理论都受到一些反面证据的挑战，它们在预测行为时不一定准确。

情绪理论的丰富多样并不会给人带来绝望、烦恼、恐惧或者其他任何负面情绪。它只能说明，心理学还在逐步发展之中。我们搜集的证据越多，对于情绪本质就能看得越通透。

> 时至今日，现有的情绪理论中还没有可以全面解释情绪体验各个方面的理论。

情绪表达的文化差异

看看下页六幅图片。你能分辨出图片里的人所表达的情绪吗？就算你不是一个面部表情专家，也能辨别出他们的表情：分别是快乐、愤怒、悲伤、惊讶、厌恶和恐惧。非言语行为的大量研究证明，这些情绪特点鲜明，即使没有受过专门训练，也能轻易辨别出来。

有趣的是，这六种情绪并不是西方人特有的，它们是全世界人类通用的基本情绪，无论人们在哪里长大，教育程度如何。心理学家保罗·艾克曼（Paul Ekman）在研究与世隔绝的新几内亚丛林部落时，提出了确切的证据证明了这一点。这个部落的人和西方社会几乎没有任何联系，他们听不懂英语更不会说英语，没有看过电影，而且在艾克曼拜访之前，他们对白种人知之甚少。但是他们对煽情故事的非言语反应，以及他们辨别基本情绪的方式都和西方人非常相似。

由于与世隔绝，新几内亚人不可能向西方人学习识别或做出同样的面部表情。但是他们却表现出天生的、与西方人相似的情绪反应能力和情绪反应方式。尽管有人会说，两个文化的相似经历让这些文化成员习得了相似的非言语行为模式，但这几乎是不可能的，因为两个文化大相径庭。所以，这六种基本表情似乎是普遍存在的。

如果你是……

一名军官 你该如何运用沙赫特-辛格的理论来训练你的士兵，减少他们的恐惧和不安全感？

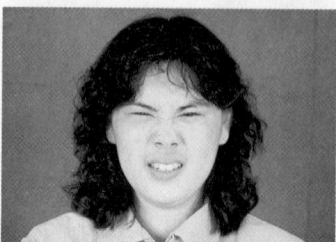

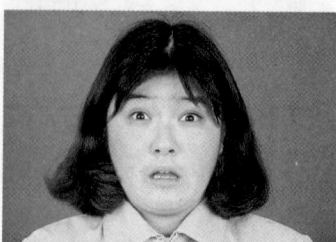

六种基本情绪的面部表达：快乐、愤怒、悲伤、惊讶、厌恶和恐惧。

为什么不同文化的人在情绪表达上具有相似性？一个叫作**面部表情程序**（**Facial-Affect Program**）的假设给出了一种解释。面部表情程序假设情绪是广泛存在并与生俱来的，它就像电脑程序一样，当体验到某种特定情绪时就自动开启。开启之后，这个"程序"会激活一系列的神经冲动，面部因此而展现出一种适当的表情。每一种基本表情会引发一组特定的肌肉运动，从而形成不同的面部表情。例如，快乐情绪通常表现为肌肉提起嘴角，形成我们所说的微笑。

面部表情程序：激活一组神经冲动，让面部呈现出适当的表情。

面部反馈假设：面部表情不仅反映情绪体验，还有助于决定情绪感受。

奇妙的**面部反馈假设**（**Facial-Feedback Hypothesis**）则阐明了面部表情的重要性。根据这种假设，面部表情不仅反映情绪体验，还有助于决定情绪感受。换句话说，面"带"表情为大脑提供了肌肉反馈，有助于产生和表达对应的情绪。例如，当我们微笑时，牵动的肌肉就可能向大脑发出一种快乐体验的信息，即使实际环境中根本没有可以产生这种情绪的刺激。有些学者还认为，如果要体验一种情绪，面部表情是必不可少的。根据这种极端的看法，如果一个人没有做出面部表情，就不可能体会到情绪。

保罗·艾克曼及其同事的一个经典实验为面部反馈假设提供了支持。研究中，研究者要求专业演员根据明确的指示运动他们的面部肌肉。你也可以试试看：

- 提高你的眉毛，把它们皱在一起；
- 提高你的上眼皮；
- 将嘴巴尽量往后拉。

你可能猜到了，这会让你做出一个恐惧的表情。做完这些运动后，演员的心率上升、体温下降，这些都是与恐惧情绪相对应的生理反应。总之，面部表情引起的情绪及生理反应和真实情绪所产生的并无二致。

你知道吗？

当你撒谎的时候，你的脸可能会出卖你。某些微表情（几乎无法控制的快速闪现的表情）和撒谎有关。训练执法人员和安保人员识别微表情，这比起传统的测谎仪来说是一个更可靠的测谎方法。

我的心理学
笔记 >>

- 什么是动机，它如何影响行为

  动机是指导并激励行为的因素。驱力是动机性的紧张或唤醒，它激发人们采取行动以满足需要。唤醒理论认为我们努力维持某种特定的唤醒和活动水平。诱因理论关注那些存在于环境中的、能指导和激励行为的积极因素。认知理论强调思维、期望和对世界的理解在产生动机方面所起的作用。马斯洛提出的需要层次包含了生理需要、安全需要、归属和爱的需要、自尊需要和自我实现需要。在那些更基本的需要得到满足之后，人们才能努力追求更高层次的需要满足。

- 什么因素影响进食和性行为

  进食行为受生物和社会因素的驱动。大脑中的下丘脑可以调节食物的摄入。进食时间、食物偏好以及其他一些后天养成的习惯等社会因素决定一个人什么时候进食，吃什么以及吃多少。对于社会线索太敏感而忽略生物线索可能导致肥胖。此外，肥胖也可能由于体重设置点（遗传决定的、身体努力维持的体重点）过高所导致。性行为具有生物基础，几乎任何刺激都可以使人产生性唤起。自我性刺激，或者说手淫，是最频繁的性行为之一。尽管现在的研究并没有发现手淫有任何负面后果，但对于手淫的态度还是一如既往的消极。异性恋是最普遍的性取向，尽管有不少人在一生中都曾选择过同性性伴侣。约有5%～10%的男人和女人在他们一生的某个时候是绝对的同性恋。对于为什么有些人是同性恋而其他人是异性恋，这个问题的所有解释都没有被完全证实。我们只知道它的原因可能有遗传因素（生物因素）、童年经历、家庭影响以及先前的学习经验和条件作用等。

- 什么是成就需要、亲和需要和权力需要

  成就需要是一种稳定、习得的心理特征，个体因为努力追求和获取卓越而感到喜悦；归属需要是和他人建立关系及维护这种关系的需要；权力需要是一种追求影响力和控制力，企图影响他人并表现出权威形象的需要。

- 人们体验情感的方式相同吗

  广义的情绪是指那些影响行为的感受，既包含生理成分，也包含认知成分。情绪让我们准备行动，影响将来的行为，并帮助我们更有效地和他人交流。尽管心理学家已经提出了大量的情绪理论，但是没有一种理论能够提出广受支持的清晰解释。

- 我们如何无声地表达感受

  一个人的面部表情可以透露他的情绪。情绪表达是全世界通用的，不同文化的人可以没有障碍地相互识别表情。情绪相似性的一个解释是，我们生来固有的面部表情程序激活了特定部位的、可以表达相应情绪的肌肉活动。面部反馈假设认为面部表情不仅可以反映情绪体验，而且可以产生情绪体验。

1. _____是指引行为朝向某方面活动的力量。

2. 生物决定的、生来就有的行为模式叫作_____。

3. 根据马斯洛的理论，一个没有工作、没有家、没有朋友的人能够自我实现。对还是错?

4. 为下面的术语选择正确的解释。

   a. 会导致绝食并被饿死

   b. 负责调节食物摄入

   c. 导致极度暴食

   _____（1）下丘脑

   _____（2）外侧下丘脑损伤

   _____（3）下丘脑腹侧内核损伤

5. _____是食物转化成能量被身体消耗的比例。

6. 过去40年里，美国女性婚前性行为的比例比男性增长得更快。对还是错?

7. 一个被同伴拒绝的小女孩努力修复她的友谊。她在这件事情里表现出了什么动机?

   a. 成就需要

   b. 动机需要

   c. 归属需要

   d. 权力需要

8. _____情绪理论认为，情绪是对内部身体事件的反应。

9. 你的一个心理学专业的朋友告诉你，"我昨天晚上参加了舞会。从我到达的那一刻起到离开，我的一般唤醒水平都增加了。因为我在一个大家都很开心的舞会上，那么我应该是开心的。"你的朋友运用了什么情绪理论?

10. 我们能从面部表情分辨出来的六种基本情绪是什么?

11. 在测谎过程中，有一个重要的方面是:

    a. 当你假笑时，你的眼睛不会一起微笑

    b. 用测谎仪来测谎仍然有缺陷

    c. 当你说真话时，手和眼的运动总是匹配的

    d. 大部分的撒谎者都必须在练习一段时间后才能以假乱真

1. 动机
2. 本能
3. 错误，在目标实现之前，他们还必须满足更基础的需求
4. （1）b，（2）a，（3）c
5. 新陈代谢
6. 正确
7. c
8. 詹姆斯-兰格
9. 沙赫特辛格-三段
10. 快乐、悲伤、惊奇、愤怒、恐惧和厌恶
11. a

9

发展

"出生"了两次的婴儿

40岁的凯莉（Keri）和39岁的查德·麦卡特尼（Chad McCartney）夫妇正在美国德克萨斯州的一家诊所里做例行产检，这次他们希望知道自己的宝宝是男孩还是女孩。然而，当胎儿的画面出现在屏幕上，技术人员沉默了。画面放大后，凯莉和查德在胎儿下面看到了一小块突出的物体。"那是什么？"他们问。"呃……是个大麻烦。"技术人员回答说。

黛布拉·威廉斯（Debra Williams）医生随后公布了一个噩耗：胎儿尾椎骨上的附带物是一个阳性肿瘤，这种情况大约在35 000个胎儿中才会出现一例。肿瘤靠近胎儿的血液供应点，胎儿的成活率不到10%。

但是玛茜（Marcie）——凯莉和查德的女儿活下来了。凯莉接受了一个风险极高的手术：外科医生将胎儿暂时从子宫里移出，把大部分的肿瘤切除，然后再把她放回到母亲的子宫中继续成长。直到10周后她发育成熟，再一次降生于世。

让玛茜能够顺利成活的先进医疗技术只是众多改进儿童生活质量的方法之一，这些方法不仅能在孕期起到很大作用，更能为个体的一生保驾护航。玛茜的故事引出了心理学中最广阔也最重要的领域之一：发展心理学。这个心理学分支研究个体在一生中的发展和变化模式。从新的接生方式，到如何抚养儿童，再到生命各阶段的转折点，它所涉及的问题无所不包。

发展心理学家关心在人类发展过程中那些与生俱来的生理因素和瞬息万变的环境是如何相互作用的。他们想知道，个体的遗传背景如何在一生中影响其行为，环境中的各种因素、事件和经历是如何与遗传一起在人生历程中共同或者相悖地塑造着我们。

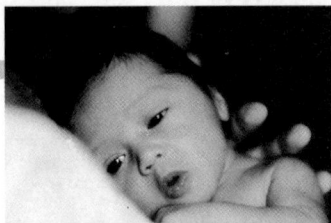

- 在出生前，婴儿如何生长发育？
- 新生儿到底知道些什么，我们如何识别他们的能力？
- 儿童怎样和他人相处、怎样理解他人？
- 青少年期最重要的心理挑战是什么？
- 人们成年之后如何继续发展和成长？

边读边想 >>

>> 遗传和环境

在美国新泽西州，有多少个秃顶、身高6.6英尺（2.01米）、体重250磅（113.40千克）、髭须浓密、佩戴飞行员式眼镜，喜欢把钥匙挂在皮带右侧的志愿消防队员？

发展心理学： 心理学分支之一，研究生命全程中个体生长变化的模式。

天性-教养问题： 有关遗传和环境对行为的影响程度的问题。

答案是：两个。杰拉尔德·利维（Gerald Levey）和马克·纽曼（Mark Newman）。他们是一对一出生就被分开抚养的双胞胎。他们一直不知道对方的存在，直到有一天经由同事介绍才在一个消防站相遇。因为这个同事认识纽曼，又在一次消防大会上看到了纽曼的复本——利维。

尽管这对双胞胎从小就被分开，但是他们的生活轨迹惊人地相似。利维上了大学，学习林业学；纽曼本来也打算学习林业学，后来找了一个修剪植物的工作。他们都在超市工作过。两个人都干过安装的活，一个安装自动洒水装置，另一个安装火警警报器。

他们两个人都未婚，喜欢相同类型的女人：高挑、苗条、长发飘飘；他们拥有同样的爱好，喜欢打猎、钓鱼、去海滩、看约翰·韦恩（John Wayne）的老电影和专业摔跤比赛；他们都喜欢吃中国菜，热爱同一种牌子的啤酒；他们做相同的动作，比如在笑的时候把头往后仰。而且当然还有一点：他们都对消防事业充满激情。

我们在双胞胎杰拉尔德·利维和马克·纽曼身上看到的相似性很显然涉及到了发展心理学的一个基本问题。**发展心理学**（**Developmental Psychology**）研究生命全程中个体生长变化的模式。这个基本问题是，我们如何区分影响行为的环境因素（父母、兄弟姊妹、家庭、朋友、学校、营养以及一个孩子可能遇到的其他一切影响因素）和遗传因素（终生影响一个人生长发展的基因组成）？这个问题就是通常所说的**天性-教养问题**（**Nature-Nurture Issue**）。在这里，天性代表遗传因素，教养代表环境因素。

杰拉尔德·利维和马克·纽曼，被分开抚养的同卵双生子。

心理学小贴士

心理学家一致认同天性和教养共同影响行为。如今的研究者更想知道的是，遗传和环境如何影响个体的发展和行为，以及它们各自的作用有多大。

这个问题最初提出来的时候叫"天性对教养问题"，二者貌似是对立的，但发展到今天，多数心理学家都同意二者是交互作用共同影响人类发展的。于是，这个问题就演变成了遗传和环境是如何同时影响人的发展的？它们各自的作用有多大？每一个人在成长过程中都会受到环境的影响，当然每个人在发展过程中也都受遗传基因的影响。但是，关于这两种因素的影响力孰轻孰重的争论仍然非常活跃，发展心理学中有不同的理论观点，它们有的强调遗传，有的强调环境。

例如，有些发展理论以学习理论为基础，强调学习在促进儿童发展过程中行为改变上的作用。因此这类理论更为看重的是发展过程中的环境因素。而另一些发展理论则强调身体构造和生理因素的影响。这些理论更为看重的是遗传和自然成熟，即由生理界定好了的发展模式在发展过程中的作用。这种自然成熟在发展过程中是可见的，例如青春期第二性征的发育（胸部发育、体毛生长等）。此外，行为遗传学家（通过寻找行为的家族遗传性来研究遗传对于行为影响力的人）和进化心理学家（研究人类祖先遗传下来的通用行为模式的人）都非常强调遗传在影响人类行为方面的重要性。

虽然理论众多，发展心理学家们还是在某些方面达成了一致。他们都认同，遗传因素不仅为某种特定行为或者特质的出现提供了潜在的可能，同时也限定了它们的程度和范围。例如，遗传决定了个体的一般智商水平，给它设定了上限，不管环境的影响如何，个体都无法超越这个上限。遗传还限制了身体机能，不管环境质量如何，人类都不可能以每小时60英里（96.56公里）的速度奔跑，也长不到10英尺（3.05米）高。

与此同时，发展心理学家们也认同，在大多数情况下，环境因素在促进人们发挥潜能方面起着至关重要的作用。如果阿尔伯特·爱因斯坦（Albert Einstein）小时候没有去上学，智力没有得到开发，那他就不可能发挥出基因的潜力。同样，像棒球明星德瑞克·基特（Derek Jeter）这样的运动天才如果没能在适当的环境中生长，内在潜能无法得以激发，就不可能拥有这样精湛的技能。

心理学思考

> > > 你可以怎样利用环境经验来帮助孩子充分发挥基因潜能？

受遗传影响较大的特质

	生理特征	智力特征	情绪特征和障碍
	身高	记忆	害羞
	体重	智力	外向
	肥胖	掌握语言的年龄	情绪化
	声调	阅读障碍	神经质
	血压	智力障碍	精神分裂
	龋齿		焦虑
	运动能力		酒精成瘾
	酒量		
	握手时的力量		
	死亡年龄		
	活动水平		

但是，遗传和环境的关系还远不止这么简单。因此，发展心理学家通常对天性-教养问题持交互作用论的观点，认为遗传和环境因素共同作用影响着人类发展。不过要想阐明二者各自的影响强度并不容易，因为它们共同导致的变化时时刻刻都在发生。

发展心理学家使用了很多种方法来研究基因遗传和环境因

素的相互作用。有些研究者在实验室控制动物的基因组成，以人工培养出具有某些特质的个体。然后把这些具有相同基因的动物放到不同类型的环境中去，这样就可以看出哪些行为在不同的环境下仍然保持一致，而哪些行为随着环境改变了。从理论上讲，那些没怎么改变的行为更多地受基因影响。例如，如果基因相同的动物在截然不同的环境下都表现出相似程度的好奇心，那么研究者就可以认为好奇心深受基因遗传的影响。

利用动物进行研究有助于我们更好地理解遗传与环境的影响。

人类双生子是这类研究的另一个重要途径。如果**同卵双生子（Identical Twins）**（一个受精卵发育而来，基因完全相同）表现出不同的发展模式，就可以认为这些差异是由他们生活的不同环境造成的。这一点在那些一出生就被不同的家庭收养，并在不同的环境下长大的同卵双生子身上表现得特别明显（如杰拉尔德·利维和马克·纽曼）。而那些成长于不同环境的非双生兄弟姐妹的研究也能提供一些证据，因为他们有着相对近似的基因背景，他们成人之后表现出来的共性就可以说来自于遗传。

> **同卵双生子**：由一个受精卵发育而来，基因完全相同的双生子。
>
> **横断研究**：一种研究方法，在一个时间点上比较不同年龄的个体。
>
> **追踪研究**：一种研究方法，随着个体的年龄增长考察他的行为。

这个问题还可以从相反的角度进行研究。即在相同环境下成长但基因截然不同的人。例如，两个被收养于同一家庭的孩子，他们的基因不同，但成长环境相同，如果在他们身上发现了类似的发展特点，那么就是发展过程中环境影响力的有力证明。此外，心理学家也应用基因背景不同的动物进行研究。他们在实验中改变动物生存的环境，可以发现独立于遗传的环境因素对发展的影响。

发展性研究的技术方法

发展心理学家使用各式各样的方法来测量行为及其随时间的变化趋势。其中**横断研究（Cross-Sectional Research）**是一种广受欢迎的技术，它在一个时间点上比较不同年龄的个体，从而提供关于不同年龄段个体发展差异的信息。

例如，我们对成人的智力发展感兴趣。使用横断研究，就要抽取25～45岁、45～65岁和65岁以上三个年龄段的样本，让他们接受同样的智力测验。然后我们就能发现这三个年龄段的人在平均智力是否存在差异。

但是，横断研究有一定的缺陷。例如，我们不能确定，样本中智力分数的差异是不是完全由年龄因素造成的。这些分数有可能反映的是教育程度的代际差异。代际指的是在同样的时间、地点和背景下长大的一群人。如果老一辈人中上大学的很少而年轻一辈中上大学的较多，他们在智力分数上获得的差异就很可能是由受教育程度而非年龄造成的。

追踪研究可以解决这一问题。**追踪研究（Longitudinal Research）**能够随着个体的年龄增长记录下他们的行为变化轨迹。这种方法真正考察的是时间因素的作用，而不像横断研究本质上考察的是群体之间的差异。

例如，同样是考察个体在成年期的智力发展，如果要使用追踪研究设计，就要先给一群25岁左右的个体做一个智力测验。20年后再找到这批人，再做一次同样的智力测验，此时他们45岁。最后，又过20年后，在他们65岁时，再测一次。

通过比较多个时间点的变化，就能很清晰地看到个体的发展趋势。但可惜的是，追踪研究通常需要花费大量的时间（研究者要耐心等待个体慢慢成长），

心理学小贴士

区分三种发展性研究常用的方法：横断研究、追踪研究和顺序研究。

而且最初参与的被试可能在中途退出、搬家、甚至在研究过程中死亡。此外，因为重复进行测验，被试对测验越来越熟悉，可能会越来越善于应付测验，做得一次比一次好。

为了弥补横断研究和追踪研究的不足，研究者吸收二者之长创建了一种新的研究方法，叫作**序列研究**（Sequential Research）。它将横断研究和追踪研究结合起来，采集多个年龄段的样本，然后考察他们在几个时间点上的变化。例如，研究者可以选取部分3～5岁、5～7岁和7岁以上的被试，在接下来的几年中每隔6个月做一次测试。这种方法可以把代际影响从其他可能的影响因素中剔除出去。

大部分特质都是基因和环境共同作用、相互影响的结果。

>> 孕期发展

随着我们对人生的萌芽阶段——胎儿在子宫中的活动越来越了解，各种医疗方法在这一阶段的运用也越来越丰富。例如，医生可以在预产期之前十几周为婴儿接生，在出生后的第一周存活关键期里提供周到的监护，直到新生儿长成健康有活力的个体。但是，不管我们对于受孕（男性的精子和女性的卵子结合）及其后续发展的认识有多么丰富，人生的起点在任何时候看起来都是无比的神奇和辉煌。

让我们从受精卵获得的天赋基因开始，来看看人是怎么被创造出来的。

普通遗传学

一个受精卵含有23对杆状结构的**染色体**（Chromosomes），它们负载着所有基本的遗传信息。每对染色体中一条来自母亲，一条来自父亲。每一条都包含数千个基因，**基因**（Genes）是遗传信息进行传递的基本单位。在这些基因的独立或共同作用下，每个人的独特性就产生了基因，由DNA（脱

氧核糖核酸）分子链组成。在基因携带的生物学指令下，人类个体被创造出来。

人类身上有大约25 000个不同的基因，其中一些控制着身体系统的发育，以确保每个人都具有心脏、循环系统、大脑、肺等器官；另一些塑造着每个人的独特性如脸型、身高、瞳孔颜色等。性别是由特定的基因组合决定的。具体地说，孩子从母亲那里继承一条X染色体，从父亲那里继承一条X染色体或者Y染色体。如果孩子的基因组合是XX，就是一位女性，如果是XY，就是一位男性。男性的发展只由这条Y染色体决定，如果没有Y染色体（或者Y染色体不起作用），就会发育成女性。

行为遗传学家发现，人格特征（智力、性格特点、心理疾病等）的多样性至少部分取决于基因。当然，几乎没有哪个特征是由单一基因决定的，大多数都是一组基因与环境因素交互作用的结果。

最早期的发展

一个卵子和一个精子结合之后，它们所形成的细胞就叫作**受精卵**（Zygote）。有时候，两个卵子同时受孕，形成两个受精卵，可以发展成为异卵双生子。如果一个受精卵分裂成为两个卵子，这两个胚胎就发展成为同卵双生子。刚开始时，受精卵只是一个微小的颗粒，但三天后受精

> **序列研究：** 一种将横断研究和追踪研究结合起来的研究方法，采集多个年龄段的样本，然后考察他们在几个时间点上的变化。
>
> **染色体：** 包含所有基本遗传信息的杆状结构。
>
> **基因：** 染色体中传递遗传信息的部分。
>
> **受精卵：** 精子和卵子结合后形成的新细胞。

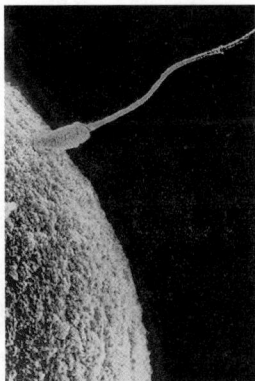

受孕就是男性精子细胞与女性卵子相结合的过程。

卵就会分裂成32个细胞，并在接下来的一周内成长为100～150个细胞。这前两个星期被称为胚种期。

受孕两周后，个体发展到胚胎期。胚胎期从第2周持续到第8周，这期间发展中的个体还被叫作**胚胎**（**Embryo**）。胚胎经过一段复杂的预先设定好的分裂过程，在第4周发展到最初体积的一万倍，身长

胚胎：已经发展出心脏、大脑和其他器官的受精卵。

胎儿：从受孕第8周到出生阶段的个体。

1/5英寸（约0.51厘米）。这时候，胚胎已经有了心跳，发育出了大脑、肠道以及其他很多器官。尽管这些器官还都只处于发展的初级阶段，但是都能够清晰地被识别。到了第8周，胚胎发育到1英寸（约2.54厘米）长，可以分辨出手臂、胳膊和面庞了。

从第8周到出生，个体处于胎儿期，被称为**胎儿**（**Fetus**）。从这一阶段开始，胎儿对触摸有所反应。到了16至18周，他们的运动逐渐变得强烈，母亲开始感觉到胎动。大约在同一时期，胎儿的头上开始长出胎毛，面部特征逐渐形成。尽管这个时期胎儿还不能在母体外存活，但是主要器官开始发挥功能。虽然现在心理学家还无法确定胎儿的大脑在发育的早期是否具有思考能力，但是个体一生所需的所有神经细胞都在这个时期形成。

24周时，胎儿的所有特征都基本形成。尽管这个阶段出生的早产儿还不能在母体外存活很长时间，但他们已经能够开合双眼、吸吮、哭泣、四处张望、甚至能握住递到他们手上的东西。

一直到出生之前，胎儿都在持续不断地发展。他们在皮下贮存脂肪，体重也开始增长。到了第28周时，胎儿的体重不到3磅（约1.36千克），身长大约16英寸（约40.64厘米），现在他们可能已经

具备了学习的能力：一个研究发现，让一些母亲在胎儿出生前重复地大声阅读苏斯博士（Dr. Seuss）著的童话书《帽子里的猫》（*The cat in the hat*），等婴儿出生后就会更喜欢听别人朗读这则故事的声音。

胎儿在出生之前会经历一些敏感期，这时器官对某些刺激的接纳度极高。例如，此时胎儿会特别容易受到母亲服用的药物的影响。如果是在敏感期之前或之后接触到某些药物，造成的影响可能相对较小，但如果在敏感期接触这些药物，影响将会非常显著。

婴儿出生之后也会有敏感期。例如，一些语言专家认为，儿童在某一段时期之内学习语言尤其有效。如果孩子在这段时间没有暴露在适当的语言环境之中，他们的言语发展可能会产生障碍。

在孕期的最后几周里，胎儿继续生长发育，重量持续增加。正常胎儿在孕期第38周末通常有7磅（3.18千克）重，20英寸（50.08厘米）长。但是，早产儿（孕期38周前出生的婴儿）的情况略有不同。因为他们没能充分发展，未来更有可能生病、出现各种问题，甚至死亡。孕期30周后出生的婴儿发展前景相对较好，而那些在24到30周出生的婴儿情况就不是那么乐观了。这样的新生儿在出生时可能只有2磅重（0.91千克），他们很可能夭折，因为他们的器官尚没有发育成熟。在孕期24周之前出生的婴儿只有50%的机会存活。而且他们之所以能够活下来多半是因为有额外的医疗救助。即便能够存活，他们在将来也很有可能发育迟缓。

遗传因素对胎儿的影响　以上叙述反映的是正常胎儿的发展进程，但只有95%～98%的胎儿是正常发展的，另外2%～5%的胎儿会不幸携带严重的缺陷来到这个世界。这些缺陷产生的主要原因是基

左图是活胚胎4周时的图片，右图是胎儿15周时的图片。它们展现了个体在11周内的惊人发展。

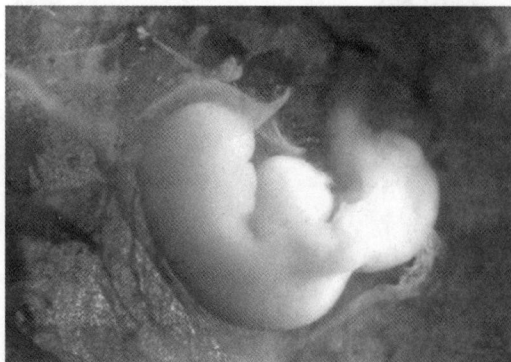

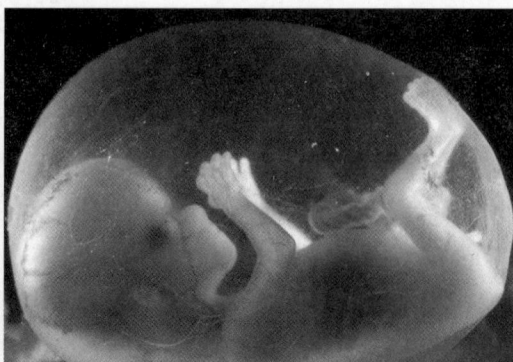

因或染色体异常。下面列出了一些常见的基因及染色体异常疾病。

- 苯丙酮尿症（PKU）。生来就患有这种遗传性疾病的婴儿不能产生正常发展所需要的酶。从而致使毒素累积，最终导致终身智力障碍。但是，如果这种疾病发现得早是可以治疗的。现在很多婴儿都会接受常规PKU检查，患儿可以通过摄入一些特殊的食物来获得正常发展。

- 镰状细胞性贫血。大概有10%的非裔美国人可能将镰状细胞性贫血遗传给下一代。这种疾病的名称来源于患病之后血红细胞奇怪的形状。患儿会周期性地疼痛发作、眼睛呈淡黄色，出现发育不良、视力问题、心脏问题等，有可能导致个体在中年时期过早死亡。

- 家族黑蒙性白痴。家族黑蒙性白痴在东欧的犹太家庭中最为常见。患有这种疾病的儿童通常在3～4岁时就会夭折，因为他们的身体无法分解脂肪。如果父母双方都携带这种基因，他们的孩子就有1/4的可能患上这种疾病。

- 唐氏综合征。唐氏综合征是智力缺陷的原因之一，致病源是受孕时第21对染色体上多了一条染色体。唐氏综合征和母亲的年龄有关，产妇的年龄低于18岁或者高于35岁时，孩子患唐氏综合征的风险更高。

环境因素	可能对孕期发展造成的影响
风疹（德国麻疹）	失明、失聪、心脏发育异常、死胎
梅毒	智力障碍、身体缺陷、流产
成瘾性药物	出生时体重偏轻、婴儿对药物上瘾、出生后在戒断过程中可能死亡
尼古丁	早产、出生时体重偏轻、身长不足
酒精	智力障碍、出生时体重偏轻、头围小、肢体畸形
X射线辐射	身体缺陷、智力障碍
营养不良	大脑发育不全、出生时体重偏轻、身长不足
母亲的年龄——孩子出生时小于18岁	早产、唐氏综合征患病率增加
母亲的年龄——孩子出生时大于35岁	唐氏综合征患病率增加
己烯雌酚（DES）	如果母亲在怀孕期间注射己烯雌酚防止流产，那么孩子患生殖器癌的风险增加
艾滋病（AIDS）	可能携带艾滋病毒、面部缺陷、停止发育
异维甲酸（一种青春痘特效药）	智力障碍和身体缺陷

孕期环境因素的影响　基因因素并不是导致胎儿发育障碍的唯一因素。环境因素同样会对胎儿造成影响。环境中的**致畸物质（Teratogens）**，如药物、化学制剂、毒品等会对胎儿的发育造成更为严重的恶果。孕期最主要的环境因素有以下这些：

- 母亲的营养。母亲在怀孕阶段的饮食对孩子的健康有着非常重要的影响。严重营养不良的母亲不能为生长中的胎儿提供充足的养分，她们的婴儿在出生时更可能体重偏轻。营养不良的婴儿更容易患病，缺乏营养也可能对他们的智力发展产生负面影响。

- 母亲的疾病。有一些疾病对于母亲来说影响轻微，但是如果它们在胚胎或者胎儿发展的敏感期感染胎儿，对胎儿就可能产生致命的影响。例如，风疹（德国麻疹）、梅毒、糖尿病和高血压等，它们都会对胎儿的发展造成永久性的伤害。

> **致畸物质：**可能导致新生儿缺陷的环境因素，如药物、化学制剂、毒品等。

- 母亲的用药。摄入非法的成瘾性药物（如可卡因）的母亲生育的婴儿可能对同样的药物上瘾。这些新生儿在出生之后就表现出痛苦的戒断症状，而且有时也会出现永久的生理创伤和智力损害。即使是像痤疮药物、青春痘特效药等合法的药物，孕妇使用后（她可能不知道自己怀孕了），也会对胎儿造成负面的影响。

- 酒精。酒精对于胎儿发育的危害极大。例如，每750个婴儿中就有一个婴儿生来患有胎儿酒精综合征，患这种疾病的婴儿智力偏低、发展迟滞、面部缺陷。现今，胎儿酒精综合征是智力缺陷的主要原因之一，但它是可以避免的。孕期的母亲即使只是少量饮酒，其胎儿也可能患有这种病症。**胎儿酒精效应**（Fetal Alcohol Effects, FAE）是指由于母亲在孕期饮酒，胎儿表现出胎儿酒精综合征的部分症状的现象。

除此之外还有其他一些环境因素也会对个体的发展产生影响。最后我们要记住的是，尽管我们分别讨论了遗传和环境对于个体的影响，但它们并不是单独发生作用的。而且，虽然我们在这里强调一些个体在发育中可能碰到的问题，但实际上绝大部分个体的发育过程是是顺利的。

>> 婴儿期和童年期

他的脑袋长得像个长西瓜，后脑勺尖尖的。他的身上覆了一层厚厚的油脂状的白色物质，叫作胎儿皮脂，正是因为这样，它抱起来滑滑的，这也让它能够更轻易地滑过产道。他不只头上有一头蓬乱的头发，身上也有一层黑黑的汗毛，叫作胎毛，这些汗毛遍布他的耳朵、背部、肩膀、甚至脸颊……它的皮肤皱皱的，显得非常松弛，手脚上那些有折痕的地方似乎随时都可以被剥掉……由于受到挤压，它的耳朵贴在脑袋上，显得怪怪的——一只耳朵朝前耷拉在脸颊上。鼻子在经过盆骨时被压扁了，由于压挤，它朝一边歪着。

上面描述的是什么动物？虽然看上去跟我们在儿童食品广告上看到的可爱宝宝没有任何相似之处，但它描述的确实是一个刚刚出生、正常的、发育完全的婴儿。新生儿在呱呱坠地之时的形象跟我们通常用来衡量宝宝美丑的标准相差千里。

反射：受到某种刺激时自动做出一些不学即会的自然反应。

非凡的新生儿

新生儿的奇怪外形是由几个因素造成的。他们在经过母亲产道时受到挤压，还未完全成形的颅骨可能被压到一块儿，鼻子也被压得扁扁的。他们的皮肤分泌出的胎儿皮脂是一种白色油脂状的覆盖物，作用是保护他们在子宫中的成长，覆盖全身的软软的

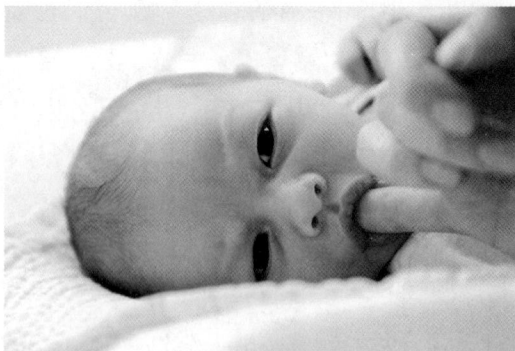

：吸吮反射是对婴儿生存至关重要的先天反应之一。

小绒毛——胎毛也起到同样的作用。婴儿的眼皮可能有点肿大，上面积满液体，这是胎儿在出生过程中来回移动造成的。这些在出生后两周就会改观，你再看到时他们就会变得跟你常见的婴儿一样了。而更让人印象深刻的应该是婴儿在出生之后就表现出来的非凡能力，他们将在接下来的几个月中以惊人的速度生长。

反射　新生儿在出生时就有很多**反射**（Reflexes），即在受到某种刺激时自动做出一些不学即会的自然反应。这些反射活动对生存至关重要，随着婴儿的日益成熟，这些刺激会自然而然地出现在生活中。例如，觅食反射指的是，当有人摸新生儿的脸蛋时，他们会将头转向受刺激的一侧，就像是在找奶头或奶瓶一样。类似，吸吮反射让婴儿吸吮那些触碰他们嘴唇的物体。还有咽反射（做清嗓子的动作）、惊跳反射（听到一声突如其来的声响后，婴儿做出一系列的动作，如伸开双臂、五指张开、把背弓起等），以及巴宾斯基反射（当足底外侧边缘受到抚摸时，脚趾呈扇形张开）。

出生几个月后，婴儿的一些原始反射会消失，取而代之的是一些更精细、更有组织的动作。尽管新生

心理学小贴士

新生儿会自动表现出几种不学即会的反射，包括觅食反射、吸吮反射、咽反射、惊跳反射和巴宾斯基反射。

儿在出生时只能做一些不稳定的、有限的自发动作，但是在出生后的一年内，他们的独立运动技能蓬勃发展。通常，婴儿在3个月时能够翻滚，6个月时能够独立坐起，11个月时能够站立，刚过1岁就能走路。在这段时间内，不仅大肌肉运动（如移动胳膊或者大腿）在发展，他们的精细肌肉运动（如使用手指头）也变得越来越精确。

感官的发展 当父母盯着他们新生儿的眼睛时，孩子能够回应他们的眼神吗？尽管以前人们认为新生儿只能看到朦胧的一片，但现在很多研究发现，新生儿的能力比我们想象的要强得多。尽管他们的视力有限，不能聚焦在离脸部7～8英寸（20厘米左右）以外的物体上，但是他们可以追随视野内的物体运动。他们还表现出了初步的深度视觉，因为当一个物体快速朝他们的脸部运动时，他们就会做出挥手的反应。

你可能在想，要想了解新生儿的视觉能力是非常困难的事情，因为他们既不能用语言表达，也没有阅读能力，无法说出视力表中的E朝向哪个方向。但是，研究者们依靠新生儿的生物反应和天生反射，发明了一系列巧妙的方法来检测新生儿的视觉能力。

> **习惯化**：向一个婴儿重复呈现同样的刺激时，他们的反应会减弱的现象。

例如，当一个新奇的刺激出现时，新生儿通常会关注它，这时他们的心率会增加。但是如果它们重复看到相同的刺激物，兴趣就会减退，心率也会恢复到先前的水平。这种现象叫作习惯化（Habituation），它指的是当向一个婴儿重复呈现同样的刺激时，他们的反应会减弱。通过研究习惯化，发展心理学家可以知道那些还不能说话的婴儿能够察觉和分辨哪些刺激。

利用这种研究方法，我们现在可以知道，新生儿的视力从他们出生的时候起就已经很好了。刚出生的婴儿更喜欢有轮廓的图形，不太喜欢那些轮廓模糊

如果你是……

一名遗传咨询师 如果一对夫妇进行胎儿唐氏综合征筛查的结果呈阳性，你会对他们做出何种建议？你会建议他们采用哪种策略最大化地促进宝宝的孕期发展？

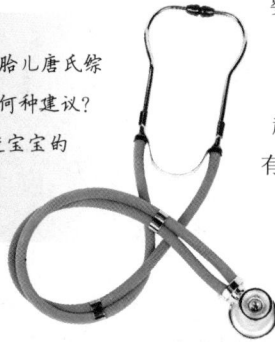

从出生到2岁期间生理发展的里程碑

| 3.2个月：翻身 | 3.3个月：用力抓握 | 5.9个月：独立坐起 | 7.2个月：扶着物体站立 | 8.2个月：用手指抓握 |
| 11.5个月：独自站立 | 12.3个月：顺畅行走 | 14.8个月：堆砌方块 | 16.6个月：上楼 | 23.8个月：原地跳跃 |

资料来源：Frankenburg et al., 1992。

很显然，这个小宝宝是在模仿大人的表情，这为他将来的社会交往打下了基础。

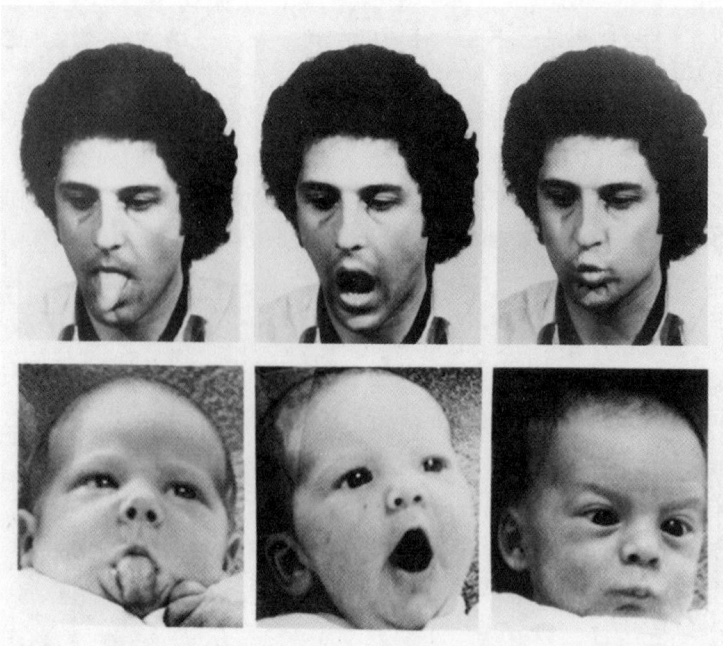

资料来源：由蒂凡尼·菲尔德博士（Dr. Tiffany Field）提供。

的图形，这表明他们已经可以分辨刺激的轮廓。而且，才出生不久的婴儿已能清楚地知道，即使在视网膜上投射出的影像会随着物体距离远近的变化时大时小，但是实际物体的大小是不会变的。

事实上，新生儿可以分辨面部表情，有时甚至还会模仿。新生儿可以分辨出成人是快乐、痛苦或吃惊，而且他们还可以很好地模仿这些表情。即使是非常小的婴儿，他们也可以根据照顾者的面部表情所展现出来的心情做出相应的反应。这种能力就是孩子在日后同伴群体中所需要的社交能力的基础。

出生之后其他方面的视觉能力也在快速发展。婴儿满月之时已能分辨出一些颜色，4个月大时就能注

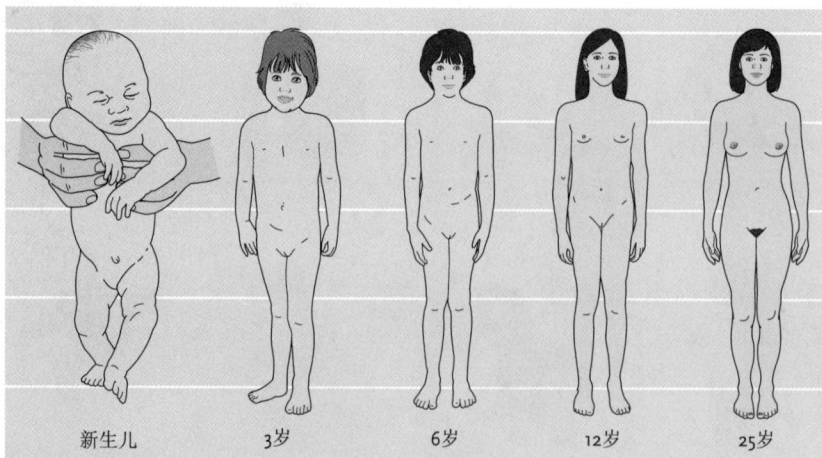

从出生到25岁之间头和身长的比例

新生儿　　3岁　　6岁　　12岁　　25岁

资料来源：改编自图5，W. J. Robbins, Growth(1929), New Haven, CT: Yale University Press。

从出生到20岁之间美国男性和女性的平均身高及体重

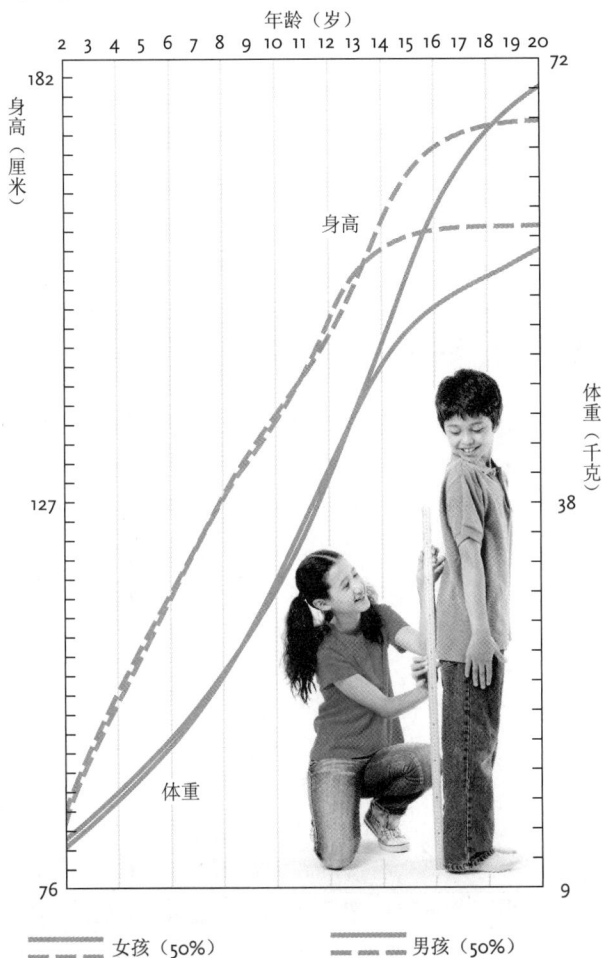

除了视觉外，婴儿还具备许多惊人的感觉能力。新生儿可以分辨不同的声音，特别是母亲的声音。其实早在出生前他们就能够分辨出母语语音的某些方面了。

从婴儿期到儿童中期

青春期来临之前的婴儿期和儿童期是个体在生理、社会和认知方面迅猛发展的时期。其中身高的增长是明显的。在满周岁的时候，婴儿的体重通常会增加到原来的3倍，身高则会增加一半。但是随着个体年龄的增长，这种趋势会逐渐放缓——如果个体一直按照这个趋势生长，那么成人的身形将是多么的庞大。从3岁到青春期（13岁左右），个体平均每年增重5磅（约2.27千克），身高增长3英寸（约7.62厘米）。

依恋： 孩子和某一特定个体之间积极的情感纽带。

儿童的身体变化不仅仅表现为身高和体重的增长。在儿童期，身体各部分的比例也会发生剧烈的变化，例如，胎儿（以及新生儿）的头部很大，跟身体不成比例，但是慢慢地，随着身体其他部位的发展，它的大小会跟身体渐渐协调，因为身体的发育主要集中在躯干和四肢上。

社会行为的发展

如果你见过婴儿对着妈妈微笑，那么就不难想到：随着身体的发育以及知觉能力的提高，婴儿的社会能力也在逐渐得到发展。孩子早期的社会性发展状况为他们一生的社会关系质量奠定了基础。

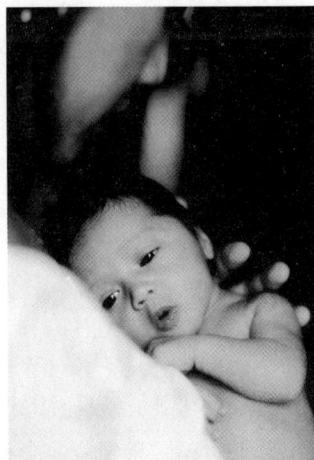

图表说明：
- 年龄（岁）：2 3 4 5 6 7 8 9 10 11 12 13 14 15 16 17 18 19 20
- 身高（厘米）：182、127、76
- 体重（千克）：72、38、9
- 身高
- 体重
- 女孩（50%）
- 男孩（50%）

资料来源：美国国家健康统计中心，2000。

视远处或近处的物体了。在4～5个月时，他们能够分辨二维和三维物体。7个月时，与加工面部表情信息相关的神经系统就已经发展得非常精细，这时他们能对特定的面部表情做出不同的反应。

> 依恋，即孩子和某一特定个体之间积极的情感纽带，它是婴儿社会性发展的关键。

和照顾者的关系

依恋（Attachment）是孩子和某一特定

婴儿和他们的照顾者之间形成的亲密依恋关系是婴儿早期生活中最重要的社会关系。

在哈洛的经典实验中，尽管铁丝"妈妈"能给猴宝宝提供食物，但它们更喜欢柔软的绒布"妈妈"。

资料来源：哈里·哈洛私人图书馆/威斯康星大学。

个体之间积极的情感纽带，是个体在婴儿时期最为重要的社会发展形式。动物行为学家康拉德·洛伦兹（Konrad Lorenz）在刚出生的小鹅身上进行了关于依恋的最早研究。在正常情况下，小鹅生下来之后看到的第一个活动的物体就是它们的母亲，于是它们便本能地跟着它。洛伦兹发现，在孵卵器中孵化出来的小鹅，由于出生后第一眼看到的是洛伦兹，所以在这之后时时刻刻都跟着他，似乎认定了他就是它们的妈妈。他把这种现象叫作印刻，指发生于某一关键期内的行为，包括对出生后看到的第一个移动物体产生了依恋。

心理学家哈里·哈洛（Harry Harlow）做了一个经典的研究，他让猴宝宝选择拥抱一个给它喂奶的铁丝"妈妈"或是无法喂奶却很温暖的绒布"妈妈"。这个实验增强了我们对于依恋的理解，因为猴宝宝的选择很明确，它们大部分时候都抱着温暖的绒布"妈妈"不放，只是偶尔去铁丝"妈妈"那里吃奶。比起食物，绒布"妈妈"为猴宝宝提供了更多的舒适感。

根据这个动物实验，发展心理学家们认为，通过照顾者对婴儿发出的信号（哭、微笑、伸手、贴近等）做出回应，依恋关系在婴儿和照顾者之间形成。照顾者对婴儿信号的回应越强，婴儿对照顾者形成的信任也越强，从而形成安全依恋。通过照顾者和婴儿之间一系列复杂的互动，最终形成完全的依恋。在

这些互动的过程中，婴儿和照顾者的角色同样重要。婴儿的积极反应会激发照顾者做出更多的积极行为，反过来是婴儿对照顾者的依恋更强。发展心理学家设计了一个很直接的方法测量依恋，称为"艾斯沃斯陌生情境法"。这种方法是由玛丽·艾斯沃斯（Mary Ainsworth）提出的，在此过程中婴儿和他们的母亲要经历一系列的事件。最初，母亲带着婴儿进入一个陌生的房间，母亲坐下后，允许婴儿自己去玩耍。然后，一个成年陌生人进入房间，接着母亲离开。过一会儿母亲回来，陌生人离开，之后母亲再把婴儿独自留在房间里，陌生人回到房间。最后，陌生人离开，母亲再回来。

根据艾斯沃斯的理论，婴儿对于母亲的依恋程度不同，他们对于实验情境的反应也会不同。安全型依恋的婴儿认为母亲就是自己的安全基地，他们可以自己玩，同时会时不时地跑去找母亲。母亲离开之后，他们会很沮丧，母亲回来之后就立刻扑过去。回避型依恋的婴儿看到母亲离开并不会哭，母亲回来之后他们表现出回避，显得漠不关心。矛盾型依恋的婴儿在母亲在时就表现出焦虑，母亲离开之后却又显得很沮丧，而当母亲回来时他们的反应十分矛盾，表现为既

心理学思考

自然观察法

> > > 父母和婴儿之间的联结并不总是快乐和相互信任的。气质、教养风格和遗传因素如何影响父母和婴儿发展安全型依恋的能力？

想与母亲亲密接触，又对她拳打脚踢。第四种依恋类型叫作紊乱型依恋，这种婴儿的表现可能每次都不一样，看不出明确的类型。

婴儿和主要照顾者之间的依恋对他们今后的发展有深远的影响。例如，安全型依恋的儿童在社会性和情绪方面都发展得较好，他们更合作、更能干、更幽默。而且，和那些回避型及矛盾型依恋的婴儿相比，1岁时属于安全型依恋的婴儿在长大后更少出现心理障碍，成人后也更能发展出高质量的亲密关系。不过，这并不是绝对的，早期属于安全型依恋的儿童在后期不能保证一定会有良好的适应性，而早期属于非安全依恋的儿童在长大之后也并不一定总会遇到问题。

早期的发展研究大多关注母亲和婴儿的关系，近期的研究也开始关注父亲在家庭教养中的角色。这是因为越来越多的父亲开始担任婴儿的主要看护者，而且父亲在儿童成长过程中的角色也越来越重要。例如，在有孩子的家庭中，大约有13%是由父亲待在家里照看孩子直到上学的。

父亲跟孩子一起玩的游戏有别于母亲。父亲会带孩子玩一些运动量大、肢体活动多的游戏，而母亲更偏好和孩子玩一些偏言语的、传统的游戏，如躲猫猫。尽管差异非常大，但是父亲和孩子建立的依恋基本和母亲相同。实际上，孩子同时可以形成各种形式的依恋。

同伴关系　孩子在2岁之后对父母的依赖会逐渐变少，他们会变得更自立，更喜欢和朋友一起玩。最开始，他们只是自己玩，即使两个孩子并排坐在一起，注意力也更多集中在玩具，而不是对方身上。但是，他们的互动很快就会变得活跃，比如开始模仿对方的动作，并在玩耍中交换角色。

文化因素也会影响孩子的游戏方式。例如，韩裔美国儿童会花更多的时间来玩平行游戏——坐在一起独自玩耍；而非裔美国儿童会玩更多的假装游戏。

当孩子达到学龄期时，他们的社会互动开始以固定的模式发展，且越来越频繁。孩子们开始参与一些更为复杂、精致的游戏，他们组成小组，要遵守严格的规则。这些游戏不仅仅是为了玩乐，还可以发挥其他作用，比如可以让孩子在与他人的社会互动中变得越来越自如。通过游戏，他们学会了如何从他人的视角来看待事物，即便他人并未直接表达自己的想法和感受，他们也能推测出来。

简而言之，社会互动帮助孩子理解他人的行为，让他们在互动中做出更为恰当的反应。而且，儿童能学会控制自己的身体和情绪：比如玩伴在游戏中不小心打到他们，他们知道不应该打回去，而应该保持礼貌；又比如即使收到了一个让自己失望的礼物，也要微笑着说谢谢，即控制自己的情绪和表情。总之，那些能为儿童提供社会互动机会的情境就可能促进他们的社会性发展。

教养方式　父母采取什么样的教养方式对于孩子的社会能力培养尤为重要。根据发展心理学家戴安娜·鲍姆林德（Diana Baumrind）的经典研究，父母的教养方式可以分为四种：**权威型父母**（**Authoritarian Parents**）非常严格，喜欢惩罚孩子，要求孩子无条件地服从，他们有严格的标准，不允许孩子有所违背。**溺爱型父母**（**Permissive**）很爱孩子，不对其提任何要求，百般依顺，没有原则。相较而言，**民主型父母**（**Authoritative**）标准明确，随着孩子逐渐长大，他们试着跟孩子讲道理，解释事情的缘由。他们还为孩子设立明确的目标，

> **权威型父母**：要求孩子无条件服从，非常严格，喜欢惩罚孩子。
>
> **溺爱型父母**：很爱孩子，不对其提任何要求，百般依顺，没有原则。
>
> **民主型父母**：跟孩子讲道理，解释事情的缘由，标准明确。
>
> **放任型父母**：对孩子漠不关心，很少投入感情。

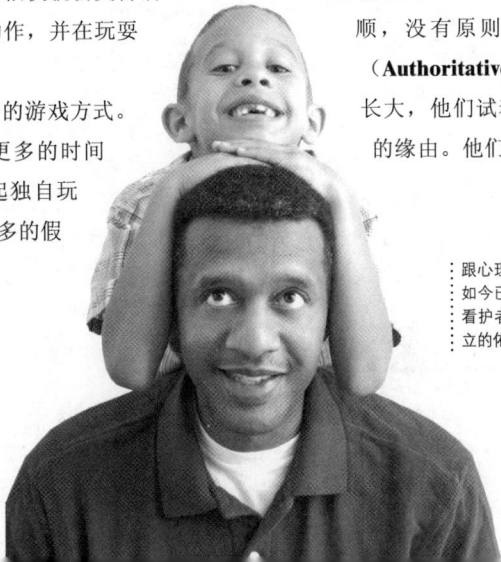

跟心理学家刚开始研究依恋时的情况相比，如今已经有越来越多的父母担任孩子的主要看护者。近来很多研究表明，父亲和孩子建立的依恋基本和母亲相同。

教养方式	教养行为	儿童的行为方式
权威型	标准严格、刻板，喜好使用惩罚（例如，如果你不打扫房间，为了你好，我会拿走你的音乐播放器以磨砺你的意志）	不爱交际、不友好、沉默寡言
溺爱型	百般依顺、没有原则、不提要求（例如，如果你能打扫房间就好了，不过不打扫也没关系）	不成熟、喜怒无常、依赖性强，缺乏自我控制
民主型	目标明确、设立规则、讲道理、鼓励孩子独立（例如，在我们出去吃饭之前，你要把房间打扫了，只要你弄完，我们就可以出门）	社会技能很强，可爱、自信、独立
放任型	很少投入感情，认为抚养孩子就是提供衣食住行（例如，就算你的房间乱得像狗窝我也不会管的）	冷漠无情、拒绝行为

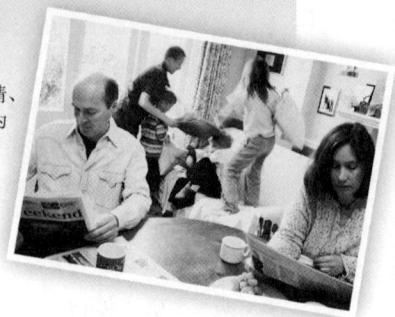

鲍姆林德提出的四种教养方式

气质：早年即显现出来的基本的天生的性情。

心理社会发展：人们在一生中对于自我、他人和社会理解的发展变化。

鼓励孩子独立发展。最后，**放任型父母（Uninvolved Parents）**对孩子漠不关心，很少投入感情，他们认为教养孩子就是为他们提供衣食住行。放任型父母偶尔也会因为忽略孩子而感到愧疚。

你可能已经想到了，儿童的行为方式与这四种教养方式有关（当然，也有例外）。权威型父母抚养长大的儿童更不爱交际、不友好，相对比较孤僻。相反，溺爱型父母教养的孩子表现得不成熟、喜怒无常、依赖性强，缺乏自我控制。民主型父母教养出来的孩子表现最好，他们的社会技能很强，可爱、自信、独立、合作。最糟糕的是放任型父母教养出来的孩子，他们觉得没有人爱自己，因此冷

你知道吗？

文化对于教养方式很重要，但影响可能没你想象中那么大。研究发现，不管是在美国还是中国，权威型父母教养出来的儿童都会面临同样的问题。

心理学小贴士

了解四种主要的教养方式：权威型、溺爱型、民主型和放任型。

漠无情，身体和认知发展也会受到妨碍，由于缺乏社交技能，他们会被同伴群体拒绝，造成终身的负面影响。

在我们褒奖民主型父母，谴责权威型、溺爱型和放任型父母之前，要知道，在很多情况下，虽然父母的教养方式不是民主型的，但他们的孩子仍然适应良好。而且，孩子生来就具有独特的**气质（Temperament）**——一种早年即显现出来的基本的天生的性情。有些孩子天生就很随和、开朗，有些则急躁、易怒、挑剔，还有一些忧郁、沉静、不爱说话。孩子的气质特点是生来就有的，这也部分影响着父母选用什么样的教养方式。

埃里克森的心理社会性发展理论　关于孩子的社会性发展历程，一些理论家把关注点放在儿童成长过程中所要面对的社会和文化挑战上。精神分析学家艾里克·埃里克森（Erik Erikson）遵循这一思路提出了

一个理解社会性发展的综合理论。埃里克森认为心理社会性发展是贯穿人一生的，且可以划分为八个阶段，其中有四个处于童年时期。**心理社会性发展**（Psychosocial Development）涉及人们在一生中对于自我、他人和社会理解的变化。

埃里克森认为，要成功地完成某个阶段的发展就必须先解决此阶段的一个危机或矛盾。埃里克森以该阶段主要矛盾的积极方面和消极方面给每个阶段命名。随着我们的长大，生活变得越来越复杂，因此即便不是每个危机都能得到完全彻底地解决，但只要解决得基本充分，就足够应对该阶段提出的要求。

心理社会性发展的第一阶段是**信任对怀疑阶段**（**Trust-versus-Mistrust Stage**）（从出生到1.5岁）。如果婴儿的生理需求和心理依恋需求一直得到满

根据埃里克森的理论，在1.5岁到3岁时，如果幼儿的照顾者对他们稍加限制，给他们机会和空间去探索外部世界，幼儿就会发展出自主感。

足，而且他们和世界的互动基本都是积极的，那么他们将建立信任感。相反，如果母亲对其照顾不周，婴儿与他人的社会交往不开心，就可能导致婴儿产生怀疑感，无法满足下一阶段的挑战。

第二个阶段是**自主对羞怯和疑虑阶段**（**Autonomy-versus-shame-and-doubt stage**）（1.5岁到3岁）。如果家长鼓励幼儿独立自由地探索，他们将会发展出独立和自主的品质，相反，如果他们受到过分的限制和保护，将会感受到羞怯、自我怀疑和不开心。能够想象，如果幼儿没有和他们的照顾者建立基本的信任感，他们很难怀有一种安全感去自由自在地探索外部世界。根据埃里克森的理论，在这个阶段发展自主感的关键是照顾者要适度地控制幼儿。如果他们的控制太严格，幼儿就无法表达自己，更不能在环境中找到自我控制感；但如果父母的控制感太弱，幼儿又会需索无度、不受控制。

> 埃里克森的心理社会性发展理论是少有的、涵盖生命全程的发展理论之一。

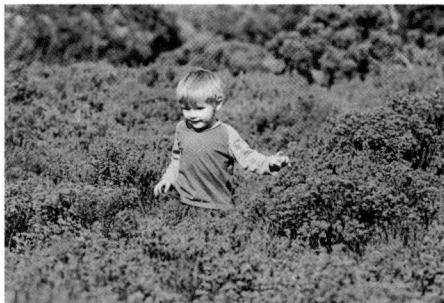

下一个阶段是**主动对愧疚阶段**（**initiative-versus-guilt stage**）（3岁到6岁）。在这个阶段，孩子独立行事的愿望与这些行为带来的意外后果所产生的愧疚感相矛盾。这个阶段的儿童开始了解，是他们自己主导自己，他们开始为自己的行为做决定。如果父母这时对儿童的自主倾向做出积极的回应，将会帮助孩子解决主动对羞怯的矛盾，促进积极发展。

儿童时期的第四个也是最后一个阶段是**勤奋对自卑阶段**（**industry-versus-inferiority stage**）（6岁到12岁）。在这个阶段，儿童各个方面的能力都逐渐提升——不管是社会交往技能还是学术能力——这意味着成功的心理社会性发展。相反，在这个阶段遇到的障碍会让儿童感到失败和无能。

埃里克森的理论认为心理社会性发展持续终生，个体在童年之后还要经历四个发展阶段（见本书224～225页）。尽管在某些方面遭到批评（例如有些概念界定模糊、很难衡量），但这一理论现在仍然很具影响力，并且它是少有的涵盖生命全程的发展理论之一。

认知发展：儿童对世界的思考　假如有两个形状不同的水杯，一个是矮胖型的，一个是高瘦型的。现在设想你在矮胖型的水杯里装半杯苏打水，然后将这些水倒到高瘦型的水杯中，看上去2/3个杯子都满了。

认知发展： 随着年龄和经验的增长，儿童对于世界的理解慢慢改变的过程。

现在，有人问你是这高瘦型的杯子里水多还是刚刚的矮胖型杯子里水多，你会怎么回答？

你很可能认为这个问题太简单了，根本就不属于回答，两个杯子里的苏打水当然是一样多的。但是，大部分的4岁儿童却会回答说，高瘦型杯子里的水要多一些。如果你又将水倒回到矮胖型的杯子里，他们还会说现在的水比刚才少。

为什么儿童会答错？原因比较复杂。任何一个观察过学前儿童的人都会对他们早期阶段的快速发展感到大为震惊。他们谈话自如，会背字母表，会数数，会玩复杂的游戏，会用电脑，会讲故事，会熟练地与人交流。尽管他们的表现看起来已经很老到了，但其实他们对社会的理解跟现实还存在很大的差距。一些理论家认为，在儿童的认知发展到达一定阶段之前，他们是不能理解某些观念和概念的。而**认知发展**（Cognitive Development）就是指，随着年龄和经验的增长，儿童对于世界的理解慢慢改变的过

随着儿童的注意时长增加，他们的认知能力也发展了。

程。跟前面提到的埃里克森的心理社会性发展理论不同，认知发展理论致力于解释儿童在发展过程中的智力增长。它包括质和量的变化。量的变化是指在现有基础上增长，例如，在生理方面，儿童会越长越高；在智力方面，随着年龄的增长，他们的注意时间会越来越长。

质的变化则是指，儿童并非学到了更多的技能，而是学到了和先前不同的技能。例如，在生理发展方面，儿童在学会爬之后又学会了走路，但走路不仅仅是爬得更快；智力发展方面质的变化如思维能力大大提升。

皮亚杰的认知发展理论

感觉运动阶段
物体恒常性发展，运动技能发展，没有或很少具有符号表征能力

出生到2岁

前运算阶段
语言发展、符号思维发展、自我中心思维

2岁到7岁

具体运算阶段
守恒和可逆概念的发展

7岁到12岁

形式运算阶段
逻辑思维和抽象思维发展

12岁到成年

现在先停止阅读，想一想这个周末你要做什么。你在心里列出了几条计划？在下面关于皮亚杰理论的讨论中，我们可以看到，儿童对于不同概念的思考能力依赖于他们在思考时可以同时存放几个条目。在最开始的时候，他们一个也不能存储。

皮亚杰的认知发展理论　其他认知发展理论都没有瑞士心理学家让·皮亚杰（Jean Piaget）的理论那样影响深远。皮亚杰认为所有的儿童都按照固定的顺序经历四个阶段的认知发展。他还补充说，这些阶段的差异不只表现在获取信息的量上，更表现在对于世界认识和理解上的质的变化。作为一个交互作用论者，他认为，当一个孩子达到了某种程度的成熟，并且拥有相关的经验之后，他就可以从一个认知阶段发展到下一个阶段。皮亚杰认为，如果儿童没有获得这些经验，就不可能实现最大程度的认知发展。

皮亚杰提出的四个阶段是：感觉运动阶段、前运算阶段、具体运算阶段和形式运算阶段。**感觉运动阶段（Sensorimotor Stage）**从出生到2岁，在这期间，儿童通过触摸、吸吮、咀嚼、握手和操纵物体来建立对世界的理解。在这个阶段的初期，婴儿用图片、语言和其他形象符号来认识世界的能力有限。因此，皮亚杰认为这些婴儿缺少**物体恒常性（Object Permanence）**，这是一种把物体和概念以心理表征的形式存放在大脑中的能力。没有这种能力，婴儿不知道物体或者人在看不见的时候仍然是存在的。

我们怎么能知道婴儿缺少物体恒常性呢？尽管我们不能直接问他们，但可以观察他们的反应，看当玩具被藏在床单下面时，他们会如何表现。基本上在9个月之前，婴儿都不会寻找藏起来的玩具。但是在这之后，他们就会开始主动去寻找消失了的物体。这就表明，他

没有掌握守恒性原则的儿童认为，如果把液体从一个矮胖的容器倒入一个高瘦的容器中，它的体积就改变了。

> 其他认知发展理论都没有瑞士心理学家让·皮亚杰的理论那样影响深远。

们对于这个玩具已经有了心理表征。物体恒常性是这个阶段最为关键的发展。

前运算阶段（Preoperational Stage）从2岁到7岁，这个阶段最为重要的发展就是使用语言的能力。儿童发展了他们的内部表征系统，这样他们就可以形容人、事件和感受。他们在游戏中运用符号，例如，假装那本在地板上滑动的书是一辆小汽车。

尽管在这个阶段，儿童的思维比起上一个阶段来说已经进步了很多，但是他们的思维仍然和成人的思维有质的差异。从他们使用的**自我中心思维（Egocentric Thought）**上可以看出这一点。自我中心思维是儿童使用的一种思维方式，他们从自己的角度来思考整个世界。前运算阶段的儿童不能理解别人有与自己不同的观点和知识。因此，对于大人来说，儿童讲的故事通常不知所云、混乱无比，因为他们一般都不提供上下文。例如，一个前运算阶段的儿童可能会这样开始讲故事："他不让我走"，但是他不会说明这个"他"指的是谁。前运算阶段的儿童在玩捉迷藏游戏的时候，我们也可以看出他们的自我中心思维。例如，3岁大的儿童经常只把脸埋在墙里，然后用手蒙着眼睛，虽然事实上别人可以看到他们，但是他们会认为自己已经藏好了。就好像如果他们看不到别人，那么别人也会看不到他们。

另外，前运算阶段的儿童还不能理解**守恒性（Principle of Conservation）**，即物体的质量和它所处的环境以及物理性质无关。没有掌握这种概念的儿童不知道，物体的形状和结构改变时，其数量、体

感觉运动阶段：根据皮亚杰的理论，这个阶段从出生到2岁，在这期间幼儿几乎无法用图片、语言或者其他符号来表征物体。

物体恒常性：对于人和事物在离开视线之后仍然不会消失的认识。

前运算阶段：根据皮亚杰的理论，这个阶段从2岁到7岁，主要特征是儿童学会了使用语言。

自我中心思维：儿童从自己的角度来理解整个世界的思维方式。

守恒性：物体的质量和它所处的环境以及物理性质无关。

具体运算阶段：根据皮亚杰的理论，这个阶段从7岁到12岁，主要特征是去自我中心性和逻辑思维。

守恒性原则

守恒类别	形态	改变形态	掌握年龄
数量	一组元素的个数	重新排列或者打乱位置	6~7 岁
质量（密度）	一些可塑性物体（如黏土或液体）的质量或密度	改变形状	7~8 岁
长度	一个物体或者一条线的长度	改变形状或者结构	7~8 岁
面积	一组平面图形覆盖的表面	重新排列图形	8~9 岁
重量	一个物体的重量	改变形状	9~10 岁
体积	一个物体的体积（根据排水量来判断）	改变形状	14~15 岁

资料来源：Schickedanz et al., 2001。

从皮亚杰理论的第三个阶段——**具体运算阶段（Concrete Operational Stage）**开始，也就是大概7岁的时候，儿童开始掌握守恒性原理。但是他们还不能完全理解守恒性的某些方面，例如重量守恒和体积守恒要在他们更大一点的时候才能明白。

具体运算阶段从7岁到12岁，在这期间，儿童开始用更具有逻辑性的方式思考，并且开始克服前运算阶段的自我中心主义。在这个阶段，儿童所学的一个重要原则就是可逆性——通过改变之前的行为可以改变事情的结果。例如，他们可以理解，如果有人把一个泥球捏成香肠状，那么他就可以通过倒着重复这个动作而让泥块恢复原样。儿童甚至还可以将这一过程在脑海中概念化地完成，而不用看过实际的操作。从这一点来说，此时他们的大脑已能够同时呈现两个想法。

尽管在具体运算阶段儿童的逻辑思维能力大为提升，但仍有一个重要局限：他们的思维一般基于具体的、可见的现实。他们还很难理解抽象的问题和假设性的话题。

到了**形式运算阶段（Formal Operational Stage）**，儿童开始发展出一种抽象的、形式的、逻辑的新思维模式。这个阶段从12岁到成人，他们的思维不再局限于自己在生活中观察到的事件，他们在解决问题时可以运用逻辑方法了。

儿童在解决皮亚杰设计的"钟摆问题"时使用的方法体现了形式运算思维的出现。实验者问儿童，到底是什么决定了钟摆的摆动频率，是线的长度、钟摆的重量还是钟摆最初摆动时的推力（这个问题的答案是线的长度）。

具体运算阶段的儿童在解决问题时非常随意，他们的行动计划没有逻辑或者理性。例如，他们可能同时改变绳子的长度、钟摆的重量和最初的推力。因为他们同时改变了所有的因素，就无法分辨出关键的决定因素。相较而言，形式运算阶段的儿童就能够系统

形式运算阶段： 根据皮亚杰的理论，这个阶段从12岁到成人，主要特征是抽象思维。

积或者长度是不会改变的。我们最初在讨论认知发展时讲到的那个高瘦型杯子和矮胖型杯子的问题就很好地说明了这一点。还未掌握守恒性原理的儿童总是说当水由一个杯子倒到另一个杯子里去时，水的多少就改变了。他们不能理解外观的变化并不意味着质量的变化。相反，对孩子来说，水的多少发生变化似乎是理所当然的，就好像大人会理所当然地认为水量不会发生变化一样。

儿童缺乏守恒性的认识从很多方面影响着他们的反应，有些时候甚至令人吃惊。有研究表明，大人认为很显然的、毫无疑问的规律对于前运算阶段的儿童来说，可能完全不是这么一回事。

地研究这个问题，他们像是科学家在做实验一样，一次检验一个变量的作用。这种排除其他可能性的能力就叫作形式运算思维。

尽管形式运算思维在个体十几岁时就出现了，但是有些个体只是偶尔运用这种思维，而且似乎很多人一辈子都没有完全到达这个阶段。很多研究表明，只有40%～60%的大学生和成年人能够完全发展出这种能力，甚至还有研究认为在一般人群中这个比例只有25%。总之，在发展心理学历史上，没有任何一个理论家提出过像皮亚杰理论这么全面的认知理论了。大部分发展心理学家都认为，皮亚杰为我们提供了认知随着年龄增长的相当精准的发展模式。但与此同时，还有一些理论家认为皮亚杰的阶段理论还是不能非常精确地预测儿童的认知发展水平。例如，儿童在完成任务时的表现不总是保持一致。如果皮亚杰的理论很精确的话，那么儿童在某个阶段的表现应该处于同样的水平。

此外，皮亚杰似乎还低估了婴儿和儿童理解特定概念的能力。事实上他们的认知能力要比皮亚杰所认为的更高明。例如，有一些证据表明，5个月大的婴儿对于算术就有了基本的理解。

而且，一些发展心理学家认为，相比皮亚杰理论描述的阶段性，认知发展的过程其实具有更强的连续性。他们认为，认知发展更多是量的累积，而不是质的飞跃。从这种观点来看，尽管儿童获得某种认知能力的时间、形式和程度不同——这些是量的不同——其内在加工机制却很少随着年龄发生变化。

信息加工理论：描绘儿童的心理历程　如果认知发展并不像皮亚杰所说的那样以阶段方式进行，那么要如何解释儿童认知能力的迅猛发展呢？很多发展心理学家认为，儿童的认知发展主要是信息加工（Information Processing），即提取、使用和存储信息能力的发展。

根据这种理论，儿童认知能力的增强是量的变化，实质是组织和操纵信息能力的增强。从这种观点来说，儿童的信息加工能力越来越熟练，就像随着程序的应用，程序员会逐渐地对其进行完善，程序也就会变得更加精致一样。信息加工理论认为大脑是一种"智力程序"，儿童在解决问题时，就会启动这种程序。

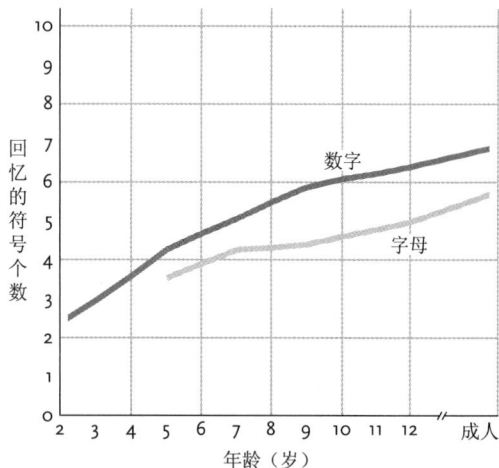

资料来源：改编自Dempster, 1981。

随着年龄增长，数字和文字的记忆广度都在增加

儿童的信息加工能力会有几次重大的变化。随着年龄的增长，儿童浏览、辨别和比较的速度都会加快。再大些之后，他们对刺激的注意时间更长，能够分辨更为相似的刺激，也更不容易分心。

除此之外，儿童的长时记忆和短时记忆能力也会随年龄增长大幅提高。学前儿童的短时记忆只能保存两三个组块的信息，5岁的儿童可以保存4个组块，7岁的儿童可以保存5个组块（成年人的短时记忆可以保存7±2个组块）。另外，随着长时记忆中知识越来越精确、越来越有组织，短时记忆中组块的容量也会扩大。事实上，儿童的长时记忆在早期就已经十分惊人了，在婴儿学会说话之前，他们就已经能记住几个月里参与过的活动。

> **信息加工**：人们获取、存储和运用信息的方式。
>
> **元认知**：对于认知过程的认知和理解。

最后，儿童信息加工能力的提高还和元认知（Metacognition）的发展有关。元认知是指对自己认知过程的意识和理解，包括计划、监督和调整认知策略。较小的儿童缺乏对自我认知过程的意识，他们通常认识不到自己能力的局限。因此，当他们误解了他人时，并不觉得是自己犯错。等到元认知能力提升之后，才能知道原来是自己无法理解别人。这种认知能力的增长反映了儿童心理理论的变化，所谓心理理论，就是对于心理运作方式的知识和信念。

成年人和大一些的儿童通过帮助年幼儿童完成新任务而促进他们的认知发展。维果斯基把这种帮助叫作"支架"。

简而言之，若家长、老师或同伴为儿童提供最近发展区内的新知识，就可能促进儿童的认知发展。他们所提供的这种协助被称为"支架"，可以鼓励儿童独立完成任务，促进学习和问题解决能力的发展。例如，假如5岁的玛利亚（Maria）已经可以理解减法是加法的逆运算，她的哥哥就可以给她一些苹果，鼓励她用苹果去做加法，然后哥哥开始为她学习减法提供"支架"，比如做几次演示，直到玛利亚可以独立处理减法问题为止。维果斯基认为，"支架"不仅可以促进儿童解决特定问题，更重要的是可以协助儿童全面地发展认知技能。

跟其他认知发展理论不同，维果斯基的理论考虑到了个体所处的特定文化和社会环境对其智力发展的影响。儿童理解世界的方式随着和父母、同伴以及文化中其他人的交往而改变。

维果斯基的理论和皮亚杰的认知发展阶段理论及信息加工理论一起，从不同的角度推进了我们对于复杂而又有趣的认知发展过程及其生物和环境基础的认识。

最近发展区：根据维果斯基的理论，它是儿童通过自己的努力可以但是还未完全理解和胜任任务的一种水平。

维果斯基的社会文化认知发展观 根据发展心理学家利维·维果斯基（Lev Vygotsky）的理论，我们生活的文化环境对认知发展具有重要影响。如果不考虑学习的社会因素，我们就无法理解认知发展。维果斯基认为认知发展是社会互动的结果，儿童在社会交往中跟他人一起玩耍，共同解决问题。通过这种互动，儿童的认知能力得到了发展，独立思考的能力得到了增强。更具体地说，当儿童遇到那些他们有能力学习的知识时，他们的认知能力就提高了，维果斯基把这种学习的准备叫作**最近发展区**（**Zone of Proximal Development, ZPD**），它是儿童通过自己的努力可以但是还未完全理解和胜任任务的一种水平。如果儿童接受的任务是在最近发展区内的，那么他们就可以通过学习掌握这种任务。相反，如果任务高于最近发展区，那么儿童就难以完成。

心理学思考

> > > 思考埃里克森的发展理论、皮亚杰的发展理论、信息加工理论以及维果斯基的理论。你觉得，父母用那些声称能够提高婴儿学习能力的教学游戏和视频来教育孩子会有效果吗？仔细想想这些婴幼儿教育产品的优缺点。

>> 青少年期

约瑟夫·查尔斯（Joseph Charles），13岁："13岁的我在学校过得很辛苦。为了让别人觉得我很酷，有时候我不得不装坏人。有时候我会做一些不好的事情，我在老师们背后说坏话，在他们面前放肆。我想当个好学生，但是太困难了。"

特雷福·科尔森（Trevor Kelson），15岁："滚出去！"这是他卧室墙上的标语，就贴在他杂乱的床头。他的桌子上堆满了脏T恤和糖果包装，地板上全是衣服。这里有地毯吗？"应该有吧！"他笑着说，"而且是金色的。"

劳伦·巴里（Lauren Barry），18岁："我去参加国家荣誉生颁奖仪式，那些家长就那样盯着我看。他们可能不会相信像我这样染着粉红头发的家伙也会很聪明。我想当一名高中老师，但是就我的外表来看，他们是不会雇佣我的。"

尽管约瑟夫、特雷福和劳伦从未见过彼此，但他们身上都有着青少年期特有的焦虑——在意朋友、父母、外表、自我独立和自己的未来。**青少年期（Adolescence）** 是介于儿童和成年之间的发展阶段，是一个非常关键的时期。在这一阶段会发生一系列意义深远的变化，偶尔也可能动荡混乱。随着青少年性发育和身体发育达到成熟，他们在生理上会发生很大的变化。同时，由于他们试图独立，努力走向成人社会，他们的社会性、情绪和认知也都得到了巨大的发展。

在西方社会，大部分人进入职场之前要在学校学习很多年，所以青少年时期非常长，可能从10岁一直持续到20岁。他们已经不再是儿童，但社会又不把他们当成独立的成人看待，因此他们必须应对来自身体、认知和社会方面的一系列挑战。

生理变化

让你回想自己青少年期最初的一段时光里发生了什么变化，可能你记得最清楚的就是身体上的变化

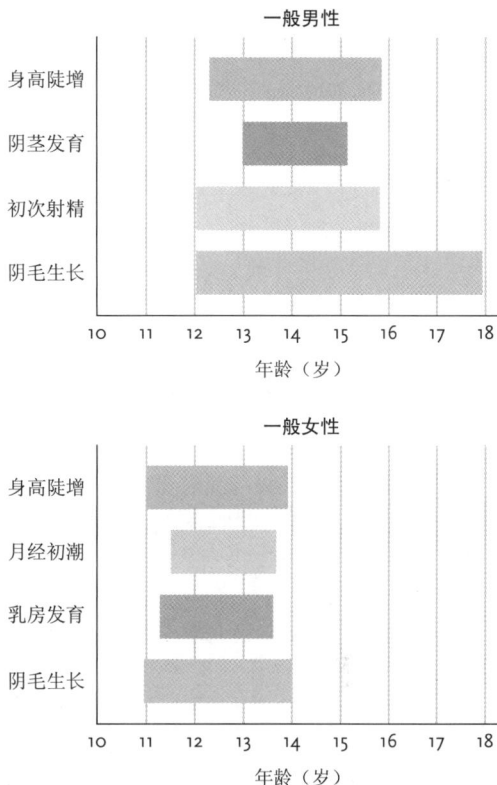

一般男性

身高陡增
阴茎发育
初次射精
阴毛生长

年龄（岁）

一般女性

身高陡增
月经初潮
乳房发育
阴毛生长

年龄（岁）

资料来源：基于Tanner，1978。

青春期的生理发展

了。迅速长高，女孩的乳房开始发育，男孩的嗓音开始变粗，体毛生长以及觉醒的性冲动，这些都让青少年感到好奇、兴奋，有时甚至觉得尴尬。

> **青少年期**：介于儿童和成年之间的发展阶段。
>
> **青春期**：性器官成熟的时期。女孩约从11～12岁开始，男孩约从13～14岁开始。

青少年期伊始的生理变化大部分要归结于身体分泌了大量的激素，它们影响着青少年生活的方方面面。这个时期是个体继婴儿期之后在生理上的第二次迅猛发展。女孩约从10岁开始，男孩约从12岁开始，身高和体重都快速增长，甚至一年可以增高5英寸（约12.7厘米）。

青春期（Puberty） 是性器官成熟的时期。女孩大概从11岁到12岁开始，以初次月经为标志。但是，每个人的情况不同，有的女孩月经初潮较早，可能发生在八九岁，有的女孩较晚，甚至到16岁才开始。在西

在西方社会，青少年达到性成熟的平均年龄从**20**世纪开始一直稳步下降，这可能是因为食物营养和医疗保健水平都有所提升的缘故。

青春期开始时会有一定的信号，例如青少年对自己的看法以及别人对待他们的方式都会发生改变。早熟的男孩比起晚熟的男孩有明显的优势，他们在体育运动上会表现得更好，在同伴群体中更受欢迎，自我概念也更为积极。

但是女孩的情况则略有不同，尽管早熟的女孩比起晚熟的女孩更可能受到异性的欢迎，自尊水平也较高，但是身体的过早成熟也可能产生不太积极的后果。例如，乳房发育比别人早就可能使她们远离同龄人，甚至被人嘲笑。

晚熟则可能造成某些心理适应不良。那些比同龄人个子小、发育晚的男孩可能会感到自己被孤立，觉得自己没有吸引力。同样，晚熟的女孩可能在初高中阶段不受欢迎。他们在同伴中的社会地位更低，在社交时容易被忽视。

总之，青少年期个体身体发育的快慢可能影响别人看待个体的方式以及个体看待自己的方式。但是，这一时期个体的心理及社会性变化跟他的生理变化同样重要。

道德和认知发展

在一个欧洲国家，有一个女人得了某种癌症，生命垂危。医生认为只有一种药可以救她，这种药是一种刚刚开发出来的新药，配置这种药的成本很高，而且配药的人工收费更是成本的10倍—— 一小剂量就要5000美元。这个女人的丈夫亨利（Henry）想尽了办法向他认识的所有人借钱，但是他只能凑到2500美元。他告诉药物发明者他的妻子快死了，希望他能够降低药价或者让他先欠一部分的钱稍后再还。但这个人说："不行，我发明这种药就是用来赚钱的。"亨利觉得很绝望，他想为他的妻子去偷这种药。

你觉得亨利应该怎样做？

科尔伯格的道德发展理论 从心理学家劳伦斯·科尔伯格（Lawrence Kohlberg）的观点来看，你给亨利的建议反映了你的道德发展水平。根据科尔伯格的理论，人们的正义感和道德判断推理方式的发

方社会，青少年达到性成熟的平均年龄从20世纪开始一直稳步下降，这可能是因为食物营养和医疗保健水平都有所提升的缘故。

男孩青春期开始的标志是他们初次射精。初次射精一般发生在13岁左右，第一次射精只能排出很少的精子，但是在接下来几年中，精子数量将会大幅度增长。

你知道吗？

西方人可能都熟悉这条黄金法则：你想别人如何对待你，你就要如何对待别人。相反，Huang（2005）提出了一条具有儒道精神的青铜法则：别人希望你如何对待他们，你就如何对待他们。

科尔伯格的道德发展三水平理论

被试的道德推理举例

水平	支持偷药	反对偷药
水平1 前习俗道德水平: 个体主要关注具体的利益,以行为后的奖励和惩罚为依据进行判断	"如果你眼看着自己的妻子死掉,你会惹麻烦的。因为大家都会怪你没有花钱救她。你和药剂师会因为你妻子的死而受到调查。"	"你不能去偷药。因为如果你这么做就会被警察抓住关进监狱。如果你成功逃跑,就会一直不安,因为你会担心警察时时刻刻都在搜捕你。"
水平2 习俗道德水平: 个体处理道德问题时把自己看作是社会的一员,希望通过良好的表现来取悦他人	"如果你眼看着妻子死了,你再也不会有脸见任何人。"	"你偷药之后会一直感到不安,因为你让自己和家庭蒙羞。你再也没脸见任何人。"
水平3 后习俗道德水平: 处在这个水平的个体所用的道德原则超越了社会习俗	"如果你不偷药,你的妻子就会死,之后你就会一直自责自己没有救她。虽然没有人会责怪你,你也遵守了外界的规则,但是你违背了自己的良心和道德标准。"	"如果你偷药,别人不会怪你,但是你会谴责自己,因为你违背了自己的良心和道德标准。"

资料来源:D. Goslin(Ed), Handbook of Socialization Theory and Research(1969). Chicago: Rand McNally。

展会经历一定的阶段。鉴于成长过程中的各种认知局限(如皮亚杰所说),前青春期的儿童倾向于使用一些具体的、不可改变的规则(如"偷东西总是错的"或者"如果偷东西就会受到惩罚")或某些社会规则(如"好人不会偷东西"或者"如果大家都偷东西那还得了")来进行道德思考。

但是,在达到形式运算阶段之后,青少年的推理能力将大大提高。这时他们可以理解广泛的道德原则,明白道德并不总是意味着黑与白,很可能存在两种都被人接受但彼此冲突的社会准则。

科尔伯格认为道德推理的变化可以通过三个层次来理解。他假设人的道德推理能力需按照固定的顺序经过三个水平的发展,直到13岁之后才能达到最高水平(13岁之前认知能力还存在局限)。但是,也有很多人根本达不到道德发展的最高水平。科尔伯格发现,只有小部分的成人可以达到第二级水平。

尽管科尔伯格的理论对我们理解道德发展的过程产生了重要影响,但遗憾的是它并不总是受到研究的支持。这个理论的问题之一在于,它只与道德判断有关,而与道德行为无关。明辨是非并不意味着我们的行为总是和判断一致。而且,这个理论主要适用于西方社会及其道德准则。在那些有着不同文化系统的国家所做的跨文化研究表明,科尔伯格的理论并不适用于他们的社会。

科尔伯格研究的另一个显著问题是,他采用的主要是男性被试。心理学家卡罗尔·吉利根(Carol Gilligan)认为,男性和女性的社会经验存在显著的差异,因而他们对于道德行为的看法也有根本不同。根据吉利根的说法,男性一般从原则(正义和公平)的角度看待道德;而女性更多从个体责任的角度看待

心理学小贴士

在道德发展方面,科尔伯格的理论和吉利根的看法差异非常显著。科尔伯格的理论关注男性的道德发展阶段,而吉利根的理论关注的是性别差异。

道德，她们愿意做自我牺牲来帮助那些跟自己有特定关系的个人。相较于男性，对于女性来说，同情心是一个影响道德行为的更显著的因素。

由于科尔伯格的模型用了很多抽象的词语来形容道德行为，如正义等，吉利根发现，这些根本不足以形容女性的道德发展。她认为，女性的道德中心在于个体的幸福感和社会关系，这是一种同情心道德。就她来看，对他人利益富有同情心的担忧代表着道德的最高层次。

实际上，吉利根的道德概念和科尔伯格所说的道德有很大的差异，这说明，性别是决定一个人道德看法的重要因素。尽管这些研究证据并不确凿，但是似乎大家都赞成，男性和女性对于什么是道德行为有着不同的见解，这可能让他们从不同的角度判断某种行为是否道德。

青少年期的社会性发展

"我是谁？" "我如何适应这个世界？" "生活到底是什么？"

在十几岁的时候，这样的问题具有特殊的意义，因为青少年正在致力于在广大的社会生活中寻找自己的位置。你将看到，这些追问将青少年引向不同的人生轨迹。

埃里克森的心理社会性发展理论 埃里克森的心理社会性发展理论强调，在青少年期，个体致力于建立起一种同一性。就像先前提到过的，心理社会性发展涉及到人们在一生中对于自我、他人和社会理解的变化。

埃里克森理论的第五个阶段（如下页图所示）是**同一性对混乱阶段（Identity-versus-Confusion Stage）**，这个阶段跨越了整个青少年期。在这一阶段，个体要经历一些重要的挑战，尝试着定义自己的独特性。他们努力发掘自己是谁，有什么长处，在未来人生中最适合扮演哪些角色——换句话说，寻找自己的同一性（**Identity**）。如果不能成功度过这个阶段，个体就会对自己在社会中的定位感到迷惑，无法建立稳定的自我认同，采取一种不被接受的方式混迹

在社会上（如成为社会边缘人），同时还可能在未来的生活中难以维持亲密的人际关系。

在同一性对混乱阶段，青少年需要对未来自己要做些什么做出决定，这会让他们倍感压力。同时，还伴随着剧烈的生理变化以及来自各方面的社会期望，在重重要求之下，青少年可能会觉得自己处于人生中最为艰难的时期。同一性对混乱阶段还有另外一个特征：青少年开始拒绝从成人那里获得信息，转而把同伴群体作为社会判断的信息来源。同伴群体的意义越来越重大，青少年相互建立起亲密的、类似于成人的友谊，并在其中逐步澄清自我同一性。根据埃里克森的理论，同一性对混乱阶段是心理社会性发展的重要时期，它为今后的心理社会性和人际关系的发展铺平道路。

在成年早期，个体进入了**亲密对孤独阶段（Intimacy-versus-Isolation Stage）**。这个阶段从青少年期持续到30来岁，跨越成年早期，主要任务是与他人发展亲密的关系。这个阶段的发展困难会导致个体产生孤独感和对亲密关系的恐惧感，如果成功解决了危机，就可能建立在生理上、心智上和情感上都亲密的人际关系。

人到中年后，心理社会性继续发展，此时将进入**生产对停滞阶段（Generativity-versus-Stagnation Stage）**。生产指的是为家人、组织、工作和社会做贡献，并帮助年轻一代成长的能力。如果这一阶段发展顺利，个体会对自己的人生感觉积极；反之，如果发展困难则会导致个体觉得自己可有可无，对别人毫无用处。此外，如果个体在之前没能成功解决同一性危机，他可能还处在寻找认同的阶段上，如尝试自己适合怎样的职业。

心理社会性发展的最后一个阶段是**自我完善对悲观失望阶段（Ego-Integrity-versus-Despair Stage）**，这个阶段从成年晚期开始，直至个体死亡。如果能够成功解决这个阶段的问题，个体就会产生一种人生完满感，如果失败，就会对那些可以完成但是并未完成的事感到遗憾和懊悔。

值得注意的是，埃里克森的理论认为，个体的发展并不是到青少年期就结束了，它会持续终生，大量研究都证实了这个观点。例如，心理学家苏珊·威特波恩（Susan Whitbourne）完成了一个长达22年的追踪研究，她发现了大量证据表明，心理社会性的发展

埃里克森的心理社会性发展阶段理论

1 信任对怀疑
大概年龄：
出生～1.5岁
积极结果： 从环境支持中获得信任感
负面后果： 对人感到恐惧和担心

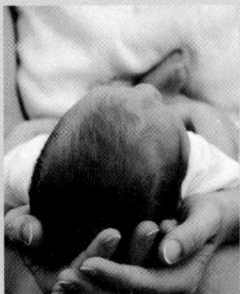

2 自主对羞怯和疑虑
大概年龄：
1.5～3岁
积极结果： 如果探索外部世界的行为受到鼓励，将会建立自我信任感
消极后果： 怀疑自己、不能独立

3 主动对内疚
大概年龄：
3～6岁
积极结果： 找到自主行为的方式
消极后果： 对自己的行动和思想感到愧疚

4 勤奋对自卑
大概年龄：
6～12岁
积极结果： 发展出胜任感
消极后果： 自卑感、无能为力感

5 同一性对混乱
大概年龄：
青少年期
积极结果： 对自我独特性的认识，认清自己的角色
消极后果： 不知道自己该在生活中扮演什么角色

6 亲密对孤独
大概年龄：
成年早期
积极结果： 发展爱、性关系和亲密的友情
消极后果： 害怕与他人建立关系

7 生产对停滞
大概年龄：
成年中期
积极结果： 对生命有所贡献的感觉
消极后果： 轻视自己的行为价值

8 自我完善对悲观失望
大概年龄：
成年晚期
积极结果： 认为自己的人生成就很完满
消极后果： 对于生活中失去的一切感到懊悔

持续到成年期，这支持了埃里克森的理论。总之，青少年期并不是心理社会性发展的最后阶段，而是其中的一站。

尽管埃里克森的理论大致描绘了同一性的发展框架，但也有人认为他的理论出发点是男性主导的追求个性和竞争的概念。心理学家卡罗尔·吉利根提出了另一种观点，她认为女性可以通过与他人建立关系而发展自己的同一性。在她看来，女性性格的一个基本成分就是在自己和他人之间建立一个关怀网络。

青少年自杀 尽管绝大部分青少年都能够顺利通过青春期，但还有小部分人不幸罹患严重的心理问题。有些时候这些问题会极端到令青少年决定结束自己的生命。自杀是导致美国青少年死亡的第三大原因（前两个是事故和谋杀）。死于自杀的青少年数量高于死于癌症、心脏病、艾滋、天生缺陷、中风、肺炎、流行性感冒以及慢性肺病的青少年的总和。

亲密对孤独阶段： 根据埃里克森的理论，这个阶段在成年早期，主要任务是发展亲密关系。

生产对停滞阶段： 根据埃里克森的理论，这个阶段在成年中期，此时个体开始估量自己对家庭和社会的贡献。

自我完善对悲观失望阶段： 根据埃里克森的理论，这个阶段在成年晚期直至个体死亡，此时个体开始审视自己人生的成败。

在美国，每90分钟就有一个青少年自杀。而且这个数字可能还被低估了，因为医务人员一般不太愿意将死因说成是自杀，为了保护幸存者，他们一般会说是意外死亡。总之，200个试图自杀的青少年中就有一个完成自杀。

在青少年中，尽管女性的自杀倾向更高，但是男性做出自杀行为的可能性比女性高出五倍。白人青少年的自杀率显著高于非白人。但是在过去20年中，非裔美国男性的自杀率比白人增长更快。在美国，美国本地人的自杀率是所有族群中最高的，亚裔美国人的自杀率是最低的。

尽管现在还不知道为什么会有这么多青少年自杀，但是有一些因素可能在起作用。首先是抑郁症，它的主要特征是情绪低落、极度疲乏，还有一个特别重要的特点，即感到深深的绝望。在很多案例中，那些自杀的青少年都是完美主义的、社交抑制的，并且在面对学业或社会挑战时会变得极度焦虑。

自杀还与家庭背景和适应能力有关，家长和孩子之间的长期冲突可能导致青少年的行为问题，例如品行不良、辍学、攻击倾向等。而且，酗酒或者滥用药物的青少年自杀率相对更高。

当一个青少年的问题非常严重，以至于可能出现自杀行为时，会有一些警示迹象，包括以下几条：

- 学校问题，如逃学、旷课、成绩突然下降；
- 经常表现出自我伤害行为，如疏忽大意的事故；
- 没有食欲或者过度进食；
- 远离朋友和同龄人；
- 睡眠问题；
- 抑郁迹象、哭泣、表现出明显的心理问题，如幻觉；

美国人的自杀率（以年龄和性别区分）单位：十万人

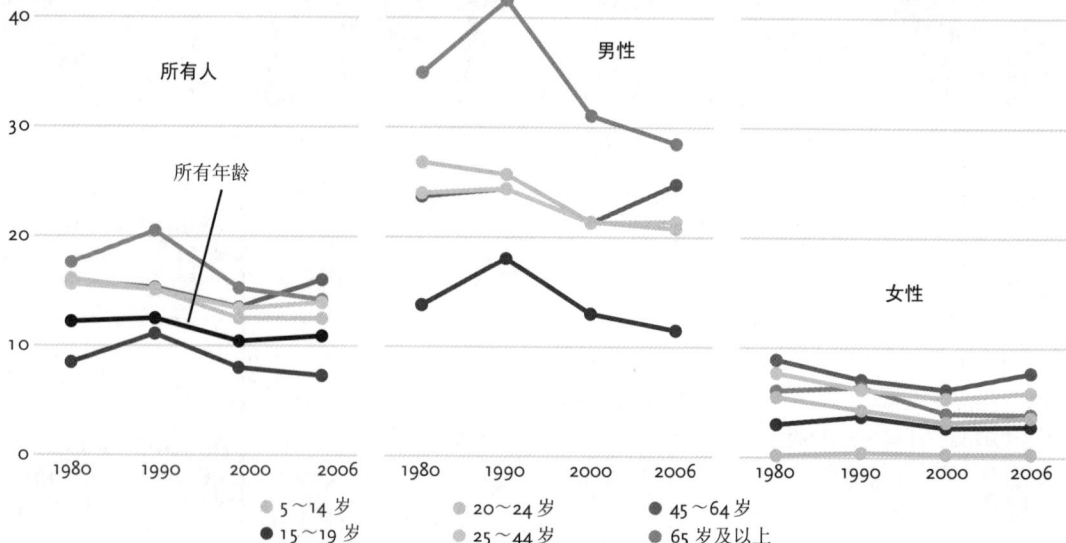

自杀死亡率（每十万人）

所有人　　所有年龄

男性

女性

● 5～14 岁　　● 20～24 岁　　● 45～64 岁
● 15～19 岁　　● 25～44 岁　　● 65 岁及以上

资料来源：数据来自美国国家健康统计中心(2009). 以及美国2008年健康统计报告。

- 想象死亡之后的状况，或者来世的样子，或者"如果我死了，会发生什么"；
- 列举要做的事情，如把得到的奖品送人或者找别人照顾宠物；
- 对外宣布自己自杀的想法。

如果你在某人身上看到了他企图自杀的迹象，可以鼓励他找专家帮忙。你要做出一些果决的行动，例如，寻求家庭成员或者朋友的帮助。谈论自杀是一个强烈的求救信号，你要尽可能快速地提供帮助。

人生大事：世界各地的成人礼 对于新几内亚的Awa部落男性成员来说，要想从儿童变成大人并不容易。首先他们要经受棍棒和荆棘的鞭打，意在弥补时犯下的错误及纪念在战争中死亡的部落成员。接下来，成年男性要把尖尖的木棒戳进男孩们的鼻子里，直到他们呕吐。最后，成年男性还要割开这些男孩的生殖器，让它大量流血。

这样的成人仪式可能会吓到少见多怪的西方人，但这并不是Awa文化特有的。在其他文化中，成人庆祝活动可能没有这么恐怖，但也非常重要。例如，在古老的印第安阿帕奇部落，当女孩第一次来月经时，要进行晨昏吟唱。西方宗教里也有一些庆祝活动，如犹太儿童13岁时男孩接受的受戒礼和女孩接受的坚信礼，以及很多基督教教派里都有的确认仪式。

在大部分社会里，成人礼的核心是男性而不是女性。著名的人类学家玛格丽特·米德（Margaret Mead）半开玩笑地提出，男性仪式居多可能反映了这样一个事实："对于男孩无法长大成人的忧虑比对女孩更普遍"。事实上，大部分文化更重视男性仪式可能是由于对于女性来说，长大成人是以一个确切的生理事件——月经作为标志的，而对于男性来说，没有哪个事件能够精确地标志其进入成人时期了。因此，男性不得不依靠那些文化仪式来告诉他们自己是成年人了。

对于拉丁裔青少年来说，15岁左右的成人礼意味着正式长大成人。

>> 成年期

心理学家普遍同意成人早期由20岁左右开始，一直到40岁或者45岁，这时个体进入中年时期，直到65岁。这一时期的重要性体现在两个方面，一是这个时期取得的成就最为丰富，二是这个时期的时间最长（加在一起大约有44年）。但即便如此，这个时期受到的研究却最少。一方面由于这个阶段比起其他阶段来说，生理变化最缓慢且不明显，另一方面科学家很难简单地将这个阶段的各种社会变化进行归类。

成年早期，大部分人专注于工作和事业。

成年早期发生的各种变化让很多发展心理学家把它看作过渡阶段，叫作始成年期。始成年期从青少年晚期到25岁左右，这时候的个体已经不再是青少年了，但是又还没有完全承担起成年人的责任，他们仍然在纠结自己是谁、该过什么样的生活、从事什么样的职业等头疼的问题。

将成年期划分出一个始成年期的观点反映了这样一个事实：工业化国家已经由制造业经济时代进入到信息科技经济时代，这要求个体花费更多的时间在教育和培训上。而且，大部分人结婚生子的时间也向后推迟了许多。

需要注意的是，尽管我们讨论了始成年期、成年早期、成年中期和成年后期发生的变化，但这些阶段之间并不存在明确的界限。我们只知道这些变化和生命早期的变化一样影响深远。

对于大部分个体来说，他们的体质在成年早期达到高峰。

身体健康的巅峰时期

对大部分人来说，成年早期是身体健康的巅峰时期。从18岁到25岁，人的力量是最强的，反应是最快的，死于某种疾病的概率是最小的。此外，他们的生殖能力也处于最旺盛的时期。

从25岁开始，身体效率轻微下降，对疾病的抵抗力略不如前。但总体来说还是不容易得病，大部分人在成年早期都很健康。（你能想象除了身体之外，还有什么机器可以不停地运转如此长的时间吗？）

到了成年中期，个体渐渐感受到自己身体的变化。通常情况下个体的体重会有所增加，这是因为他们的饮食习惯没有改变但运动量减少了。慢慢地，他们的感觉器官开始退化，对刺激的反应也变得慢起来。但是总得来说，成年中期身体机能的下降是非常缓慢的，通常注意不到。

此时在生理上将发生的重要变化是生殖能力的下降。一般女性在50岁左右进入**更年期**（**Menopause**），此后她们不会再来月经，更不会再生育。因为在绝经的同时雌性激素的分泌也会迅速下降，这时女性可能会体验到一些生理症状，如潮热，即突发热感。有时，医生会用激素疗法（给绝经的女性注入人工合成激素）来治疗这些症状。

更年期曾经一度因为一些心理症状（如抑郁和记忆力减退）而被视作洪水猛兽。目前我们还不清楚这些问题跟激素水平的变化是否有关系。当今的跨文化研究表明，女性对于更年期的反应具有很大的文化差异，一个社会对于老年人越尊重，女性在更年期出现的问题就越少。但是，由于没

更年期： 女性停止月经并丧失生育能力的时期。

有进一步的信息，我们只能猜测二者之间可能存在一定的因果关系。

男性在中年期感受到的变化相对细微。他们在这个时期没有像女性更年期那样明显的心理信号，也就是说，没有所谓的男性更年期。实际上，男性在进入老年期之前依然保有生育能力，可以生育后代。但是，男性的生理机能还是在逐渐退化中，表现为排精量减少、性高潮的频率有下降的倾向。但这种生理衰退带来的任何心理问题都没有个体在面对老去时内心产生的恐慌严重。

成年期的社会性发展

成年期的社会性发展是质的发展，是影响深远的变化。在这个时期，人们投身事业，缔结婚姻，组建家庭，这些事件都要求个体经受住环境巨变带来的挑战。

进入成年早期通常以离开儿时住所，进入工作世界为标志。个体通常会设想生活的目标，选择自己的职业。他们的生活开始以工作为中心，这成为他们身份认同的重要组成部分。

40岁后，个体开始反省自己的生活，因为他进入了中年转换期。"命不久矣"的想法对他们思维的影响越来越大，他们试着总结过去反省人生。另一方面由于身体的老化，他们对自己的生活也开始产生不满，部分个体将体验到所谓的中年危机。

但是在多数情况下，个体还是会比较平稳地进入成年中期。大部分40多岁的个体会相对积极地看待自己的生活和成就，比较平静地度过中年期。40岁到60岁是一个非常有意义的时期。这时个体不再展望未来，而是注重现在，他们融入到家庭、朋友和其他社会群体中去，生活又有了新的意义。

最后，在成年期的终极阶段，个体更容易接纳他人和自己的生活，对那些曾经困扰他们的问题不再投入那么多的关注。他们逐渐接受"人必有一死"，开始尝试在更宽泛的生活意义中理解自己的价值。尽管个体开始给自己贴上"老"的标签，但与此同时他们也在寻求智慧，更为自在地享受生活。

婚姻、孩子和离婚 在童话故事中，王子和公主永远过着幸福甜蜜的生活。但是，这种脚本显然已跟不上21世纪的爱情和婚姻现实。现如今，一对男女很

成年早期是一个发展转变时期，很多人开始投身事业，缔结婚姻，组建家庭。

大部分40多岁的个体会相对积极地看待自己的生活和成就，40到60岁是一个非常有意义的时期。

可能先同居，后结婚生子，最终离婚（或发现配偶是同性恋）。

在美国，未婚同居家庭的比例在近20年里急速增加。同时，结婚的平均年龄比20世纪以来的任何时候都晚。这些变化非常引人注目，它们表明婚姻已经发生了巨大的变化。

人们结婚之后又离婚的概率非常大，尤其是那些年轻夫妻。但尽管如此，离婚率在1981年达到高峰之后就开始逐渐下降了。在初次结婚的夫妇中，大概有一半的人离婚了。40%的个体在18岁之前会经历父母婚姻的破裂。而且，居高不下的离婚率不只发生在美国：过去几十年里，大部分工业化国家的离婚率都呈现激增态势。在某些国家，这种增长比率非常的大。

例如，在韩国，到2002年为止的12年中，离婚率增长了四倍，从11%增长到47%。

在过去20年里，婚姻和离婚趋势的改变使美国的单亲家庭增加了一倍。在美国家庭中，差不多有25%的家庭是单亲，1970年的时候这个数字才是13%。如果按照这个趋势继续发展，大概3/4的美国儿童在18岁之前都要经历一段时间的单亲生活。对于来自少数族群家庭的孩子来说，这个比例会更高。大概有60%的黑人儿童和超过1/3的西班牙裔儿童过着单亲生活。而且，在大多数单亲家庭里，儿童都留在母亲而不是父亲身边，这一现象在各种族基本都很常见。

儿童和父母中的一方生活在一起，会产生怎样的经济和情感后果？单亲家庭的经济条件通常不太好，这种经济上的不足会影响儿童在生活中的机会，超过1/3的单亲家庭经济收入在贫困线以下。而且，家长很难找到物美价廉的儿童护理者。更严重的是，对于离婚家庭的儿童来说，父母的离异通常是一次痛苦的经历，可能使他们在今后生活中建立亲密关系时产生一定障碍。有些儿童可能觉得父母离婚是自己的错，或在选择跟父母某一方生活时倍感压力。

但是，尽管如此，大量的证据表明，那些来自稳定的单亲家庭的儿童并没有比来自稳定的双亲家庭的儿童表现出更糟糕的适应性。实际上，在和谐的单亲家庭长大的孩子会比在冲突不断的双亲家庭长大的孩子更成功。

男人和女人的角色变化 在过去20年中，男人和女人的角色演变是家庭生活的一个重要变化。从未有过这么多妇女同时扮演着妻子、母亲和劳动者的角

尽管越来越多的男性开始参与家务劳动，但通常还是那些有工作的女性操持家务和照料孩子。

色，在传统的婚姻家庭中，丈夫是唯一挣钱的人，妻子主要的责任是操持家务、照顾孩子。

在那些抚养学龄孩子的已婚妇女中，将近70%的人有工作，在那些孩子小于6岁的母亲中，也有55%的人在工作。而在20世纪60年代中期，1岁孩子的妈妈中只有17%的人有全职的工作，现在，超过一半的人成了劳动力。

即使夫妻双方都有工作、地位相同，工作时间也相当，很多已婚的职业女性还是需要承担家务，双方分担的家务量仍并没有实质性的变化。比起丈夫，有工作的妻子更可能觉得她对传统的家务活（如做饭和清洁）负有责任。相反，丈夫仍然觉得自己应该承担类似于修电器和整理院子的家务。

老化

我一直喜欢在山里活动，例如徒步旅行，或者最近常做的攀岩。悬崖越难攀登，就越吸引我。现在我还记得的攀岩都是好不容易才攀上去的。或许只有那些我尝试了两三次才能找到最佳攀岩路径的活动才能留在我的心里，而且是很完美、很高雅地留在我的心里。爬到悬崖顶上，坐下来休息，或许再吃一顿午餐，远眺周围的美景，这种体验太美妙了，真让人兴奋。我很庆幸自己现在还能够从事这样的运动。

如果你想象不出来74岁老头攀岩的场景，或许你心里会浮现出自己印象中老年人的样子。尽管社会对老年人的刻板印象是行动不便，生理和心理素质都开始下降，但是那些研究老化的老年病学专家和心理学家并不这么认为，他们开始重新塑造老年人不同以往的形象。

老年病学专家关注个体65岁之后的生活，他们对于向公众澄清老年人的能力状况做出了很大的贡献。他们的研究表明，个体即使在老年期也仍在持续发展当中。随着人类预期寿命的增加，会有越来越多的人进入老年阶段。因此，深入对老年期的了解成了心理学家重中之重的任务。

身体老化 打盹儿、进食、散步、闲聊，你可能觉得司空见惯，这些相对轻松的活动代表着老年人的消遣方式。但令人震惊的是，一份报告显示，这些活动和大学生最普遍的休闲活动一模一样。尽管这些学生声称自己喜欢其他一些活动，如航海和打篮球等，但实际上他们更多的时间是拿来从事这些简单的活动，也就是说，年轻人和老年人一样，最常做的事情就是打盹儿、进食、散步和闲聊。

尽管老年人的休闲活动和年轻人没有多大差别，但是随着年龄的增长，他们会出现很多生理变化，这是理所当然的事情。生理变化中最明显的就是外表：头发由黑变白、逐渐脱落，皮肤皱巴巴的，因为脊椎间盘变薄而导致有时候身高还会略微下降。生理机能也会出现细微的变化，例如，感知能力渐渐退化：视觉、听觉、嗅觉和味觉都会变弱；反应时间变长，体力也会下降。

奥利维亚·帕特丽夏·帕特托马斯（Olivia Patricia "Pat" Thomas）在纽约威廉斯维尔吹灭生日蜡烛庆祝她112岁的生日。2009年6月，托马斯114岁了。随着越来越多的人活到90多岁，甚至超过100岁，对于老年期的研究成了心理学家重中之重的任务。

生理机能下降的原因是什么？**基因预成说**（Genetic Preprogramming Theories of Aging）认为，人类细胞的再生能力有一个固定的时间限制，在某一固定时间后，这些细胞就停止分裂或者开始产生有害物质——就像按下了自动毁灭按钮一样。相反，**细胞损耗理论**（Wear-and- Tear Theories of Aging）认为，进入老年期后，身体的机械性能只是效率降低。此时能源生产所产生的副产品累积起来，细胞分裂也开始出现错误。最终，身体就像老汽车一样筋疲力尽。

基因预成说和细胞损耗理论可能都有道理。但是，有一点很明确，物理老化并不是一种疾病，而是一种自然的生物过程。很多身体机能都不会随着年龄的增长而下降，例如，进入老年后，性仍然是一种愉悦的活动（尽管性生活频率下降），有些人报告说，他们进入老年期后，从性生活上感到的快乐反而增加了。

成年后期的思维 以前很多老年病学家可能会同意这种普遍存在的观点：老年人又健忘又糊涂。但是现在的很多研究发现这种评价一点都不准确。

心理学**小贴士**

老化的两个主要理论——基因预成说和细胞损耗理论解释了老年阶段发生的一些生理变化。

如果老年人患有影响认知功能的疾病，那么他们就没法跟年轻人比。但如果健康的老年人和健康的年轻人相比，智力差异其实并不明显。而且，老一辈人的平均学历通常比下一辈人低（历史原因），他们在做智力测验时也不像年轻人那样求胜心切。还有一点是，传统的IQ测试可能根本就不适合用来测量老年人的智力。一般来说，老年人的实践智力要好于年轻人。

> **基因预成说**：这一理论认为，人类细胞的再生能力有一个固定的时间限制，在某一固定时间后，这些细胞就不能再分裂。
>
> **细胞损耗理论**：这一理论认为，老化的原因只是身体的机械性能效率降低。

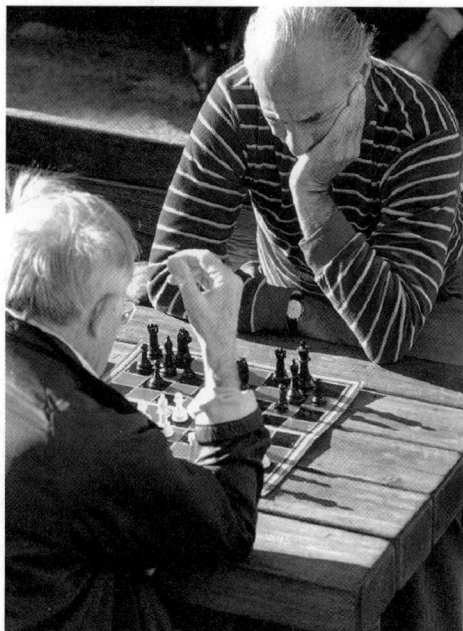

在老年时期，会有一些认知功能开始下降，但是那些因为知识和经验的积累而产生的能力实际上还是会随着年龄而增长。

尽管如此，到了老年期，还是会有一些智力功能减退。总的来说，在老年期，与流体智力（涉及诸如记忆提取速度、计算和类比推理等的信息加工技能）相关的技能会衰退，而与晶体智力（知识、技能和在经验中习得的策略的累积）相关的技能会稳步发展甚至有所提升。

即便智力有所衰退，个体也能够从其他方面进行补偿，他们还是可以学习，只是可能会花费更多的时间。这时只要教给老人们应对新问题的策略就可以有效提高他们的任务表现。

阿尔茨海默病：一种进行性的大脑障碍，会导致认知能力发生一种渐渐的无法逆转的退化。

老年人健忘吗 我们通常将老年人和一个特征联系在一起，那就是健忘。这种假设有几分是真的？

大部分证据表明，老化过程中并不一定伴随出现记忆缺陷。例如，研究表明，在那些高度尊重老年人的文化（如中国）里，比起那些觉得老年人肯定会记忆减退的文化来说，老年人表现出记忆丧失的可能性要小很多。同样，在西方社会中，当老年人被告知他们具有年龄优势时（如年龄代表着智慧），他们在记忆测试上的表现会更好。

过去，那些记忆力严重减退并且伴有其他障碍的老年人被认为是衰老了。衰老是一个较宽泛且不精确的用语，多用来形容那些心智能力逐步退化的老年人，症状包括丧失记忆、失去时间感和方向感，思维一片混乱等。人们曾经认为衰老是老化过程中不可避免的过程，但是现在大部分老年病学家已经把这个标签抛弃了。以前人们认为衰老是引起某些症状的原因，现在大多认为这些症状是由其他因素引起的。

有些情况下记忆丧失是由疾病导致的。例如**阿尔茨海默病**，这是一种进行性的大脑障碍，会导致认知能力发生一种渐进的无法逆转的退化。75～84岁的老年人中，有19%的人患有阿尔茨海默病，到2050年时，会有1400万人患有这种疾病，这个数字是现在的3倍。

当β淀粉样蛋白前体的合成出错，产生细胞肿块，引发神经细胞的炎症和恶化时，个体就会罹患阿尔茨海默病。此时大脑萎缩、神经元死亡，海马体的某些部分及额叶、颞叶严重萎缩。迄今为止，阿尔茨海默病还没有有效的治疗方法。

在另一些情况下，暂时的焦虑和抑郁也可能导致认知减退，这是可以有效治疗的。认知减退还有可能是由用药过度导致的。但主要的问题在于，有这些症状的人可能拒不接受治疗，任由认知功能继续退化。

总之，从大部分情况来说，成年后期认知功能的减退不是不可避免的。维持认知能力的关键可能在于积累智慧。跟大部分人一样，老年人需要一个刺激性的环境，以便能够练习和保持自己的技能。

老年人的社交世界 就像年老意味着智力下降这个观点被证实是错误的一样，老年人肯定会觉得孤独，这种想法也是错的。大部分老年人觉得自己还是一个有用的社会成员，只有少部分人声称他们感到非常孤独。

当然，老年生活会有很大的变化。那些年轻时候一直工作的人退休之后感觉自己的角色发生了巨大的转变。而且，很多老年人必须面对配偶的死亡。伴侣的死亡意味着失去陪伴，失去知己和爱人。在经济方面也可能发生一些变化。

人们用不同的方式走向衰老。根据**老化的社会撤退理论（Disengagement Theory of Aging）**，老化意味着从生理上、心理上和社会上逐渐远离这个世界。这种撤退是有重要目的的——让个体有机会反省，以及在明知道有些人际关系不得不由死亡来结束的情况下减少对他人的情感投入。

由于支持社会撤退理论的研究很少，研究者们又提出了其他理论。根据**老化的社会活动理论（Activity Theory of Aging）**，最成功适应老年生活的人是那些保持着中年时候的兴趣、活动和社交水平的个体。社会活动理论认为，老年人应该尽可能地维持在早些时候参与过的活动。

尽管大部分的研究都支持社会活动理论，但并不是所有的人在年老之后都需要每天有足够的活动和社交才能过得幸福。跟其他生活阶段的情形一样，一些人就喜欢过相对不太活跃的独居生活。更为重要的是人们如何看待老化的过程：有证据表明对于老化的自我认识和寿命有关。

不管个体如何走向衰老，大部分人都会有一个**生命回顾（Life Review）**的过程，此时他们开始检视和评价自己的一生。老年人通常会通过回忆和重新考虑过去所发生的事情，使自己能够更深入地了解自己，有时候还能解决一些悬而未决的问题和争端，更睿智、平静地面对生活。

你知道吗？

越来越多的人能够活过100岁。美国人口普查局（2011）报告说，截至2010年底，美国有9 000个男性年龄超过100岁。女性的这个数字是多少呢？超过44 000人！

如果你是……

一对中年夫妇 最近你的父亲或者母亲被诊断出患有阿尔茨海默病。根据对于老化的研究和理论，你会采用哪些策略来帮助他/她？

适应死亡

我们每个人都会在生命中的某个时候面对死亡，不仅要面对自己的死亡，也要面对朋友和爱人的死亡。尽管在生活中，没有什么比死亡更难以避免的了，但是对于很多人来说，死亡仍旧是一个可怕的、惊悚的话题。当然，谁也不愿意痛失心爱之人或者自己面临死亡，因此，应对死亡是个体重要的发展任务之一。

对于老一辈人来说，谈论死亡是一种禁忌。人们不会跟临终之人谈论这个话题，而且老年病学家也对此知之甚少。但是，伊丽莎白·屈布勒-罗斯（Elisabeth Kübler-Ross）做了一些开拓性研究之后，情况就改变了，她让死亡变成了可以公开谈论的话题。基于对那些濒临死亡的人的观察，她提出了一个理论：当我们面对自己的悲伤、失落和死亡时，通常要经历五大阶段：

- 否认。在这一阶段，个体拒绝自己濒死的事实。即使知道活下去的机会非常小，也不愿意承认自己快要死了。
- 愤怒。经过否认阶段之后，个体变得愤怒，因为周围那些健康人而愤怒，因为医疗专家没能治好他们而愤怒，甚至因为上帝或老天而感到愤怒。
- 讨价还价。愤怒让个体开始讨价还价，想办法拖延死亡。他们可能下定决心，如果上帝能够让自己免于一死，他们就愿意从此信教。他们可能说："只要能够看到我的儿子结婚就行了，到那时我会坦然接受死亡。"

- 沮丧。当个体发现讨价还价无效时，就发展到了下一阶段：沮丧。他们意识到，自己的生命真的要结束了，他们会对自己的死感到一种屈布勒-罗斯所谓的"预备悲伤"。
- 接受。在这个阶段，个体接受了自己濒死的事实。通常他们会表现麻木，不愿意交谈，就好像他们自己和死亡讲和了，他们希望自己能够没有痛苦地死去。

老化的社会撤退理论：该理论认为，老化意味着从生理上、心理上和社会上逐渐远离这个世界。

老化的社会活动理论：该理论认为，最成功适应老年生活的人是那些保持着中年时的兴趣、活动和社交水平的个体。

生命回顾：个体检视和评价自己一生的过程。

要记住，并不是每个人、每一种文化都以同样的方式经历这几个阶段。实际上屈布勒-罗斯的阶段理论只适用于那些完全了解自己要死了并且有时间评价自己濒死事实的人。而且，个体对于死亡的反应方式存在巨大的差异。具体的死因、持续的时间、个体所处的文化环境、性别、年龄、人格以及从亲朋好友处得到什么样的支持等，这些都会影响个体应对死亡的方式。

了解不同年龄阶段个体最有效的方式是跟这些人一起工作和交流。很多高等院校都有一些办公室和网站，为当地的社区提供各种志愿者、服务研习和社区研究的机会。可能为你提供服务的机构有：日托中心、青年协会、流浪者之家、医院、收容机构、学校等。你在这些地方教学、训练、做调查甚至当服务员的同时，不仅可以获得一些有价值的经验，也可以丰富你的简历。

加入我们！

我的心理学笔记 >>

- **在出生之前，婴儿如何生长发育**

  受孕时，一个精子和一个卵子结合，以他们的基因组成新个体的基因。通常，新生儿在受孕38周之后出生。基因对个体的性格特征和生理特征都具有广泛的影响。基因异常会导致出生缺陷，例如苯酮尿症、镰状细胞贫血症、家族黑蒙性白痴以及唐氏综合征等。影响胎儿生长的环境因素则包括母亲的营养、疾病和药物摄入等。

- **新生儿到底知道些什么？我们如何识别他们的能力**

  新生儿可以做出反射，这是一种对于外界某种刺激做出的自动的、天生的反应。这些反射在婴儿出生几个月后会逐渐消失。婴儿的感知能力会快速发展，他们在出生后不久就能分辨颜色、深度、声音、味道和气味。

- **儿童怎样与他人相处？怎样理解他人**

  儿童和某个个体建立的积极的情感联结——依恋是婴儿期社会性发展中最重要的方面。依恋可以在实验室里用艾斯沃斯陌生情境法来测量，它和将来的社会和情感适应密切相关。随着儿童的成长，他们和同龄人之间的社交本质开始发生变化。最初他们只是相对独立地玩耍，随着个体的发展，他们的游戏会越来越具有合作性。根据埃里克森的理论，心理社会性发展的八个阶段涉及个体在生命全程中对自我、他人及社会理解的改变。其中有四个阶段处于儿童时期，分别是：信任对怀疑（出生到1.5岁）、自主对羞怯和疑虑（1.5岁到3岁）、主动对愧疚（3岁到6岁）、勤奋对自卑（6岁到12岁）。

- **青少年期最大的心理挑战是什么**

  青少年期是介于儿童期和成年期之间的发展阶段，它开始于性成熟的青春期。青春期到来的早晚会对人们如何看待自己以及他人如何看待自己产生重要影响。根据科尔伯格的理论，青少年期的道德判断开始变得复杂。尽管科尔伯格的模型能够充分反映男性的道德发展特点，但是吉利根认为，女性将道德视为对他人的关心，而不只是遵循泛泛的正义原则。根据埃里克森的心理社会性发展模型，青少年期伴随着同一性危机。青少年期之后，在个体的余生中，还有三个心理社会性发展阶段。

- **人们成年之后如何继续发展和成长**

  成年早期是身体最健康的时期。随着年龄的增长，身体机能会逐渐发生变化。对于女性来说，在中年末期会经历更年期，从此绝经，丧失生育能力。在成年中期，个体通常会体验到一段中年转换期。此时，生命开始接近尾声，这样的想法对个体的影响越来越大，某些情况下还会转化成中年危机。50多岁的个体会意识到，生命的成就已经就此设定，他们开始做出妥协。成年阶段重要的发展里程碑有：结婚、家庭变化和离婚。成年人发展的另一个重要决定因素是工作。

测试一下

1. 发展心理学家对于_____和_____对发展的影响感兴趣。

2. 匹配下列词语和解释。

   a. 基因信息传递的基本单位

   b. 已受精的卵子

   c. 包含基因信息的杆状结构

   ____（1）受精卵

   ____（2）基因

   ____（3）染色体

3. 儿童和照顾者之间发展起来的情感联结叫作_____。

4. 根据自然观察活动专家的说法，一个查看依恋程度的重要线索是_____。

   a. 眨眼

   b. 儿童把玩具给谁

   c. 咯咯笑

   d. 眼神交流

5. 匹配教养方式和定义。

   a. 严格，爱惩罚，要求孩子服从

   b. 不提要求，没有原则

   c. 坚定又公平，会向孩子解释决定的用意

   d. 漠不关心，很少投入感情

   ____（1）溺爱型

   ____（2）民主型

   ____（3）权威型

   ____（4）放任型

6. 匹配发展阶段和这个阶段的思维特点

   a. 感觉运动阶段

   b. 形式运算阶段

   c. 前运算阶段

   d. 具体运算阶段

   ____（1）自我中心思维

   ____（2）物体恒常性

   ____（3）抽象推理

   ____（4）守恒性、可逆性

7. 晚熟通常会给男性和女性都带来社会优势，正确还是错误？

8. 埃里克森相信，在青少年期，个体必须寻求_____，而在成年早期，主要任务是_____。

9. 下列哪一种观点是对的？

   a. 青少年并不是真的想自杀，我们的见闻是新闻大肆渲染的结果

   b. 自杀倾向和某些具体的行为和感受有关

   c. 那些谈论自杀的人通常是想获得关注，并不是真的想自杀

   d. 各种各样的悲剧故事都起于自杀念头

10. 罗伯（Rob）最近40岁了，他审视了自己的目标和成就。尽管他也做出了巨大的贡献，但是他意识到，在他这一生中，有很多目标是无法实现的。这个阶段叫作_____。

11. 在老年期，个体的_____智力持续增长，而_____智力可能衰退。

12. 在屈布勒-罗斯提出的_____阶段，人们拒绝死亡的念头；在_____阶段，人们努力做交换来避免死亡；在_____阶段，人们只是消极地等死。

1. 遗传，环境
2. （1）-b，（2）-a，（3）-c
3. 依恋
4. d
5. （1）-b，（2）-c，（3）-a，（4）-d
6. （1）-c，（2）-a，（3）-b，（4）-d
7. 错误，晚熟的男孩经历社交和情感上一定的挣扎
8. 同一性，与他人建立亲密关系
9. b
10. 中年转轨规则
11. 晶体，流体
12. 否认，讨价还价，接受

人格

谁才是真正的马多夫

对于一些人来说，伯纳德·L.马多夫（Bernard L. Madoff）是一个友善的、魅力超凡的人，他在华尔街和华盛顿的权力掮客之间游走自如。他长期扮演着华尔街老牌政治家的角色，这使得他有机会进入重要的董事会和委员会，用他的观点影响证券监管政策。而且他手下的员工说，他视他们如自己的家人。

当然，马多夫先生还有另外一面。他避世隐居，有时对人冷淡，几乎不在曼哈顿的巡回鸡尾酒会和棕榈滩的舞会上露面。这个伯纳德安静、自制、极其关注自我形象，哪怕最微小的细节也不放过。

哪一个才是真实的伯纳德·马多夫？是这个有权有势、魅力四射的华尔街商人，还是那个自觉内省、注重细节的隐士？可能最重要的是，是否有证据证明马多夫秘密完成了瞒天过海的投资计划，骗取了上千人高达数十亿美元的财产？和马多夫一样，很多人的人格都有多个方面，在某些人面前表现出一面，在其他人面前又表现出不同的另一面。

从某种程度上说，我们的人格都是多样的。例如，你跟好朋友在一起放松时，是不是跟工作时的举止不一样呢？你的父母叫你去另一个房间，然后因为某些事情责骂你，如果你的朋友看到你当时的表现，会不会觉得很吃惊？尽管我们的人格趋于稳定，但仍会在不同的情况下表现出不同的侧面。我们将会看到，人格心理学研究的就是个体的心理构成及其如何影响着个体与他人、环境的互动。

边读边想

>>

- 心理学家如何看待人格？
- 各种人格理论的要旨是什么？
- 心理学家如何准确地测量人格？
- 人格测量的主要形式有哪些？

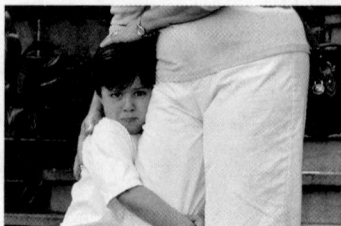

>> 什么是人格

你会怎么跟一个刚认识的人介绍你最好的朋友？除了描述她的外貌特征以外（她身高1.7米，棕色头发，蓝眼睛），你还会提及一些诸如快乐、随和、有同情心、负责但是很害羞的人格特征吗？

人格： 让个体保持一致性和独特性的持久的特征模式。

大部分人都认同，个体拥有某种持久的性格，如乐天派等，这些性格让人们的行为可以预测。因此，心理学家将**人格**（**Personality**）定义为让个体保持一致性和独特性的持久的特征模式。人格包含那些让我们与众不同、有别于他人的行为。因为人格的存在，我们的行为具有跨时间的一致性。

像心理学其他领域一样，人格心理学领域也并存着各种不同的观点，我们只讨论其中的一部分。首先是人格的心理动力学理论，它强调潜意识心理的作用。然后是人格特质理论，它致力于发现各种基本的人格特质（如社交性和责任心）。接下来是视人格为一系列习得性行为的学习理论，人格的生物学和进化理论，以及充分凸显人类独一无二性的人

你知道吗？

你有没有养过好奇心很强的金鱼？研究发现，即使是鱼类，也拥有显著的个性。例如，近来一个研究发现，一些小嘴鲈鱼大胆地探索它们生存的环境，并且对那些捕食者表现得更为勇敢，而另一些小嘴鲈鱼则表现得很害羞、不善交际。

本主义理论。最后对人格测量以及人格测验的应用进行讨论。

>> 人格的心理动力学理论

在一次热闹的聚会上，一个大学男生邂逅了一位让他心动的魅力女子，他非常希望给对方留下一个美好的第一印象。他慢慢向她走去，脑海中浮现出某部老电影中出现过的一句浪漫的话："我简直不敢相信我们居然还没有正式介绍（introduced）彼此。"今夜将多么美好……然而，他失算了，准确地说，他搞砸了。当他穿过拥挤的人群终于走到她面前，意想不到的话脱口而出："我简直不敢相信我们居然还没有正式勾引（seduced）彼此。"

尽管这个学生所犯的错误看起来只是尴尬的口误，但是在一些人格理论家看来，这个错误根本就不是意外。人格的心理动力学理论认为，这个过失不过只是展现了意识之外的内部力量激发行为的其中一种方式而已。某些由儿时经历所塑造的、看不见的驱力对于驱动和指导日常行为具有重要的作用。

人格的心理动力学理论（**Pshychodynamic Approaches to Personality**）基于这样一种观点：人格为那些人们很少能够意识到的、无法控制的内部力量和冲突所激励。心理动力学理论最重要的先驱是西格蒙特·弗洛伊德，他有一大批追随者，包括卡尔·荣格（Karl Jung）、卡伦·霍妮（Karen Horney）和阿尔弗雷德·阿德勒（Alfred Adler）等，他们完善了弗洛伊德的理论并发展出自己的心理动力学理论。

弗洛伊德的心理动力学理论：为潜意识心灵画像

奥地利医生西格蒙特·弗洛伊德在20世纪初期提出了**精神分析理论**（**Psychoanalytic Theory**）。根据这一理论，意识经验只不过是构成我们心理和行为的很小一部分。弗洛伊德认为人们的大部分行为都具有**潜意识**（**Unconscious**）根源。潜意识是人格的一部分，它包括个体意识不到的一切记忆、知识、信念、感觉、欲望、驱力以及本能。

就像海上的冰山大部分都隐没在水中，潜意识里包含的内容数量远远超过我们能够意识到的信息数量。弗洛伊德主张，要理解人格就必须揭露潜意识的内容。但是由于潜意识会对其内容的意义进行伪装，我们无法直接查看，因此需要通过分析和解释潜意识的线索——口误、幻想和梦境——来了解那些真正指引行为的潜意识过程。像上面提到的口误，有时候也被称为弗洛伊德式失语，它可以被解释为那个大学男生潜意识地表现出了自己的性欲望。

对于弗洛伊德来说，人格中的大部分是由潜意识决定的。潜意识与意识之间还有一部分叫作前意识，它包含那些不具威胁性的、当下不在意识层面但很容易回想起来的内容，如2+2=4。潜意识在人格的最深处，它充满着本能的驱力、愿望、欲望、需求等，它们被隐藏起来不受察觉，原因是如果它们出现在清晰的意识中就会引起痛

弗洛伊德的人格模型

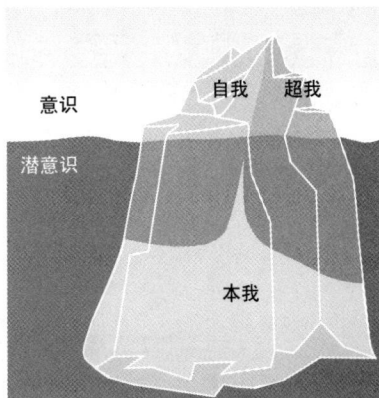

意识　自我　超我

潜意识

本我

苦和矛盾。因此，潜意识为我们记忆中的威胁性事件提供了"安全港"。

人格结构：本我、自我和超我　为了描绘人格结构，弗洛伊德提出了一个复杂的理论：人格由三个独立又相互联系的部分组成，即本我、自我和超我。它们和意识及潜意识的关系可以如上图所示。

尽管弗洛伊德所描绘的人格三部分好像是真实存在于神经系统中的生理结构，但事实并非如此。相反，它们代表的只是一个宽泛的人格理论模型当中的一些抽象的概念，意在说明行为驱力之间的复杂关系。

人格的心理动力学理论： 该理论认为，人格由内在的驱力和冲突驱使，人们对此知之甚少并无法控制。

精神分析理论： 由弗洛伊德提出，认为潜意识力量决定人格。

潜意识： 人格的一部分，包含个体意识不到的一切记忆、知识、信念、感觉、欲望、驱力和本能。

本我： 人格中原始的、混乱的、与生俱来的部分，它唯一的目标是降低由饥饿、性、攻击以及不理智冲动等原始驱力引起的紧张感。

心理学小贴士

牢记弗洛伊德理论提出的人格三部分：本我、自我和超我。它们是抽象的概念，而非大脑的生理结构。

弗洛伊德的人格的性心理发展阶段理论

1 口唇期	**2** 肛门期	**3** 性器期	**4** 潜伏期	**5** 生殖期
年龄：出生到12～18个月	年龄：12～18个月到3岁	年龄：3岁到5～6岁	年龄：5～6岁到青春期	年龄：青春期到成年
快乐的源泉：喜欢从吸吮、进食、牙牙学语、磨牙中寻找快乐	快乐的源泉：通过排便和抑制排便来获得乐趣；妥协于跟排便训练有关的社会控制	快乐的源泉：对生殖器感兴趣，用以同性父母自居的方式解决性冲突	快乐的源泉：认为性是无关紧要的	快乐的源泉：对性重新产生兴趣，建立成熟的性关系
成年固着：吸烟、进食、说话、挖苦他人	成年固着：超级严格、秩序井然或者极度凌乱	成年固着：受那些长得像自己异性父母的人吸引	成年固着：不适用	成年固着：不适用

自我：人格的一部分，它缓冲本我和外部世界之间的冲突。

超我：根据弗洛伊德的理论，这是最后发展的人格结构，代表着个体的父母、老师及其他重要他人所传授的社会准则和是非观念。

性心理发展阶段：儿童经历的发展时期，在此过程中他们会遇到社会要求和自身性欲的冲突。

固着：上一个阶段的冲突一直延续到下一个发展阶段。

自居：希望自己尽可能地像另一个人，因而模仿他的行为，采纳与之相同的观念和价值观的过程。

如果人格只是由那些简单的、本能的渴望组成的，那么它只会有一个成分：本我。**本我（ID）**是人格中原始的、混乱的、与生俱来的部分。从出生时起，本我就受到原始的欲望驱使，以满足饥饿、性、攻击性和不理智的冲动。这些欲望由所谓的"心理能量"来支撑，根据弗洛伊德的理论，这些能量是有限的。例如，如果本我用完了大部分的心理能量，那么自我和超我就没有足够的能量来运作了。

本我遵循快乐原则，目标是立刻减少张力，获得最大满足。但是，大部分时候，现实不能满足快乐原则的需求——我们无法做到只要饿了就吃东西，也只有在适当的时间、地点才能释放性驱力。为此，弗洛伊德提出了人格的第二种成分——自我。

自我（Ego）在出生之后不久就开始发展，它努力在本我的驱力和外界客观现实的限制之间获取平衡。与寻求快乐的本我不同，自我遵循现实原则，本能冲动受到限制以保护个体的安全并促进个体适应社会。从某种意义上说，自我是人格的"执行官"，它做出决定、控制行为，它要动用高级思维能力和问题解决能力，这一点本我显然无法做到。

超我（Superego）是人格结构中最后发展的部分，到儿童期才出现，代表着个体的父母、老师和其他重要他人所传授的社会准则和是非观念。超我包含

良心，如果我们做错了事，它会让我们感觉羞愧，以此避免做出不道德的行为。超我帮助我们控制本我冲动，减少自私，正直为人。

然而实际上，超我和本我都不现实，它们都不考虑社会的实际情况。如果对超我的功能不加限制，个体会变成完美主义者，无法对生活做出妥协。而一个完全受到本我控制的个体则会变得冲动、任性、享乐至上，不择手段地满足欲望。因此，自我必须在本我和超我的要求之间进行协调。

发展中的人格：性心理阶段 对于人格如何发展，弗洛伊德也给我们提供了一种观点：人格的发展经历了五个性心理阶段（**Psychosexual Stage**），在这期间儿童会遇到社会要求和自身性欲的冲突。这五个阶段分别是：口唇期、肛门期、性器期、潜伏期和生殖期，它们描述了人格如何随着个体的成长而发展。

这一发展阶段理论非常值得关注，因为它解释了为什么童年经验可以预测成人的人格。这一理论还独创性地把一个重要的生理机能，即弗洛伊德讲的追求快乐，与每个阶段联系在一起。

弗洛伊德认为，在某个阶段没有解决的冲突可能导致**固着（Fixation）**，即上一个阶段的冲突一直延续到下一个阶段。冲突解决不了的原因可能是在上一个阶段里个体需要被过于忽略，或者刚好相反，需要被过度满足。

根据弗洛伊德的理论，人格发展最重要的障碍之一出现在性器期（3岁到5～6岁），此时孩子在潜意识中对异性父母产生了性兴趣，从而把同性父母看做情敌。为了解决这种无望的幻想，他们开始以同性父母自居。所谓**自居（Identification）**指的是个体希望

自己尽可能地像另一个人，因而模仿他的行为，采纳与之相同的观念和价值观的过程。

防御机制　弗洛伊德试图揭示人格及其发展的内在动力，并将其理论化。这一动机来源于他在临床实践中接触了大量受到焦虑（一种紧张消极的情绪体验）困扰的病人。在弗洛伊德看来，焦虑意味着自我处于危险之中。尽管焦虑的来源可以是现实的，如一条毒蛇即将扑过来，但很多情况下也可以是神经性的，称为神经性焦虑，即本我的非理性冲动即将不可遏制、一发不可收拾的威胁感。

在弗洛伊德看来，焦虑意味着自我处于危险之中。

显而易见，焦虑是令人不快的，个体因而会发展出一系列的防御机制来应对它。防御机制是一些用来隐藏或掩饰焦虑来源以降低焦虑感受的潜意识策略。

最基本的防御机制是**压抑**（**Repression**）——将那些不能为

外界所接受的、不愉快的本我冲动压回到潜意识中。压抑是处理焦虑最直接的方法，个体不是把那些产生焦虑的冲动放在意识层面，而是简单地忽略它们。例如，那些恨自己母亲的大学生会压抑这种不被社会接受的感觉。这些感觉一直藏在潜意识里，因为只要个体意识到它们，就会产生焦虑。同样，童年时期受虐待的记忆也可能被压抑。根据弗洛伊德的理论，尽管这种记忆不会被唤起到潜意识中，但是它们也可能影响后续的行为，并且通过梦境、口误或者其他一些象征性行为显露出来。

如果压抑无法有效避免焦虑，人们就可能采用其他防御机制。弗洛伊德和他的女儿安娜（她也是一位著名的精神分析大师）列举了一系列潜在的防御机制。

根据弗洛伊德的理论，每个人都在某种程度上使用一些防御机制，它们帮助我们避免接收一些不愉快的信息。但是从另一个角度

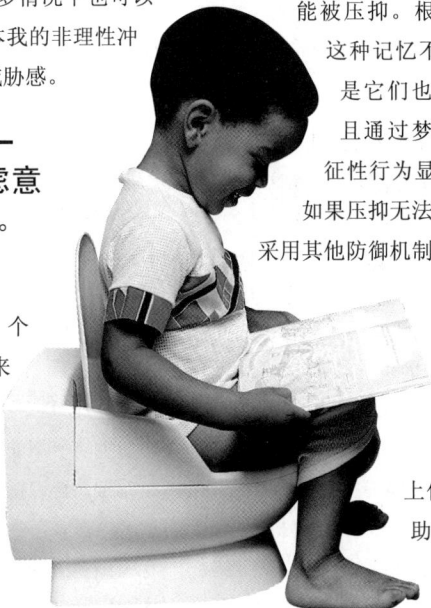

> **压抑：** 将那些不能为外界所接受的、不愉快的本我冲动压回到潜意识中。

弗洛伊德的防御机制

防御机制	解释	举例
压抑	将不被社会接受的或不愉快的冲动压回到潜意识中	一个女人记不起她曾经被强奸
退行	个体表现得好像回到了早期的发展阶段	老板在员工犯错后乱发脾气
置换	将不想要的感觉或想法从一个具有威胁性的、强大的人身上转移到一个弱者身上	哥哥在挨老师骂之后回家骂妹妹出气
合理化	为自己的行为找一些自我开脱的理由来取代真实的但具威胁性的解释	一个在大考前夕出去喝酒的学生将自己的行为解释为考试根本不重要
否认	拒绝接受或承认那些引发焦虑的信息	学生拒绝相信自己有一门考试不及格
投射	将自己厌恶的冲动和感觉归结到别人身上	一个对妻子不忠并觉得罪恶的男人怀疑他的妻子也有出轨行为
升华	将不好的冲动转化成社会认可的思想、感觉或行为	一个有很强攻击冲动的男人参军做了战士
反向形成	在意识中以相反的方式表达潜意识冲动	在潜意识中憎恨自己孩子的母亲表现出对孩子的过度喜爱

心理学思考

来说，有些人也深受其害，因为他们要用大量的能量来隐藏和转移那些不为社会接受的冲动。在这种情况下，焦虑可能导致心理障碍，弗洛伊德称之为"神经症"（尽管这个词经常出现在日常对话中，但现在的心理学家已经很少用它了）。

新弗洛伊德主义精神分析学者：那些接受传统弗洛伊德理论训练，但是后来拒绝了其中一些主要观点的精神分析学者。

集体潜意识：根据荣格的理论，它是我们从远古的人类祖先甚至是动物祖先那里继承来的共同的观点、感受、意象和符号的集合。

评价弗洛伊德的贡献 弗洛伊德的理论对于心理学领域做出了重要贡献，此外它对西方哲学和文学的影响甚至还要深远。潜意识、防御机制，以及成人心理问题源于童年经验等思想为大众广泛接受。

但是，现代人格心理学家对精神分析理论提出了诸多批评。它最主要的缺陷是缺乏强有力的科学数据作为支撑。尽管看起来个案研究支持这一理论，但能够证明弗洛伊德所说的人格结构及其功能的结论性证据严重不足。这可能是因为弗洛伊德提出的人格概念多是一些无法观察的抽象概念。此外，性心理发展阶段是否准确地描述了人格的发展，这一点尚不清楚。现在我们已经知道，在青少年期和成人期，人格也会发生一些重要的变化，而这些是弗洛伊德认为不会发生的。他觉得人格在青春期就已经稳定下来了。

弗洛伊德理论的模糊性也导致它很难准确预测个体在成年后究竟会出现怎样的心理问题。例如，如果一个人在肛门期产生固着，根据弗洛伊德的理论，他可能极其邋遢，或极其爱干净。但是，弗洛伊德的理论并不能预测他的问题将会如何表现出来。此外，弗洛伊德认为女性的超我比男性弱，她们在某种程度上潜意识地想成为男人（称为"阴茎妒羡"），这一观点显然是错误的。

最后，弗洛伊德的观察和理论来源于相当有限的样本。他的整个理论几乎都是以对奥地利上层社会妇女的个案研究为基础提出来的，她们生活在20世纪初极度严苛和刻板的社会里。从这样的样本上得出的结论能够在多大程度上推广到其他地区的人群，这一点受到了极大的争议。

但弗洛伊德所开创的治疗心理障碍的重要方法——精神分析却直到今天还在使用，后面我们讨论精神疾病的治疗时就会看到这一点。

此外，弗洛伊德对潜意识的强调得到了当代梦和内隐记忆研究的部分支持。神经科学领域的一些发现和弗洛伊德的观点是一致的。而且，认知和社会心理学家发现，越来越多的证据表明，潜意识过程确实帮助我们思考和评估事件、设定目标、选择行动方案等。

新弗洛伊德主义的精神分析学者

弗洛伊德的研究为后续大量心理学家的成功奠定了基础，他们接受传统弗洛伊德理论的训练，但是后来或多或少拒绝了其中一些主要观点。这些理论家被称为**新弗洛伊德主义精神分析学者**（**Neo-Freudian Psychoanalysts**）。

新弗洛伊德主义者比弗洛伊德更强调自我的作用，他们认为，自我比起本我对于日常行为具有更大的控制作用。他们更关注社会环境，大大削弱了性驱力的重要性。此外他们还更加关注社会和文化对人格发展的影响。

荣格的集体潜意识 卡尔·荣格是最有影响力的新弗洛伊德主义者之一，他反对弗洛伊德的"潜意识性欲最为重要"的观点，以更积极的角度看待潜意识里的原始冲动，认为它们是宽泛的、正面的生活力量，它们与生俱来，鼓励个体发挥创造性并更积极地解决冲突。

荣格反对弗洛伊德的"潜意识性欲最为重要"的观点。

荣格认为我们普遍都有**集体潜意识**（Collective Unconscious），它是我们从远古的人类祖先甚至是动物祖先那里继承来的共同的观点、感受、意象和符号的集合。每个人都拥有这种集体潜意识，并会通过日常行为将其表现出来，且具有跨文化的一致性。例如，母亲的爱、信仰一种至高无上的力量等，甚至可以具体到对蛇的原始恐惧。

继而荣格又认为，集体潜意识是一些**原型**（Archetypes），即某个特定的人物、事物或经验的一般性符号表征。例如，母亲的原型代表着我们祖先与母亲的关系，它以艺术、宗教、文学和神话等形式表征出来（如圣母玛利亚、大地之母、童话故事里的邪恶后母、母亲节等）。荣格还提出，男性的行为受到潜意识的女性原型影响，而女性的行为则受到潜意识的男性原型影响。

对于荣格来说，原型对于我们在日常生活中的反应、态度和价值观等具有重要的决定作用。例如，如果让荣格来解释电影《星球大战》（Star Wars）的流行，他可能会说是因为电影用到了很多善（如天行者卢克）和恶（如黑武士）的原型。

以荣格的理论来看，哈利·波特（Harry Potter）和伏地魔（Lord Voldemort）分别代表了善和恶的原型。

那些女性无法得到的独立、成功和自由。

霍妮还是第一个强调文化因素对于人格的重要性的心理学家。举例来说，她认为社会对于女性角色的严格限定让她们面对成功时感到矛盾，害怕如果太成功会招致别人的敌视。这些她在20世纪30年代和40年代提出的构想，为数十年后的女权主义运动奠定了思想基础。

原型：根据荣格的理论，它是某个特定的人物、事物或经验的一般性符号表征（如善与恶）。

自卑情结：根据阿德勒的理论，由于幼年时期个体弱小且对世界的了解有限，因而会产生自卑感，若成人以后仍无法克服这种自卑感便会带来问题。

阿德勒及其他新弗洛伊德主义者另一个重要的新弗洛伊德主义精神分析学者阿尔弗雷德·阿德勒同样也认为弗洛伊德对于性的强调是不正确的。阿德勒认为人类行为的基本动力来自追求卓越，所谓卓越并不是说超越他人，而是指一种自我提升和完善的需求。

如果你是……

一名地方检察官 你会如何运用荣格的原型理论来影响陪审团？哪一个原型最有效？

尽管还没有可靠的研究证据来证实集体潜意识的存在，而且荣格也知道这些证据很难寻找，但是他的理论对心理学以及商业、艺术等其他领域产生了深远的影响。

霍妮的女性主义视角 卡伦·霍妮（Karen Horney）是西方最早研究女性问题的心理学家之一，她有时也被称为首位女性主义心理学家。霍妮认为，人格在社会关系的背景下发展，而其发展的好坏则取决于父母和孩子的关系以及孩子的需要是否得到了满足。她反对弗洛伊德提出的女性"阴茎妒羡"的观点，认为女性最羡慕的并不是男人的生理结构，而是

卡伦·霍妮是西方最早研究女性问题的心理学家之一。

阿德勒用"**自卑情结（inferiority complex）**"这个词来形容成人无法克服儿时产生的自卑感——那时候他们还很年幼，对世界的了解有限。儿童是否有能力克服这种自卑感，转而实现更有意义的社会性目标，很大程度上取决于他们早期和父母建立的社会关系的质量。

其他新弗洛伊德主义者还包括埃里克·埃里克森（我们在第9章讨论过他的心理社会性发展理论）和安娜·弗洛伊德（她是弗洛伊德的女儿）等人。像阿德勒和霍妮一样，埃里克森和安娜·弗洛伊德都不太赞成弗洛伊德对天生性驱力和攻击性的过于强调，而更多地关注人格背后的社会和文化因素。

>> 人格的特质理论

如果让你描述另一个人的个性，你可能会想到那个人的一系列品质。实际上，你对于他人行为的大部分理解都是基于一种前提，即人们在不同的情境下展现出的某些特质具有一致性。例如，我们通常会假设，如果一个人在一种场合下很开放、很友好，那么他在其他场合也是这样。但是你怎么知道哪一种特质最有助于理解他的行为呢？

人格心理学家提出了类似的问题。为了解答这类问题，有人以特质为中心建立了一个人格模型。**特质（traits）**是个体在不同情境下表现出来的一致的人格特征。**特质理论（trait theories）**致力于揭示个体行为中那些具有一致性的特征。

特质： 个体在不同情境下表现出来的一致的人格特征。

特质理论： 致力于揭示个体行为中那些具有一致性的特征的人格模型。

心理学**小贴士**

所有的特质理论都用特质（一致的人格特点和行为）来解释人格，不同在于它们认为基本特质是哪些，以及有几个。

特质理论家并不认为某种特质只是一些人具有而其他人则没有，相反，他们假设所有人都具有某种特质，只是程度不同，而且这种差异是可以量化的。例如，你可能相对友好一些，而我则不那么友好。但是我们都拥有一种"亲切"的特质，尽管你"亲切"的程度比我高。特质理论家面临的主要挑战是，要形容人格，他们必须找到那些可以用来描述人的基本特质。

奥尔波特的特质理论

人格心理学家戈登·奥尔波特（Gordon Allport）面临着对所有特质学取向来说都最为关键的问题：哪些是最根本的特质。最后，奥尔波特认为，个体身上有三种主要的特质：首要特质、中心特质和次要特质。首要特质是指某一个能指导个体大部分行为的特质。例如，一个完全无私的人可能把所有的精力都用在人道主义的活动上，一个极度渴望权力的人会贪得无厌地寻求控制力。

但是，大部分人都很难具有单一的、高度概括性的首要特质。通常情况下他们会具备一些中心特质，如诚实和友好，这些特质是个体身上的主要特征，组成了其核心人格。根据奥尔波特的理论，每个人身上通常有5～10个中心特质。最后，次要特质是指那些在较少的情境下对行为产生影响的特质，与首要特质和中心特质相比，它们没有那么大的影响力。例如，不太喜欢吃肉和喜欢现代艺术就可能是次要特质。

因素分析

后来的心理学家主要依靠统计技术来找到基本的人格特质，这种技术叫作因素分析。因素分析是一种统计方法，用于发现多个变量间的关系，以便揭示出更具普遍性的数据模式。例如，人格研究者给很多人施测一份问卷，让被试描述自己在一系列特质上的符合程度。通过计算每个人身上的一个特质与其他哪些特质相关联，研究者就可以发掘出那些最根本的特质模式或特质群——称为因素。

运用因素分析，人格心理学家雷蒙德·卡特尔（Raymond Cattell）提出，用16对根源特质可以代表人格的基本维度。他就此编制了《16种人格因素问卷》，简称为16PF，这个问卷可以测得个体在每种特质上的得分。

另一位特质心理学家汉斯·艾森克（Hans Eysenck）也用因素分析来寻找特质类型，但他认为只要三个维度就可以很好地形容人格，分别是外倾性、神经质和精神质。外倾性这个维度和社会交往的程度相关，而神经质代表着情绪的稳定性，精神质反映的则是对于现实的扭曲程度。通过这三个维度，艾森克能够较为准确地预测个体在不同情境中的行为。

人格的大五因素模型

在过去20年里，最有影响力的特质理论是"大五"人格模型。该模型主张人格的核心因素或特质有五个。运用现代的因素分析技术，大量研究者陆续发现人格中潜藏着类似的五种因素的集合。这五种因素是：开放性、尽责性、外倾性、宜人性和神经质（情绪稳定性）。其中高开放性的人兴趣广泛、有创造力、富于想象；高尽责性的人做事有条理、勤奋自律、可靠、有毅力；高外倾性的人爱好社交、活跃健谈、乐观、重感情；高宜人性的人心肠软、脾气好、乐于助人；高神经质的人情绪不稳定、容易紧张烦恼。低分者的特点则与此相反。

这五个特质表现在很多方面，例如，"大五"可以很好地描述不同的人群，包括儿童、大学生、老年人等；也适用于说不同语言的人群——各个地区的跨文化研究，从欧洲到中东再到非洲，都支持这一理论。

越来越多的人赞同，"大五"人格模型是迄今为止对人格特质最好的描述。但是，特质到底有多少个，可以分成哪些类，特质理论该如何应用于实践……对于这些话题的讨论依然方兴未艾。

评价人格的特质理论

特质理论有一些优点，它们为人们行为的一致性提供了一种清晰而直接的描述。而且，特质让我们能够轻松地进行彼此的比较。由于这些优点，人格的特质理论极大促成了一些重要的人格测验的诞生。

但是，特质理论也有一些缺陷。例如，对于最根本的特质是哪些，不同的理论有不同的看法，我们很难判断到底哪种理论更为准确，这让一些人格心理学家怀疑人格特质这一设想的效度。此外，即使我们找到了最基本的特质，也只不过是得到了一组人格描述或标签，而无法解释行为。在一些批评者看来，特质不能用作行为的解释，它们仅仅是描述行为而已。

是习得行为模式的集合。个体在不同情境下反应的相似性是相似的刺激模式强化的结果，而这些刺激模式是个体过去在同样的环境中习得的。例如，如果我在宴会上和会议上都表现得很友好，那是因为这种行为曾经受到过强化，而跟我想满足某些潜意识愿望及我具有一种亲和性的内在特质完全无关。

社会认知理论

社会认知理论（Social Cognitive Approaches）的基础也是行为主义理论，但它认为不应该拒绝承认内在特质的重要性，也不应该只关注外在表现，它既强调认知元素——思维、感觉、期望和价值观对人格的重要影响，又强调对他人行为的观察。阿尔伯特·班杜拉（Albert Bandura）是这一观点的主要支持者，根据他的理论，人们可以预知在特定情境下某种行为可能带来什么结果，而不需要实际做出这些行为。换句话说，我们可以通过观察学习——观察他人的行为及其结果来进行学习。

例如，儿童在观察了一个攻击性榜样之后，如果这个榜样的行为后果看起来很积极，那么他就会倾向于模仿这种行为。相反，如果榜样的攻击性行为没有结果或者带来了负面后果，那么他有很大可能不会表现出攻击性。根据社会认知理论，人格就是这样在重复观察和模仿他人行为的过程中逐步建立起来的。

自我效能感高的人志向更为远大，愿为达成目标坚持不懈，故最后将比自我效能感低的人取得更大的成就。

你知道吗?

出生顺序可以从很多方面影响人格。例如，家里的老大更偏爱解决那些结构化的、有规则可循的任务。

>> 人格的学习理论

心理动力学理论和特质理论关注"内在"的人，即那些无法观察到但非常强大的本我或特质。与之相反，人格的行为主义理论关注的是"外在"的人。对于一个极端行为主义者来说，人格只是个体习得的、对于外界环境的反应的总和。像思维、感觉和动机这样的内部事件被忽视了，因为它们无法观察和测量。尽管人格的存在无可否认，但是这些理论家坚持，只有观察个人所在环境的特征，才能最好地理解人格。

社会认知理论： 同时强调认知元素（思维、感觉、期望和价值观）和对他人行为的观察对于人格的重要影响的理论。

斯金纳的行为主义理论

根据最具影响力的学习理论学家B.F.斯金纳（他开创了操作性条件反射的研究）的观点，人格

自我效能感 班杜拉的理论特别强调**自我效能感**（Self-efficacy），这是个体对自我能力的潜在信念，影响个体对自己能否做出某种行为或达成想要的结果的看法。自我效能感高的人志向更为远大，愿为达成目标坚持不懈，故最后将比自我效能感低的人取得更大的成就。

例如，那些在大学时候努力学习并且获得高分的人可能对于学业成功具有较高的自我效能感，相反，那些努力学习却没有得到高分的人则不然。

人格的一致性到底有多大 跟阿尔伯特·班杜拉不同，另一位社会认知心理学家沃尔特·米歇尔（Walter Mischel）对人格另有看法。他不认同人格是由具有跨情境一致性的特质组成的。相反，他认为人格在不同的情境下会表现出巨大的差异。

在米歇尔看来，特定的情境产生特定的行为。有一些情境对个体的影响力特别大（例如，在电影院里每个人的行为都是相似的——安静地坐着）；而另一些情境则允许人们做出各不相同的行为，例如，在宴会上，一些人跳舞，另一些人则吃东西或喝酒。

因此，不能离开具体的情境来谈论人格，这种观点也叫作情境主义。在米歇尔的认知-情感加工系统（Cognitive-Affective Processing System，CAPS）理论中，他认为人们对于自己和世界的思维和情感决定着他们在具体情境中的看法和反应。因此，人格反映的是人们过去在不同情境下的经验对其行为的影响。

自尊 我们的行为还反映了我们对自己的看法以及对人格各方面的评价。**自尊**（Self-esteem）是人格的一部分，它包含着各种或积极或消极的自我评价。自我效能感关注的是对于能否完成一项任务的看法，自尊则不同，它与我们对自己的感受有关。

尽管人们都有一个一般自尊水平，但它并不是单维的，我们可能在一个领域中积极地看待自己，却在另一个领域中消极地看待自己。例如，一个学习好的学生在学术领域拥有高自尊，但是在运动领域则可能自尊很低。

几乎每个人都经历过低自尊的时期，如在不可否认的失败之后。但是有的人长期处于低自尊的状态，对于他们而言，失败似乎是生命中必不可少的一部分。实际上，人的低自尊可能导致一种失败的循环，过去的失败孕育着未来的失败。

例如，想一想，自尊低的学生也非常努力地学习，但由于他们自尊低，所以觉得自己考试可能考不好。这种信念让他们产生高度焦虑，使他们难以专心学习，可能还会导致他们放弃努力。由于这些态度，最后的结果可能就是他们确实考得很糟糕。这一结果反过来又给他们的自尊带来负面影响，即失败又强化了他们的低自尊。这样就构成了一个互相影响的循环。简而言之，低自尊和低自我效能感可能导致一个自我挫伤的失败循环。

评价人格的学习理论

由于早期的学习理论家（如斯金纳）忽视了人类特有的内部心理过程，故人们指责其将人格过度简单化了。在这些批评者眼中，把行为简化为一系列的刺激和反应，把思维和感受排除在人格之外，这显然是不现实也不恰当的。

尽管如此，学习理论对于人格的研究依然存在重要的影响。首先，从该理论开始，研究者们更加注重观察环境中的行为，收集实证数据，从而将人格心理学变得更为客观和科学。而且，从学习理论中也发展出了一些很重要、很成功的方法来治疗各种心理障碍。这些疗法的效果就是对于人格学习理论优点的最有效证明。

> **自我效能感：** 个体对自我能力的潜在信念，影响个体对自己能否做出某种行为或达成想要的结果的看法。
>
> **自尊：** 人格的一部分，它包含着各种或积极或消极的自我评价。

如果你是……

一名教育工作者 你如何鼓励学生提高自己的自尊和自我效能感？它们中哪一个更重要，还是都重要？

> > > 如果我们能够全面准确地描述你所有的特质，那么我们是否就真的洞悉了你的人格？除了特质以外，人格还有什么？

>> 人格的生物学和进化理论

人格的生物学和进化理论（biological and evolutionary approaches to personality）从另一个角度来探讨人格的决定因素，认为人格的重要成分都是遗传而来的。在行为遗传学家的研究基础上，生物学和进化取向的研究者提出了人格至少部分取决于基因的观点，就像我们的身高主要由基因决定一样。这种进化视角认为，那些让我们的祖先能够成功生存和繁衍的人格特质更可能被保存下来，遗传到下一代。

双生子的研究可以说明基因在人格中的重要性。例如，明尼苏达大学的人格心理学家奥克·特立根（Auke Tellegen）及其同事调查了很多分开抚养的同卵双生子的人格特质，他们的基因相同但成长环境完全不同。在这个研究中，每一个双生子都要做一系列的人格测试，包括测量11种关键人格特征的测验。

人格的生物学和进化理论：这个理论认为重要的人格成分都是通过遗传而来的。

人格测验的结果表明，尽管已经被分开了很多年，但是双生子的人格在很多方面都非常相似。而且，有些特质受遗传影响更大一些，有些则小一些。例如，社会权力（一个人在社会情境中扮演多少统治和领导角色）和传统主义（遵从权威的倾向）就深受基因影响，而成就和社会亲密性则与基因关联较弱。

明确了与人格有关的基因，是否意味着我们生来就拥有某种人格？

一些研究者坚称，某些特定的基因和人格有关。例如，多巴胺D4受体基因更长的人更倾向于寻求刺激。这些刺激寻求者更可能呈现出外向、冲动、急性子的特点，他们总是在寻求刺激和奇异的环境。

明确了与人格有关的基因，是否意味着我们生来就拥有某种人格？这很难说。首先，任何单个基因要想决定某种具体的特质几乎都是不可能的。例如，多巴胺D4受体对于寻求新鲜感这种特点只有10%的决定能力。换言之，为什么人们会追求刺激其实有很多原因，其中大部分与环境因素有关，或者是其他基因作用的结果。

更为重要的是，我们的基因会和环境发生交互作用。为了真正理解人格是如何形成的，就需要知道环境是如何影响基因以及基因如何在环境中发挥作用的。

尽管越来越多的人格理论家开始考虑生物学和进化因素，但是该领域尚未出现一个受到广泛认可的综合性理论。不过有一点是肯定的，基因与特定的人格特质有关，遗传和环境相互作用共同决定人格。

>> 人格的人本主义理论

在以上的所有理论中，哪个理论解释了纳尔逊·曼德拉（Nelson Mandela）的无私，米开朗基罗（Michelangelo）的创造性或者爱因斯坦（Einstein）的智慧和坚持不懈？对于这些特殊人物的理解，以及对那些有过类似贡献的普通人的理解，在人本主义理论中都可以找到。人格的人本主义理论（Humanistic Approaches to Personality）强调人性本善，强调人们都具有朝向更高水平发展的愿望。这种愿望与改变

人格的生物学和进化理论为家族性人格一致性寻找到了解释。

百分比（遗传对某种特征的影响程度）

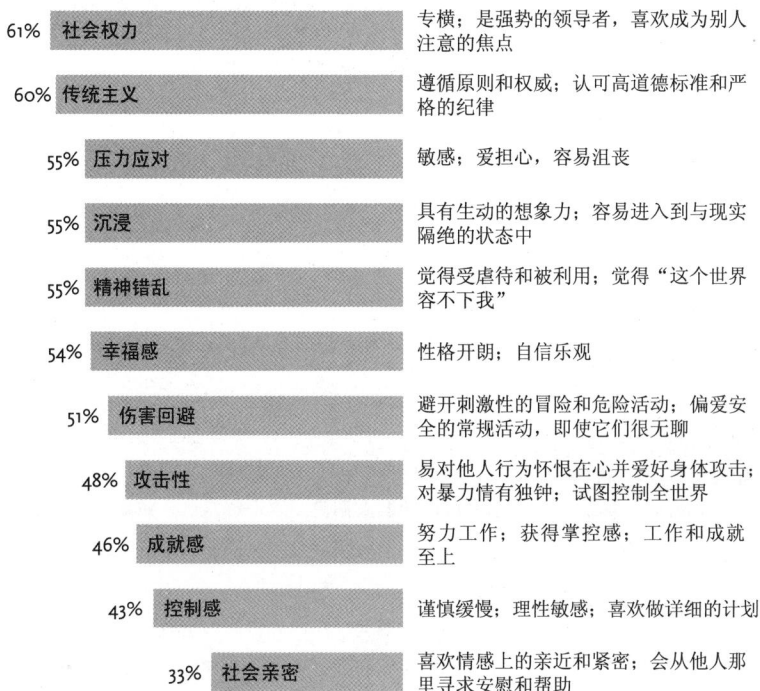

61%	社会权力	专横；是强势的领导者，喜欢成为别人注意的焦点
60%	传统主义	遵循原则和权威；认可高道德标准和严格的纪律
55%	压力应对	敏感；爱担心，容易沮丧
55%	沉浸	具有生动的想象力；容易进入到与现实隔绝的状态中
55%	精神错乱	觉得受虐待和被利用；觉得"这个世界容不下我"
54%	幸福感	性格开朗；自信乐观
51%	伤害回避	避开刺激性的冒险和危险活动；偏爱安全的常规活动，即使它们很无聊
48%	攻击性	易对他人行为怀恨在心并爱好身体攻击；对暴力情有独钟；试图控制全世界
46%	成就感	努力工作；获得掌控感；工作和成就至上
43%	控制感	谨慎缓慢；理性敏感；喜欢做详细的计划
33%	社会亲密	喜欢情感上的亲近和紧密；会从他人那里寻求安慰和帮助

资料来源：Tellegen et al., 1988。

人们生来就有特定的气质和喜好，在儿童时期一般会保持稳定。

基因对人格的影响

提升的自我激励能力，以及人们特有的创造冲动，一起构成了人格的核心。

罗杰斯和自我实现需要

人本主义理论的代表人物之一是卡尔·罗杰斯（Carl Rogers）。和其他人本主义理论家（如亚伯拉罕·马斯洛）一样，罗杰斯主张，所有人都有努力获得自我实现（self-actualization）的基本需要，即人们以其独有的方式最大限度地发挥潜能。

对于某些人来说，获得自我实现可能要花去一生的时间，而对于另一些人来说，可能永远都无法达到这个阶段。根据罗杰斯的理论，一种更为基本的需要是积极关注的需要，它反映出人们希望被爱、被尊重的愿望。因为他人给予我们积极关注，所以我们依赖他们。我们开始通过别人的眼睛看待自己，用他人的价值观判断自身，变得非常在意他人的看法。

这样的后果就是，个体可能会在别人的感受和自我概念之间产生矛盾。如果这种分歧不大，就不会产生严重后果。但如果二者之间的差异很大，那么个体就可能产生心理障碍，如频繁地体验到焦虑。

人格的人本主义理论：该理论强调人性本善，强调人们都具有朝向更高水平发展的愿望。

自我实现：人们以其独有的方式最大限度地发挥出潜能的一种自我完善的状态。

例如，你相信自己是一个大方的人。但却在偶然间得知别人认为你平时的付出根本就不算大方，这可能是一个较小的分歧。但是如果每个人都批评你，说你既贪婪又吝啬，这个矛盾就很严重。如果面对这么多的反面证据，你还觉得自己大方，你可能就会感到非常焦虑。

罗杰斯认为，有一个办法可以克服别人经验和自我概念间的分歧，那就是得到别人无条件的积极关

心理学小贴士

记住，生物学和进化理论关注基因遗传如何影响人格。

注，它可以来自朋友、配偶或心理治疗师。**无条件的积极关注**（**Unconditional Positive Regard**）意味着以一个观察者的身份看待他人，不管对方说了什么、做了什么，都予以接受和尊重。罗杰斯说，这种接受让人有机会在认知和情感方面发展和成长，从而产生更为现实的自我概念。

如果你信赖某个人，告诉他你那些尴尬的秘密，就有可能体验到无条件积极关注的魔力，因为你知道，即使倾听者看到了你最坏的一面，仍然会爱你、尊重你。

> **无条件的积极关注**：以一个观察者的身份看待他人，不管对方说了什么、做了什么，都予以接受和尊重。

相较而言，你可以把有条件的积极关注看成是有附加条件的爱。这样，如果你做了一些他们不赞成的事情，他们就会撤销对你的爱和尊重。结果就是，你在现实的自己和他人的期望之间体验到一种分歧，因此可能感受到焦虑和沮丧。

评价人本主义理论

对于人本主义理论，有人批评说人性本善的假设并未得到证实，而且人本主义者在用不科学的价值观来建立所谓的科学理论。但从另一方面来说，人本主义理论大大颂扬了人类的独特性和光明面，并且开创了一种能够有效治疗心理问题的治疗方法，这是人本主义做出的重要贡献。

>> 比较各种人格理论

我们讨论了各种各样的理论，你可能在想，到底哪种理论能够对人格做出最精确的解释？鉴于人格的复杂性，心理学家从不同方面提出各种理论来解决这个问题也是合乎情理的。每一种理论都基于不同的假设，关注人格的不同方面。只有将所有这些理论放到一起，全面地理解人格，才能真正搞清楚人格是什么以及人格如何发展和变化。

>> 评价人格

那些对评价人格感兴趣的心理学家致力于将个体的人格与他人区别开来。他们使用**心理测验**（**Psychological Tests**）——客观评估行为的测验——来达到这个目的。基于这些测验的结果，心理

心理学思考

你的理想自我

＞＞＞罗杰斯发明了Q分类技术来发现现实自我和理想自我之间的分歧。你曾在自己的思维和行为中发现这种分歧吗？你在周围人身上发现过吗？这些分歧可不可能是健康的？

学家可以帮助人们更好地理解自己、做出人生决策。那些对人格的前因后果感兴趣的研究者也会用到心理测验。

跟智力测验一样，人格测验也有信度、效度的问题。信度代表的是测量的一致性程度。如果一个测验有信度，那么它每次在特定的人或人群身上取得的结果都会相似。相反，不可信的测验每次测得的结果是不同的。

而为了得到有意义的结论，测验就必须有效度。若一个测验能够准确地测得它所想要测的内容，这个测验就具备效度。例如，如果一个测验是用来测量社会性的，我们就要知道，这个测验是否真的能测得社会性而不是其他特质。

假设你做了一个测验，得到325分。这个分数是高、是低，还是处于中间位置？为了解决这个问题，心理测验会抽取一个代表性样本群体来做测验，以建

无条件的积极关注

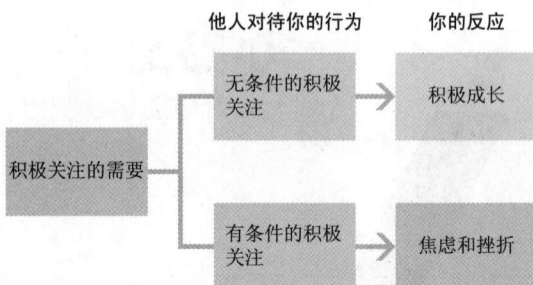

立常模。常模是标准化的测验分数，个体可以借此将自己的得分和他人的进行比较。例如，常模可以告知在某个测验上得到一定分数的测验者，他们的分数在所有进行这项测验的人之中，排在前10%。

人格的自陈量表

心理学家运用自陈量表（Self-report Measures）来询问人们的代表性行为。基于所得到的自我报告的数据，就可以推断出个体是否具有某些特定的人格特征。

明尼苏达多相人格测验-2（**Minnesota Multiphasic Personality Inventory-2, MMPI-2**）是自陈量表的一个典型例子，它也是使用最为频繁的人格测验。尽管这个测验的编制初衷是用来诊断个体的心理问题，但现在MMPI-2也用来预测其他一些行为。例如，MMPI-2的得分可以有效预测大学生是否会在未来十年内结婚，以及他们能否拿到更高学位。警察局甚至用这个测验来预测警员是否会合理使用武器。俄罗斯的心理学家对MMPI-2进行了修订，适用于宇航员和奥林匹克运动员。

MMPI-2共有567道题目，都用"真""假"或"不确定"来回答。其问题涉及各个方面，从心情（"有时候我感到自己没很有用"），到意见（"人们应该试着理解自己的梦"），再到身心健康（"我每周都会有几天肚子痛"和"我有很奇怪、很特别的思想"）等。

> **心理测验：** 用来客观评价行为的标准化测验，心理学家运用其帮助人们理解自己、做出生活决定。

答案无所谓对错，结果的解释依赖于反应模式。测验由10个分量表和3个测量答题效度的量表组成，每个量表分别计分。MMPI-2的编者用一种叫做测验标准化（**Test Standardization**）的程序来判断个体在答题过程中会用到哪些具体的反应模式。为了编制这个测验，编者询问了一大批患有某种症状的精神病人，如抑郁症或精神分裂症病人。然后找到那些可以把这些病人与一般被试区分开来的题目，经过进一步整理后最终选定进入正式测验的题目。

为了有趣，我们以星际旅行为例。假设一群去过火星的人接受这个测验，他们在做某些题目时会比去过其他地方的人回答更多的"是"（例如，"我真

五种人格理论的总结

理论取向和代表人物	意识对潜意识人格的决定因素	遗传因素（天性）对环境因素（教育）	自由意志对决定论	稳定性对可变性
心理动力学（弗洛伊德、荣格、霍妮、阿德勒）	强调潜意识	强调天生的、固有的人格结构，也强调儿时经验	强调决定论，认为行为受无法控制的因素决定	强调人格特点终生稳定
特质理论（奥尔波特、卡特尔、艾森克）	不讨论意识和潜意识	视具体的理论而定	强调决定论，认为行为受无法控制的因素决定	强调人格特点终生稳定
学习理论（斯金纳、班杜拉）	不讨论意识和潜意识	关注环境	强调决定论，认为行为受无法控制的因素决定	强调人格特点在一生中是可变的、有弹性的
生物学和进化论（特立根）	不讨论意识和潜意识	强调天生的、遗传得来的人格决定因素	强调决定论，认为行为受无法控制的因素决定	强调人格特点终生稳定
人本主义理论（罗杰斯、马斯洛）	更强调意识	强调遗传和环境的交互作用	强调个人能自由决定自己的人生	强调人格特点在一生中是可变的、有弹性的

如果你是……

一名警察局长 在雇佣新警员时，他们要做一系列不同的测验，包括心理适应测验。你希望你的警员们具有哪些人格特质？又希望他们不具有哪些特质？

自陈量表： 通过询问人们关于某些行为的问题来收集数据的方法。

明尼苏达多相人格测验-2： 一个广泛使用的、可以诊断出个体心理问题，也可用于预测一些日常行为的测验。

测验标准化： 通过研究已知具备某一特征的人的行为来确定人格测验题目有效性的技术。

人格投射测验： 测验中受测者被要求描述一系列模棱两可的刺激或根据刺激讲一个故事。

罗夏墨迹测验： 测验中给受测者呈现一系列对称的视觉刺激，让他们回答这些刺激代表什么。

主题统觉测验： 由一系列图片组成的测验，要求受测者根据图片说一个故事。

的喜欢吃早饭"）。这可能意味着我们可以找到一种火星访问者的特有回答模式。那么，如果某人做测验时，以火星访问者的模式来回答问题，我们就可以预测，那个人访问过火星。通过在一群患有不同症状的人身上系统地执行这个程序，编者就可以设计出一系列的分量表来诊断不同的异常行为。

投射法

在一个人格投射测验（**Projective Personality Test**）中，施测者会呈现出一些模棱两可的刺激，让受测者描述它们或根据刺激内容讲一个故事。施测者把受测者的回答看做是个体人格的"投射"。

最著名的投射测验是**罗夏墨迹测验**（**Rorschach Test**）。瑞士的精神病专家赫尔曼·罗夏（Hermann Rorschach）发明了这个测验，它需要给受测者展现出一系列对称图形/墨迹，然后问他们，这些图形代

表着什么。施测者记录受测者的答案，经过一系列复杂的临床评分程序后，确定出受测者的人格类型。例如，受测者回答说从墨迹中看到一头熊，那么根据罗夏发明的计分准则，施测者就认为回答者有很强的情绪控制倾向。

主题统觉测验（**Thematic Apperception Test, TAT**）是另一个著名的投射测验，它由一系列的图片组成，受测者要据此说一个故事。施测者根据受测者所说的故事判断他们的人格特征。

很多批评者认为，像罗夏墨迹测验和主题统觉测验这种运用模糊刺激来判定人格的方法需要掌握一些特殊的技术，并且对受测者的反应做出了过度的解释。还有人批评罗夏墨迹测验的结果分析掺入了太多主观想象，无法标准化地进行评分。而且，很多批评者质疑罗夏墨迹测验的效度。但即便存在

心理学小贴士

搞清楚信度和效度的区别很重要。例如，如果一个愉悦感测验每次都测得出一致的结果，那么它就有信度。如果它能准确地测量出愉悦感，那么它就是有效的。

在罗夏墨迹测验和主题统觉测验这样的投射测验中，研究者向受测者呈现出一系列模糊刺激，然后让他们根据刺激做出描述或讲一个故事。研究者根据这些回答推断受测者的人格。

行为评估：直接测量行为以描述人格特征的方法。

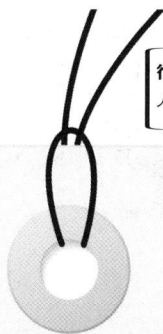

这些质疑，投射测验的应用依然很广泛，尤其在临床上，支持者声称，它们的信度和效度已经足以用来预测人格。

行为评估

如果你是一个学习理论的支持者，那么你很可能会反对投射测验，而更赞成使用**行为评估**（**Behavior Assessment**），这是一种直接测量行为以描述人格特征的方法。为了确保行为评估的客观性，研究者会尽量将行为量化。例如，一个观察者可能记录一个人的社交次数、提问次数或攻击行为的次数。另一种方法是测量事件的持续时间：一个孩子发脾气的时间、一次对话的时间、工作的时间或合作的时间等。

行为评估尤其适用于观察特定的行为问题（如孩子过度害羞），以帮助制定出治疗方案。心理学家还可以利用行为评估来检验干预手段和治疗方法是否有效。

心理学**思考**

> > > 你认为最关键的人格特征是什么？这里提到的方法能够判断出这种特征吗？

你相信吗？ > > >

评价人格测验

很多企业，包括制造业巨头通用汽车公司以及微软这样的技术型企业都会用到人格测验来辅助招聘。例如，微软的应聘者需要回答一些脑筋急转弯问题，像"如果你不得不移动美国50个州中的一个，你会移动哪个？"其他的面试官还会问到一些更为主观的问题，例如"你会怎样形容11月？"对于这些问题，它们的信度和效度并不是很明确。

作为一名应聘者、面试官或测验服务的使用者，在过于依赖人格测验的结果之前，需要记住以下几点。

- 要理解这个测验想要测量的内容。标准化的人格测验都会附带一系列信息，包括测验的编制过程、适用对象及如何解释结果等。读一读测验手册会帮助你理解测验结果。

- 不要只依据单个测验的结果做出决定。测验结果应该放在其他信息的情况下作出解释，如学业成绩、社会兴趣和家庭社区活动等。

- 要记住，测验的结果并不总是准确的。结果可能会出错，或者测验的信度或效度不高。例如，你可能在测验时心情不好，或者计分和解释的人犯了错误。不要把一个人格测验的结果看得太重。

总之，请记住，人的行为特别是你这个施测者的行为是很复杂的。就像现在都没有一个单一的、包含所有方面的人格理论一样，也没有一个单一的测验能够为一个人的复杂性格提供一个完整的解释。

我的心理学笔记 >>

- 心理学家如何看待人格

  人格是让个体保持一致性和独特性的持久的特征模式。

- 各种人格理论的要旨

  心理动力学理论关注人格的潜意识基础。弗洛伊德的精神分析理论为心理动力学理论奠定了基础，他认为人格由三部分组成：寻求快乐的本我，现实主义的自我及超我（或者说良心）。而且，弗洛伊德还认为，人格经过一系列的性心理发展阶段而获得成长，每个阶段又与一些基本的生理机能相联系。根据弗洛伊德主义的理论，防御机制是人们的潜意识策略，用来减少由本我冲动产生的焦虑。新弗洛伊德主义精神分析学者以弗洛伊德的理论为基础进行研究，但是他们更强调自我的角色，更关注社会因素在决定行为时的作用。

  特质理论致力于发掘特质，即那些能够把个体和他人区分开来的相对持久的维度（维度即特质）。人格的学习理论则注重观察行为。极端行为主义者认为人格是对于外界环境的习得反应的总和。人格的生物学和进化理论关注人格特质的遗传方式。人本主义理论强调人性本善，他们认为人格的核心是那种能够改善和提高自己的能力。

- 心理学家如何准确地测量人格

  像MMPI-2这样的心理测验是能够客观测量行为的标准化测验工具。所谓标准化测验必须具有信度（能够一致地测得所测内容）和效度（能够测得想要测得的内容）。

- 人格测量的主要形式

  自陈量表会向个体询问一些关于他们行为的问题。研究者用这些自我报告来推测个体是否具有某些特定的人格特征。像罗夏墨迹测验和主题统觉测验这样的投射人格测验一般会提供一些模棱两可的刺激，研究者用受测者提供的信息来推测他们的人格。行为评估基于学习理论的一些原则，它直接测量行为以描述人格特征。

1. 根据弗洛伊德的理论，将人格的各部分和它们的描述联系起来。

   a. 在文化标准的基础上决定对错

   b. 遵循现实原则，将能量用于促进个体融入社会

   c. 致力于减少原始驱力引起的紧张

   ____（1）自我

   ____（2）本我

   ____（3）超我

2. 根据弗洛伊德的理论，下列哪一项代表了人格发展的正常顺序？

   a. 口唇期、性器期、潜伏期、肛门期、生殖期

   b. 肛门期、口唇期、性器期、生殖期、潜伏期

   c. 口唇期、肛门期、性器期、潜伏期、生殖期

   d. 潜伏期、性器期、肛门期、生殖期、口唇期

3. _____是弗洛伊德用来形容用潜意识策略减少焦虑的词语。

4. 防御机制活动说明了_____，而且如果我不做这个交互活动，可能就不能理解这些机制。

   a. 存在很多种不同的防御机制，它们各自有其特殊的意义和目的

   b. 人们真的意识不到他们正在使用一种防御机制，因为这个过程是潜意识的

   c. 只要人们开始以自己的方式运用防御机制，他们就再也意识不到他们到底在用哪一种

   d. 使用防御机制可以让我们的社会免受暴力之灾

5. 伊凡努力获得成功是他所有行为和关系的主导力量。根据戈登·奥尔波特的理论，这是_____特质的例子。相较而言，迪泽尔对于西方老电影的热爱是_____特质的例子。

6. 一个喜欢参加宴会和悬式滑翔运动的人可能被艾森克形容为在哪方面的特质得分很高？

7. 哪个人格理论的支持者最可能同意以下陈述？"人格可以被认为是个体在成长过程中在环境里习得的反应方式。"

   a. 人本主义理论　　　　b. 生物学和进化理论

   c. 学习理论　　　　　　d. 特质理论

8. 哪个人格理论强调人性本善和个体的成长需要？

   a. 人本主义理论　　　　b. 心理学动力学

   c. 学习理论　　　　　　d. 生物学和进化理论

9. 用来评价理想自我的Q分类人格评估技术需要你_____。

   a. 将你最喜欢的活动分类

   b. 将你的职业和家庭目标排序

   c. 将你的心情和感受与不同的动物相联，然后基于你的选择做出分析

   d. 将你的特质和行为分类

10. _____是人格测验的一致性；_____是一个测验实际上能否测得想要测量的特征的能力。

11. _____是用来比较做同一个测验的不同人的分数的标准。

12. 像MMPI-2这样的测验是_____的例子，通过评估小样本行为来推测大的行为模式。

   a. 横断测验　　　　　　b. 投射测验

   c. 成就测验　　　　　　d. 自陈测验

12. d
11. 常模
10. 信度，效度
9. a
8. a
7. c
6. 外倾性
5. 主要，次要
4. b
3. 防御机制
2. c
1. （1）-b，（2）-c，（3）-a

健康心理学：

压力、应对和幸福

一刻也不停歇

路易莎·丹比（Louisa Denby）的一天在糟糕中开始：她睡过了头，为了赶公车去学校又没吃早饭。为了准备明天的考试，她赶去图书馆看书，结果发现必须要看的文章不见了。

管理员说重印那篇文章需要等一整天。无奈和沮丧之下，路易莎只好改去机房，准备把昨晚在家写的论文打印出来。可没想到的是，电脑竟然读不出她的磁盘。她到处找人帮忙，却找不到一个人可以解决这个问题。

才早上9点42分，路易莎的头便开始隐隐作痛。此时此刻，她只有一个感觉"压力山大"。

我们不难理解路易莎的压力。对于她（也包括我们中的大多数人）来说，频繁地在多重角色之间转换让人觉得时间永远不够用。在某些情况下，这种感觉会损害生理和心理健康。

压力及其应对是心理学家长久以来一直感兴趣的话题。近几年，健康心理学作为一个新的亚领域开始兴起，心理学得以在一个更广阔的背景下看待压力，关注的问题也得到扩展。在接下来的内容中，我们将讨论心理因素怎样影响健康。首先我们关注压力产生的原因及造成的结果，以及应对压力的方法。然后我们将从心理学角度探讨一些主要的健康问题，包括心脏病、癌症、抑郁症以及吸烟带来的疾病。最后，我们会评估一系列压力管理策略，并讨论压力与幸福感之间的关系。

边读边想 >>

- 健康心理学如何成为连结医学和心理学的纽带？
- 什么是压力？它如何影响我们？我们应该如何应对？
- 我们的态度、信念和行为怎样影响与压力有关的健康问题？
- 我们能够采取何种态度和行为来减小压力带来的不愉快体验并将我们的幸福感最大化？

健康心理学： 心理学的分支之一，研究与健康和疾病相关的心理因素，也关注各类健康问题的预防、诊断和治疗等内容。

心理生理疾患： 由心理、情绪和生理因素交互作用所导致的身体疾患。

压力： 个体面对威胁或挑战时的反应。

健康心理学（**health psychology**）研究与健康和疾病相关的心理学因素，也关注各类健康问题的预防、诊断和治疗等内容。例如，健康心理学研究压力等心理因素对于疾病的影响；也研究疾病的预防，如规律锻炼如何帮助人们避免患病或降低健康隐患。

健康心理学的研究推动了人们对于心理因素与生理疾病之间关系的看法。在25～30年前，大多数心理学家和医疗服务人员都会嘲笑或怀疑以团体辅导的方式帮助癌症患者提高生存可能性的尝试。然而在今天，这一方法正逐渐地被人们所接受。

越来越多的证据表明，心理因素对于那些曾被认为是纯生理层面的疾病也有潜在影响。一类叫作**心理生理疾患**（**Psychophysiological Disorder**）的生理疾病就常常由压力引起或会因压力而恶化。心理生理疾患以前叫作心身障碍，它表现为一些医学

临床症状，而本质上是由心理、情绪和生理因素交互作用所引起的。常见的心理生理疾患既包括像高血压这样的严重疾病，也包括头痛、背痛、皮疹、消化不良、疲劳和便秘等较轻微的症状。即使是普通感冒，也和压力有关。

>> 压力与应对

大多数人对于压力并不陌生。**压力**（**Stress**）即个体面对威胁或挑战时的反应。即将到来的考试、马上要交的论文、大大小小的家务事、可能出现的台风……生活中到处充满了挑战。哪怕是高兴的事情——如准备一场聚会或找到一份梦寐以求的工作——也一样会带来压力，只不过损害性没有消极事件所带来的那么严重。

每个人都要面对压力。部分健康心理学家认为，我们每天的生活其实就是不断感受到应激源，然后想办法去应对，最后或多或少对其有所适应的过程。通常来说这些适应过程都比较微小，我们未必会注意到。但如果应激源较极端或持续时间较长，我们就必须付出更大的

：即便是高兴的事情也会带来巨大的压力。

努力来应对, 这时就会产生生理及心理反应, 进而导致健康问题。

应激源的本质: 我的压力或许是你的快乐

压力因人而异。虽然有些事件对大多数人来讲都是充满压力的, 如亲人去世或奔赴战场, 但其他一些事情对于不同的人来说, 既可能是应激源, 也可能不是。

以蹦极为例。有人觉得, 从一座桥上跳下去而身上只绑一根细细的橡皮绳太恐怖了, 有人却认为这项活动极富挑战性和趣味性。蹦极是否构成应激源部分取决于人们对这项活动的认知。

只有当人们感觉受到威胁或挑战, 并且缺少处理该事件所需的资源时, 才会将一件事知觉为应激源。因此, 同一件事在这次被知觉为应激源, 下次可能并不会带来压力感。年轻人可能会在约会邀请遭到拒绝时知觉到压力——如果他将这次被拒绝归结于自己缺乏魅力或没有价值。但如果他不将被拒与自尊挂钩, 而是归因于对方已经跟别人提前有约了, 那么就几乎不会感到压力。因此, 个体对事件的解读对于此事件是否构成应激源也是至关重要的。

> 个体对事件的解读对于此事件是否会构成应激源至关重要。

应激源的分类 什么样的事件容易成为应激源? 一般来说, 应激源可以分三种: 灾难事件、个人应激源及日常烦扰。

灾难事件 (**Cataclysmic Events**) 是很强大的应激源, 它突然出现并能同时影响许多人。例如, 龙卷风、空难以及恐怖袭击等, 就是典型的灾难事件, 可以同时影响成百上千人。

虽然表面上看灾难事件会带来潜在和迁延的压力, 但其实在很多情况下并不一定如此。事实上, 自然灾害类的事件与某些看似不具有很大破坏性的事件相比, 带来的长期性压力反而更小。其中一个原因是自然灾害有着清晰的解决方法。一旦灾难过去, 人们就能看到未来, 知道最坏的情况已经过去。而且, 自然灾害所带来的压力可以与许多同样经历了这一灾害的人互相分享。分享压力可以让人们获得社会支持, 并对他人所经历的困难感同身受。

第二种主要的应激源是**个人应激源** (**Personal Stressors**)。个人应激源既包括一些消极、重大的生活事件, 如父母或配偶去世、失业、巨大的挫折等; 也包括一些积极事件, 如结婚等。一般来说, 个人应激源会立即对人产生影响, 但强度会很快减弱。例如, 亲人去世所引起的悲痛在死亡刚发生时是最强烈的, 随着时间推移, 人们感受到的压力会逐渐减小, 直至可以从容面对。

第三种应激源是一些**日常烦扰** (**Daily Hassles**), 即大多数人常常遇到的小麻烦, 如频频被打扰或有太多事要处理。日常烦扰可以是长期、慢性的, 如对学校或工作不满、与恋人关系不佳, 或住在一个没有隐私的拥挤地方等。

> **灾难事件**: 强大的应激源, 突然出现并于瞬间影响很多人 (如自然灾害)。
>
> **个人应激源**: 主要的生活事件 (如家人去世), 会立即产生负面影响, 但影响会随着时间的流逝而消退。

虽说日常烦扰会带来不愉快的情绪和感觉，但它本身并不需要去处理，甚至都不需要人们对其做出反应。但是，小麻烦会一点点累积，最终可能导致和大压力一样的恶果。事实上，人们感受到的日常烦扰的数量与他的心理状况和健康问题（如流感、咽痛、背痛等）呈正相关。

与日常烦扰相对，生活中也存在一些让我们感到鼓舞振奋的小事情，如融洽的人际关系、舒适的周遭环境等，这些细小的积极事件会让我们感觉良好，即便这种感觉转瞬即逝。

尤为有趣的是，这种鼓舞振奋的感觉与个体的心理健康程度成负相关：我们感受到鼓舞振奋的数量越多，报告的心理症状就越少。

日常烦扰：日常生活中遇到的麻烦（如堵车），会产生小的烦躁感，如果持续发生或与其他压力事件同时发生则可能产生长期的不良影响。

压力的高昂代价　压力会带来生理和心理的双重影响。一般来说，压力最直接的影响是生理上的。暴露在应激源下会导致肾上腺素水平升高、心跳加快、血压升高，以及皮肤电的变化。短期来讲，这些反应有助于人体的适应，因为在这样的"应急反应"过程中，交感神经系统能受到激活，从而使身体得以进行自我保护。也就是说，这些反应能帮助我们更有效地适应压力情境。

然而，若持续暴露在压力下，与压力有关的各种激素就会持续分泌，从而导致整体生理功能下降。长此以往，这些反应会对血管和心脏等造成损害，最终降低身体免疫力，让我们更易患病。

从心理层面讲，高压力会让我们无法很好地应付生活。我们会被压力遮蔽双目，从而无法正确判断形

心理学小贴士

记住三种应激源：灾难事件、个人应激源和日常烦扰。三者导致的压力水平是不同的。

每个人每一天都可能碰到一些小烦扰，比如堵车。什么时候日常困扰会升级成大压力？

势（例如，我们可能将一个朋友提出的小小批评夸大到不切实际的程度）。更有甚者，当压力达到一定峰值时，我们的情绪反应可能过于激烈，以至于无法做出任何行动。处于较大压力下的人也会产生应对新应激源的困难。

简而言之，压力从各个方面影响着我们。它会提高我们患病的可能性，可能直接导致某些疾病，可能增大我们从疾病中康复的难度，也可能降低我们应对新压力的能力。

一般适应综合征模型　"压力研究之父"汉斯·塞利（Hans Selye）开创性地提出**一般适应综合征**（**General Adaptation Syndrome, GAS**）模型来描述长期压力的发展阶段。这一模型认为，无论压力的起因如何，它引起的生理反应都遵循同样的发展模式。

GAS模型分三阶段。第一阶段：警戒与动员，个体意识到应激源存在，交感神经系统开始兴奋，帮助个体对应激源进行最初的应对。

如果压力继续存在，个体将进入第二阶段：抵抗。在这一阶段里，我们的身体机能会被调动起来积极应战，行为上则表现为采取各种办法应对应激源。这些办法有时是成功的，但也要多少损失一些身体或心理健康作为代价。例如，一个学生多门考试不及格，就必须长时间地熬夜学习，以应对此压力。

如果抵抗阶段使用的应对策略还是无法解决应激源，个体就进入了GAS模型的第三阶段：衰竭。在衰竭阶段，个体适应压力的能力减弱，负面影响开始

| 压力源 | **1** 警觉和动员
面对和反抗压力源 | **2** 抵抗
应对压力，反抗应激源 | **3** 衰竭
应对失败，压力恶果出现
（如生病） |

资料来源：Selye, 1976。

塞利提出的一般适应综合征模型

显现：如出现注意力不集中、烦躁易怒，甚至定向障碍、幻觉等生理与心理症状。在这一阶段里，个体仿佛感觉虚脱了一样，那些拿来对付压力的能量全都用光了。这就好比一群村民突然发现自己被侵略者包围了，他们会迅速警觉并立刻开始抵抗。然而，无论他们怎么努力都无法抵御子弹和炮火的袭击，最终筋疲力尽。

进入第三阶段后，人们该如何走出来？其实，在某些情况下，衰竭反而可以帮助个体避开应激源。例如，由于工作过度劳累而生病的员工可以暂时离开繁重的工作，从工作责任中解脱出来。至少在这段时间里，当下的压力能得到缓解。

虽然GAS模型让我们对压力有了更深的理解，但这一理论也并非无懈可击。例如，这一理论认为不管应激源如何，人们的生理反应都相似，在这一点上一些心理学家持不同意见。他们认为人们对压力的生理反应取决于他们对应激情境的评估。一个令人不快但

习以为常的情境，和一个同样令人不快但同时还很意外的情境，人们的应对反应可能大相径庭。这一观点提醒人们，除了搞清楚压力反应的过程，还需要关注应对压力的策略。

应对应激源

压力是生活中的常客——而且并不一定是坏事。假如没有压力，我们可能就没有足够的动力来完成那些我们必须完成的事。但是，过多的压力会对人们的身心健康造成损害，这一点也同样明显。那么，我们应当怎样应对压力？有没有什么办法能减轻压力带来的负面效应？

为控制、减少或适应压力带来的挑战和威胁而做出的努力就叫作**应对**（**Coping**）。面对压力我们会习惯性地做出一些应对反应，但多数情况下我们觉察不到，正如我们觉察不到生活中小的应激源一样，直到它们积累到有害的程度。

除此之外，我们也会运用一些更为直接的、相对积极的方法来应对压力。这些方法大致可以分成两类。

> **一般适应综合征**：汉斯·塞利提出的理论认为，个体对应激源的反应分三个阶段：警觉和动员、抵抗、衰竭。
>
> **应对**：为控制、减少或适应压力带来的挑战和威胁而做出的努力。

- 情绪取向应对。采取这种应对方式的人在面临压力时试图控制自己的情绪，希望能改变自己认识和感受问题的方式，如接受他人的同情、多看事物的光明面等。
- 问题取向应对。采取这种应对方式的人会去寻找缓解压力情境的办法，并采取行动。问题取向应

你知道吗？

根据相关求职网站在2011年做的一份调查，各种职业中压力最小的前五名是：听力专家、营养师、软件工程师、电脑程序员和洁牙师。

对策略会促使人们改变行为，或至少制定出对付压力的行动方案。此外，给自己"找点乐子"以暂时脱离应激情境也是一种问题取向的应对策略。例如，在照顾重病亲人的过程中，抽出一天去趟健身房或做个SPA，可以大大缓解压力。

人们常常会同时使用好几种方法来应对压力。如果觉得自己有能力做出改变，多数人会选择使用问题取向的应对策略。但如果自觉无力改变（如家人罹患绝症），那么采取情绪取向的应对策略更为有效。一个失去父母的女儿可以通过看喜剧片发笑来暂时忘却伤痛。通过调节情绪来减轻压力本质上是一种回避型应对法。在面临无法解决的问题时，回避型应对法可能是一种有益的选择。

不过，回避型应对有时候也不大管用。例如，通过空想来减轻压力：一个不想考试的人可能会对自己说"也许明天会下一场很大的雪，考试就不得不取消了。"又或者使用药物、酒精或暴饮暴食来逃避现实。这些情况下回避型应对起到的作用只是延缓了压力的发生，结果可能把问题变得更糟。

>> 疾病与压力的心理因素

"我认为做自己的支持者绝对有必要，而学做这件事的最好方式就是与其他受过良好教育的患者及他们的看护者进行互动。我们知道在确诊后我们的生活是怎样的，我们互相帮助，而这种帮助是任何医生、护士、牧师，甚至重要的朋友和家人都无法给予的。我们笑，我们哭，我们骂人，我们相互打闹。我们为失去的一切哀悼，为大大小小的胜利庆贺，我们教育他人也教育自己。而最重要的是，我们互相拥抱并拥抱自己的生活！"

健康心理学家发现，健康与抵御疾病的能力受到如思维、情绪、抗压能力等诸多心理因素的影响。尤其是免疫系统，受心理因素影响最大。免疫系统是由各种器官、腺体、细胞等组成的复杂系统，它构成了人体防御疾病的一道天然屏障。健康心理学家特别关注心理因素、免疫系统、大脑三者之间的关系，这一新兴的研究领域叫作**心理神经免疫学（psychoneuroimmunology, PNI）**。PNI已经取得了一些研究成果，如证实了个体的情绪状态与免疫系统是否能战胜疾病之间是存在关联的。

电影中的心理学

《黑天鹅》(Black Swan, 2010)
一个年轻女性努力成为一位完美的芭蕾舞演员，这一追求给她带来巨大的压力。随着压力的累积，她的应对策略失败了。

《爱丽斯梦游仙境》(Alice in Wonderland, 2010)
在这部获奖无数的影片中，随着爱丽斯成功应对在仙境中的突发状况，日常烦扰被赋予了全新的意义。

《大甩卖》(Everything Must Go, 2010)
影片讲述了一个被妻子扫地出门的酒鬼的境遇，是回避型应对法（包括否认和药物滥用）的一个绝佳范例。

《芳心何处》(Where the Heart Is, 2000)
影片改编自一个真实的故事，一个年轻女孩怀有身孕却被男友抛弃，不得不在一家超市生下孩子。之后，她假想出家庭和朋友，母子俩生活在虚构的社会关系中。

《彩岛人生》(Wilby Wonderful, 2004)
这部古怪的加拿大电影的主人公是一名就职于地产公司的工作狂，表现出典型的A型行为模式。

如果你是……

一名人力资源经理 你会如何帮助你的员工更有效地应对应激源？你会如何帮助他们更多使用问题取向的应对策略？

压力的主要后果

压力

直接的生理影响：
- 血压升高
- 免疫系统功能下降
- 激素水平上升
- 心理生理环境受到影响

可能的有害结果：
- 增大吸烟和酗酒的可能性
- 损害营养摄取
- 降低睡眠质量
- 增大药物滥用的风险

资料来源：引自Baum, 1994。

虽然现在我们还不清楚情绪因素与压力、身体健康及疾病之间的复杂关系到底如何，但现有的研究已清楚揭示了压力与免疫系统如何相互影响，以及持续的压力如何损害免疫反应。

为什么压力会对免疫系统带来这么大的损害？一种解释是，过度的压力会刺激免疫系统，使它不只攻击细菌、病毒等外界入侵者，也开始攻击机体自身，从而损伤了健康的组织。当这种情况发生时，就会导致机体失调，出现关节炎等过敏性反应。压力也可能降低免疫系统的反应力，使感冒病毒趁虚而入或癌细胞加速扩散。

接下来我们重点说一说五种受压力影响的健康问题——冠心病、癌症、抑郁症、创伤后应激障碍和吸烟，谈论心理因素在其中所起的作用。

A型、B型、D型行为模式和冠心病

我们很多人都曾感觉到愤怒、沮丧或敌意，但对于一些人来说，这些感受是生活的常态。它们代表着一组弥散性的、特质性的、稳定的人格特征，即A型行为模式。**A型行为模式**（Type A Behavior Pattern）是一组行为，包括敌意、竞争意识、时间紧迫感和被驱使感等。与之相对的**B型行为模式**（Type B Behavior Pattern）则表现为耐心、合作和非竞争性等。注意，A型和B型行为代表着一个连续体的两

端，大多数人处于这个连续体的某一点上，极端绝对的A型或B型人很少。

A型行为的重要性在于它与冠心病紧密相关。表现出A型行为的人患冠心病的概率是B型行为人的两倍，A型人突发冠心病的可能性也更高。而且，A型行为对于冠心病患病可能性的预测力，跟年龄、血压、吸烟习惯和胆固醇含量等因素的预测力一样大，并且在控制其他因素的作用下，它依然可以独立预测冠心病的发病。

A型行为中与冠心病最相关的是敌意。虽然好斗、时间紧迫感和被驱使感也会带来压力及其他潜在的健康与情绪问题，但它们与冠心病的关联都不及敌意情绪紧密。

为什么敌意如此有害？最主要的原因是敌意会在压力情境下引发过度的生理唤醒。这些生理唤醒反过来会促进肾上腺素和去甲肾上腺素的分泌，使心

> **心理神经免疫学：** 对心理因素、免疫系统和大脑之间的关系展开研究的学科。
>
> **A型行为方式：** 一组行为，包括敌意、竞争意识、时间紧迫感和被驱使感等。
>
> **B型行为方式：** 一组行为，包括耐心、合作、非竞争性等。

心理学小贴士

区分A型（敌意与好斗）、B型（耐心与合作）和D型（忧伤型）行为十分重要。

心理学思考

A型行为

＞＞＞ 大多数人都介于A型和B型之间，也就是说，我们都不是绝对的A型人也不是绝对的B型人。既然如此，我们干嘛要把自己硬往这两种类型上套呢？

跳加快、血压上升，最终提高冠心病的发病可能。

但要注意的是，并非所有A型行为模式的人都一定会患上冠心病。一方面，在女性身上，A型行为与冠心病之间的关联还不能确定，因为多数研究结果都是在男性群体中发现的，研究的参与者也多数是男性。另一方面，除了A型行为中的敌意，还有其他一些消极情绪也与冠心病有关。例如，心理学家约翰·德诺莱特（John Denollet）已经找到证据证明他提出的D型行为模式（D代表Distressed，忧伤）与冠心病相关。D型行为模式的人所表现出来的不安全感、焦虑以及对未来的消极看法使他们具有罹患冠心病的危险。

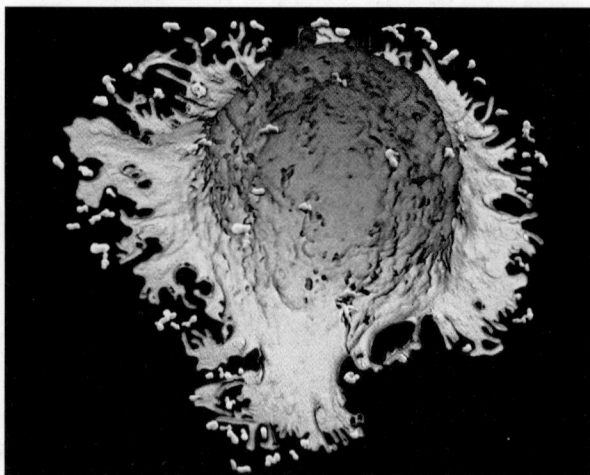

心理因素对抵抗疾病有重要作用。在这张被放大许多倍的图中，你可以看到一个免疫细胞正在吞噬并摧毁致病细菌。

如果你是……

一名护士　知道了人格与疾病的关联，你会就此向病人提出什么样的建议？比如，你会不会劝A型的人不要"太A型"，以减少患冠心病的风险？

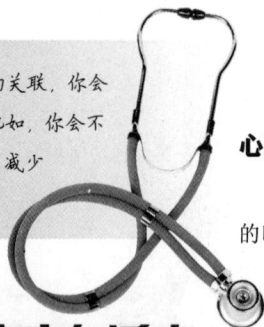

压力会降低免疫系统的反应力，使感冒病毒趁虚而入、癌细胞加速扩散。

心理因素与癌症

没有什么疾病比癌症更让人恐惧了。在很多人的印象中，癌症就等于长期的病痛和折磨。虽然被诊断为癌症已经不像以前那么可怕了——只要及早发现，一些癌症被治愈的可能性非常大——但是癌症依然是美国人死亡的第二大原因，仅次于冠心病。虽然癌症的扩散是一个生理过程，但越来越多的证据表明，患者的情绪反应对他们的病情也起着举足轻重的作用。例如，一项研究分析了因乳腺癌而切除乳房的女性的生存率，结果表明，打算斗志昂扬地与病魔作斗争的患者比悲观地忍受病痛等待死亡的患者更可能康复。

患者的态度与癌症存活率的关系

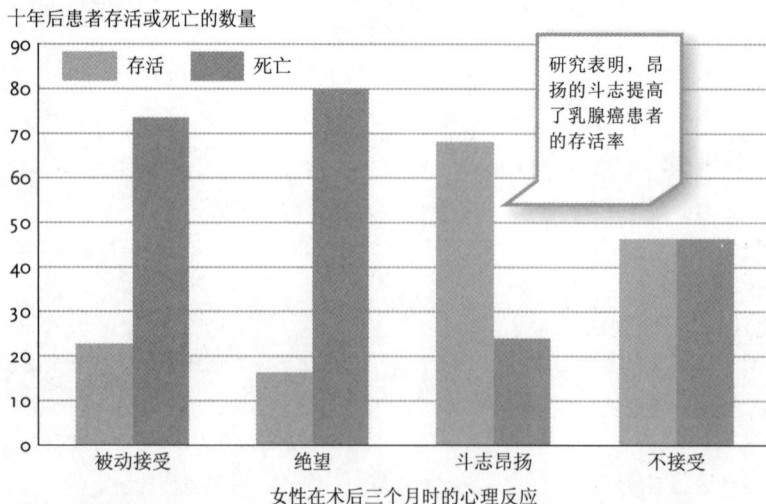

十年后患者存活或死亡的数量

研究表明，昂扬的斗志提高了乳腺癌患者的存活率

	存活	死亡

女性在术后三个月时的心理反应

被动接受　　绝望　　斗志昂扬　　不接受

资料来源：Pettingale et al., 1985。

学习修车技术可以让你更好地应对总是出问题的汽车，也可以避免在公司规模缩水时被裁员。

研究表明，术后三个月患者的心理状态影响到了她们的存活率。那些被动接受命运的人和那些认为情况糟糕无法挽回的人的生存率最低——这类患者大部分在十年内都去世了。与之相反，立志与病魔作斗争（认为自己能战胜疾病并采取措施防止复发）的女性和那些（当然是错误地）否认她们患有癌症（告诉自己乳房切除只是一种预防措施）的女性的生存率则高得多。总之，根据这项研究，持积极态度的癌症患者比持消极态度的患者更可能生存下去。

心理学思考

>>> 面对癌症，如果患者拥有更积极的态度或信念则病情将有所改善，那么"责备当事人"是否有恶化病情的危险？尤其是面对无法治愈的癌症时，是不是更会如此？在这种情况下责备当事人是不对的吗？

> 一项实验表明，斗志昂扬地与病魔作斗争的患者比悲观地忍受病痛等待死亡的患者更可能康复。

然而，也有一些研究不认同这一观点。例如，一些结果表明，虽然昂扬的斗志让患者适应良好，但长期存活率却并不比持消极态度的患者更高。

不过，某些特定的心理治疗有可能延长癌症患者的生命，这一点是确定的。例如，一项研究结果显示，那些接受了心理治疗的乳腺癌患者至少比不接受心理治疗的患者多活1年到1年半，其间前者体验到的焦虑和痛苦也更少。心理治疗对于冠心病等其他疾病的心理及病况缓解也有帮助。

抑郁症

偶尔感到悲伤是正常现象。但有时候悲伤也可能会转化为临床病症，即抑郁

> **习得性无助**：个体的一种状态，认为不愉快或厌恶刺激是不可控的——这种观念在脑中根深蒂固，以至于即使能够对令人厌恶的环境施加影响，他们也不再试图改变。

症。此时，抑郁症患者不仅感到悲伤，同时还伴有严重的注意、决策和人际交往困难。抑郁症有许多致病因素，压力确证无疑是其中之一。另外，强有力的证据表明，可引发无助感的应激情境与抑郁症相关。

你有没有过这样的经历：面对某种难以忍受的情境，你无计可施，最终不得不放弃抵抗并接受现实？如果有，你就可能曾经体验习得性无助的状态。**习得性无助**（Learned Helplessness）出现在个体认为厌恶刺激是不可控的情况下——这种观念在他们脑中根深蒂固，以至于即使事实上能够对令人厌恶的环境施加影响，他们也不再试图改变。

习得性无助的受害者认为，他们对生活中难以忍受的境况无能为力。他们对于情境的控制感很弱或几乎没有，跟掌控感很强的人比起来，他们体验到更多的生理症状和抑郁。也就是说，如果个体的生活经验让他相信，无论是用情绪应对还是问题解决应对都无法消减压力，那么他患抑郁症的可能性就会增大。

创伤后应激障碍

自然灾难和严重压力事件的经历者常常会罹患创伤后应激障碍（PTSD），即个体所经历的极端事件

灾难幸存者罹患冠心病的风险更大。压力不仅影响吸烟和不良饮食习惯等风险行为，同时也会导致高血压、炎症，以及冠状动脉等血管损伤。

的消极影响会持续很长时间，如对于事件挥之不去的闪回和栩栩如生的梦境。甚至不相干的刺激线索也可以激起不良反应，如汽车喇叭的声音可能唤起某人过去经历的巨大压力事件。

恐怖袭击很可能导致PTSD症状。9·11事件后的几个月中，11%的纽约市民出现了不同程度的PTSD症状。但症状大小却随着距袭击地点距离的不同而存在很大的个体差异——住得离世贸中心越近的人症状越明显。

PTSD的症状还包括情感麻木、睡眠障碍、人际问题、酒精和药物滥用等，在某些情况下还可能导致自杀。从伊拉克战场回来的士兵中有16%出现了PTSD症状。平民也会出现PTSD症状，尤其是那些幼年时遭受虐待或强奸的人，或目睹过太多灾难情景的救援人员、突发自然灾害的受灾者，以及其他创伤事件的受害者。同其他应激源一样，PTSD也会影响到免疫系统的功能。

吸烟

如果一件商品的包装上提示这东西可能杀死你，你还会买吗？虽然大多数人都回答"不会"，但每天仍有数百万人乖乖掏钱，这种商品就是香烟。虽然人们都知道，也有科学证据清楚地证明吸烟与癌症、冠心病、中风、支气管炎、肺气肿及其他一系列严重疾病有关，但吸烟者依然我行我素。在美国，吸烟是最大的可控性致死因素。每5个死亡者中就有1个死于吸烟。在全世界范围内，每年因吸烟而死亡的人数高达约五百万。

吸烟的原因　明明有很多证据证明吸烟有害健康，可为什么还有那么多人吸烟？人们坚持吸烟并不是因为他们不知道吸烟与疾病的关联。调查显示，大多数烟民同意"吸烟有害健康，可能导致死亡"的论断。美国的4800万烟民中有差不多3/4声称自己愿意戒烟，但每年依然有70万人新加入到烟民的队伍中。

在某种程度上，遗传因素会决定一个人是否吸烟、吸烟量以及戒烟的难易程度。基因还决定着一个人对吸烟导致的疾病的易感程度。然而，虽然基因在吸烟这一习惯的养成上有其作用，但大多研究表明，环境因素才是导致这一陋习的元凶。很多青年人开始吸烟是因为吸烟作为一种叛逆的行为可以显得自己"酷"、成熟，又或者认为吸烟可以在应激情境下帮助自己保持镇静。电影等大众媒体中经常出现吸烟的场景，这也带动了一批新烟民的诞生。此外，吸烟有时还会被认为是一种"成人仪式"，人们会在朋友的怂恿下尝试吸烟，认为这才是成人的标志。

最终，吸烟成了习惯。人们开始给自己贴上烟民的标签，吸烟成为他们自我概念的一部分。由于烟草的主要成分尼古丁极易成瘾，烟民们会对其产生心理依赖。在吸烟、尼古丁含量与烟民情绪状态

你知道吗？

1998年到2005年间，香烟中的尼古丁含量增加了约11%。

三者之间有着复杂的关系：血液中的尼古丁含量达到某一特定水平时，可能产生积极的情绪体验。因此，人们吸烟不仅提高了血液中的尼古丁含量，也调节了自身情绪状态，这就使戒烟变得更难。

戒烟　由于兼具生理性和心理性，吸烟成为一种极难戒除的习惯。在尝试戒烟的人群中，只有15%的人成功地长期戒烟，这简直跟戒断可卡因和海洛因一样困难。事实上，尼古丁所引起的生化反应与可卡因、安非他命和吗啡所引起的十分相似。很多人多次尝试戒烟都以失败告终。在真正成功戒烟之前，烟民平均要经历8～10次的失败尝试，而且复吸率很高。即使已经戒烟很久也可能旧瘾复发：戒烟一年后又重新抽烟的比例高达10%。

目前比较有效的戒烟方法之一是用药物代替香烟中的尼古丁。这种方法通过口香糖、贴片、喷鼻或吸入的方式为吸烟者提供一定剂量的尼古丁以减少其对香烟的依赖。另一种方法则以"耐烟盼"（Zyban）和"戒必适"（Chantrix）为代表，它们并不提供尼古丁的替代物，而是通过降低吸烟带来的快感和减少戒烟带来的戒断反应来帮助戒烟。

行为疗法认为吸烟是一种习得的习惯，因此它的侧重点在于改变吸烟者对烟草的反应。这种疗法也很有效：首次"治愈率"达到60%，并且一年之后一半以上的人没有复吸。个体或团体咨询也能提高戒烟

虽然吸烟在大多数地方都被禁止，但它依然是一项严重的社会问题。

率。最好的戒烟方法莫过于将尼古丁替代物与心理咨询相结合使用。最坏的方法呢？就是自己一个人默默戒烟：独自戒烟的烟民中只有5%取得了成功。

归根结底，控制吸烟最有效的办法是改变社会规范及人们对吸烟的态度。例如，很多城市已禁止在公共场所吸烟，而由于得到民众的普遍支持，也有越来越多的法规出台，禁止在大学教室或教学楼里吸烟。此外，一个人若看到自己的朋友成功戒烟，自己戒烟的概率就会增大许多。

加大吸烟有害健康的宣传力度能带来深远的影响。总的来说，过去的20年间，吸烟率，尤其是男性吸烟率有所下降。但吸烟率的下降势头却在逐渐减缓，且仍然有1/4的高中生在毕业前就有很大的烟瘾。在吸烟的学生中，有10%的人早在8年级时便已开始吸烟。

遍布全球的烟草推广

午休时间，一辆饰有骆驼牌香烟标志的吉普车开进布宜诺斯艾利斯的一所中学。从车上下来一个女人，开始向十五六岁的中学生免费派发香烟。

台北市的一家电子游戏厅里，每个游戏设备上都有免费的美国香烟派送。在一家满是高中生的迪厅，免费的"沙龙"香烟每桌都有。

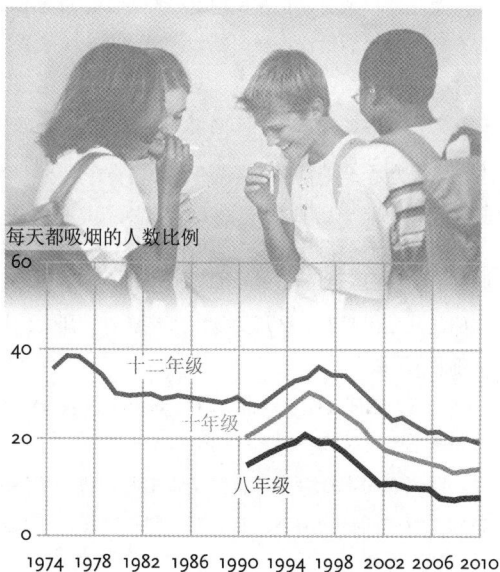

每天都吸烟的人数比例
60

40

十二年级

十年级

20

八年级

1974 1978 1982 1986 1990 1994 1998 2002 2006 2010

青少年吸烟状况

资料来源：Monitoring the future study, 2010。

在美国，随着吸烟人数的下降，烟草公司开始致力于开拓新的市场，吸引更多人吸烟。在这一过程中，他们采用了一系列为人诟病的市场营销手段。

例如，几年前美国雷诺烟草公司开发了一条糖果口味的香烟生产线，生产异国风格的混合型骆驼烟，烟的名字多为"推斯塔酸橙"或"温暖冬日太妃糖"等。这些香烟无疑是面向美国青少年市场的。有调查表明，17岁左右的青少年是这些香烟的主要购买者。这家公司赤裸裸地引诱青少年吸烟的做法引起了美国国会的愤怒，2009年，带香味的香烟（薄荷味除外）被立法禁止销售。

鉴于美国本土的法律限制，烟草生产商开始把目光转向世界上其他国家和地区。虽说在那些地方香烟的售价要比在美国低，但是由于存在为数众多的潜在吸烟者，烟草公司依然有利可图。如今美国已成为世界上最大的烟草出口国。

美国已成为世界上最大的烟草出口国。

显然，美国在国际市场的营销是成功的。在一些拉丁美洲国家的城市中，有多达50%的青少年吸烟。在香港，7岁的小孩子就可能吸烟，而在印度、加纳、牙买加和波兰，有30%的儿童在10岁以前就已经开始尝试吸烟了。世界卫生组织曾预计，过早吸烟将会杀死全球约2亿儿童，而最终全球10%的人口会死于吸烟引发的问题。也就是说，现在活着的人中，将有5亿人死于烟草使用。

>> 健康与保健宣传

当斯图尔特·格林斯彭（Stuart Grinspoon）第一次注意到自己胳膊上的肿块时，他以为那是上周玩橄榄球时造成的擦伤。但仔细考虑之后，他认为事情有可能更为严重，最好去学校保健中心做个检查。不过此行并不顺利。斯图尔特是个内向的学生，他觉得讲述自己的病情是件难为情的事。更糟糕的是，被问了一连串问题之后，他都搞不清医生的诊断到底是什么了，而他又不好意思问得更清楚。

斯图尔特对于医疗保健的态度与许多美国人相同。我们接触医生的方式和我们接触机械工程师的方式并无不同。当我们的车出现问题时，我们会找机械工程师来找到问题并修理好它；同样，当我们的身体出现问题时，我们希望医生诊断出问题并且（我们希望其尽快）医治好我们的身体。

然而这种类比忽略了一个因素——与机械修理不同，医疗保健有心理因素在里面。健康心理学家希望找到存在于健康保健行为中的心理因素，或者更广泛地说，找到健康与幸福感之间的关系。让我们来看看他们研究的两个领域：成功管理压力及确定健康与幸福的关系。

压力管理

我们该怎样管理生活中的压力？有很多行为可以帮助我们在面对巨大压力时仍然保持健康。研究表明我们可以通过以下步骤来减压。

第一，应尽量弄清楚生活中有哪些压力以及它们如何影响我们。具体说来，我们应当明白最近影响我们的应激源是什么？它们有没有让我们失眠、饮食不规律、生病或感到紧张？

第二，评估自己如何看待应激源。我们把其当作挑战或威胁吗？如果应激源是一种威胁，那么应怎样重新评估使之成为一种挑战而不那么具有威胁性？这听起来很容易，但事实上如果一个人感觉到了威胁，就很难再改变他的看法。这时，寻求来自朋友、家人、老师以及临床心理学家的帮助或许是个好办法，因为他们可以协助你应付应激源。

第三，思考自己正在使用的处理办法，考虑其是否有效，是否为最佳选择。例如，你父亲出了意外需要你去医院照顾，但你的老师却不相信你的话而不准你请假。这时如果只是一味回避问题，认为老师如果知道了真相就会理解你，就不是最好的选择，因为这种一厢情愿的想法可能行不通。

第四，考虑自身基本需求的满足情况。你睡得够吗？吃得好吗？锻炼有规律吗？你给自己时间放松、与朋友共处了吗？这些压力管理策略在许多压力情境下都是有用的。

在压力管理过程中，**社会支持（Social Support）**非常重要。我们与他人的关系常常能帮助我们应对压力。研究表明，社会支持就是一张由我们关心和感兴趣的人组成的社交网络，它能够为我们减压，让我们更好地应对压力。

人们相互给予的社会和情感支持能从各个方面帮助我们应对压力。例如，拥有来自他人的支持能让

医患的性别有关。例如，与男医生相比，女医生更能以患者为中心开展交流。而且，患者更易接受与自己性别相同的医生。

价值观和期望也会阻碍医患之间的交流。当医生和患者的母语不同或身处不同的文化之中时，提供治疗建议就会更加困难。

> **社会支持**：由我们关心和感兴趣的人组成的社交网络。

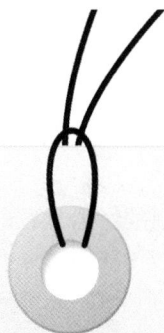

个体感觉自己在社交网络中是重要的、有价值的。同时，他人也可以为我们提供适当的信息和建议。

此外，在面临应激情境时，同一社交网络中的人们还能相互提供现实的物品和其他帮助。例如，如果谁的房子着火了，朋友就会及时伸出援手，为其提供临时住所；如果有人焦虑于孩子学习成绩不佳，朋友或许可以帮忙为孩子辅导功课。

近年来的研究也开始关注社会支持对脑加工过程的影响。一项实验发现，当社会支持存在时，与压力相关的脑区激活较少。而这里所说的支持可能仅仅是握着他人的手而已。

在借助社会支持的同时，也要做自己最好的支持者，即好好照顾自己，保证充足的睡眠和健康的饮食。同时，当需要医疗求助时也要记得联系医疗服务人员。

与医疗服务人员有效交流　很多时候我们以为医生才是最了解我们情况的人，因此我们并不询问自己该如何应对疾病，而是保持沉默。因此当医生开了药，我们经常不知道这药的效用以及服用方法。研究表明，有一半患者不清楚自己应当服药多久，有1/4甚至不知道药的具体作用是什么。

有些时候，医生与患者之间的交流障碍是由于交流信息对于患者来说太专业，他们可能并不具备有关人体构造和基本药理的常识。医患交流是否顺畅还与

心理学思考

>>> 你认为压力是如何影响医生与患者间的交流的？

你相信吗？>>>

压力管理小贴士

我们应该怎样应对生活中的压力？虽然应对方法的有效程度取决于应激源的性质和可控度，但也有一些普适的指导方针可供参考。

- 把威胁变成挑战。如果一个应激情境是可控的，试着把它看成一种挑战吧，把重心放到如何控制情境上去。如果你的汽车总是坏，那应该去学些汽车修理知识，试着去直接解决问题。

- 降低危险情况的威胁性。若应激情境看起来不可控，试着重新评价该情况并修正你对情境的态度。

- 修正你的目标。对于实在不可控的情境，试着制定一个新目标吧。例如，一位在车祸中双腿残疾的舞者可能无法再继续舞蹈生涯，但他可以尝试去做一位编舞师。

- 尝试调节生理反应。尝试改变面临压力的生理反应可以帮助你更好地应对压力。例如，生物反馈训练能有效减轻压力。

- 在压力出现之前就做好应对准备。如果可能，练习前摄应对，即提前对压力有所预期并准备好承担压力。例如，在考试周到来之前你可以重新安排时间表，以便留出更多时间学习。

> 患者对医疗护理的满意度
> 与医生能否又好又准地交
> 流病情及治疗方案有关。

在改善医患交流方面，我们能做什么呢？下面是霍利·阿特金森（Holly Atkinson）医生给予我们的几条建议。

- 看医生之前把你在卫生保健方面关注的问题列成一个清单。
- 看医生之前写下你最近在服用的所有药物的名称和剂量。
- 决定跟你的医生通过电子邮件还是其他方式交流。
- 如果你觉得自己会怯场，约个朋友或亲戚陪你去，他们能帮助你更好地与医生沟通。
- 在就诊过程中做好记录。

你还要注意组织信息的方式，因为信息结构会影响你的理解和行为。正向组织的信息强调医疗保健的好处，即说明改变行为会带来收益。例如，"如果发现得早，皮肤癌是可以治愈的，而使用防晒霜能减少患病概率"，这就是一种对信息的正向组织。与此相反，负向组织的信息则强调你若不做某种行为就会蒙受损失。例如，医生告诉你"如果不使用防晒霜，很可能患上皮肤癌，而如果发现不及时，你可能因此丧命"，这就是负向组织的信息。

哪种信息组织方式效果更好？心理学家阿里克斯·罗斯曼（Alex Rothman）和彼得·萨洛维（Peter Salovey）认为，这要视情况而定。如果你听到的是

如果你是……

一名医护人员 你会怎样更好地与患者沟通？你的沟通方式会随着患者的背景、性别、年龄和文化程度的不同而做哪些调整？

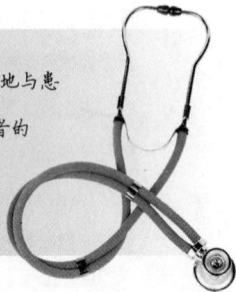

你知道吗?

之所以说与医生沟通也许是一种挑战，原因之一就是患者承受了太多由于医生的偏见而导致的人为过失。最近一项调查表明，有些医生对肥胖病人缺乏一些应有的尊重。尤其是当他们发现患者的BMI指数（体质指数）偏高时，就越发对患者表现得不够尊重。

正向的信息，你将更有可能采取预防性措施，如擦防晒霜；如果听到的消息是负向的，你将更注意可能出现的症状。

健康与幸福

什么是幸福？

这个问题令哲学家和神学家思考了几百年，现在健康心理学家对这一问题有了自己的答案。他们采用的方法是调查人的**主观幸福感**（Subjective Well-being），就是人对自己思想和情感的评估。从另一个角度讲，主观幸福感就是测量人们有多快乐。

幸福的人具有的特点 主观幸福感的研究表明，幸福的人有以下几个共同的特点。

- 幸福的人有较强的自尊。快乐的人都是喜欢自己的人，特别是在重视个性的西方文化中。他们觉得自己比一般人更聪明，能更好地与人相处。事实上，这些人常常有一点正向错觉或轻微的自我膨胀，认为自己优秀、能干且令人满意。
- 幸福的人有很强的控制感。不同于那些感觉被操纵和习得性无助的人，幸福的人觉得自己能够掌控自己的生活。
- 幸福的人都很乐观。乐观精神使他们更有毅力完成任务并最终达成目标，而且乐观的人也会更健康。
- 幸福的人都能从日常活动中找到乐趣，且男女差异不大。很多情况下，成年男性和女性会从同样的活动（如朋友聚会）中得到乐趣。有时也存在一些差别，例如，与父母相处时女性得到的乐趣

少于男性。这怎么解释呢?或许对于女性来说,与父母相处更像一种工作,类似帮忙做饭或付账单。而对于男性来说更多是娱乐活动,如和父亲一起看球。

- 幸福的人喜欢与人相处。他们更外向,更易建立关系亲密的社交网络。

或许最为重要的是,绝大多数人在一生中的大部分时间里都是比较幸福的。国内和国外的调查都表明,无论环境怎样,幸福的人都会存在。此外,那些可能改变你生活的事件,如中彩票,最初在你看来可能会带来长期的幸福峰值体验,但事实上并不能使你比现在更快乐,这一点我们稍后再说。

金钱是否可以买到幸福 如果中了彩票,你会感觉更幸福吗?

可能并不会。至少健康心理学家的研究结果表明如此。这项研究称,虽然人的幸福感在刚刚中彩票时会达到一个峰值,但一年以后中奖者的幸福感就和中奖前没什么差别了。在出了严重事故的人身上情形则相反:虽然受害者一开始的幸福感有所下降,但随着时间的流逝,他们的幸福程度会逐渐回到最初的水平。

为什么主观幸福感的水平如此稳定?一种解释是,人们对幸福已经有一个定位,它成为生活的一个基调。虽然某些事件会暂时地提高或降低一个人的幸福水平(如一次突如其来的升迁或解雇),但最终他还是会回到自己的平均幸福水平上。

虽然现在还没有理论能解释人们的幸福基线是如何确定的,但已经有证据证明,基因起了一定的作用。最有力的证据就是,在不同环境中长大的同卵双生子有非常相似的幸福基线。

> **主观幸福感:** 人们对自己生活的主观评价,包括思想和情感两方面。

大多数人的幸福基线都比较高。例如,有差不多30%的美国人认为自己"非常幸福",10人中只有1人认为自己不幸福,而认为自己"比较幸福"的人最多。

在这一点上人口学的差异不大。男人和女人一样幸福,非裔美国人认为自己"非常幸福"的比例只比白人小一点点。此外,即使是在经济不发达的国家,感觉幸福的也大有人在。

所以,金钱并不能买到幸福。虽然生活中有起有伏,但大多数人的幸福感会较稳定地维持在一个合理的范围内。人们经历一次次的历练、磨难、欢喜和欣慰,又一次次地回到那个稳定的幸福水平上。这一习惯性的幸福基线有着深远的影响,甚至可能贯穿我们的一生。

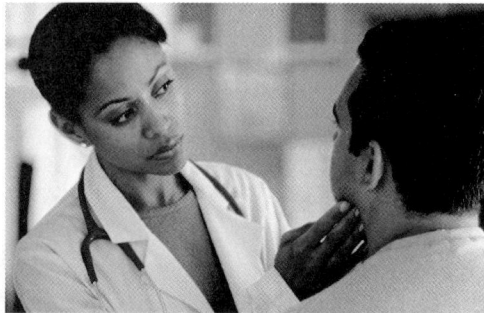

正向组织的信息说明改变行为可以收获健康。

心理学小贴士

记住,每个人都有一个主观幸福感的基线(一个适中且稳定的水平)。

我的心理学笔记 >>

- 健康心理学如何成为连接医学和心理学的纽带

    健康心理学研究心理学如何应用于疾病的预防、诊断和治疗。

- 压力及其影响我们的方式、我们的应对方式

    压力是面对威胁性或挑战性的环境时人们的反应。应激源即产生压力的情境。人们所遇到的应激源有好有坏。主要的应激源类型有自然灾害、个人应激源和日常烦扰。压力会立刻引起生理反应。短期内这些反应是适应性的，但长远来看它们会引发消极的结果，如患心疾病。通过提升对周围环境的控制感，我们可以减小压力。应对压力有多种方法，大致可以分为情绪取向应对和问题取向应对两种。

- 我们的态度和信念影响某些健康问题，如冠心病、癌症和吸烟成瘾

    敌意作为A型行为的主要特征与冠心病密切相关。A型行为方式是一组行为，包括敌意、竞争意识、时间紧迫感和被驱动感等。越来越多的证据表明人们的态度和情绪反应通过影响免疫系统进而影响癌症的发生。创伤后应激障碍是指个体在经历强烈的应激事件后产生栩栩如生的闪回或梦境。吸烟在所有可控性健康问题中位居首位。虽然大多数烟民都知道吸烟的危害性，戒烟依然很难。

- 和谐的医患关系影响我们的健康

    虽然患者希望医生能单凭身体检查就诊断出病情，但事实上与医生的沟通也十分重要。患者可能会觉得与医生沟通非常困难，原因就在于医生都有很高的社会地位，医学术语又生涩难懂。

- 幸福感的建立

    主观幸福感是一种测量人们幸福程度的方法，自尊高、控制感强、乐观和有亲密社会网络支持的人有更强的主观幸福感。

测试一下

1. _____是面对威胁或挑战时的反应。

2. 压力与应对的活动表明了：

   a. 我受到的压力程度

   b. 我的压力水平与其他大学生的压力水平的比较

   c. 在今后的几年中我因为压力导致生病的可能性有多大

   d. 我使用三种应对策略的频率

3. 把下面的一般适应综合征模型（GAS模型）的表现与它们所属的阶段搭配起来：

   a. 适应压力的能力下降，症状出现

   b. 交感神经兴奋

   c. 用多种策略应对同一个应激源

   ____（1）警觉和动员

   ____（2）抵抗

   ____（3）衰竭

4. 只影响一个个体，会带来直接而迅速反应的是_____。

   a. 个人应激源

   b. 精神应激源

   c. 灾害应激源

   d. 日常烦扰

5. 做了A型行为的练习之后我更加了解了_____。

   a. A型行为的遗传基因

   b. 与心脏病有关的行为和态度

   c. 导致A型行为的环境因素

   d. 导致A型行为的遗传与环境因素的交互作用

6. A型行为会直接引发冠心病。正确还是错误？

7. 癌症患者的态度和情绪会影响患者的_____系统，从而帮助或阻碍患者与疾病作斗争。

8. 吸烟不仅影响血液中的尼古丁含量，也影响吸烟者的情绪状态。正确还是错误？

9. 健康心理学家最可能研究以下哪个问题？

   a. 不称职的卫生保健提供者

   b. 越来越高的医疗费用

   c. 医患之间的沟通障碍

   d. 医疗研究经费短缺

10. 如果你希望人们能频繁使用牙线来防止牙龈疾病，最好的方法是_____。

    a. 负向组织信息

    b. 正向组织信息

    c. 让牙医告诉人们使用牙线是很舒服的

    d. 免费提供牙线

11. 中彩票会_____。

    a. 幸福感立即提升且长久延续

    b. 幸福感立即提升，但无法长久延续

    c. 长远来看幸福感下降

    d. 长远来看贪婪上升

答案：1. 压力 2. d 3.（1）-b,（2）-a,（3）-c 4. a 5. b 6. 错误 7. 免疫 8. 正确 9. c 10. a 11. b

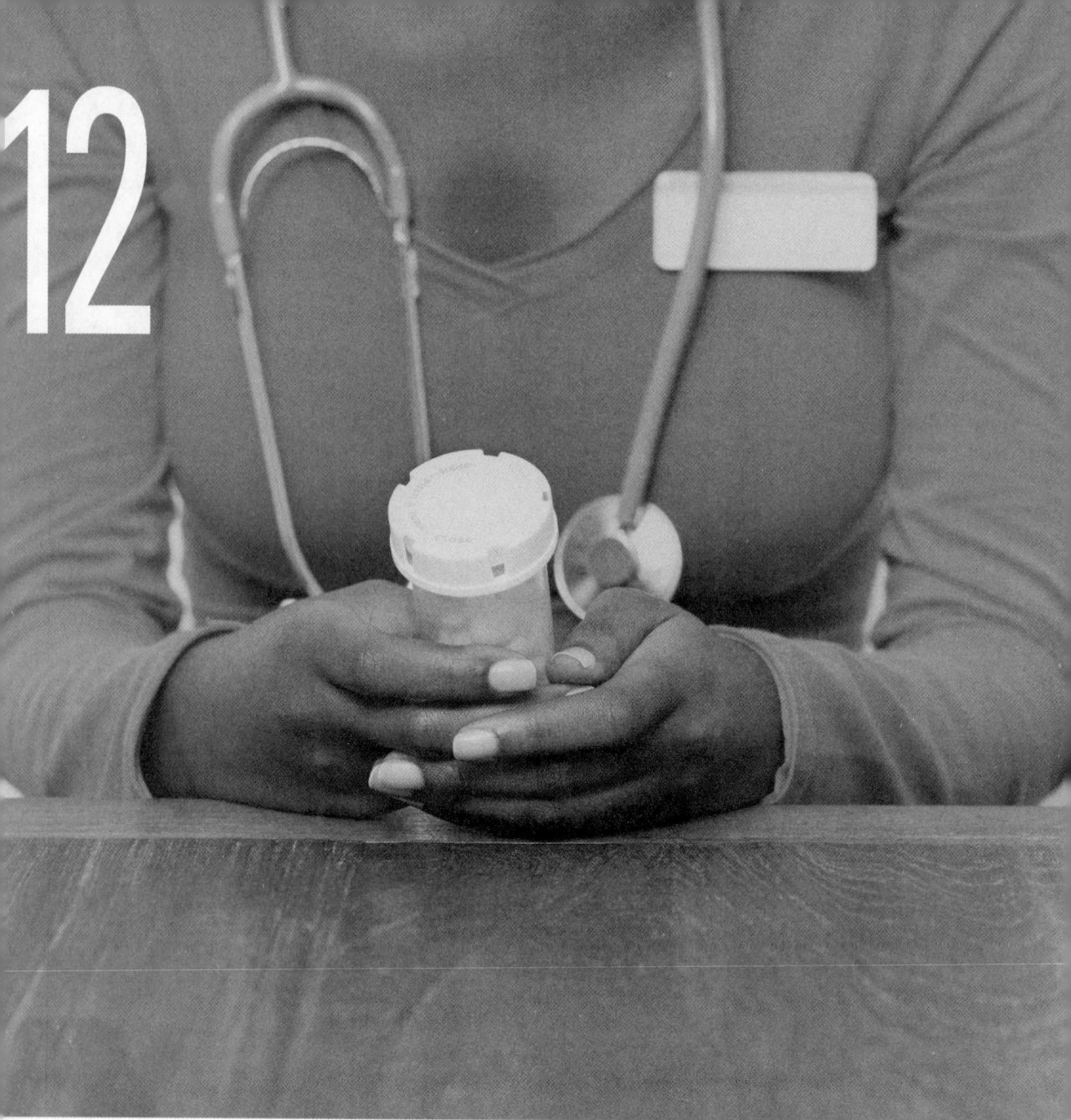

心理障碍与

莉莉

如果你只是跟莉莉（Lily）一起喝过一杯咖啡，你不会有机会明白她经历过多少挣扎。她已经50岁，但看起来还是30岁的样子……她很友好，但总是喋喋不休。她还有很强的自我保护意识……

青少年时期，莉莉毫无自信。"整个中学时代都糟透了，不是吗？"她边说边笑，"不过我好像习惯于把事情想得太严重。"依靠治疗，她顺利上完了高中和大学。到快三十岁时，她突然对自己从事的销售工作极其不满。十月的某一天，她参加了一次山地车旅行，途中她仰望天空，突然觉得哪里出了问题。惨淡的情绪迅速笼罩了她，那种感受尤甚年轻时。之后再没有什么能让她开心起来了。

她想起曾经看过的一场脱口秀，里面的女孩在讨论割脉，认为这是一种消解抑郁的方法。莉莉说："我那时太麻木了，只想让自己感觉到点东西，什么都行。"于是她到厨房拿了把刀，在左手腕上深深地割了下去。

莉莉就是所谓的边缘性人格障碍患者，这是一种心理疾病，全世界约有6%的人有此种问题，我们下面将要讲到。这种病症的特点包括：难以形成清晰的自我认同、人际关系紧张、情绪不稳定、自残可能性高等。

莉莉的案例给我们提出了很多问题。是什么引发了她的心理障碍？遗传因素如何与她生活中的压力源交互作用导致了这一障碍？这种心理障碍能否预防？更普遍地说，如何区分正常行为和异常行为？应当怎样对莉莉的问题正确分类，以便一针见血地诊断出问题的本质？

我们把莉莉的案例放在本章的开头，就是想以此来引出要讨论的问题：我们先介绍正常行为与异常行为之间极其细微的区别；接着了解几种最重要的心理障碍；然后说一说对自己和他人行为进行评估的方法，这可以用来确定是否需要寻求专业心理医师的治疗；最后，我们会讨论几种治疗方法。

治疗

边读边想 >>

- 心理学家用哪些理论解释心理障碍？
- 心理障碍主要有哪些类型？
- 什么时候应该寻求专业心理帮助？
- 心理障碍有哪些治疗方法？

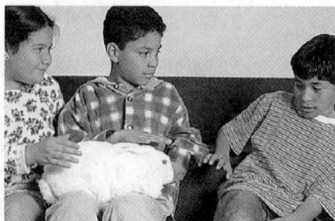

>> 异常行为的定义与诊断

心理学家为**异常行为**（Abnormal Behavior）下的定义范围很广，它包括一切给个体带来消极体验和阻碍机体功能正常运转的行为。鉴于这一定义太过模糊，我们最好把正常行为和异常行为看做是同一连续体的两端，而非两种绝对对立的状态。这一连续体可以分为好几个等级，从完全正常的行为到极端异常的行为。我们每天的行为大部分都处在连续体的两端之间。

异常行为：给个体带来消极体验和阻碍机体功能正常运转的行为。

生物医学观点：这一观点认为如果个体表现出异常行为症状，那么根源也可以经由体检发现，如激素紊乱、化学元素缺失或脑损伤等。

精神分析观点：这一观点认为异常行为源于儿童时期关于性和攻击的对立愿望之间的冲突。

对异常行为的看法：从迷信到科学

在人类历史上很长一段时间里，人们都认为异常行为与迷信和巫术有关。尤其在西方社会，行为异常的人被认为是遭遇魔鬼附身。于是人们就使用各种方法来驱赶所谓的魔鬼来"治疗"这些人，所用的方法包括鞭挞、热水浸身、强制绝食等。这样的"治疗"事实上比疾病本身还要折磨人。

如今，人们对于异常行为的看法建立在科学的理论和证据之上。心理学家从不同视角理解心理障碍，不同观点对于致病原因和治疗方法的理解不尽相同，擅长解释的心理问题种类也各有侧重。下面我们来了解四种具有代表性的观点，分别是：生物医学观点、精神分析观点、行为主义观点及认知观点。

> 我们最好把正常行为和异常行为看做是一个连续体的两端点，而非两种绝对对立的状态。

生物医学观点 如果一个人出现肺炎症状，通常情况下医生会在他的身体组织中发现肺炎细菌。同样的，如果一个人出现行为异常的症状，那么也应该可以通过体检找到原因，如激素紊乱、化学元素缺失或脑损伤等，这就是**生物医学观点**（Biomedical Perspective）对于心理异常的理解。事实上，当我们说到异常行为时常用的"疾病""诊断""心理诊所"等，都是生物医学的术语。

精神分析观点 生物医学观点认为异常行为起源于生理原因，而以弗洛伊德精神分析理论为基础的**精神分析观点**（Psychoanalytic Perspective）则认为，异常行为起源于儿童时期关于性和攻击的对立愿望之间的冲突。弗洛伊德认为，儿童成长需经过

理解心理障碍的几种观点

观点	描述
生物医学观点	心理异常源于生理异常
精神分析观点	心理障碍起源于童年时期的心理冲突
行为主义观点	异常行为是习得的反应
认知观点	认知（即人的思想和信念）才是个体异常行为的核心

一系列阶段，在每个阶段，性行为与攻击行为都有不同的表现形式，并产生一系列矛盾心理，需要进行排解。如果童年期的矛盾冲突没能得到很好的解决，就会进入无意识层面，最终在成年期表现为异常行为。因此，要想找到异常行为的根源，心理学家必须对患者幼年时的生活经历进行探索。

行为主义观点　生物医学观点和精神分析观点都认为，异常行为是由于某个潜在的原因而表现出来的"症状"。与此相反，**行为主义观点（Behavioral Perspective）**认为行为本身就是问题所在。行为主义基于经典条件反射、操作性条件反射和社会学习理论，认为无论正常行为还是异常行为，都是对不同刺激的反应。这些反应从之前的经验中习得，并由个体当下所处环境中的刺激所引导。要想解释异常行为为何产生，就要分析个体如何习得这一异常行为，并且要观察异常行为出现的具体环境。

认知观点　与传统行为主义观点只考虑外在行为不同，**认知观点（Cognitive Perspective）**持有者认为，认知（即人的思想和信念）才是个体异常行为的核心。认知观点的治疗方法最基本的目的就是要教会个体用新的、更具适应性的方式思考。例如，假设你建立了一个错误信念："这场考试能否考好对我的未来至关重要。"在认知治疗中，你将学习到一个更为现实且不易

产生焦虑的新信念："我的未来并不系于这一场考试。"通过以这样的方式改变认知，心理学家得以在认知框架内帮助患者从适应性较差的思想和信念中解脱出来。

异常行为的分类：DSM

为了对异常行为进行鉴定，近年来心理健康专家们建立了多种分类系统，它们所用的测量工具不同，在业内的被接受程度也不同。在美国，一套由美国精神医学学会编制的分类系统正逐渐成为普遍接受的标准，它叫作《精神疾病诊断与统计手册（第四版修订版）》（*Diagnostic and Statistical Manual of Mental Disorders, Fourth Edition, Text Revision*, 缩写为DSM-4-TR），多数心理学家都在使用这个分类系统对异常行为进行诊断和归类。

DSM-4-TR将200多种心理障碍分为17个大类，并提供了详细和精确的定义。借助DSM-4-TR所提供的分类标准，心理医生就能够对患者做出诊断。

DSM-4-TR特意被设计成以对症状的描述为主，而尽量避免对患者行为问题的产生原因进行揣测。例如，神经症这个在日常生活中常用的形容异常行为的词，就不是DSM-4-TR的分类之一。

> **行为主义观点：**认为异常行为本身就是问题所在。
>
> **认知观点：**认为认知（即人的思想和信念）才是个体异常行为的核心。
>
> **精神疾病诊断与统计手册：**由美国精神医学学会编制的异常行为分类系统，心理学家借助它对异常行为进行诊断和归类。

如果你是……

一个老板　你手下一位拿着高薪的员工因为在商店盗窃而被逮捕，你可以分别依据这四种观点（生物医学观点、精神分析观点、行为主义观点和认知观点）对他的行为进行解释吗？

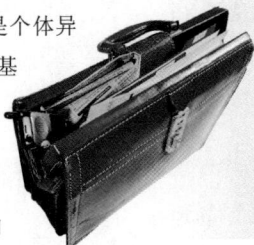

分类	举例
焦虑障碍	广泛性焦虑、惊恐症、恐怖症、强迫症、创伤后应激障碍
躯体形式障碍	疑病症、转换症
解离性精神障碍	解离性身份认同障碍（多重人格）、解离性失忆、解离性神游
心境障碍	抑郁症、双相障碍
精神分裂及其他精神病性障碍	紊乱型、偏执型、紧张型、未分化型及其他类型精神病
人格障碍	反社会型人格障碍、自恋型人格障碍
性及性角色认同障碍	性倒错、性无能
物质相关障碍	酒精、可卡因、致幻剂、大麻等滥用或成瘾
认知障碍	阿尔茨海默病、健忘症

精神疾病诊断与统计手册
第四版
修订版
DSM-4-TR

美国精神医学会

因为神经症一词可以特指弗洛伊德人格理论说到的特定原因导致的特定症状，因此DSM-4-TR就没有将其收录进来。

描述症状而不涉及病因，这是DSM-4-TR的突出优点。而它对纷繁复杂的异常行为所做的细致归类，一方面可以使不同学术背景和理论观点下的心理健康专家们实现无障碍的交流；另一方面可以帮助研究者们基于这个精确的分类去探究疾病的起因，因为如果没有一个对于异常行为的可靠描述，研究者在探索过程中将压力重重；最后，DSM-4-TR还可以帮助医生们速记那些很可能同时出现在一个患者身上的行为。

DSM的不足 20世纪70年代，临床心理学家大卫·罗森汉（David Rosenhan）和他的八个同事在美国多家精神病院要求住院治疗，他们都声称自己能听到一些声音——"听不太清楚"，像在说"无知的""空空的"或者"砰砰声"，于是他们很快全部被接收入院。然而，这些人只是在完成一项研究，他们中没有人真正听到什么声音。不过除了这点是谎言之外，他们做的其他行为全都是真实的，包括在入院面谈时提供的信息以及在问卷调查中给予的回答。并且，他们从住院之后就说自己没有再听到那些声音了。也就是说，这些冒充精神病患者的人们其实全都表现"正常"。

看到这里你可能会认为很快就会有人发现罗森汉他们是冒充者，但事实并非如此。相反，通过行为观察，他们中的所有人都被认为患有严重的心理障碍。医生将他们中的大多数人诊断为精神分裂症，并让他们留院治疗3~52天不等，平均住院时间为19天。出院时大部分"病人"都被冠以精神分裂症-缓解期的标签，这意味着他们的异常行为虽然暂时没有出现，但随时可能复发。最令人不安的是，竟然没有一个医院工作人员发现这些人是假冒的，但不少真正的患者却洞悉了这一点。

罗森汉的经典研究说明，个体身上的标签会显著影响心理健康工作者对其行为的判断。这也说明对心理障碍的诊断并不总是清晰明了的。

虽然DSM-4-TR的设计初衷是为心理障碍提供更为清晰一致的诊断标准，但这一目的并未完全达到。有批评者称DSM-4-TR太依赖于医学观点，因为它是由精神病学家，也就是精神科医生编制的。质疑者认为它本质上是把心理障碍当作生理障碍的症状表现来看待。此外，DSM-4-TR把人归入相对僵化的、非此即彼的类别，而没有考虑到患者异常行为表现的程度差异。

还有一些批评更为微妙，但也非常重要。例如，有人认为给一个人贴上行为异常的标签等于给了他一个不人道的终身污点。（例如，在政治竞争中，一名候选人的政治生涯有可能因为曾经接受精神治疗的经历被披露而终结。）此外，精神科医生还可能由于太关注初次诊断的结果而忽略了其他可能性。

虽然存在诸多不足，DSM-4-TR还是极大影响了美国心理健康专家对于异常行为的看法。它大大提升了诊断分类的信效度。此外，它还为几种主要心理疾患的检查提供了系统的方法。

心理学思考

>>> 你是否同意DSM应当每隔几年就进行一次修订？为什么？

>> 几种主要的心理障碍

现在我们已经对心理障碍及其分类有所了解，接下来具体介绍几种主要的心理障碍。每一种我们都会讲到其主要症状和可能的发病原因。虽然我们在讨论时会保持客观，但需要谨记的是，这些疾病代表着一系列人性难题，影响甚至毁灭着很多人的人生。

焦虑障碍

每个人都曾感到焦虑，那是一种身陷压力之中的紧张或恐惧。通常情况下，这样的焦虑是适应性的正常反应，可以帮助我们应对压力，同时也不会损害机体功能。但是，有时候并不存在外部压力，一些人还是感到紧张。这时候焦虑不是由外在因素引起的，且会影响到个体正常发挥社会功能，那么它就是一种适应不良。心理健康专家把影响到日常生活的持续焦虑发作称为**焦虑障碍**（**Anxiety Disorder**）。四种主要的焦虑障碍分别是：恐怖症、惊恐障碍、广泛性焦虑和强迫症。

> **焦虑障碍：** 在没有外部原因的情况下感到焦虑，并影响到个体的正常生活。
>
> **恐怖症：** 一种对于某特定物体或情境的强烈且非理性的恐惧。

恐怖症 如果你对电感到恐惧，那么你在这个世界将寸步难行。45岁的多娜（Donna）（化名）是一名作家，她对此再清楚不过。让她待在一件家电或一个开关附近（这根本无法想象），她就会极度恐惧，脑子里便只有逃跑的念头。当然她不可能每次都逃跑，于是她想出了其他办法。当她打开电冰箱门时，必须穿上橡胶套鞋。如果灯泡坏了，她就待在黑暗中直到有人帮她换上新的。只有到迫不得已时她才会去买衣服，因为衣服上的静电也会让她落荒而逃。在晚上游泳更是想都不敢想，因为泳池底部的照明灯泡对她来说就像电椅一样可怕。

很显然，多娜患有**恐怖症**（**Phobias**）：一种对某特定物体或情境的强烈且非理性的恐惧。例如，幽闭恐怖症是害怕封闭空间，恐高症是怕高，陌生人恐怖症是害怕陌生人，社交恐怖症是害怕被他人评价或嘲笑，在多娜的案例中，电恐怖症就是害怕电。

一般来说，引起恐怖的刺激源（可以是任何东西）的客观危害其实很小，甚至根本无害，但对于恐怖症患者来说，这些东西非常危险，一旦接触到立刻就会激起强烈的惊恐。它与广泛性焦虑及惊恐障碍的不同在于，恐怖症是由某个特定的、可识别的刺激所引起的。

如果恐怖症患者能够避开恐怖刺激，这一疾病将不会太影响他们的生活。除非选择做消防员或玻璃幕墙清洁工，不然恐高症患者在现实生活中不会遭遇太大压力（当然他们不能住在楼层很高的房子里）。然而，社交恐怖，或者叫作陌生人恐怖症，问题就严重多了。举一个极端的例子：华盛顿有一名女性在一生

恐怖症的种类

广场恐怖症：害怕发生意外后无法及时获得帮助。例如，有人整天呆在家里不敢出门，因为除了家以外的任何地方都会引发他的极度焦虑。

特定的恐怖症：

动物型：害怕某种动物或昆虫。如有人非常恐惧狗、猫、蜘蛛等。

自然环境型：害怕自然中的某种环境。如有人非常害怕风暴，怕高或怕水。

情境型：害怕交通工具、隧道、桥梁、电梯、飞机或潜水艇，如有人在电梯里会出现幽闭恐怖症的症状。

血液注射伤害型：怕血、怕受伤、怕打针。如有人看到小孩子磕破的膝盖就会感到恐怖。

社交恐怖：害怕被他人评价或身处人群之中会感到困窘。例如，有人避免一切社交活动，几乎与世隔绝，是因为他害怕听到别人对他的哪怕一丁点儿评价。

资料来源：Adapted from Nolen-Hoeksema, 2007。

：恐高症，即对高的地方感到恐惧，是一种较为常见的恐怖症。

中只出过三次家门：一次是去看望家人，一次是做手术，还有一次是为快要死去的伴侣买冰淇淋。

惊恐障碍 惊恐障碍（**Panic Disorder**）是另外一种焦虑障碍，指个体突然受到惊恐感的袭击，时间短则几秒，长则几小时。惊恐障碍与恐怖症不同，后者是由某个特定的物体或情境所激发的，而前者并没有确定的刺激源。也就是说，在惊恐发作的时候，个体的焦虑感毫无征兆地突然上升到一个峰值，患者体会到一

惊恐障碍：焦虑障碍的一种，指个体突然受到惊恐感的袭击，时间短则几秒，长则几小时。

广泛性焦虑障碍：长期持续的焦虑和担心。

种迫在眉睫又无法逃脱的大难临头之感。虽然惊恐障碍的症状因人而异，但大多数人都会出现心悸、呼吸困难、大量出汗、晕眩、胃部不适等，有时甚至还会有死亡迫近之感。惊恐袭击过后，大多数患者会感到虚脱。

惊恐障碍看起来好像无缘无故，也不与任何特定刺激相联系。因为不知道自己的惊恐感来源于何处，患者可能会害怕去任何地方。事实上，有很多患者会同时罹患一种叫作广场恐怖症的并发症，即害怕身处于类似广场的情境，因为那里逃跑困难，一旦惊恐发作无法及时获得帮助。在极端情况下，广场恐怖症患者从不走出家门。

除了生理症状，惊恐障碍也影响大脑对信息的处理。例如，当看到一张表情恐惧的面孔时，正常人的大脑前扣带回部位会做出强烈反应，但惊恐障碍患者同一部位的反应要小得多。这说明，惊恐障碍患者可能由于经常性的高情绪唤起而导致对情绪刺激的敏感性下降。

广泛性焦虑障碍 广泛性焦虑障碍（**Generalized Anxiety Disorder**）患者受困于长期持续的焦虑感和无法控制的紧张情绪。在一些情况下，困扰他们的是家庭、金钱、工作、健康等特定的问题；但在另外一些情况下，他们只是感觉不幸将要发生，却不知道原因，这是一种可以"自由活动"的焦虑。

美国人最常见的心理障碍

	美国人每年患此病的人数（百万）	占美国人口的比例
焦虑障碍		
广泛性焦虑障碍	6.8	3.1%
惊恐障碍	6.0	2.7%
恐怖症	19.2	8.7%
创伤后应激障碍	7.7	3.5%
心境障碍		
重度抑郁症	14.8	6.7%
轻度抑郁症	3.3	1.5%
双相障碍	5.7	2.6%
精神分裂	2.4	1.1%

喜剧演员霍伊·曼德尔（Howie Mandel）公开谈论自己与强迫症的斗争。尽管他已经尝试过许多应对措施，依然无法自如地与人握手。他选择的替代方法是与人拳头相击。

因为持续的焦虑感作祟，广泛性焦虑障碍患者无法集中注意力，也无法放下他们的紧张和恐惧。他们过着以焦虑为中心的生活。症状严重者还可能伴随一些生理症状，如肌肉紧张、头痛、晕眩、心悸和失眠等。

强迫症 强迫症（Obsessive-compulsive Disorder）患者或饱受不快想法的折磨（称为强迫观念），或总感觉必须完成某些违背自己意愿的行为（称为强迫行为），或二者都有。

强迫观念（Obsession）是一种顽固的、令人不快的、反复出现的想法或念头。例如，一个学生认为自己可能没有在试卷上写名字，于是在接下来的两周中不可抑制地这么想，直到试卷发下来为止。又例如，一个人去度假，却在整个假期中担心自己没有锁门。再例如，一个人发现某段旋律持续不断地在自己的大脑中回响。在以上几个例子中，这些想法和念头都令人讨厌，却又挥之不去。事实上很多人都会有轻微的强迫倾向，但往往持续时间都很短。但是对于严重的强迫症患者来说，这些强迫观念可能持续几天甚至几个月，同时还可能伴随着头晕及恼人的影像。

另一种强迫症状是强迫行为（Compulsion），即内心存在一种无法控制、想要反复从事某种行为的冲动，即使这种行为在自己看来都很不合逻辑。不管强迫行为是什么，患者若不能完成它就会产生极端焦虑的情绪，他们想要停止这种行为，但难以做到。强迫行为可能是很小的举动，如反复检查炉子确保阀门已经关上，也可能是更为怪异的行为，如重复洗手等。

举例来看，这是一位强迫症患者自传中的片段：

我觉得如果我不把一切事情都按照绝对正确的方式来做，我的父母就会死去。晚上摘下眼镜时，我需要把它在梳妆台上按某一特定的角度放好。有时我甚

> **强迫症**：以强迫观念、强迫行为为特点的心理障碍。
>
> **强迫观念**：一种顽固的、令人不快的、反复出现的想法或念头。
>
> **强迫行为**：一种无法控制、想要反复从事某种行为的冲动，即使这种行为奇怪且不合逻辑。

至会连续七次打开灯从床上下来检查眼镜，直到我觉得角度正确为止。

如果角度不正确，我父母就会死。我的大脑被这一想法占据了。如果我进入或走出我的房间时没有按正确的方式抓墙上的装饰，如果我没有把衬衫整齐地挂在衣柜中，如果我不能按特定的方式读某段话，如果我的手和指甲不是绝对干净，那么这些不正确的行为将会杀死我的父母，我就是这么想的。

———————————

尽管这些强迫性的仪式行为能在当下减少焦虑，但长期来看，焦虑还会卷土重来。事实上，严重的强迫症患者生活于无处不在的紧张之中。

焦虑障碍的原因 除了以上四种，焦虑障碍还有其他的类型，如创伤后应激障碍（个体经由生动的闪回或梦境反复体验应激事件，详见第11章）等。

焦虑障碍的类型繁多，显然难以用某个单一理论来理解所有。生物医学观点认为遗传因素起到了重要的致病作用。例如，同卵双生子中有一个患焦虑障碍，另一个同患此症的概率高达30%。此外，个体的特质性焦虑水平与某个参与5-羟色胺生成的基因有关。而另一项研究也提到，大脑中某些化学物质的缺乏可能会引发焦虑障碍。

部分研究者认为自主神经系统过度兴奋是惊恐发作的根源。具体地说，大脑蓝斑核的不良调控导致惊恐发作，后者会致使边缘系统受到过度刺激。反过来，受到过度刺激的边缘系统又会产生慢性焦虑，最终导致蓝斑核功能更加紊乱，从而制造出更多的惊恐发作。

心理学家也在研究强迫症的生物原因。例如，有研究发现强迫症患者某些脑区的活动强度比正常人更大。行为主义心理学家的研究则更为强调环境因素，他们认为焦虑是应对压力时习得的反应。例如，一个小姑娘不小心被狗咬了，当她再次看到狗的时候，就会马上跑开——这时她的焦虑减轻了，于是恐惧和回避行为就受到了强化。如此反复几次之后，她就会习得对狗的恐惧。

最后，认知观点持有者认为，焦虑障碍产生于个体对周围环境不合理或不正确的认识。例如，焦

心理学思考

>>> 既然每种观点都只能部分解释焦虑障碍产生的原因，为什么没有一个综合的理论把所有这些观点整合到一起呢？如果有，这一综合理论应该是什么样的？

虑障碍患者可能会把一只友好的小狗看作一条凶狠残暴的恶犬，或者一靠近飞机眼前就不断出现空难的场景。根据认知观点，人们对世界的错误看法才是焦虑障碍的根源。

每个观点似乎都只回答了问题的一部分。我们从下面的例子来看一下这些观点可以如何结合起来。首先根据生物医学观点，由于遗传基因和大脑化学物质的影响，某个小女孩在被狗咬了之后患上焦虑障碍（即对狗的恐怖症）的概率较大；然后根据行为主义的观点，在多次碰到狗之后，她可能习得对狗的恐惧；继而她会把小狗的友好行为视作危险的挑衅，这则是认知的观点。

心境障碍

从睁开眼的那刻起，一直到上床睡觉，我都深陷于难以忍受的悲惨心境中，觉得自己不会快乐，没有热情。每一个想法、每一个字、每一个动作对我来说都是无谓的挣扎。那些曾经闪光的东西变得死气沉沉，我觉得自己呆板、无聊、差劲、脑子僵化、无精打采、反应迟钝、皮肤冰冷、毫无血色、单调乏味。我彻底怀疑我做事的能力。似乎我的思维也跟着生锈了，脑子像烧坏了一样毫无用处。

———————————

人人都有心境变化的时候。我们时而开心狂喜，时而沮丧难过。这样的情绪起伏是十分正常的。然而对有些人来说，情绪是如此极端和持久，就像作家（也是精神病学家）凯·雷德菲尔德·贾米森（Kay Redfield Jamison）所描述的那样，已经影响到了社会功能的正常发挥。在极端情况下，情绪甚至会危及生命，或致使个体无法与现实正常接触。这些都属于**心境障碍（Mood Disorder）**，

抑郁症和我们平时体会到的忧郁感是两码事。抑郁症感受更强烈，持续时间更长，且没有明显的原因。

即情绪体验上的困扰太过强烈以至于影响到了日常生活。

重度抑郁症　美国总统亚伯拉罕·林肯（Abraham Lincoln）、英国维多利亚女王（Queen Victoria）和新闻评论员麦克·华莱士（Mike Wallace）都曾遭遇过**重度抑郁症（Major Depression）**的困扰。这是一种严重的心理障碍，会导致注意力涣散、决策困难、社交乏力等后果。重度抑郁症是心境障碍中较为常见的一种。美国约有1500万人受到重度抑郁症的困扰，与此同时还有6%～10%的人处于临床抑郁状态之中。每五个美国人之中就有一个曾在人生某一时刻体验过重度抑郁，15%的大学生曾被诊断为抑郁症。抑郁症所导致的生产力损失每年高达800亿美元。

被诊断为重度抑郁症的女性是男性的两倍，有1/4的女性报告自己曾在人生某一时刻体会到抑郁症的倾向。此外，抑郁症在全球范围内的发病率也呈上升趋势，却没有人知道原因。据在美国、波多黎各、黎巴嫩、加拿大、意大利、德国和法国的深入调查显示，有报告的抑郁症病例在近几年中均大幅上升。在一些国家，重度抑郁症的发病率甚至比前几代提高了3倍。

心境障碍：情绪体验上的困扰太过强烈以至于影响到了日常生活。

重度抑郁症：严重抑郁，会损害注意力、决策及社交能力。

心理学家口中的重度抑郁症并不等同于我们每个人都感受过的、因生活中某些困境或挫折而产生的悲伤感。在结束了一段爱情长跑、失去了挚爱的人或失业以后，抑郁是非常正常的感觉。一些不太严重的事件，如丢失某件喜爱的物品或彩票未能中奖等，也会带来抑郁感。

加歇医生（Dr. Gachet）的肖像，凡·高（Van Gogh）作。

重度抑郁症患者感受到的抑郁与正常人感受到的心境变化是类似的，但他们的感觉更为强烈。他们觉得自己一无是处、毫无价值、孤苦伶仃、孤立无援，认为未来毫无希望。他们可能食欲不振、精神萎靡。更为严重的是，这些感觉会持续几个月甚至几年。他们会不受控制地大哭、失眠，甚至还有自杀的危险。这些行为若达到一定的强度或持续一定的时间，则可被判定为重度抑郁症。

躁狂症： 一种心境障碍，患者长期处于强烈而狂野的欣快状态。

双相障碍： 一种心境障碍，患者一段时间躁狂，一段时间抑郁，躁狂期和抑郁期交替出现。

躁狂症与双相障碍 抑郁症让人深度绝望，而躁狂症则相反，它会导致情绪高涨。躁狂症（Mania）的患者会长期处于一种强烈而狂野的欣快状态中。他们觉得自己非常快乐、力量强大、刀枪不入、动力十足。他们很可能从事不切实际的事情，因为他们认为自己无论做什么事都会成功。

而更为多见的情况是，患者一段时间躁狂，一段时间抑郁。这种交替处于躁狂期和抑郁期的疾病叫作**双相障碍（Bipolar Disorder）**（最早被称为躁狂-抑郁障碍）。情绪高涨和低迷之间的交替周期从几天到几个月甚至几年不等。此外，双相障碍中的抑郁阶段往往比躁狂阶段时间长。根据DSM-4-TR的分类，双相障碍若患者在躁狂和抑郁之间交替转换称为I型双相障碍，双相障碍若有至少一次轻躁狂（比躁狂症略轻）和多次抑郁则称为II型双相障碍。最近的研究显示，II型双相障碍虽然不如I型那么严重，但其自杀率却与I型相当。

心境障碍产生的原因 作为现代人主要的心理问题之一，以抑郁症为代表的心境障碍受到了广泛关注和研究。专家对其产生原因有以下几种解释。

首先，部分心境障碍的发病具有遗传和生化原因。大多数神经科学的相关研究者都证实了双相障碍的生物学根源。例如，双相障碍（及某些抑郁症）的出现具有家族遗传性。此外，一些神经递质，如5-羟色胺和去甲肾上腺素等与抑郁有关。

基于脑成像技术的研究也发现，抑郁症患者的情绪反应普遍迟钝。例如，抑郁症患者在看到有强烈情绪的人的面孔照片时脑部激活比正常人小得多。

其次，心境障碍的发病也可以通过认知观点进行解释。这一理论源自于马丁·塞利格曼（Martin Seligman）对狗的创造性研究。塞利格曼认为心境障

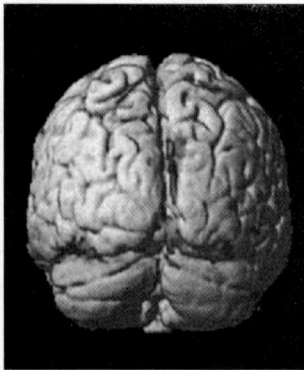

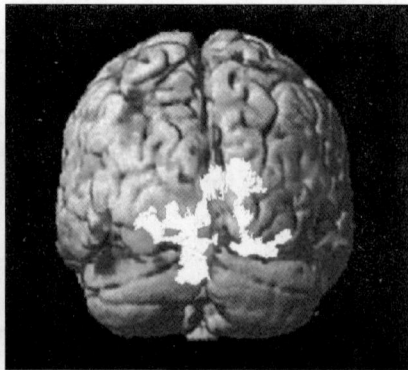

脑成像技术发现抑郁症患者情绪反应普遍迟钝。图中所示的研究表明，抑郁症患者的大脑（左图）对悲伤、生气和恐惧的面孔的激活显著弱于正常人（右图）。
资料来源：Ian Gotlib, Stanford Mood and Anxiety Disorders Laboratory, 2004。

亚型	症状
紊乱型（青春型）精神分裂	不合时宜地大笑和傻笑，愚蠢，言语不连贯，举动幼稚奇怪，有时会有猥琐举止
偏执型精神分裂	被迫害妄想和幻觉，或伟大错觉，失去判断力，有错误的或无法预计的行为
紧张型精神分裂	动作常常中断；某些阶段甚至动作完全停止，患者常保持一个姿势不动，时间长达几小时甚至几天；在另外一些阶段又会极度活跃，出现粗野甚至暴力的行为
未分化型精神分裂	几种精神分裂症典型症状组合起来；指所有无法归于某一亚类的精神分裂症
残留型精神分裂	严重阶段过后所表现出的轻微症状

精神分裂症的亚型

碍很大程度上是习得性无助的反应。习得性无助是一种习得的期待，认为生活中的事件自己无法控制，也无法逃离。一种习得性无助理论认为，个体放弃抵抗厌恶情境并向其妥协，从而产生了抑郁。其他认知理论也认为，抑郁源于绝望感，是习得性无助感与负面结果无法避免的期望相结合的结果。

但是，众多的抑郁症理论都无法回答一个长期困扰着研究者的谜：为什么无论在哪种文化中，患抑郁症的女性人数都几乎是男性的两倍？

一种解释是，女性在人生中的某些时间点上——如女性需要一边工作一边照顾孩子时——所经历的压力比男性大得多。此外，女性比男性更易受到身体和性方面的虐待，比男性挣的钱更少，对婚姻的不满意程度更高，且更多生活在慢性压力环境中。而且，在压力下女性和男性的应对反应也有所不同。例如，面对压力，男性可能滥用药物，而女性的反应则是抑郁。

为什么患抑郁症的女性人数几乎是男性的两倍？

部分女性的抑郁症还可以用生物因素解释。例如，女性抑郁症发病率从青春期开始上升，这意味着

激素水平可能是女性抑郁症易感的原因之一。此外，有25%～50%使用口服避孕药的女性出现抑郁症状，而产后忧郁也与激素变化密切相关。

很显然，科学家尚未对抑郁症之谜做出准确的解答，各家各派众说纷纭。最可能的解释是，心境障碍是由于多种因素的复杂交互作用造成的。

精神分裂症

万事万物都有联系，"安特洛普镇""俄勒冈""琼斯镇惨案""查理曼森""山腰绞杀手""十二宫杀手""水门事件""洛杉矶国王审判"，还有很多很多。仅在过去的7年里，有23个星战专家毫无原因地自杀。人们害怕艾滋病，1987年在南非的会议上有一千多名医生认为昆虫可以传播艾滋病。读取别人的思想，然后把新思想在不被察觉的情况下放进别人的脑袋可以实现。其实现方式是生物电磁控制，也就是思想转换和情感控制，记录个体思想、感觉和情感的脑电波频率。

以上节选自一个精神分裂症患者与医生的对话。精神分裂症是最严重的心理疾病之一。精神分裂症患者占了住院治疗的精神疾病患

精神分裂症：一类严重扭曲现实的心理障碍。

者中的大多数。从某种程度上讲他们也是最不易康复的一类心理疾病患者。

精神分裂症（**Schizophrenia**）是一系列严重扭曲现实的心理障碍。患者的思维、知觉和情感都可能退化，可能丧失社会交往能力，也可能出现古怪的行为。虽然精神分裂症有许多种类，但它们之间的区别并不明显。此外，精神分裂症患者表现出来的症状可能随时间不同而有很大区别，甚至诊断为同一类型的精神分裂症患者也可能表现出不同的症状。DSM-4-TR对精神分裂症不同于其他心理障碍的一系列特质进行了描述，包括以下几点。

- 机体运作能力比之前有所下降。个体无法完成自己以前能够完成的活动。
- 思维和言语受到干扰。精神分裂症患者使用逻辑和语言的方式与常人不同。他们的想法常常没有意义，信息处理的逻辑常常是错误的，这被称为形式思维紊乱。他们说的话也不符合约定俗成的语言学规则。例如，下面是一个患者对"你你觉得人们为什么相信上帝"这一问题的回答：

> 呃，我也不知道为什么，让我们来看看，气球旅行。他把它，那个气球，举起来。他不让你掉下去。你的小腿穿过云层粘在下面。他下到烟囱里，透过里面的烟往下看，想把气球吹起来，你知道的。它们用那种方式飞上了顶，腿伸出来。我不知道，看大地，哦见鬼，这会让你头晕，你只想呆着，睡觉。要知道，躺下来睡觉。我以前睡在外面，你知道，睡在外面而不是回家。

> 从这段话来看，虽然基本的语法结构是正确的，但实际上毫无逻辑、十分混乱，并且内容也没有意义。

- 妄想。精神分裂症患者常常出现妄想，这些妄想大都是确信无疑、不可动摇的信念，但事实上没有现实依据。精神分裂症患者最常出现的妄想之一是坚信自己被其他人控制，或被其他人迫害，或自己的想法正被广播出来使所有人都知道自己在想什么。
- 幻觉和知觉障碍。精神分裂症患者感知世界的方式与正常人不同，他们会出现幻觉，即感知到某

心理学思考

精神分裂症

> > > 精神分裂症患者说的话听起来是不是有点熟悉？如果告诉你这是某人在讲述他的梦境，你会不会觉得更容易理解？你是否做过类似这样的有着奇异的跳跃性场景和对话的梦？这就引出一个有趣的问题：我们怎么知道自己到底是醒着还是在做梦？能不能说精神分裂症患者其实只是丧失了分辨这二者的能力？

些并不存在的东西。此外，他们看、听、闻东西的方式与常人不同，甚至对自己身体的感觉也与常人不同。他们可能既无法控制自己的身体，也无法控制周围的环境。

- 情绪困扰。精神分裂症患者常常表现出情感淡漠，即使是非常戏剧化的事件都不太能引起他们的情绪反应。而在另一些时候，他们却可能在不适宜的情境中表现出不适宜的情绪反应。例如，一个精神分裂症患者可能在葬礼上大笑或在受到他人的帮助时发怒。
- 退缩。精神分裂症患者对他人缺乏兴趣。他们很少社交，虽然好像能正常与他人说话，但其实很难真正与人交流。在最极端的情况下他们甚至不承认他人在场，表现得好像生活在自己独自一人的世界中一样。

精神分裂症的类型　DSM-4-TR把精神分裂症的症状分为两大类。阳性精神分裂症状是指出现某些异常行为，如妄想、幻觉和极端情绪。与之相对的是阴性精神分裂症状，即缺少或没有某些正常的功能，如社会退缩和情感淡漠。研究者有时会把阳性症状主导的精神分裂症称为I型精神分裂症，而把阴性症状主导的精神分裂症称为II型精神分裂症。

I型和II型精神分裂症之间有非常显著的区别，这说明精神分裂症可能由两种不同的过程所触发，而这些过程依然是异常行为研究中最大的谜团之一。

解开精神分裂之谜　现今解释精神分裂症成因最主流的理论是精神分裂症倾向模型——一种将多种

生物和环境因素整合起来的模型。这一模型认为，一部分人可能生来就带有某种精神分裂症的易感性，使得他们对环境中的压力因素（如社会拒绝或家庭沟通不畅等问题）更加敏感。诱发疾病的应激源可能各不相同，但只要压力足够强大，再与遗传的易感性相配合，就很容易使个体患上精神分裂症。同样，当遗传的易感性足够强大，即使环境中的压力并不大，也会导致精神分裂。

精神分裂症在某些家庭中较常见，而在另一些家庭中则很少见到，这一点就暗示了遗传因素至少在产生精神分裂易感性这一点上起到了作用。例如，一个人与一个精神分裂症患者的基因联系越紧密，他患精神分裂症的可能性就越大。

但基因并不能说明一切。例如，同卵双生子的基因是完全相同的，如果基因是导致精神分裂症的唯一原因，那么同卵双生子的同病率应该是100%，但数据显示其实是不到50%。此外，科学家想找出与精神分裂症相关的确切基因，但并未完全成功。因此，很显然，除了基因，还有其他。

另有一些理论研究了环境因素的影响，如精神分裂症患者所处家庭的情感模式和沟通方式。例如，有研究认为精神分裂症与较高的情绪性表达水平有关。情绪性表达是指家庭成员之间的互动方式，以批评、敌意和侵犯情绪为特点。还有一些研究者认为错误的沟通方式是精神分裂症的核心。读到这里需要特别注意的是，今天我们认可的解释模型并没有把精神分裂症简单归于某一个原因，而是强调与它有关的多种生物及环境因素。越来越多的证据表明，导致精神分裂症的不是单一因素，而是多个变量的相互作用。

人格障碍

我一直想要很多东西；我记得小时候我曾经想

要一颗子弹，那是我的一个朋友拿到班里炫耀的。我拿走了那颗子弹，装进自己的书包。那个朋友发现子弹不见了以后，我陪他放学后留在教室里满屋子寻找，陪他一起咒骂那个拿走他的子弹的人。我甚至陪他回了家，帮助他把这个消息告诉他叔叔，因为子弹是他叔叔从战场上拿回来送给他的。

上面一段文字节选自一个人格障碍患者的第一人称叙述。DSM-4-TR中将**人格障碍**（**Personality Disorder**）定义为一系列僵化的、适应不良的行为模式，它们使得个体无法正常发挥社会功能。人格障碍与我们已经讨论过的其他问题都不同，因为人格障碍患者并未因心理适应不良而感觉到苦恼。事实上，大多数人格障碍患者的生活看上去没什么不正常。然而，在平常的外表下掩藏着僵化、不健康的人格特质，它们使得这些个体无法作为正常的社会成员而生存，也无法创造价值。

最常见的人格障碍类型就是上面案例中主人公罹患的那一种，在DSM-4-TR中称为**反社会人格障碍**（**Antisocial Personality Disorder**）。这种人格障碍的患者毫不关心社会道德和伦理规范，罔顾他人的权利。他们看上去聪明、迷人而有煽动性，但细察就会发现，他们往往富有控制欲和欺骗性。事实上，很多骗子都具有反社会人格。

反社会人格障碍的人常常很冲动，无法忍受挫折，对自己的所作所为没有丝毫的焦虑和负罪感。如果伤害了别人，他们在理智上明白这是伤害，但在情感上没有任何懊悔和同情。

据估计，每200人中大约就有1人是反社会人格障碍患者。是什么原因使得这种异常行为如此普遍？

可能的因素有很多，从无法正常感受他人情绪，到家庭关系问题等。例如，在反社会人格障碍的案例中，很多患者来自单亲家庭，或很少从父母处获得关爱、缺乏管教或经常被家人拒绝。还有一些解释则关注社会文化因素，因为有很大一部分反社会人格障碍患者来自于社会经济地位较低的群体。不过，反社会人格障碍的确切成因尚未发现，多种因素综合引发的可能性大。

边缘性人格障碍（**Borderline Personality Disorder**）患者最突出的特征是无法发展出明确而安全的关于我是谁的感受。因此，他们倾向于依靠与他人建立关系来定义自己的身份。这一策略的弊端在于，一旦遭到他人拒绝，结果将是毁灭性的。此外，他们不相信他人，且很难压抑自己的怒火。他们的情绪波动可能导致自残等冲动性和自我毁灭的行为。边缘性人格障碍患者常常觉得空虚孤独，难与他人合作。他们经常突如其来地单方面与他人建立充满激情的关系，并要求他人给予关注，如果得不到就会感到愤怒。一些认知学者认为，患者可能成长于情绪表达常常受到忽视和批评的环境当中，又没有学会调节情绪的有效方式。

> **人格障碍**：以一系列僵化的、适应不良的行为模式为特征的心理障碍，患者无法正常发挥社会功能。
>
> **反社会人格障碍**：一种人格障碍，患者毫不关心社会道德和伦理规范，罔顾他人的权利。
>
> **边缘性人格障碍**：一种人格障碍，患者无法对自己是谁产生明确的感受。
>
> **自恋型人格障碍**：以过分夸大自我重要性为特征的人格障碍。

如果你是……

一名心理学家 人格障碍在他人看来并不明显，很多人格障碍患者似乎都能基本正常地生活。既然这些人在社会中的表现看起来是正常的，为什么我们还认为他们患有心理障碍？

还有一种人格障碍叫作**自恋型人格障碍**（**Narcissistic Personality Disorder**），即过分夸大自我的重要性。患者希望他人能特别关注自己，但同时他们自己又相当忽略他人的感受。自恋型人格障碍的主要特征从某种程度上说其实是缺乏对于他人的共情能力。

DSM-4-TR中还有其他类型的人格障碍，有的会被他人认为是古怪、讨厌或难以相处的，有的则非常危险、很可能犯罪。尽管这些患者并未像精神分裂症患者那样与现实脱节，但他们的人格问题同样会把他们推向社会的边缘。

其他心理障碍

记住，DSM-4-TR中所提到的心理障碍类型远不只本章中讲到的这几种。它们有些与其他章节讨论的问题更相关。例如，精神活性物质滥用障碍与滥用药物引发的问题有关，而酒精滥用障碍已成为当前社会面临的最为严重和普遍的问题之一。精神活性物质滥用障碍和酒精滥用障碍都可能伴随其他心理障碍发生，如心境障碍、创伤后应激障碍及精神分裂症等，这就给治疗平添了不少麻烦。有些障碍起病于儿童期，如注意力缺乏多动障碍（Attention-Deficit Hyperactivity Disorder, 缩写为ADHD）和孤独症。ADHD患者注意力不集中、冲动、耐挫性低、表现出大量不良行为。而孤独症则是一种严重的发展障碍，会损害儿童与他人交流及建立关系的能力。孤独症多发于三岁以前，并会持续一生。目前每110个孩子中就有一个患有孤独症，而且这一比率在最近十年中大大提高。这一提升到底是由于孤独症患者人数确实有所上升，还是因为有更多的病例得到了报告，尚不得而知。

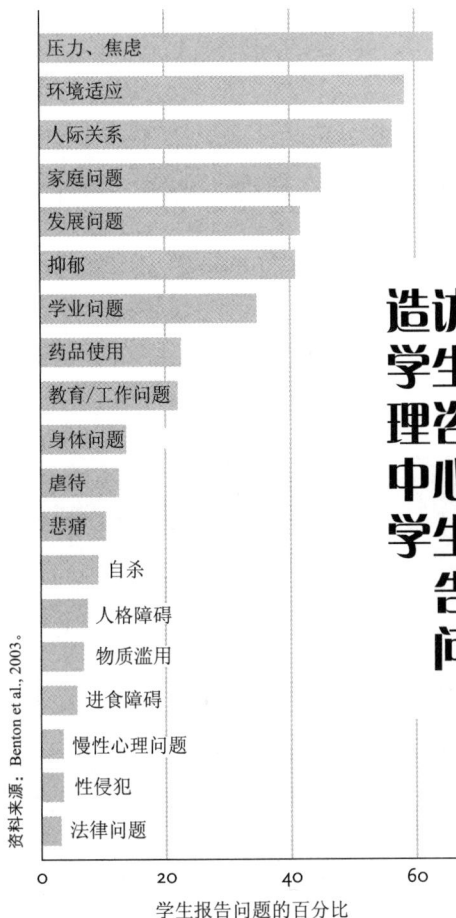

压力、焦虑
环境适应
人际关系
家庭问题
发展问题
抑郁
学业问题
药品使用
教育/工作问题
身体问题
虐待
悲痛
自杀
人格障碍
物质滥用
进食障碍
慢性心理问题
性侵犯
法律问题

资料来源：Benton et al., 2003。

0   20   40   60
学生报告问题的百分比

造访大学生心理咨询中心的学生报告的问题

你在美国遇见的人中有半数可能正在遭受或曾经遭受过心理障碍的折磨。

你在美国遇见的人中有半数可能正在遭受或曾经遭受过心理障碍的折磨。

这一结论出自一项针对心理障碍的大规模调查。研究者对8000名15～54岁的男女被试进行了面对面的访谈，这一样本可以代表美国人总体。研究结果显示，48%的受访者称自己曾在某时间段罹患过心理障碍。此外，每年都有30%的人饱受心理障碍的折磨，而同时患有多种障碍（即合并症）的人数也非常多。

在所有报告的病例中最为普遍的是抑郁症，有17%的受访者曾至少在一段时间内受到抑郁症的困扰，10%的人在最近几年中患有抑郁症。第二普遍的是酒精依赖，其在一生中的发病率为14%，有7%的受访者在过去一年中曾经酗酒。其他高发心理障碍还有药物成瘾、惊恐障碍（如恐惧在公众面前讲话和恐高等）和创伤后应激障碍。

尽管有研究者认为我们对严重心理障碍发病率的估计过高，但实际上美国全国的普查结果与大学生调查的结果基本相同。例如，对造访某大学心理咨询中心的学生的调查发现，有40%的受访者报告有抑郁倾向。这一数据还不能代表大学生的整体情况，因为它仅包括那些来寻求心理帮助的学生，而不包括没有来进行治疗的学生。

世界卫生组织（WHO）称心理障碍是一个全球性问题，它不仅只在美国流行，而是在全世界都很普遍。而且，心理治疗还随着经济条件不同而有所区

另一个普遍的问题是进食障碍，包括神经性厌食症和贪食症，这些在第8章动机与情绪中曾提到过，此外还有暴食症，即不顾体重地大吃大喝。还有一种很重要的心理障碍是性机能障碍，即个体的性行为异常。性机能障碍包括性欲减退、性唤起障碍和性倒错，这些非正常性行为可能会引起性伴侣的不满。

器质性精神障碍则是一些纯生理的问题，如阿尔茨海默病和其他形式的智力缺陷。事实上，我们提到的所有心理障碍类型都还能继续划分出一些亚型，也还有很多其他的心理障碍类型，限于篇幅，我们无法一一提及。

心理障碍的发病率

以上这些心理障碍的发病率有多高？答案是：

心理学思考

> > > 现代社会中有没有一些非正常表现有可能在今后不再被列入DSM的清单中？如果有的话会是哪些？它们为什么会被视作异常？

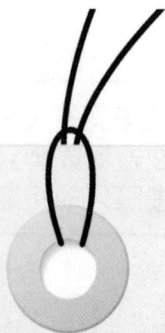

别：仅患有轻微心理问题的富人得到的治疗比患有严重心理障碍的穷人得到的治疗好得多。事实上，心理疾病占全球所有疾病的14%，而发展中国家有90%的患者完全得不到治疗。

值得注意的是，在不同的国家和地区，某些心理障碍的发病率也存在差异。例如，跨文化调查发现，抑郁症发病率具有显著的文化差异。至少患过一次抑郁症的比率在中国和韩国分别只有1.5%和2.9%，但在西兰有11.6%，在法国则有16.4%。这样巨大的差别说明，我们在研究心理障碍时有必要考虑文化背景的差异性。

心理障碍的社会和文化背景

当我们以DSM-4-TR为依据讨论各种心理障碍时，有一点必须时刻牢记：它反映的是21世纪初期的西方文化。这一分类系统告诉我们的其实是作者对于心理疾病的看法。事实上，最新一版DSM的修订经过了长时间的辩论，这一艰难的过程也部分反映出社会在这些问题上的意见分歧。

例如，有两种心理障碍在修订过程中引起了很大争议。其一是自我欺骗性人格障碍，这一病症在上一版中还存在，但修订后被删除。自我欺骗性人格障碍指在某些情况下，个体即使受到不愉快或侮辱性的对待，依然既不逃避，也不采取行动。最典型的就是在两性关系中受到虐待但仍维持关系的人。

虽然一些临床心理医生坚称这是一项有意义的分类，因为他们观察到了相应的临床个案，但没有足够证据支持其成为DSM中一个独立的疾病类别。此外，一些批评者认为这一标签似乎是在指责那些被虐待的对象自己制造了自己的悲惨处境（即"贬

你相信吗？>>>

确定你何时需要帮助

我们何时才需要心理健康专家的帮助？下面的清单能给你一个粗略的指导，让你知道那些在生活中看似正常的问题何时会变得超出你的掌控：

- 长期的沮丧感，已经影响到你的健康、能力和正常的生活；
- 有时会感觉到压力太大，让人无法承受，伴随有无法应付环境的无力感；
- 长期的抑郁或绝望感，尤其是在没有明确原因（如失去亲人等）的情况下；
- 不愿意接触他人，只想远离其他人；
- 想到自残或自杀；
- 某种恐惧感或恐怖症使得你无法继续日常生活；
- 无法与他人有效互动，无法建立友谊和恋爱关系。

如果你决定寻求心理治疗，你将面临的是一项艰巨的任务。选择心理治疗师可不是个轻松的活儿。一旦你开始治疗，你和你的治疗师应该就一个清晰、明确且可达成的治疗目标达成一致。

如果你是……

一名大学心理辅导老师 你会选用什么样的教学材料来指导大学生了解心理障碍？面对那些明显带有文化差异的材料，你会如何筛选？

过去12个月中报告有心理障碍的人数百分比

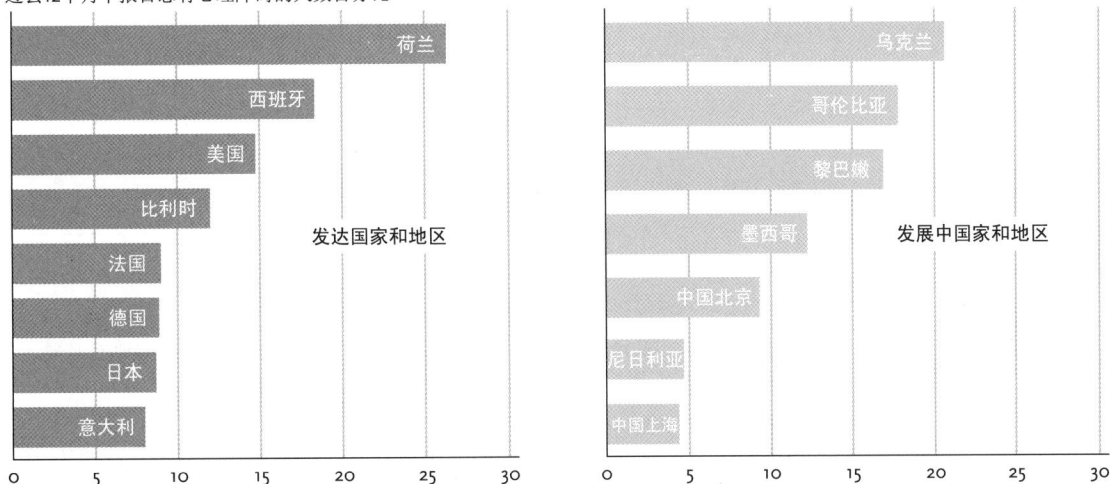

发达国家和地区

荷兰
西班牙
美国
比利时
法国
德国
日本
意大利

发展中国家和地区

乌克兰
哥伦比亚
黎巴嫩
墨西哥
中国北京
尼日利亚
中国上海

资料来源：The WHO World Mental Health Survey Consortium, 2004, 表3。

心理障碍在全球的流行程度

低受害者"现象），因此新修版中没有再保留这一分类。

另一种更为复杂、引起争论更多的分类是"经前期焦虑障碍"。这是一种发生在女性月经期到来之前的严重而无法缓解的情绪波动或抑郁感。一些人认为这一分类将女性正常的行为贴上了疾病的标签。前美国卫生局局长安东尼·诺维洛（Antonia Novello）就曾说"在女性那儿被认为是经前期综合征（Premenstrual Syndrome，缩写为PMS）的问题在男人那儿则被认为是正常的进取心和自主性"。然而，支持将其作为一个独立分类的人占了上风，"经前期焦虑障碍"就被收入了DSM-4-TR的附录中。

这些争议说明我们对异常行为的理解反映了我们的社会文化。在未来的DSM修订版中还可能会出现新的心理障碍分类。即使是现在，美国之外的其他国家制定的心理障碍分类系统与DSM也存在很大差别，这些我们之后会讨论。如果有人声称能够听到即逝之人说话，若用DSM做判断标准，那么无疑会被判定为心理疾病，而这对于平原印第安人来说却是再正常不过的事情。

这只是一个简单的例子，证明文化在判断"异常"行为中起了作用。事实上，在DSM分类的所有成人心理障碍中，只有四种是在全世界所有文化中

电影中的心理学

《K星异客》（K-PAX, 2001）
凯文·史派西(Kevin Spacey)主演的影片，主人公是一个因心理疾病入院治疗的病人，他自称来自外星球。

《心魔劫（又名西比尔）》（Sybil, 1976）
该片曾荣获四项艾美奖。它改编自一个真实的故事：一个女人被诊断出患有解离性身份认同障碍，她表现出多达16种人格。

《独奏者》（The Soloist, 2008）
影片根据真实故事改编，讲述了一位记者与一个患有精神分裂症的音乐天才成为朋友的故事。记者在帮助精神障碍患者时遇到了许多现实因素的制约，但是他依然从中学到了很多。

《告密者》（The Informant! 2009）
这部影片围绕一出价格垄断案展开，马特·达蒙(Matt Damon)在其中饰演一个患有双相障碍的政府线人。

《禁闭岛》（Shutter Island, 2010）
一部由莱昂纳多·迪卡普里奥（Leonardo di Carprio）主演的黑暗惊悚片。故事围绕着一所医院展开，医院修建在一个几乎与世隔绝的岛上，里面关押着大量精神有问题的罪犯。

都存在的，它们分别是：精神分裂症、双相障碍、抑郁症和焦虑障碍。而其他所有病症有可能仅限于北美和西欧国家。

此外，虽然精神分裂症之类的疾病在全球都有发现，但具体的症状也会受文化因素的影响。例如，紧张性精神分裂症（患者会僵直保持某个姿势不动达几天之久）在北美和西欧非常少见。而在印度，80%的精神分裂症患者属于紧张性精神分裂。

其他文化还存在一些西方所没有的心理障碍。例如，在马来西亚，有一种行为叫"发疯"，是指一个平时安静内敛的人突然发狂杀死或重伤他人。"缩阴症"则是一种主要出现在东南亚男性身上的问题，患者极度担心自己的阴茎会缩回到腹腔里去。

总而言之，我们不能认为DSM就是心理障碍分类的最终标准。这一标准中包括的心理障碍仅仅是某个特定时间段西方文化下的产物，因此它的分类并不是普适的。

>> 心理障碍的治疗

等我再有知觉的时候，发现自己躺在麻省综合医院，睡在我昨晚睡的单间里，正在醒过来。我感觉脑袋很轻，浑浑噩噩，整个人仿佛漂浮于半梦半醒之间。我知道这意味着麻醉药效刚刚过去。我依稀记得麻醉师叫我数到十，但我绝对没数到超过三或四。我还记得查里·威尔士（Charlie Welch）和他的电休克疗法（Electroconvulsive Therapy，缩写为ECT）团队，但并不确定我接受了他们的治疗。或许已经接受过了？因为我感觉到轻微的头痛，他们曾经说起过

加布里埃尔·伯恩(Gabriel Byrne)（右）在美国家庭影院频道（HBO）播出的电视剧《扣心问诊》(In Treatment)中扮演一位心理治疗师。编剧们把自己的心理治疗经历作为灵感来源编写了这部剧集。

ECT治疗会有这样的副作用，不过也可能是麻醉的结果。另外我头发上有黏黏的东西，很可能是粘贴电极的痕迹。

还有一个迹象表明我可能真的接受了第一阶段的痉挛疗法（seizure therapy），那就是：我感觉很好——准确地说，仿若新生。

这种让麻省第一夫人凯蒂·杜卡基斯（Kitty Dukakis）重获新生的疗法只是治疗心理障碍的诸多方法之一。这些方法既包括一次性的非正式咨询，也包括长期的药物治疗，甚至是更具刺激性的电休克疗法，虽然它们的实施程序各异，但目标相同，即帮助患者缓解心理障碍的痛苦，并最终过上更为丰富、有意义和自我实现的生活。

在各种疗法中，有些针对于个人，有些则侧重于障碍发生的社会系统（尤其是家庭）。针对个人的治疗还可以分为两种：基于心理的治疗和基于生物的治疗。基于心理的治疗又称心理治疗（Psychotherapy），即一位训练有素的专家（治疗师）用心理学的方法帮助患者克服心理上的困难和障碍，促进个人的成长。心理治疗的目标是通过谈话和互动改变一个人（也就是"来访者"或"患者"）的心理。与此不同，生物医学治疗（Biomedical Therapy）则主要借助于药物和医学手段改善患者的心理机能。

在了解这些治疗手段的过程中我们需要记住一点：虽然不同疗法之间看似泾渭分明，但实际上它们在分类及治疗过程上存在诸多重合和相似之处。在临床实践中，很多治疗师都会采用折衷取向的治疗理念，对同一患者使用多种手段进行治疗。这种取向考虑到，心理和生物因素都有可能导致心理障碍，多种疗法兼而使用可以同时解决患者心理和生理上的双重问题。

心理治疗

针对心理因素展开的治疗方法少说也有400多种。尽管这些疗法在很多方面不尽相同，但它们都认为治疗最重要的应该是通过调整来访者行为和自我认识来解决个体心理上存在的问题。

目前最主流的心理疗法有四种：心理动力学疗法、行为疗法、认知疗法和人本主义疗法。它们都是基于各自的人格理论

和心理障碍模型所建立的。下面我们将逐一讨论这四种疗法，以及人际关系疗法和团体治疗，此外还将对心理治疗的有效性进行探讨。

心理动力学取向的治疗 心理动力学疗法（**Psychodynamic Therapy**）试图将过往人生经历中未解决的无意识冲突和无法接受的无意识冲动还原到意识层面，以帮助来访者更有效地解决问题。心理动力学疗法的理论基础是弗洛伊德的精神分析学，他认为个体会使用一种叫作防御机制的心理策略来保护自己免受无意识的、不被接受的冲动的困扰。

最常见的防御机制是压抑，即把具有威胁性的冲突和冲动控制在无意识中。然而压抑是不可能完全成功的，于是个体就会产生与之相关的焦虑感，从而导致弗洛伊德所说的神经症等异常行为。

我们如何摆脱由无意识的有害冲动所导致的焦虑感？弗洛伊德的答案是把无意识的冲突和冲动意识化，然后直面它们。他认为这样有助于减轻过往冲突带来的焦虑感，来访者从而能够更加自如地生活。

心理动力学治疗师们所面临的挑战是如何帮助来访者探索并了解自己的无意识。其方法几经演变之后如今已然分支众多，但在实践过程中基本上都要求来访者讲述自己过去的经历，从有记忆时开始讲起，尤其要讲述详尽的细节。这一过程的目的是让来访者在讲述过程中发现那些长期潜伏、导致其焦虑的危机、创伤和冲突。治疗师的任务则是发现这些问题并帮助来访者"修通"——理解和修正这些问题。

精神分析：弗洛伊德的治疗方法 经典的弗洛伊德式心理动力学疗法称为精神分析（**Psychoanalysis**），其目的是释放潜藏的无意识想法和感受，以减少其对人行为的控制力。

精神分析是一项耗时又费钱的工程。在精神分析过程中，来访者要经常与治疗师会面，可能是每天50分钟，每周4～6天，以这样的频率持续几年。治疗师在精神分析中常用的技术之一是被弗洛伊德称为自由联想的方法。这一技术要求来访者把出现在脑海中的一切都大声说出来，即使它们表面上看起来毫无关联或毫无意义，在此过程中治疗师要善于识别并找出来访者说的话与其无意识之间的关系。另一常用技术是释梦，即通过来访者的梦探查其无意识中的冲突和问题。治疗师通过做梦者表面的叙述（即显意），来推断其中隐藏的意义（即隐意），从而找出梦境中无意识的真实含义。

在精神分析过程中，来访者与治疗师往往互动紧密，情感交流频繁，因而二者间很容易发展出一种与其他关系都不同的情结。来访者可能会把治疗师当做自己过去人生中某个重要他人（如父母或恋人）的化身，然后将自己对这些人的感情投注在治疗者身上，这种现象叫作移情。也就是说，**移情**（**Transference**）是指来访者将曾经指向父母或其他重要他人的爱恨等情感无意识地转移到了治疗师身上。

> **心理治疗**：一位训练有素的专家（即治疗师）用心理学的方法帮助患者克服心理上的困难和障碍，促进个人的成长。
>
> **生物医学治疗**：借助药物和医学手段改善患者的心理机能。
>
> **心理动力学疗法**：将过往人生经历中未解决的无意识冲突和无法接受的无意识冲动还原到意识层面，以帮助来访者更有效地解决问题。
>
> **精神分析**：即弗洛伊德式精神疗法，目标是释放潜藏的无意识想法和感受，以减轻其对人行为的控制力。
>
> **移情**：来访者将曾经指向父母或其他重要他人的爱恨等情感无意识地转移到了治疗师身上。

当代的心理动力学疗法 现如今，很少有人拥有足够的金钱、时间或耐心去接受长达几年的经典精神分析治疗。而且也没有证据表明19世纪弗洛伊德使用的传统精神分析治疗比现在改良后的心理动力学疗法更有效。

今天，心理动力学疗法的治疗周期大大缩短，一般来说不会超过3个月或多于20次。比之弗洛伊德那个时代，治疗师的作用更为主动，他们控制着治疗的节奏，更直接地刺激患者并给予建议。治疗师还较少关注来访者的过往历史和童年经历，而更多聚焦在个体当下的人际关系和生活烦忧上。

对心理动力学疗法的评价 尽管已经做了不少改良，心理动力学疗法依然受到批评。传统的精神分析疗法耗时太长、费用昂贵，与行为疗法、认知疗法等相比没有优势。此外，心理动力学疗法对于来访

心理学小贴士

想要更好地了解心理动力疗法，请参阅弗洛伊德的精神分析理论，相关内容我们在人格那一章有所讨论。

者的语言表达能力有一定要求，对于口头表达不佳的来访者来说，疗效要差得多。

最关键的还是心理动力学疗法是否真正有效的问题，而这个问题很难简单回答。心理动力学治疗技术自弗洛伊德发明之初就充满争议。其中很重要的原因之一是很难确定来访者在接受治疗后是否有所好转。因为疗效好坏依赖于治疗师或来访者自己的报告，因此很容易受到偏见和主观解释的影响。

另一些批评者质疑心理动力学疗法的整个理论基础，称无意识结构并没有得到科学证实。虽然这些批评短时间内不会平息，但对于一些人来说，心理动力学疗法为许多疑难心理学问题及疾病提供了有效的解释和治疗方法。它还使得我们对人生的理解到达一个不寻常的深度。

行为疗法：基于学习的基本过程理论（如强化和消退等）建立的治疗取向，认为正常和异常行为都是习得的。

厌恶条件作用：将厌恶刺激和不想发生的行为进行配对以减少后者发生可能性的治疗方法。

系统脱敏：一种行为治疗技术，将患者逐步暴露在会引发焦虑的刺激中，同时进行放松以减轻焦虑。

行为疗法

很多人小时候或许都曾经因为表现好而得到过父母奖励的冰淇淋，又或者因为表现不好而被关在小黑屋里。这种十分常见的育儿方式其实有着坚实的理论基础：好的行为会因强化而保持，不好的行为会因惩罚而消失，这一理念曾在第5章中介绍过。

这一理念也是**行为疗法**（**Behavioral Treatment Approaches**）的基础。基于学习的基本过程，行为疗法做出了以下假设：异常行为同正常行为一样是习得的。行为异常的人要么是没有习得应对日常生活问题的正确方法，要么就是由于不恰当的强化而习得了错误的技能和方法。行为疗法支持者认为，要想改变异常行为，就必须习得新的行为来代替已习得的、错误的、适应不良的行为方式。

行为主义心理学家不需要探究个体的过去和内心。他们并不把异常行为看成某种潜在问题的表面症状，而是把其当作需要处理的问题本身。治疗的目的是改变行为，使其正常发挥功能。这样看来，问题

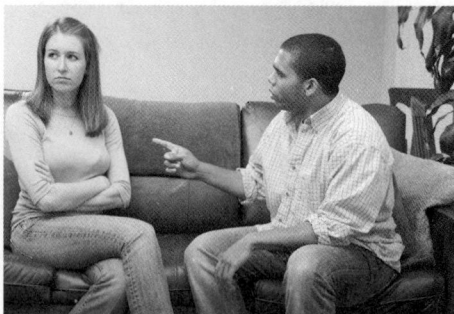
行为疗法将通过改变这对夫妻的行为来改善他们的关系，而不去追究他们不和的深层原因。

只在于适应不良的行为本身。如果能够改变行为，治疗就算成功了。

经典条件反射疗法

假设你咬了一口最喜欢的糖果之后才发现不仅上面爬满了蚂蚁，有几只还被你吞下去了。你马上就觉得恶心并呕吐。之后呢？你再也不会吃那种糖果，甚至要隔几个月之后你才会再次吃糖果类食品。根据经典条件反射原理，你学会了避开糖果，以便不再恶心呕吐。

这个例子描述了经典条件反射如何改变人的行为。基于这一理论，行为治疗者提出了厌恶疗法。**厌恶疗法**（**Aversive Conditioning**）是一种用以减少不想发生的行为的疗法，方法是将厌恶刺激和不想发生的行为进行配对。例如，行为治疗者将酒和一种会导致严重恶心呕吐的药配合使用，经过几次配对之后，患者就会将酒类和呕吐联系起来，从而减轻对酒的依赖。

虽然厌恶疗法在治疗酒精依赖等药物滥用问题以及一些性功能障碍时取得了良好的疗效，但也有人质疑它的长期效果。同时，围绕着厌恶疗法的道德争议也很大，因为厌恶疗法会用到诸如电击之类的强刺激，当然这只有在遇到特别严重的案例如患者自残时才会采用。尽管如此，厌恶疗法还是可以在一段时间中消除不良行为，这段休整期可能只是暂时的，但却可能为彻底改变行为方式创造了机会。

另一个基于经典条件反射提出的治疗技术是系统脱敏。在**系统脱敏**（**Systematic Desensitization**）过程中，将患者逐步暴露在会引发焦虑的刺激中，同时进行放松以减轻焦虑反应。

例如，假设你非常害怕坐飞机。只是想象一下自己坐在飞机里就会使你冷汗直流、浑身发抖。于是你求助行为治疗师，他们对你进行系统脱敏治疗。首先，治疗师会教你一些放松的技巧来帮助你彻底放松自己的身体。

接下来要建立一个恐怖等级层次——即列出你害怕的事物，并按害怕的程度由小到大排列。例如，害怕坐飞机的人可能写下这样的列表：

1. 看到飞机从头顶飞过；

如何获得放松的状态

第一步：选择一个根植于你信念系统中的词或短语。例如，一个无神论者可能选择一个中性词，如唯一或和平或爱；基督徒可能使用一句祷词，如《圣经诗篇》第23章开篇第一句话"耶稣基督是我的牧者"；犹太教徒则可能选择"Shalom"（希伯来语中代表平安、你好、再见及祝福你等的问候语——译者注）。

第二步：以舒服的姿势静坐。

第三步：闭上双眼。

第四步：放松肌肉。

第五步：缓慢地呼吸，并在吐气时自然地重复你选定的词或短语。

第六步：从头至尾都采取一种放空的态度。不要担心自己做得不好。如果有干扰想法在脑中出现，只要告诉自己"这样很好"，然后缓缓回到重复词语的过程中来。

第七步：持续10～20分钟。你可以睁眼查看时间，但一定不要定闹钟。这一过程结束后，静静地再坐几分钟，眼睛一开始可以是闭着的，然后慢慢睁开。之后的一两分钟内不要马上站起来。

第八步：每天练习一到两次。

资料来源：From Meditation by Herbert Benson, M.D., Benson–Henry Institute for Mind Body Medicine. Reprinted with permission from Dr. Herbert Benson。

2. 去机场；

3. 买机票；

4. 踏入机舱；

5. 看到舱门关上；

6. 飞机在跑道上滑行；

7. 起飞；

8. 飞到空中。

将恐惧程度进行排序并学会了放松技巧之后，第三步要做的是将二者联系起来。治疗师将要求你在彻底放松的情况下想象你处于恐怖等级层次里第一条的情景。如果你在这样想的同时还能保持完全的放松，则开始想象恐怖等级层次中的第二条情景。这样逐步上升，直到最后你能想象自己身处半空中也不感到紧张焦虑。之后你会被要求试试去机场，最后亲自乘坐飞机。

尽管系统脱敏是一种很成功的治疗技术，但今天它正逐步被一种不那么复杂的方法所取代，这一方法就是暴露疗法。**暴露疗法（Exposure）**是治疗焦虑的行为疗法之一，它让个体突然地或循序渐进地直面自己害怕的事物。与系统脱敏不同的是放松技巧被省略掉了。暴露疗法能让适应不良的焦虑或逃避反应自行消失，研究证明这种方法与系统脱敏一样有效。

大多数情况下治疗者采用的是逐级暴露的方法，即让患者逐步暴露在不同等级的恐惧刺激中。

如果你是……

一名祖父母 你的孙儿非常害怕蝴蝶。你要怎样利用系统脱敏技术帮助他/她克服这一恐惧？

例如，狗恐怖症患者会被要求首先看狗的视频。当患者逐渐适应了狗的影像后，暴露开始升级，让他看到一条真狗被人牵着从房间走过，最后让他亲手拍打和抚摸真正的狗。

> **暴露疗法**：治疗焦虑的行为疗法之一，让患者突然地或循序渐进地直面自己害怕的事物。

心理学思考

系统脱敏

> > > 飞行恐怖症和蜘蛛恐怖症相当普遍。行为治疗对于恐怖症非常有效，但多数人还是倾向于回避自己害怕的事物而不是去寻求治疗。为什么明明没有必要，我们还是让自己恐惧下去？

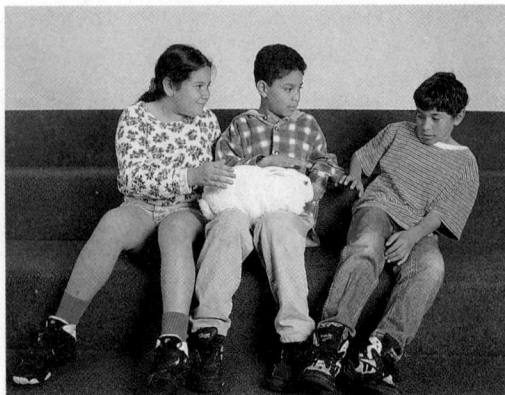

一个"无畏的同伴"可以示范正确和适应的行为来帮助孩子克服恐惧。

实践证明暴露疗法对于许多心理问题都是有效的，如恐怖症、焦虑障碍，甚至是勃起障碍和性接触恐惧。这一技术正在帮助很多人享受自己曾经害怕的事物所带来的乐趣。

操作性条件作用技术　我们曾在第5章讨论过的操作性条件作用也同样发展出了一些治疗技术。它们的理论基础就是：奖赏好的行为可以增加这一行为再次出现的概率，而惩罚或忽视不好的行为能最终杜绝该行为。

认知疗法：通过改变人们对世界和自身的消极认知来让他们获得更具适应性的思维方法。

一个系统运用操作性条件作用原理的例子就是代币制，即当好的行为出现时奖励个体一些代币，通常是一张扑克牌或一些游戏币，积累到一定数量之后可以用来兑换一些奖励或实物。这一技术常用于管理住院治疗的重症精神病人，也可以用于学校作为一种班级管理方法。其实它与父母管教孩子的方法如出一辙：孩子表现得好，父母就给他们零花钱，之后他们便可以用这些钱去买自己想要的东西。至于什么是好的行为表现，可以自行定义，如保持房间清洁，或主动与他人交流。在精神病院里，代币可以用来兑换物品或活动，比如换零食和新衣服，甚至用来兑换被允许睡在自己床上而不是地上的睡袋里。

后效契约法是代币制的一个变式，对调整行为颇为有效。在后效契约法中，治疗者和来访者（或老师和学生、父母和孩子）订立一份契约。契约上写明来访者希望达到的行为目标，也写明如果患者达到了这些目标所能够获得的奖励——通常是非常明确的，如钱财或其他特权等。同时，契约上还会写明如果来访者达不到规定目标将要受到的惩罚。例如，希望戒烟

的来访者可以事先为一个不支持的机构签下一张支票（如来访者是枪支管制的支持者，就让他为美国步枪协会签一张支票），如果来访者在某天吸烟了，治疗者就会将这张支票寄出。

行为治疗者还运用观察学习法来系统指导个体习得新行为、管理恐惧和焦虑。例如，在学习基本的社交技巧（如说话时跟人保持眼神接触、表现得更自信等）时，榜样可以起到很有效的作用。同样，反复观看另一个儿童（称为"无畏的同伴"）走向一条狗、摸它、拍它、跟它一起玩耍，可以帮助害怕狗的儿童克服对狗的恐惧。在改变某些异常行为时榜样的作用非常显著，当榜样的行为受到嘉奖时尤其如此。

对行为疗法的评价　行为疗法对于治疗焦虑障碍、恐怖症和强迫症，控制冲动以及学习复杂的社交技巧等尤为有效。与其他治疗方法不同的是，任何一个非专业人士都可以使用行为主义疗法。此外，因为这种方法聚焦于解决那些界定很明确的不良行为，因此效果很显著。

但是，批评人士也指出，行为疗法改变的只是外在的行为，个体无法了解究竟是哪些深层的想法和期望导致了自己适应不良的行为。不过，已有神经科学的证据表明，行为疗法确实能带来脑功能的变化，说明行为疗法改变的并不仅仅是外在的行为表现。

认知疗法

如果你认为不合逻辑的想法和信念才是心理障碍的核心，那么你会不会觉得教给个体新的合适的思维方式才是治疗心理障碍最直接的办法？认知疗法的支持者就是这么认为的。

认知疗法（Cognitive Treatment Approaches）通过改变人们对世界和自身的消极认知来让他们获得更

你知道吗？

抵抗抑郁的健康建议与抵抗压力的建议如出一辙：保证充足睡眠、吃得健康、与朋友和家人保持亲密关系、定期锻炼。抵抗抑郁的清单上还要多出一项，那就是：减少生活中的压力！

认知治疗师教授来访者用 更具适应性的方式思考。

具适应性的思维方法。与行为治疗不同，认知疗法并不注重调整外在的行为，而是试图在改变行为的同时改变个体思考的方式。由于在使用过程中常常结合学习理论，因此这种疗法有时候也被称为认知-行为疗法（cognitive-behavioral approach）。

尽管认知疗法形式多样，但它们的假设都是基本一致的，即都认为焦虑、抑郁等负面情绪源于适应不良的想法。因此，认知治疗者致力于改变患者的思维方式，让患者不再为不合理的想法所限。治疗过程中，治疗者会系统教授来访者挑战自己现有的假设，学会用新方法解决老问题。

认知疗法耗时较短，通常最长不超过20次。治疗过程一般高度结构化，紧扣具体的问题。在治疗一开始，治疗者会先讲解疗法背后的理论原理，之后在治疗全程中一直扮演积极的角色，既是老师、教练，也是伙伴。

另一种有影响力的认知疗法是阿伦·贝克（Aaron Beck）创建的。贝克认知疗法旨在改变个体对自身和世界的非理性认识。治疗师扮演教师的角色，督促来访者自己去获得知识，通过认知评价的过程来抛弃以前的错误想法。所谓认知评价就是要求来访者评估当前的情境、自身和他人，评估的方面有记忆、价值、信念、观点和期望等。在此过程中，治疗师会帮助来访者一步步找到更为合适的思维方式。

对认知疗法的评价 认知疗法对治疗多种心理障碍都很有效，如焦虑障碍、抑郁症、药物滥用和进食障碍等。此外，认知治疗师还致力于将不同治疗方法相结合（如把认知与行为方法组合起来创造出的认知—行为疗法），这也大大提高了认知疗法的疗效。

但同时，批评者也指出，认知疗法过于看重帮助人们理性思考，却忽略了一个事实——生活在很多时候是非理性的。改变患者的想法，让他们变得更理性、更有逻辑，这样做虽然确实能带来认知上的改变，但有时对治疗并无帮助。不过，由于认知疗法取得了很大成功，它依然是当下最被广泛使用的疗法之一。

人本主义疗法

我们都知道，如果学生自己不努力，即便老师再优秀，课本再好，也没法学到知识。你必须自己花时间好好学习，好好背单词，好好记概念。这些没有任何人能帮你做。如果你付出了努力，你将会成功；如果不付出，只会失败。责任全在你自己。

> **认知-行为疗法**：运用学习的基本理论来改变患者思维方式的治疗方法。
>
> **人本主义疗法**：这种疗法的根本原理是人能自主控制行为，自主选择生活，最重要的是要为解决自身问题负责。

人本主义疗法（Humanistic Therapy） 在发展治疗技术时信奉的就是这种自己对自己负责的哲学观点。人本主义的治疗方法多种多样，但它们有相同的理论基础：我们能控制自己的行为，我们能选择自己想过的生活，我们要自己来解决生活中遇到的问题。

心理学小贴士

为了更好地理解和记住这一概念，试着在与朋友的交往中给予对方无条件的积极关注吧，无论他们对你说的是什么样的想法和态度，都表现出你的支持、理解和接纳。

人本主义治疗者认为人都有自我实现的内驱力。就像我们在动机那一章所讨论的，自我实现是临床心理学家亚伯拉罕·马斯洛（Abraham Maslow）提出的术语，用来描述一种自我完满的、用自己独特的方式发挥出最大潜力的状态。

不像心理动力学和行为治疗那样给予来访者直接的指导，人本主义治疗师把自己看做指引者或促进者。人本疗法认为心理障碍源自来访者找不到生活的意义、感到孤独并与他人缺乏联系，他们希望帮助来访者认识自己，找到道路通往最好的自我。

人本主义疗法发展了很多治疗技术，其中最重要的就是以人为中心的疗法。

以人为中心的疗法 来看下面一段治疗过程的节选：

爱丽斯（ALICE）：我在考虑人际交往标准的问题。我猜，我差不多找到了一种诀窍，或者说一种，呃，习惯，来让人觉得在我身边时很舒适，或者让事情顺利发展……

治疗师：也就是说，你经常在做的就是让事情顺利发展，让别人感到舒服和让环境变得安稳。

爱丽斯：对。我觉得就是这样。现在我这么做的原因可能是——我的意思是，并不是因为我是一个"好撒玛利亚人"★，总是希望周围的人过得开心——而是因为我觉得这是最容易扮演的一种角色……

治疗师：你觉得很长一段时间里你都在扮演一种应对摩擦和分歧或其他什么的角色。

爱丽斯：是的。

治疗师：而不是说在这种情境下有自己的想法或自愿的行为，对吗？

从上面的对话可以看出，治疗师并不回答来访者提出的问题。他们所做的是整理和复述来访者的话（例如，"也就是说，你在做的是……""你感觉……""对吗？"）。这种治疗方法叫作非指导式咨询，由卡尔·罗杰斯（Carl Rogers）在20世纪中叶最先使用，是来访者中心疗法的核心。

以人为中心的疗法（Person-Centered Therapcy）（也叫来访者中心疗法）旨在帮助人们发挥自我实现的潜能。治疗者提供一个温暖接纳的环境，希望鼓励来访者坦诚自己的问题和感受，这样才能使来访者对正在干扰自己生活的问题做出现实而有建设性的选择。

治疗者并不指导来访者做选择，而是提供罗杰斯所称的无条件的积极关注，就是不管来访者表达的感受和态度是什么，都给予支持和理解。治疗者希望通过提供无条件的积极关注来创建一种氛围，使来访者能做出改善自己生活的决定。

提供无条件的积极关注并不是要求治疗师支持来访者所说和所做的一切。他们也要与来访者沟通，表达关心和共情（完全理解来访者的情感体验）。

现在，严格按照以人为中心疗法的传统程序来进行的治疗已经很少。现代的改良方法更为直接一些，治疗师不仅仅只是复述来访者的话，还会主动推进来

以人为中心的疗法：以发挥人们自我实现潜能为目标的治疗方法。

人际关系疗法：以当下社会关系背景为焦点的短程疗法。

团体治疗：人与团体中其他成员一起会见治疗师并讨论各自的问题。

访者获得领悟。但治疗师仍把洞悉来访者的想法视作治疗过程的核心。

对人本主义疗法的评价　心理障碍源于个体潜能发挥受限，这一点在哲学逻辑上很受人欢迎。在人本主义治疗师创建的支持性的氛围中，来访者得以寻获心理障碍的解决办法。

然而，人本主义疗法缺乏针对性，这一点饱受诟病。人本主义疗法并不精准，也可能是最不科学、理论最不发达的一种疗法。而且，与精神分析疗法一样，人本主义疗法中，那些口语能力表达更好的来访者获益会更大。

人际关系疗法

人际关系疗法（Interpersonal Therapy，缩写为IPT）把心理治疗放到了社会关系的背景下。尽管脱胎于心理动力学，人际关系疗法更关注此时此地，其目的是改善患者当下的人际关系。它特别擅长解决的也是人际问题，如人际冲突、社交技巧、角色转换（如离婚）和不幸事件等。

人际关系疗法比传统的心理动力学方法更主动、更直接，过程也更结构化。这种方法并不对心理障碍的深层原因做什么假设，而是专注于心理障碍产生和发展的人际环境。其耗时也短于传统心理动力学方法，一般只要12～16周。在治疗过程中，治疗师会对如何改善人际关系提出具体的意见和建议。

由于人际关系疗法时间短而结构性强，与治疗周期长的方法相比，研究者能更好地把握它的效果。评估表明，人际关系疗法对于治疗抑郁、焦虑、成瘾和进食障碍等非常有效。

团体治疗和家庭治疗

尽管大多数治疗都是在单独的个人与治疗者之间进行的，但有时候也可以一群人一起接受治疗。**团体治疗（Group Therapy）**就是若干个彼此无关的人同时会见一个治疗师讨论他们的心理问题。

人们在团体中讨论的通常是大家共同面临的问题，如酒精成瘾或社交无能。团体中的成员会互相提供情感支持和意见建议，分享自己应对类似问题的成功心得。

★ "好撒玛利亚人"（the good Samaritan）是引自基督教文化中的一个成语，意为好心人、见义勇为者。

根据所依托理论的不同，团体治疗也有各种不同的形式：有精神分析团体、人本主义团体，也有其他治疗方法的团体。此外，团体的不同之处还在于治疗师提供引导的程度不同。在一些团体中治疗师的角色是指导式的，而另一些团体则是由成员自己制订计划，自行决定团体治疗的进度。

因为团体治疗是几个人同时接受治疗，这就比个人治疗经济得多。然而，批评者认为团体的设定会使单个个体受到的关注不如一对一治疗中多，那些非常害羞和内向的人在团体中可能得不到足够的关注。

家庭治疗 家庭治疗是一种特殊的团体治疗方法。顾名思义，**家庭治疗（Family Therapy）**的接受者包括两个或更多的家庭成员，其中一个（或几个）成员有心理问题需要解决。但家庭治疗并不只关注表现出心理问题的那个成员，而是把家庭当作一个整体来看，其中每个成员都有责任。治疗者希望通过同时会见一个家庭中所有成员来了解家庭成员之间的互动方式。

很多家庭治疗师认为家庭成员可能扮演了僵化的角色或按限定的行为模式行事，其中一个成员可能一直扮演替罪羊，而另一个可能扮演恃强凌弱者，如此等等。治疗师认为正是这一角色系统助长了家庭混乱。治疗目的之一就是让家庭成员接受新的、更富建设性的角色和行为方式。

对心理治疗的评价

心理治疗有效吗？这一问题的答案相当复杂。对于心理健康专家们来说，哪种治疗方法最有效一直是个争议巨大而至今无法完成的任务。在讨论一种方法是否比另一种更有效之前，我们先来看看心理治疗到底能否减轻心理问题。

直到20世纪50年代，大多数人都认为治疗是有效的。但是在1952年，心理学家汉斯·艾森克（Hans Eysenck）发表了一份重要研究，称人会**自然康复（Spontaneous Remission）**，即就算不接受治疗，患者也会自行复原。艾森克的文章引发了一股持续的研究热潮，人们用更多控制得更好、设计更精心的实验来研究心理治疗的效度。到现在，绝大多数心理学家都认为，心理治疗是有效的。一些研究综述表明治疗带来的改善远大于放任自流，而自然康复的概率其实很低。大多数情况下，如果不治

团体治疗就是患有心理障碍的几个人同时会见治疗师并讨论各自的问题。

疗，异常行为症状并不会自己消失（尽管这一问题仍存在争议）。

还有一些研究使用元分析技术，即把大量研究的数据综合起来分析，结果也支持心理治疗是有效的。还有研究对186 000名患者进行了调查，结果表明多数人认为自己从心理治疗中获益。然而，不同治疗方法的"来访者满意度"之间却没有太大区别。

简而言之，综合所有的证据，我们对心理治疗的有效性得出以下结论。

- 对于大多数人来说，心理治疗是有效的。无论治疗时间的长短，心理障碍的种类和治疗方法的派别，这一论断都是成立的。因此，"心理治疗是否有效"这一问题差不多得到了明确的回答：是的，它是有效的。

> **家庭治疗**：一种以家庭及其动力为重点的治疗方法。
>
> **自然康复**：患者未接受治疗就自行复原。

- 然而，心理治疗并不是对每个人都有效。有大约10%的患者在接受治疗后既没有起色也不会恶化。

- 没有哪种治疗方法能解决所有问题，某种疗法对特定的某种问题治疗效果最好，但这也不是一成不变的。例如，认知疗法对惊恐障碍十分有效，而暴露疗法则能有效缓解特定恐怖症。当然肯定也存在例外，并且不同疗法的成功率差异其实不大。

- 治疗过程的基本元素都是相通的。尽管不同疗法所用的技术不同，但它们起作用的几个基本点是相同的，包括在来访者与治疗师之间建立积极的关系，对患者的症状进行解释分析，以及直面负面情绪等。也正因为这些共同元素的存在，我们很难将不同的疗法进行比较。

鉴于没有哪种疗法对每个人都有效，因此许多治疗师都会采取折衷取向的治疗理念，即在一个治疗个案中综合使用多种技术和方法。通过反复的试用，治疗师才能最终选择出最适合该来访者的混合疗法。此外，治疗师的性格对疗效也会起到影响作用，种族因素也可能与治疗效果有关。

进行心理治疗时，来访者所处的环境和文化背景也是一个重要的因素。例如，在美国，一种行为在某个社会经济群体看来是心理障碍的表现，但在另一种族或另一社会经济群体中则可能是正常的。例如，性格上多疑和不信任别人可能只是一种保护自己的生存策略，而并不是心理障碍的表现。

事实上，当来访者的种族和文化背景跟自己不同时，治疗师也要思考自己的一些基本假设是否正确。例如，一些文化认为团体、家庭和社会非常重要。当这些群体中的人要做出重大决定时，他们会征求家人的意见——这样的文化背景使我们不能忽视家庭在心理治疗中起到的作用。另外，由于治疗师自己的文化和种族背景的限制，他们对其他文化和种族的信念和期望的理解力也有差别。因此，找一个熟悉自己文化背景的治疗师是更为明智的选择。

药物治疗： 使用药物来控制心理障碍。

生物医学疗法

假如你患了肾炎，医生会给你注射抗生素，如果你运气够好，那么差不多一周之后你的肾就会恢复得和以前一样好。如果你的阑尾发炎了，医生会帮你切除它，你的身体还会像以前一样正常运转。在心理治疗中有没有类似的方法呢？可以通过生理治疗来解决心理问题？

生物取向疗法的支持者们会给你肯定的答案，因为他们经常使用生物医学手段来处理心理问题。这一取向认为，比起关注引发异常行为的心理冲突，或过去的创伤，或环境因素，直接关注大脑的化学成分和其他神经方面的因素更为合适。因此，生物医学疗法的治疗师们使用药物、电击和外科手术来进行治疗。

药物疗法 药物疗法（**Drug Therapy**）即使用药物，通过改变脑内神经递质和神经元的活动方式来控制心理障碍。一些药物可以抑制神经递质或受体神经元的功能，降低特定突触（神经元与神经元的连接处）的活性。相反，另一些药物则可以提升特定神经递质或神经元的活性，使神经元的激活更加频繁。

20世纪50年代中期，**抗精神病药物**（**Antipsychotic Drugs**）的发明改变了精神病院的命运，这类药物的作用在于减少不现实感和减轻焦虑。在那之前的精神病院与19世纪的老式疯人院没什么区别，只能为尖叫、呻吟、到处抓挠的精神病患者提供监管式看护。然而，就在医生们使用了抗精神病药物的几天之内，那里突然变得安静了，医生们终于不用像以前那样每天只想着怎样不让病人伤人伤己而疲于奔命了。

药物种类	药物效果	药物主要功能	举例
抗精神病药物，非典型抗精神病药物	减少不现实感，减轻焦虑	阻断多巴胺受体	抗精神病药物：氯丙嗪、氯氮平、氟哌啶醇 非典型抗精神病药物：利培酮、奥氮平
抗抑郁药物 　三环抗抑郁药	减少抑郁	提高神经递质如去甲肾上腺素含量	曲唑酮、阿米替林、去郁敏
单胺氧化酶抑制剂	减少抑郁	防止单胺氧化酶破坏神经递质	苯乙肼、强内心百乐明
5-羟色胺再摄取抑制剂（SSRIs）	减少抑郁	抑制5-羟色胺再摄取	氟西汀（百忧解）、氟伏沙明、帕罗西汀、西酞普兰、左洛复、奈法唑酮
心境稳定剂 　锂	稳定心境	改变神经元内部冲动的传递	锂、双丙戊酸钠（立痛定）、酰胺咪嗪（卡马西平）
抗焦虑药物	减少焦虑	提高神经递质伽马氨基丁酸的活性	苯二氮平类药物（安定、阿普唑仑）

心理障碍的药物治疗

当时发明的药物叫作氯丙嗪。氯丙嗪与其他类似药物一起构成了最流行、最成功的精神分裂症治疗。今天对于严重行为异常患者来说药物治疗是最好的选择，因此抗精神病药物被广泛使用于住院治疗的精神病患。最新的抗精神病药物叫作非典型抗精神病药物，其副作用更少，包括利培酮、奥氮平和帕潘立酮。

抗精神病药物的作用原理是什么？大多数是通过阻断脑内突触的多巴胺受体来发挥作用。非典型精神病药物还能同时影响特定脑区（如那些与制订计划和目标导向行为相关的脑区）中5-羟色胺和多巴胺的水平。

虽然抗精神病药物的疗效显著，但它们并不会像抗生素治愈感染一样"治愈"心理障碍。大多数时候，一旦停药，症状就会卷土重来。这些药物长期使用还会产生副作用，如口喉发干、晕眩、颤抖和肌无力等，这些症状在停药后还可能继续出现。

顾名思义，**抗抑郁药物（Antidepressant Drugs）**就是用于改善严重抑郁患者心境的药物。它们有时也被用于治疗焦虑障碍、暴食症等其他心理障碍。

大多数抗抑郁药物通过改变脑内特定神经递质的浓度起作用。例如，三环抗抑郁药提升突触内去甲肾上腺素水平，单胺氧化酶抑制剂防止单胺氧化酶（MAO）破坏神经递质。最新的抗抑郁药物，如依地普仑则是5-羟色胺再摄取抑制剂（SSRIs）。这一药物针对神经递质5-羟色胺，允许它在突触中滞留。还有一些抗抑郁药物兼具多种作用。例如，奈法唑酮只阻断某些受体对5-羟色胺的摄取，但不阻断其他；安非他酮则同时影响去甲肾上腺素和多巴胺系统。

一些新药也正呼之欲出。例如，麻醉剂克他命会阻断神经受体NMDA（N-甲基-D-天冬氨酸）。影响神经递质谷氨酸。谷氨酸在心境调节和感受愉悦

情绪时起很大作用，因此研究者认为克他命阻断剂有助于治疗抑郁症。

抗抑郁药物的总体成功率较高。与抗精神病药物不同，抗抑郁药物能提供长久而持续的疗效，很多情况下即使停药也不会复发。但抗抑郁药物也会有副作用，如晕眩和无力，5-羟色胺再摄取抑制剂还可能提高儿童和青少年自杀的风险。

> **抗精神病药物：** 暂时减少精神疾病症状，如烦躁、妄想和错觉等。
>
> **抗抑郁药物：** 改善心境，让严重抑郁患者感觉良好。

心境稳定剂（Mood Stabilizers）用来治疗心境障碍。例如，锂作为一种矿物盐被成功地用于控制双相障碍。尽管没人知道原因，但诸如丙戊酸钠和立痛定等心境稳定剂确实可以有效减少惊恐发作。但这些药物却无法治疗双相障碍的抑郁阶段，因此在这个阶段还需要使用抗抑郁药物。

锂一类的药物有一种区别于其他药物的特性：它们有预防下一周期躁郁发作的作用。一般说来，曾经患过双相障碍的人可以每日服用一定量的锂来预防复发，而其他大部分药物只有在症状出现时才管用。

抗焦虑药物（Antianxiety Drugs）能够降低焦虑感，提升幸福感。它不仅可以用来缓解遭遇危机时的紧张感，也可用于治疗严重的焦虑障碍。

诸如阿普唑仑和安定一类的抗焦虑药物是医生们最常开出的精神类药物。事实上有一半以上的美国家庭中有人曾服用过这种药物。

虽然抗焦虑药物的广泛使用证明它们的风险性不大，但也可能产生严重的副作用。例如，它们可能导致身体虚弱无力，长期服用还会产生依赖。而且一些抗焦虑药若与酒精一同使用还可能致命。除此之外更让人担心的是：几乎所有取向的治疗观点都认为长期的焦虑是其他严重疾病的预警信号。因此，药物在抑制焦虑的同时也可能掩盖了潜在的问题，导致的后果就是患者不直面问题，而是用抗焦虑药物来逃避真正的危机。

电休克疗法 电休克疗法（**Electroconvulsive Therapy，缩写为ECT**）发明于20世纪30年代，用于治疗严重抑郁。治疗过程中，治疗师会用70～150伏的电流短暂刺激患者的头部，导致患者暂时失去知觉，严重时还可能导致痉挛。在电击之前治疗师会麻醉患者并帮助其放松肌肉，以便减少在ECT过程中因紧张导致的肌肉收缩。一般来说，在为期一个月的治疗过

心理学思考

> > > 对生物医学疗法最主要的批评认为这种方法只治疗了心理障碍的症状而没有揭示和治疗病人内心深处的问题。这种观点的依据是什么？

程中患者将接受10次左右的电击治疗，也有些患者在之后会继续接受几个月的保持治疗。

ECT是一种饱受争议的疗法。不仅是因为其形式让人很容易联想到电刑，令人厌恶，还因为它的副作用非常普遍。例如，电休克之后患者可能出现长达几个月的方向感不清、迷惑感和失忆。且ECT的长期疗效并不好。有研究表明若没有后继的药物治疗，大多数抑郁症都会复发。而且，虽然ECT确有其效，但我们却并不清楚其机理是什么，因此有些人认为它可能导致永久性脑损伤。

既然ECT有这些缺陷，为什么还有治疗者使用它？主要是因为对于严重抑郁症来说它几乎是唯一可以迅速见效的方法，如前面提到的凯蒂·杜卡基斯的案例。它能有效防止抑郁者自杀，也比抗抑郁药物见效快得多。

心境稳定剂：治疗心境障碍和预防双相障碍躁狂阶段的药物。

抗焦虑药物：减轻焦虑水平的药物，原理是降低兴奋性和提升幸福感。

电休克疗法：用70～150伏的电流短暂刺激患者的头部以治疗严重抑郁的方法。

经颅磁刺激：在大脑特定区域产生一个磁刺激，用于治疗抑郁症。

精神外科学：减轻心理障碍症状的脑外科手术，现在已很少使用。

过去十年中电休克疗法的应用率有所上升，每年都有超过100 000人接受这种治疗。当然，它只有在抑郁非常严重、其他方法都不管用时才会被使用，研究者也在不断寻找其他更好的疗法来替代它。

经颅磁刺激（**Transcranial Magnetic Stimulation,缩写为TMS**）是ECT的替代疗法之一，目前来看前景可期。TMS通过在大脑特定区域产生一个磁刺激，激活某些神经元，从而减轻抑郁症状。不过它也有副作用，如可能导致痉挛和惊厥等，因此仍然处于临床实验阶段。

精神外科学 如果电休克疗法已经让你充满疑问，那么**精神外科学**（**Psychosurgery**）——通过脑外科手术来减轻心理障碍症状则更加令人疑惑。这种疗法现在已很少使用，而在20世纪30年代，它被认为是"治疗的最后一张王牌"。

最初的精神外科治疗是脑白质切除术，治疗者认为通过切除患者前额叶中的部分皮层可以控制患者的情绪。在20世纪三四十年代，医生为上千患者实施了这种手术。这种手术的精确性很低，例如，一种普遍的做法是将一把冰锥从患者的眼球下方刺入并前后旋转。

精神外科手术的确能极大改善患者的行为，但其副作用也同样巨大。随着心理障碍症状的减轻，患者可能同时经历人格变化，变得冷漠、无趣、感情贫乏。也有一些案例中的患者变得富有攻击性，无法控制冲动的情绪。而最坏的情况是，患者可能因这种手术而丧命。

精神外科治疗具有可能永久性改变患者人格这一明显触犯伦理的问题，所以随着更有效的药物疗法的兴起，它逐渐淡出历史舞台。可是，当患者的行为严重危害自己或他人的安全，且所有其他治疗方法都宣告无效时，仍有可能会使用这种方法。例如，在治疗一些很罕见的强迫症时，治疗师可能用到扣带回截断术，即切断患者大脑的前部扣带回。另一种方法是伽马刀技术，即用射线束破坏脑内与强迫症相关的区域。

生物医学疗法的前景 从某种角度讲，没有哪个领域像生物医学疗法一样经历了如此巨大的变革。最初粗野狂暴、无法控制的患者在药物帮助下逐渐平静下来，精神病院也能够专注于帮助患者痊愈，而不再只是监管控制他们。同时，曾经被抑郁症或双相障碍毁掉人生的患者也得以回归正常生活。其他类型的药物也同样显示出极好的疗效。

生物医学疗法越来越多地被用于缓解日常心理问题。一项在大学咨询中心开展的调查显示，在1989年到2001年间，来接受心理咨询的学生中服用药物来治疗心理障碍的比率从10%上升到了25%。

此外，新的生物医学疗法前景广阔。例如，基因治疗，这是最新的、目前还在实验中的疗法。在我们讨论行为遗传学时曾指出，特定基因可能与脑内特定区域相联系。因此这些基因也许能够改变甚至防止导致心理障碍的生理事件的发生。

尽管有较好的疗效和光明的前景，生物医学治疗并不能治愈所有的心理疾病。一方面，批评者称这种方法只能减轻心理障碍的症状，一旦停药，症状就会复发。虽然这是向正确的方向迈出的关键一步，但是并不能实质性地解决潜在的问题。此外，生物医学疗法的副作用十分明显，小的生理反应倒是无伤大雅，但有些甚至会催生出新的异常行为。

尽管如此，无论是单独使用还是与其他心理疗法联合使用，生物医学疗法帮助了上百万人回归正常生活。虽然生物医学治疗与心理治疗看起来很不相同，但研究者认为二者之间的区别并没有我们想象的那么大，至少它们是殊途同归的。

与其他疗法不同，社区心理学旨在预防，以及降低心理障碍的发病率。

对药物治疗与心理治疗之后的脑功能状况进行对比，发现结果并无太大区别。一项研究对比了两组分别接受抗抑郁药物治疗和心理治疗的重度抑郁症病人的脑功能。治疗六周以后，与抑郁相关的脑区——基底核在两组中发生的改变基本相同，功能都趋于正常。虽然这样的研究并不精确，但它依然表明了，对于一些心理障碍来说，心理治疗同生物医学干预一样有效，反之亦然。研究还发现，没有哪种治疗方法是普遍适用的，每种方法都有自己的优点和不足。

社区心理学 我们以上讨论过的治疗方法有一个共同点：它们都是"修复性"的，旨在减轻已经发生的心理问题。与这些疗法不同，**社区心理学**（**Community Psychology**）旨在预防，希望降低心理障碍的发病率。

社区心理学发展于20世纪60年代，当时美国的心理健康专家们想要建立一个由社区心理健康中心组成的全国性网络。他们希望这些健康中心能提供成本低廉的心理健康服务，包括短期治疗和社区教育项目等。

另一方面，随着药物疗法的普及，已不需要限制精神病人的人身自由，因此精神病院的数量急剧减少。这使许多住院精神病人离开医院回归社区——这

虽然去机构化取得了不小的成功，但同时它也将很多精神病患者扔进社区，却不给他们任何支持。因此，许多人无家可归。

一进程叫作**去机构化**（**Deinstitutionalization**）。去机构化受到了社区心理运动的鼓励。支持者希望去机构化后的病人不仅能得到合适的治疗，还能保有基本的人权。

> **社区心理学**：心理学分支之一，旨在预防和降低心理障碍在社区的发病率。
> **去机构化**：昔日住院的精神病人离开医院回归社区。

然而不幸的是，去机构化的承诺并未实现，很大程度上是因为去机构化后的患者得不到足够的资源支持。这项有意义的尝试的初衷是将患者从精神病院解脱出来，让他们重新回到社区，但到最后却变了味：曾经的患者被直接扔进社区，没有得到任何实质性的支持。很多人因此无家可归——约有1/3到一半的无家可归者被认为患有严重精神障碍，还有一些人因为自己的心理障碍而被卷入犯罪事件中。总之，很多应该得到治疗的人被弃之不顾。还有一些患者仅仅是被从一所治疗中心转移到另一所。

当然，社区心理运动还是取得了一定成果。电话热线现在已经非常普及。无论白天还是夜晚，面对严重压力的人都可以打电话给受过训练的、充满同情的听众，后者能够立即提供（虽然很有限）治疗。

大学和高中的危机干预中心是社区心理运动的又一项成果。危机干预中心是模仿自杀干预热线中心（为可能自杀的人提供的服务，让他们可以通过电话向他人诉说自己的困难）建立的，设立的目的是希望给有需要的人以机会，让他们以电话的方式与一位充满同情心的志愿者讨论自己所遇到的危机。

若你想在心理健康领域获得专业训练和宝贵的经验，可以报名成为自杀或危机热线的志愿者。

许多大学的心理咨询中心都可以查到这些机构的名称及电话。

加入我们！

我的心理学笔记 >>

- 心理学家用哪些理论解释心理障碍

医学观点认为异常行为是某种潜在疾病的症状。精神分析观点认为异常行为起源于儿童时期的无意识冲突。行为治疗观点不将异常行为看做某种深层疾病的症状，而将其当作问题本身。认知治疗观点认为异常行为是错误认知（思维和信念）导致的，因此可以通过改变患者的错误思维和信念来减少异常行为。

- 心理障碍主要有哪些类型

个体体验到巨大的焦虑感并因此影响到正常生活就是焦虑障碍。心境障碍的主要表现是强烈影响个体生活的抑郁感或欣快感。精神分裂是最严重的心理疾病之一，其症状包括机体功能下降、思维和语言紊乱、知觉障碍、情绪紊乱和退行等。患人格障碍的人很少为自己的问题感到痛苦，但也不能像正常的社会人一样生活。人格障碍包括反社会人格障碍、边缘性人格障碍、自恋型人格障碍等。

- 什么时候应该寻求专业心理帮助

应当寻求专业心理帮助的信号有：长期压抑、无力应对压力的感觉、想远离他人、出现伤害自己或他人的念头、迁延的绝望感、没有明显原因的慢性生理问题、恐惧、冲动、偏执以及无法与他人交流。

- 心理障碍的治疗方法有哪些

对于隐藏的、过去未解决的冲突和不被允许的冲动等问题，精神分析疗法试图将其从无意识层面转化到意识层面以帮助来访者解决它们。行为治疗认为异常行为就是问题本身，而不是潜在问题的症状表现，因此他们用厌恶疗法、系统脱敏、观察学习等来改变来访者的外部行为。认知治疗支持者认为治疗的目的是帮助来访者改变错误的信念系统，重塑一个更现实、更理性和更有逻辑的世界观。人本主义疗法的假设是人可以控制自己的行为，可以选择自己的生活，只有自己才能解决自己的问题。人际关系治疗关注人际关系，寻求短期内的迅速改善。药物治疗是生物医学疗法最好的例子，它能大幅减轻心理障碍的症状。抗精神病药物能缓解精神病症状；抗抑郁药物减轻抑郁的效果非常显著，得到了广泛应用；抗焦虑药物是处方中最常开出的精神类药物。非药物的生物医学治疗包括用于治疗严重抑郁症的电休克疗法，以及用外科手术破坏或摘除患者大脑特定部分的精神外科治疗。

测试一下

1. 维吉妮亚（Virginia）的妈妈认为女儿的行为异常，因为明明接到了医学院的入学通知书，维吉妮亚还是决定去做一名女服务员。维吉妮亚的妈妈是用什么方法来定义异常行为的？

2. 对于生物医学观点对异常行为的定义，下列哪项对其进行了反驳？
   a. 生理异常几乎无法定义
   b. 把过去经历与现在的行为联系起来并没有说服力
   c. 医学观点太过倚重营养的作用
   d. 认为异常行为是生理问题会使得个体对改变自己的行为不再负有责任

3. 安吉尔（Angel）极度害羞。根据行为主义观点，改变他的"异常"行为的最好方法是：
   a. 治疗潜在的生理问题
   b. 用学习理论改变他的害羞行为
   c. 给予他更多照顾
   d. 用催眠来挖掘他过去的负面经历

4. 薇（Vi）害怕电梯。她可能患有的心理障碍是：
   a. 强迫症
   b. 恐怖症
   c. 惊恐障碍
   d. 广泛性焦虑障碍

5. 无法扼制地想要完成某种奇怪仪式的冲动叫作_____。

6. 极度欣快感和能量过剩，同时又伴随有严重抑郁的疾病是_____。

7. 关于精神分裂症的练习说明：
   a. 精神分裂症毁了人的一生
   b. 医疗极大地改变了精神分裂症患者的生活
   c. 五个不同的人怎样为自己的精神分裂症找到了五种不同的解决方法
   d. 精神分裂症常常与其他心理障碍相伴随，如抑郁症和边缘性人格障碍

8. 最新版的DSM是定义心理障碍的结论性指南。正确还是错误？

9. 紧张性精神分裂症在哪个国家最为普遍？

10. 根据弗洛伊德的理论，人们用_____作为防止不被接受的冲动进入意识的方法。

11. 关于系统脱敏的练习说明：
    a. 恐怖症的严重程度决定应使用哪种治疗方法
    b. 我们能学会爱曾经害怕的东西
    c. 系统脱敏可与其他方法相结合来治疗恐怖症
    d. 尽管有点过时，但系统脱敏还是比暴露疗法更有效

1. 偏离常规。
2. d
3. b
4. b
5. 冲动
6. 双相障碍
7. a
8. 错误。最新版DSM也有争议，因为它在某些问题上显得有点武断，关于谁有什么样的问题。
9. 印度
10. 防御机制
11. b

社会心理学

生命的礼物

一个雾气蒙蒙的下午，在美国肯塔基州的黎巴嫩市，已有10周身孕的凯蒂·普多姆（Katie Purdom）刚刚从学校接走她4岁的女儿维多利亚·雷（Victoria Leigh）。突然间，一条狗蹿了出来，冲到她的车子前面。她猛打方向盘躲过了狗，车却滑了出去，掉进一条1米多深的小河里。卡住的安全带把她绑在座位上动弹不得，维多利亚也被卡在了后座的儿童椅中。

"水淹进来，到处都是。"凯蒂说。31岁的凯蒂是一位面点师，她不会游泳。"维多利亚一直在叫'妈妈，我冷，帮帮我。'这真是太可怕了。"就在她试图把孩子举起来让她的脸露出水面时，她听到了一个男人的声音：那是52岁的佩里·布兰德（Perry Bland），他开车走在这条走了27年的路上时发现了她们。他一边轻声安慰这对母女，一边拔出他的塑料开信刀开始割安全带。10分钟后，母女二人平安获救，身上只有一点擦伤。七个月过后，凯蒂顺利产下一名男婴，她说："我欠佩里一条命。"佩里如今已成为当地的名人，但他只是庆幸事件已经过去了。"我想起来就会觉得后怕，"他说，"我知道当时情况有多么危险。"

为什么佩里能表现得如此勇敢？仅仅是因为当时的情境吗？还是因为他所拥有的某些品格？一般而言，是什么因素导致了助人行为的发生？相反，人们为什么有时又会对他人的利益不管不顾？更宽泛地说，我们该如何改善社会环境，让人们得以和谐共处？

边读边想 >>

- 什么是态度？态度如何影响行为？态度如何才能改变？
- 我们如何影响他人？
- 刻板印象从何而来？
- 我们为什么会被特定类型的人所吸引？关系是如何开始和发展的？
- 是什么使得一些人侵略好斗，而另一些人友善助人？

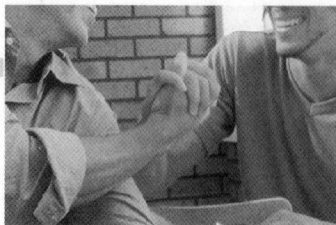

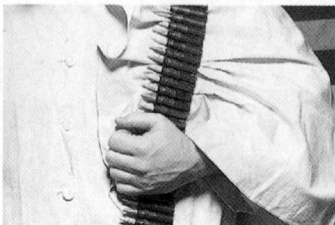

社会心理学（**Social Psychology**）是研究我们的思维、情感和行为如何受到他人影响的学科。社会心理学家关心我们与他人相处时的行为；关心这些行为为什么会变化以及怎样变化；关心环境特征怎样影响我们的行为。

社会心理学广阔的研究空间体现在社会心理学家提出的问题中：我们如何说服他人改变看法或接受新思想？我们是如何理解他人的？他人的行为和想法如何影响我们？为什么有些人表现得凶残暴虐，而有些人却能舍己为人？在追寻这些问题答案的同时，我们也讨论一些日常问题的解决办法，如怎样形成对他人的准确印象、爱情是什么等。

社会心理学： 研究我们的思维、情感和行为如何受到他人影响的学科。

态度： 对特定人、行为、信念或概念的评价。

一开始我们先看看态度如何塑造行为以及我们怎样形成对他人的判断。接下来讨论我们如何受到他人影响以及偏见和歧视问题，重点关注偏见歧视的产生根源及消减方法。然后我们探讨人与人建立友谊和亲密关系的方式，最后聚焦于人类行为的两个极端——侵犯和助人行为。

>> 态度与社会认知

沙克·奥尼尔（Shaquille O'Neal）、瑞秋·雷（Rachael Ray）和伊莱·曼宁（Eli Manning）有什么相同点？

他们老是出现在广告上。广告的目标是改变我们对商品的看法。除了广告，我们每天还受到来自于政治家、售货员、名人等大量信息的轰炸，他们全都在使尽浑身解数试图影响我们。

说服：改变态度

说服就是态度改变的过程，它是社会心理学的核心概念之一。态度（**Attitudes**）是对特定人、行为、信念或概念的评价。例如，你会对美国总统

商家邀请运动员，如篮球明星勒布朗·詹姆斯（LeBron James）来说服我们购买他们的产品。名人真的能影响消费者的购买习惯吗？

中心途径的加工关注信息的内容，外周途径的加工关注信息的表达方法。

（人）、堕胎（行为）、平权运动（信念）或建筑业（概念）持有自己的态度。

态度改变的难易程度取决于以下几种因素。

- 信息的来源。传达说服信息的人叫做说服者，他对说服的有效性至关重要。外表吸引力高、富于魅力的说服者能带来更大的态度改变。此外，除非听众已经先入为主地觉得说服者别有用心，否则说服者的专家身份和高可靠性也会有助于提升说服效果。

- 信息的特点。影响说服效果的不仅有说服者，还有信息的内容。一般来说，双面信息（同时包含说服者的立场及对立立场的信息）比单面信息（仅包含说服者立场的信息）效果更好，因为听众很可能对该议题已经有所了解，单面信息有隐瞒之嫌，而双面信息则可以通过驳斥对立观点来传达己方观点。此外，唤起恐惧感的信息（"如果不使用安全套你就可能染上艾滋病"）如果能搭配上相应的解决办法一起传达，说服效果会更好。但是需要注意的是，如果唤起的恐惧感过于强烈，就可能激活听众的自我防御，而导致信息被忽略。

- 说服目标的特点。说服者负责提供信息，说服对象的特点则决定了这一信息是否会被接受。例如，如果一个人经常看新闻，有机会反复接触到某个

观点，那么即便这一观点是荒谬的，他也可能接受。

说服的途径 被说服者对说服信息的接受程度还与说服者使用的信息处理方式有关。社会心理学家发现主要存在两条信息处理路径：中心途径和外周途径加工。当人们对问题进行深入思考时使用的是**中心途径加工**（Central Route Processing），这时人们做出判断是基于观点及论据的逻辑、价值和强度。

与此相反，**外周途径加工**（Peripheral Routeprocessing）是指人们受到与信息内容无关的周边因素的影响而被说服。也就是说，这时让人们做出判断的是一些外在因素，如信息的传达者、论据的长度及论据所唤起的情绪等。

总的来说，投入和参与度高的听众一般使用中心途径来加工信息；但如果听众不投入、参与度低、感觉无聊或注意力不集中，那么信息本身是什么就不重要了，此时外周因素就变成了决定性的。尽管中心途径与外周途径的加工方式都能改变态度，但相对来说前者带来的改变更大，也更持久。

> **中心途径的加工：**对说服信息进行深入思考后做出判断。
>
> **外周途径的加工：**基于说服信息的来源及周边因素而非信息的内容做出判断。

两种说服途径

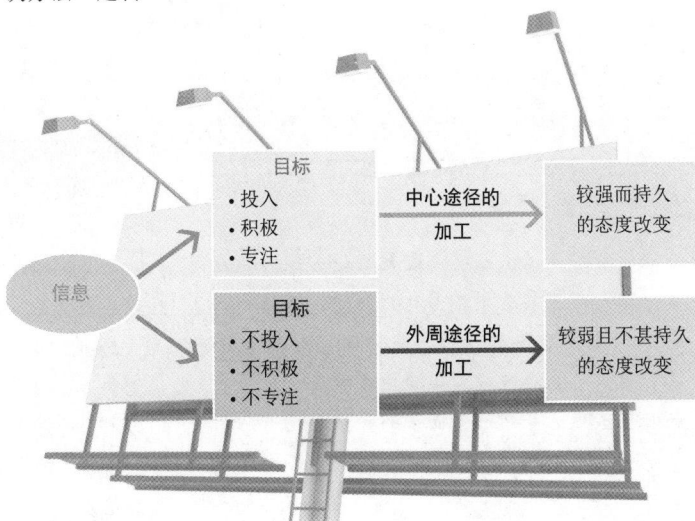

- 信息

- 目标
  - 投入
  - 积极
  - 专注

- 中心途径的加工 → 较强而持久的态度改变

- 目标
  - 不投入
  - 不积极
  - 不专注

- 外周途径的加工 → 较弱且不甚持久的态度改变

会不会有人更偏爱使用中心途径而不是外周途径处理？答案是肯定的。例如，那些高认知需求的人，也就是习惯于思考和从事高级认知活动的人，就更喜欢使用中心途径加工。

认知失调： 当一个人同时拥有两种矛盾的态度或想法（即认知）时产生的冲突。

高认知需求的人喜欢思考、哲学与内省。因此，他们更多使用中心途径加工说服信息，更容易被复杂、有逻辑且详细的信息说服。与之相反，低认知需求的人如果花大量时间思考问题，就会觉得不耐烦，因此他们更多使用外周途径加工，更容易被论据以外的因素说服。

态度与行为之间的关系 毫无疑问，态度会影响行为。尽管特定态度与行为间的关联强度不一，但人们总是希望态度与行为保持一致的，并且多数时候我们也确实能做到这一点。比如，你不大可能会一边热爱着汉堡包，一边又认为吃肉是不道德的。

如果你是……

一名公共关系专家 你准备做一场电视公关活动，帮助一家知名厂商提升公众形象。你会如何运用说服的理论来影响尽可能多的观众？

但是，有趣的是，态度和行为的关系反过来也同样成立——行为也常常塑造着我们的态度。比如，想象一下下面这个情景：

你刚刚度过了一生中最无聊的一小时，就是在一个心理学实验中不停地钉钉子。就在你终于完成了实验准备离开时，实验者请你帮他一个忙。他说他在接下来的实验中需要一个助手，帮他把实验内容介绍给下面来的被试。还有一项特殊的任务，就是告诉他们钉钉子的任务有趣又刺激。每这样告诉一个人，就可以得到1美元的报酬。

我们的行为常常能塑造我们的态度。

如果你答应了实验者的请求，就会置身于一种叫做"认知失调"的心理紧张状态之中。心理学家利昂·费斯廷格（Leon Festinger）认为**认知失调（Cognitive Dissonance）**会在一个人同时拥有两种矛盾的态度或想法（即认知）时产生。如果你身处上述情境中，就会体验到两种相反的想法：（1）我认为这个实验很无聊，但是（2）我对其他人说它很有趣，并且没有什么充分的理由（只有1美元报酬）。这两种思维就会引起认知失调。这种感觉显然不太美妙，那有办法减少失调吗？你不能否认自己对别人说了实验很有趣，因为这已是既定事实。相对而言，改变你对实验的态度更为可行，于是你可能会觉得钉钉子其实还有点意思。也就是说，你会通过对实验抱有更积极的态度来减少认知失调。

一个经典实验证实了这一预测。这个实验与上面说的程序基本相同，被试每告诉一个人这个无聊实验很有趣，就可以得到1美元。另外，实验还设置了一个对照组，对照组中的被试每告诉一个人实验很有趣可以得到20美元。研究者假设，20美元可以成为被试说谎的足够理由，因此在对照组中不会出现认知失调，被试对于实验的态度也就不用发生改变。结果证实了他们的想法。得到1美元的被试改变态度（更喜欢钉钉子实验）的人数比对照组多得多。（什么？你觉得你才不会为了区区20美元说谎？要知道，那时可是20世纪50年代，20美元够一个人买一星期的食物了。）

认知失调理论能够解释生活中许多与态度和行为有关的现象。例如，吸烟者获悉吸烟会导致肺癌后就会出现两个矛盾的认知：（1）我吸烟，和（2）吸烟会导致肺癌。认知失调因此产生。依据认知失调理论，这时若吸烟者不戒烟，他就会试图用以下四种办法之一来减轻认知失调：（1）改变其中一个认知或同时改变两个；（2）降低其中一个认知的重要性；（3）加入另外的认知；（4）否认两个认知之间有联系。因此，这个吸烟者可能会说自己并没有抽很多烟（改变其中一个认知），吸烟导致癌症的证据太少（降低一个认知的重要性），多锻炼身体可以弥补吸烟造成的伤害（加入另外的认知），或吸烟与癌症之间没有直接联系（否认）。这些方法都可以不同程度地缓解认知失调带来的不适感。

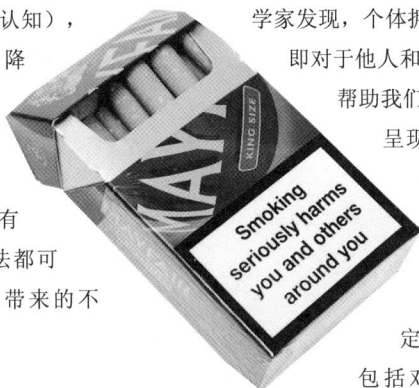

社会认知：了解他人

第一次见到某个人，我们就会对其形成印象。这个印象可能好也可能不好，可能对也可能不对，但就是这个第一印象会影响到我们对这个人后续行为的判断。因此，社会心理学一直关注我们如何理解他人，以及我们如何解释他人行为背后的原因。

了解他人是什么样的 想想我们每天要面对多少有关别人的信息，我们怎么评价哪个重要，哪个不重要？我们怎么判断别人的性格？关心这些问题的社会心理学家研究的主题是**社会认知**（Social Cognition），即人们理解自己和他人的方式。心理学家发现，个体拥有非常成熟的**图式**（schemas），即对于他人和社会经验的一系列认知。这些图式帮助我们组织记忆中的信息，在我们脑海里呈现社会运行的方式，还可以提供一个框架，让我们在其中识别、分类并提取有关他人及群体等社会刺激的信息。

我们对特定种类的人拥有特定的图式。例如，"老师"的图式包括对所教学科的知识、教授这种知识的愿望，以及了解学生学习该知识的需求等一系列特点。"母亲"的图式则包括温暖、养育和照顾。不管这些图式是否正确，它们都很重要，因为它们组织着我们有效识别、分类和提取信息的过程。此外，我们具有将他人归纳进各种图式的倾向，即使不一定有充分的依据，图式让我们能够基于有限的信息来预测他人。

> **社会认知**：人们理解自己和他人的认知过程。
>
> **图式**：关于人和社会经验的一系列认知。

印象形成 我们是如何判断出谢利特（Sayreeta）是个浪子、雅各布（Jacob）令人生厌、哈克特（Hector）为人善良的？最早的社会认知研究关注的就是这一问题。个体将关于他人的信息组织起来形成一个总体印象的过程就叫做印象形成。

在一项早期的经典研究中，研究者告诉学生他们将见到一位客座讲师。学生们被随机分为两组，第一组学生被告知这位讲师是"一个热情的人，勤奋、严厉、务实且果断"，第二组学生则被告知他是"一个冷漠的人，勤奋、严厉、务实且果断"。

结果发现，第一组学生对这位讲师的评价显著高于第二组。仅仅用"冷漠"代替了"热情"，就使得两组学生对他人的判断发生了巨大变

Smoking seriously harms you and others around you

两个矛盾的认知
1. "我吸烟。"
2. "吸烟会导致癌症。"

认知失调

改变其中一个认知或同时改变两个（"我其实抽得一点都不凶……"）

降低其中一个认知的重要性（"吸烟导致癌症的证据太少。"）

加入另外的认知（"我经常锻炼身体，所以抽点烟就无所谓了。"）

否认两个认知之间有联系（"吸烟与癌症没什么关系。"）

认知失调与吸烟

化，尽管这位讲师在两组学生面前讲的东西是一模一样的。

这项实验引发了后续研究对于印象形成过程中人们特别看重的某些特质的关注，这些特质称为**中心特质（Central Traits）**。研究者发现，中心特质的存在能改变其他特质的意义。因此，"勤奋"这一特质在与中心特质"热情"相联系时的意义就与在和"冷漠"相联系时有很大不同。

印象形成的速度非常快。在几秒钟内，仅靠一些"行为碎片"，我们就能对一个人形成判断。而且这种判断往往非常准确，与基于大量行为得出的判断大体相同。

当然，一旦我们更深入和全面地了解了他人，看到他们在不同场合的不同表现，我们对他们的印象就会变得更为复杂。不过，由于我们对他人的了解总会存在断层或盲点，我们还是会把他人归纳进代表特定"类型"的人格图式中。例如，我们对"社会型的人"的图式包括友善、进取心和开朗等特质，那么只要某个人符合其中的一到两项，我们就会把他归入这个图式中。

尽管图式并不完全正确，但仍然不可或缺：它使我们对他人的行动有所期望。这些期望使我们能更好地计划与他人的互动，让复杂的社会变得简单。

归因过程 我们都曾对他人的行为感到不解。例如，不明白室友的心情为什么突然晴转多云，不明白一个品学兼优的学生为什么会走上绝路。与描述人们如何形成印象的社会认知理论不同，归因理论（Attribution Theory）想要解释我们如何根据个体的行为样本来判断个体行为的原因。

（行为的）情境原因：行为原因基于环境因素。

（行为的）特质原因：行为原因基于内在特质或人格特点。

通常情况下，我们会通过以下几个步骤确定个体行为或其他事件的原因。首先我们注意到某些不寻常的事情发生，例如，网球明星罗杰·费德勒（Roger Federal）打了一场糟糕的比赛，之后我们就会尝试着去解释它。我们会先形成一个最初的解释：可能费德勒比赛前一晚没睡好。继而根据可用的时间、可用的认知资源（如我们对此事件能够投入的关注程度）和我们的动机（部分取决于此事件的重要程度），我们会选择是接受最初的解释还是对它进行修正（如费德勒可

心理学思考

第一印象和吸引

＞＞＞ 你看到同事安妮特（Annette）言行粗鲁无礼，于是得出结论说她是个不友善的人。第二天你又看到安妮特对其他同事表现得友好亲和，你会不会改变对她的印象？为什么？

能是生病了）。如果有足够的时间、认知资源和动机，这就变成了一个问题解决的过程，我们得以去寻求更加完善的解释。在得到满意的最终解释之前，我们也许会尝试多种可能的答案。

在解释行为的过程中，我们常常要回答这样一个问题：行为的原因是情境还是个人？如果根源在环境那就是**情境原因（Situational Causes）**。例如，有人打翻了牛奶然后擦洗地板，我们不会觉得这是个爱干净的人，因为是情境要求他/她这么做。但如果一个人经常花几小时擦洗厨房地板，那么他/她八成是个爱干净的人。这时引发行为的是**特质原因（Dispositional Causes）**，即行为的原因基于个体的特质（他/她的内在特质或人格特点）。

归因偏差：人非圣贤孰能无过 如果人们总能像归因理论所说的那样理性分析信息，世界将会更平稳地运转。但不幸的是，尽管归因理论基本上都能做出准确的预测，但人们很难做到永远那么有逻辑地理解信息。因此，研究发现人在归因时总会产生偏差。典型的偏差有以下几种。

心理学小贴士

归因过程的中心问题在于行为的原因是情境因素还是特质因素。

假定相似偏差使我们相信别人跟我们有相似的态度、观点和喜好。

- 晕轮效应。哈利（Harry）聪明、善良又充满爱心。那么他是否认真尽责？如果让你猜，你的回答很可能是肯定的。这就是**晕轮效应（Halo Effect）**，即如果你一开始就觉得一个人不错，那么你就会用他好的特质来推测他其他方面的特质。反过来也一样，知道哈利不友善又好斗，你可能会觉得他也很懒惰。然而，集全部优点或缺点于一身的人都几乎不存在，所以晕轮效应常常导致对他人的误解。

- 假定相似偏差。在态度、观点和喜好方面，你和朋友的相似度有多高？大多数人会认为朋友与自己十分相似，如果把这种想法进一步扩展，就是所谓**假定相似偏差（Assumed-similarity Bias）**，意思是人们总认为别人与自己相似，即使他们只是第一次见面。世界上的人千差万别，因此这一假定常常降低判断的准确性。

- 自利偏差。球队若赢球，教练会觉得是因为自己指导有方；而球队若输球了，教练则会觉得是因为队员水平不够。同样，如果你在考试中得了A，你会觉得那全在于自己学习努力，但如果挂科了，你就可能说是老师教得不好。这就是**自利偏差（Self-serving Bias）**，一种把成功归因于个人因素（技术、能力或努力）而把失败归因于外部因素的倾向。

- 基本归因错误。最为普遍的归因偏差是把他人的所有行为都归因于特质因素而忽略了情境因素，这就是**基本归因错误（Fundamental Attribution**

Error），这种倾向在西方社会很常见。我们评价他人行为时容易夸大人格特征的影响（特质原因）而低估环境因素的影响力（情境原因）。例如，我们很可能认为一个上班经常迟到的人是个懒鬼，不愿早起赶公车（特质原因），而不会认为迟到是由于情境原因，诸如她必须等保姆来了才能出门赶公车等。

社会心理学家对归因偏差的研究在一定程度上带动了一门新学科的诞生，那就是行为经济学。行为经济学研究个体非理性的偏差如何影响经济决策。行为经济学家并不把个体看作理性的、能够不带偏见做选择的决策者，而是更为看重个体作判断时非理性的一面。

晕轮效应：对某人形成最初的好印象后，推论其他方面也同样积极的倾向。

假定相似偏差：认为他人与自己相似的倾向，即使对方是陌生人。

自利偏差：把成功归因于个人因素（技术、能力或努力）而把失败归因于外部因素的倾向。

基本归因错误：归因他人行为时夸大特质原因、低估情境原因的倾向。

文化背景与归因　归因偏差在每个人身上的表现不尽相同，这一点受到我们所处文化背景的重要影响。

以基本归因错误为例，这种归因他人行为时夸大特质因素、低估情境因素的错误倾向在西方国家很常见，但在东方国家则没有这么普遍。例如，印度人在解释事件时多使用情境归因而不是特质归因，这一点与美国人正好相反。

原因之一是东方文化的社会规范和价值观比西方文化更注重社会责任和社会义务。文化差异在归因时具有重要意义。例如，亚洲的父母倾向于将孩子优秀的学习成绩归因于努力（情境原因）。与之相反，西方父母较不看重努力，而将成绩归因于孩子的能力（特质原因）。因此，亚洲学生普遍比美国学生更努力，在校成绩也普遍更好。

心理学思考

> > > 我们时时刻刻都在解释自己和他人的行为。如果知道自己经常会犯基本归因错误，我们能不能就此不再犯？

亚洲人与西方人不同的思维在宏观上反映了世界观的不同。亚洲国家大多倾向于集体主义观念，这种世界观提倡人与人相互依存。持集体主义观念的人们把自己看做一个大的、相互联系的社会网络中的一部分，对他人负有一定责任。相反，西方社会倾向于个体主义观念，更看重个体的身份和独特性。他们更注重那些让自己有别于他人和使自己独一无二的因素。

>> 群体与社会影响

假设你刚转到一所新学校，这是你的第一堂课。当教授走进教室时，所有的学生立即跪下开始唱歌，还一边摇摆着身子。你之前从未见过这样的行为，也不明白它们的含义。那么你是会（1）赶紧学他们的样子，还是（2）坐着不动？

社会影响（**Social Influence**）是个体或群体的行为影响到他人行为的过程。根据社会影响的相关研究，在上述情境下个体几乎总是做出第一种选择。你肯定也经历过类似的场景，在其中，群体一致性的压力大得让人喘不过气来，于是你不得不做出在其他情况下不会做出的改变。

> **社会影响：** 个体或群体的行为影响到他人行为的过程。
>
> **群体：** 至少包含两名成员，他们彼此互动、相互依存，并认同自己是群体中的一员。

为什么身处群体之中会感受到如此巨大的一致性压力？群体（广义上说就是他人）在我们的生活中扮演了重要的角色。在社会心理学中，将**群体**（**Group**）界定为由两个或以上的人组成，他们（1）彼此互动，（2）认同自己是群体中的一员，并（3）相互依存。也就是说，影响一个成员的事件也同时会影响其他成员，而成员的行为在很大程度上影响着群体目标能否达成。

群体有着自己的规范，即对成员行为的期望。我们都知道，不遵守群体规范会导致与群体其他成员疏远，轻则被排斥，重则可能被嘲笑甚至逐出群体。因此，人们一般都会遵从群体的期望。

从明天穿什么样的牛仔裤，到阿布格莱布监狱美军虐囚事件，群体对个人施加的影响力渗透于各个方面。接下来我们将讨论三种不同的社会压力：从众、依从与服从。

亚洲国家的孩子在校成绩普遍较好，因为他们的文化很重视学业成就以及坚持不懈的努力。

从众：和别人一样

从众（**Conformity**）是指个体为了遵循他人的信念或标准而改变自己的行为或态度。一些很微妙甚至是无法言说的社会压力都有可能导致从众。

从众研究中最为经典的是20世纪50年代所罗门·阿希（Solomon Asch）进行的一系列实验。被试被告知他将与其他六位被试一起参加一个知觉测试。实验者给被试们看一张画有三条竖线的卡片，线的长度各不相同，另外还有一张卡片上单独画着一条线段。被试的任务是回答这第四条线段与前三条中的哪条长度相同。任务看起来很简单：每个被试都被要求大声说出三条比较线段中的哪一条与第四条"标准"线段长度相同。因为答案一目了然，任务应当非常容易。

心理学小贴士

要想分辨三种不同的社会压力——从众、依从与服从，你必须了解它们的本质和强度。

实验开始了，前几轮所有被试的回答都相同。但之后，奇怪的事情发生了。等到最后一个被试回答时，他惊奇地发现前六个人给出的答案全都是错误的，而且错得相当一致。他想了一会儿，还是说出了自己认为正确的答案。但下一轮，情况居然没有改变，一次又一次，前六个被试持续一致地错误着……是相信自己的知觉，还是随大流、做出和前六人一样的回答？选择越来越艰难。如果你是那第七个被试，会怎样做呢？

你可能已经想到了，这个实验远没有表面上看着那么简单。前六个被试其实都是实验同谋（实验者找来的助手），他们约好了要在某些轮次下给出统一的错误回答。这个实验与知觉能力也没有任何关系，它研究的其实是从众行为。

阿希发现，在1/3的轮次中，被试选择了与大家一致但是错误的答案，所有被试中有75%的人至少做出过一次从众行为。然而，他也发现了显著的个体差异：一些被试总是从众，另一些却一次也没有。

自阿希开拓性的工作之后，科学家又进行了上百项关于从众的研究，因此我们现在对这一现象已经有了不少了解。从众的主要影响因素有以下几点。

- 群体特征。群体对成员的吸引力越大，从众的可能性越高。此外，个体的相对**地位**（**Status**），即在群体中社会等级的高低也很重要：在群体中地位越低的人越容易受到群体压力的影响。
- 个体所处的情境。当个体必须公开表态时，从众发生的可能性更高。美国的建国者们发现了这点，于是建立了无记名选举制。
- 任务的性质。当面临模棱两可的任务和没有明确答案的问题时，人们更易受到社会压力的影响。当被问到个人意见时，如喜欢什么，人们会比被问到事实类的问题更容易从众。此外，从事自己不擅长但群体中其他成员擅长的任务时，个体更容易从众。例如，一个很少用电脑的人在和一群电脑高手讨论电脑品牌问题时很容易感受到从众的压力。

- 群体一致性。群体中所有成员一致支持某种观点时带来的从众压力最大。但如果在这种情况下持不同意见的人有一个盟友，即所谓的**社会支持者**（**Social Supporter**）时，情况就可能大不相同了。事实上，只要有一个人提出不同观点，就足以减少从众行为。

> **从众**：个体遵循他人的信念或标准而改变自己的行为或态度。
>
> **地位**：个体在群体中的社会等级。
>
> **社会支持者**：破坏群体一致性，从而降低其他成员从众可能性的群体成员。

对社会角色的遵从会对行为产生巨大影响。

对社会角色的遵从　从众还可以通过社会角色影响行为。社会角色指的是与给定身份相匹配的行为。例如，"学生"的角色就包括学习、听讲座和上课等。和戏剧里的角色一样，社会角色能告诉我们在某个身份或位置上应该如何行为。

然而，有时候社会角色对我们的影响太深，以至于使行为脱轨甚至产生危害。这一事实是由菲利普·津巴多（Philip Zimbardo）及同事所做的一项影响深远的实验发现的。实验中，研究者设置了一个模拟监狱，有牢房、禁闭室和一个小型娱乐中心。接着招募了一批自愿在两周时间内参加监狱生活研究的学生。确定了参与者之后，实验者以抛硬币的方式将学生随机分成两组，一组是囚犯，一组是看守。两组人都没有被告知应该怎样扮演自己的角色。

在这个模拟监狱中生活了几天之后，扮演看守的学生开始虐待"囚犯"：半夜把他们弄醒，对他们肆意惩罚，不给他们饭吃，还逼迫他们从事沉重的劳动。与此相反，扮演囚犯的学生很快就变得顺从而听话，他们的情绪越来越消沉，其中一人还陷入了严重的抑郁，研究者不得不在几天之后就让他离开了实验。事实上，仅仅在六天后，剩余囚犯的行为就都变得非常极端，研究者因此被迫提前终止了实验。

虽然这个实验在方法和伦理道德层面都受到了诸多批评，但它依然清楚地为我们上了一课：遵从某种社会角色会对个体的行为产生巨大影响，即使是正常的、适应良好的人也可能被诱导做出某些不良行为。这一现象可以解释发生在伊拉克阿布格莱布监狱里的美军虐囚事件。

比较线段中的哪一条与"标准"线段长度相同？　标准线段　　比较线段　1　2　3

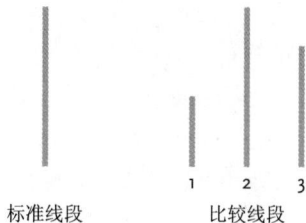

依从：服从于直接的社会压力

从众一般发生于社会压力相对间接或微妙的情境下，但我们也会碰到社会压力更为直接明确的情况，即被要求做出某种行为。社会心理学家将这种在直接社会压力下产生的行为称为**依从**（Compliance）。

依从：在直接社会压力下产生的行为。

服从：在他人的命令下做出的行为改变。

获得他人依从有诸多技巧，主要的有以下几种。

- 登门槛技术。一个推销员来到你家请你购买一个便宜的小样品，你觉得反正也不损失什么就欣然接受了。没过多久他又来了，请你购买一个较大的商品。由于你之前接受了小的样品，你会发现想拒绝这一请求很难。

  这个推销员使用了一种被称为"登门槛技术"的方法。即先向他人提出一个小的要求，被接纳后再提出一个更大的要求。如果对方满足了前一个小要求，那么接受之后大要求的可能性将显著增加。

  为什么登门槛技术会起效？一种解释认为接受了小的要求会让人们对此事产生兴趣，接下来无论对方做什么，都会增加人们的卷入感，从而促进了依从的可能性。另一种解释与个体的自我知觉有关。若我们顺从了第一个要求，就会建立起一个"我是好人"或"我是乐于助人的人"的良好自我形象，之后当对方提出更大的甚至让我们为难的请求时，为了维持自我形象的一贯性，避免出现认知失调，我们就更可能答应。尽管目前还不知道这两种解释哪一种更正确，或者还可能存在第三种解释，但很显然，登门槛技术是有用的。

- 留面子技术。一个募捐者向你索要500美元捐款，你大笑着拒绝了，告诉她这笔钱你可出不起。然后她改口说那不然捐10美元总行吧？这时你会怎么做？如果你跟大多数人一样，就很可能接受捐款10美元的请求，至少要比一上来就让你捐款10美元时的依从可能性大得多。这一技巧叫做留面子技术，即先提出一个大要求，并预料到一定会被拒绝，等被拒绝后再提出一个较小的要求。这一策略与登门槛技术刚好相反，但同样有效。

留面子技术使用广泛。你不妨也试试，先跟你父母提出要很多零用钱，然后再降低要求，看看效果如何。同样地，电视编导有时会在脚本中写一些明显很恶俗的段子，他们知道这些段落一定通不过审查，但却可能保全真正重要的部分不被删改。

- 折扣技术。例如，售货员先告诉你一个抬高了的虚价，然后又立刻许以一个诱人的折扣或礼品来促成交易。

  听起来并不复杂，但十分管用。在一项研究中，实验者搭了个小货亭卖蛋糕，一个75美分。一种情形下，实验者直接告诉顾客蛋糕75美分一个，另一种情形下则告诉顾客蛋糕原价1美元，但打折后价格降到75美分。结果发现，尽管两种情形下的价格完全相同，更多人还是选择购买"特价"蛋糕。

服从　如果说依从技术是相对"温柔"地引导人们接受请求，那么服从（Obedience）则是在他人的命令下做出的行为改变，具有较大的强制性。尽管不如从众和依从常见，服从还是会发生在特定的社会关系互动中。例如，我们会服从于老板、老师或父母，因为他们拥有惩罚我们的权力。

为了更好地理解服从，请想象一个陌生人对你说出下面这番话：

我发明了一种增强记忆能力的新方法。你要做的就是教一些"学习者"学习单词表，然后进行测验。测验过程中只要学习者回答错误你就对其实施电击。你要操作的是一台"电击发生器"，电压范围为15～450伏。在仪器上相应数字的下方标有文字说明，15伏下面写着"轻微电击"，而最高的450伏下面则写着"危险：严重电击"并画有三个红色的"×"。但别担心，电击虽然很疼，但不会造成永久性伤害。

你会答应这个人的要求吗？答案很可能是否定的，而且你觉得不仅自己不会这么做，其他人也不可能答应这个陌生人的奇怪要求。原因很明显，这一行为已经超出了我们的理智范围。

可是，如果这个陌生人是要求你帮助他进行一项心理学实验呢？如果这一要求来自于你的老师、老板或长官呢？他们对你提出要求似乎是合理合法的。

如果你还是觉得自己绝不会服从这一要求，那就来看这个实验吧。上面所描述的情形出现在社会心理学家斯坦利·米尔格拉姆（Stanley Milgram）20世纪60年代所做的一项经典实验中。研究者招募了一批身心健康的被试参与实验，告诉他们上面那段话，并让他们看到一个"学习者"的手被联结在电击发生器上。而事实上这个研究与记忆和学习都没有关系，所谓的学习者是研究者的助手，他们并没有真正遭受电击。这个实验真实想要研究的是被试对实验者所提要求的服从程度。

绝大多数听完米尔格拉姆实验过程的人都认为，肯定不会有被试残忍地施加最高450伏的电击，甚至连最轻微的都不会，也就是说大家势必会拒绝研究者的要求。即便是精神病学家听到这个实验，也预测最多只有2%的被试会完全服从实验者施以最强电击的要求。

然而，谁也没有料到真正的结果。在实验中，居然有高达65%的被试使用了最强450伏的电压来电击学习者。尽管学习者在一开始就告诉被试自己患有心脏病，并在实验过程中不停要求停止电击，叫嚷着"让我出去！让我出去！我的心脏受不了了！让我出去！"但服从还是发生了。大多数被试都无视学习者的哀求一次一次地持续实施电击。

为什么会有那么多人服从实验者的要求？事后研究者对被试们进行了深入的访谈，他们说自己最开始服从是因为相信实验者会对电击造成的伤害负责；之后继续服从命令则是因为他们不用为自己的行为负个人责任。也就是说，不管怎么说都可以把账算在实验者头上。

米尔格拉姆的实验迫使人们扪心自问：我们能不能抵抗住来自权威的压力？

尽管事后大多数被试都认为自己从实验中学到的道理远远超过自己经历的不适感，但这个实验还是遭到很多人的批评，因为它所设定的情形让人异常难受，带来了严重的道德问题（出于伦理原因今

如果你是……

一名学生会主席候选人 想想你的对手会用什么手段影响同学们的看法以获得更多选票？你能做些什么让同学们意识到这一点从而不被其影响？

天已经不能再做这个实验）。其他批评者则认为米尔格拉姆用的方法没有真正反映出现实世界中的服从情境。我们有多大的可能性置身于某个场景，被要求连续惩罚一个受害者，还忽略受害者的抗议？

尽管存在质疑，米尔格拉姆的实验始终是关于服从行为最具说服力的实验室研究。一些在伦理道德允许范围内进行的重复实验也得到了类似的结果。

此外，我们只要看一些服从权威的实例，就能发现现实生活中一些令人发指的行为与实验结果何其相似。例如，第二次世界大战之后，纳粹军官们在受审时开脱自己罪行的唯一理由就是他们"只是服从命令"。事实上米尔格拉姆的研究初衷确有一部分是想试图解释第二次世界大战期间德国人的行为。总之，这一经典实验迫使人们扪心自问：我们能不能抵抗住来自权威的压力？

资料来源：Copyright 1965 by Stanley Milgram. 来自影片Obedience, 发行自NewYork University Film Library and Pennsylvania State University, PCR。

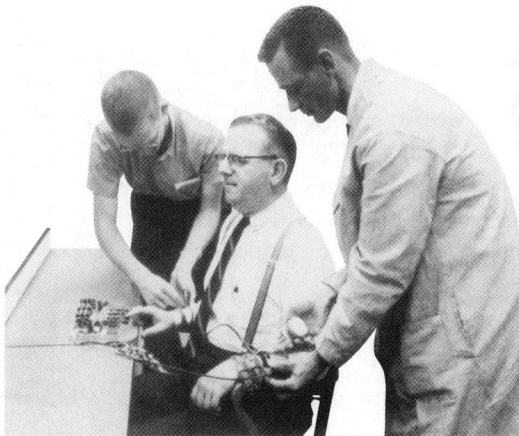

米尔格拉姆实验中的学习者被连在一台"电击发生器"上，电极贴在他的皮肤上——或者说，实验者要让被试相信确实如此。

心理学思考

>>> 米尔格拉姆实验的伦理问题表现在哪？这个实验可能对参加者造成什么影响？如果这个实验不是在实验室中进行，而是在一个有着强大从众压力的社会团体（如兄弟会或妇女联谊会）中进行，其结果会不会不一样？

心理学小贴士

记住，偏见是我们对某个群体及其成员的态度，而歧视则是直接针对群体及其成员做出的行为。

>> 刻板印象、偏见和歧视

当听到"他是非裔美国人""她是个女司机""他是个白人"这样的话时，你会想到什么？

如果你和大多数人一样，那么很可能在听到以上这些人的身份之后会立刻不自觉地对他们形成一些印象。这些印象很大程度上源自于**刻板印象**（**Stereotype**），即对于特定群体及其成员的泛化信念和期望。刻板印象可以是积极的也可以是消极的，它是经由我们对日常所接受的海量信息进行分类和组织之后形成的。刻板印象的共同特点是将世界过分简单化：我们不是根据个体的独特品质或人格特质看待他们，而是把认为其所属群体具有的共同特征主观安置在他们身上。

刻板印象会导致**偏见**（**Prejudice**），即对于特定群体及其成员的消极（也可能是积极的）评价。例如，当人们根据一个人的种族属性而不是个性或能力去评价他时，偏见就产生了。虽然偏见可能是积极的（"我喜欢爱尔兰人"），但社会心理学家们更为关注消极偏见（"我讨厌移民者"）及其来源。

刻板印象和偏见经常针对民族、宗教、性别和种族。多年来，许多群体被外群体成员以各种理由冠以"懒惰""狡猾"或"残忍"之名。今天，尽管在废除种族隔离制度等方面已经有了长足进步，但刻板印象依然存在。

刻板印象： 对于特定群体及其成员的泛化信念及期望。

偏见： 对于特定群体及其成员的消极（也可能是积极的）评价。

歧视： 根据个体所属的群体来选择对待他们的行为。

虽然证据还不太多，但刻板印象确实会造成不良后果。消极的刻板印象会导致**歧视**（**Discrimination**），即根据个体所属的群体来选择对待他们的行为。歧视会导致特定群体的成员在就业、求学时受到排斥，薪资和福利也较低。雇主招聘员工时也更愿意选择和其同种族的员工，这时歧视就意味着让优势群体享受到了更为优厚的待遇。

刻板印象不仅会导致公然的歧视，还会使刻板印象针对的群体成员自己表现出相应的行为，从而印证刻板印象。这种现象叫做**自证预言**（**Self-fulfilling Prophecy**），它是对未来发生某事件或行为的期望，这种期望反过来会增加该事件或行为发生的可能性。例如，如果人们认为某群体的成员都是胸无大志的，这种刻板印象可能也会为该群体成员自己所接受，从而慢慢表现出缺乏志向的行为。

偏见形成的基础

没有人天生就讨厌某一民族、宗教或种族群体。人们学习憎恨，就好像学习写字一样。

根据刻板印象和偏见的观察学习理论，父母、其他成人以及同辈的行为塑造了儿童关于不同群体成员的印象。例如，顽固的父母会把自己的偏见态度强加于孩子。同样，孩子也通过模仿成人的行为学习偏见。这样的学习很早就开始了：6个月大的婴儿面对不同肤色时就已表现出注视时长的差异，到了3岁就已经会对同种族成员产生偏好了。

大众传媒不仅为儿童也为成人传播刻板印象信息。当关于某群体的信息全都来自于大众传媒，而其中的描述和报道又不准确时，不恰当的刻板印象就会受到强化、维持和发展。

还有理论从个体自尊的角度来解释偏见和歧视。根据社会认同理论（social identity theory），人们把群体身份当作自豪感和自我价值的来源之一。人们倾向于以自己的种族为中心，习惯从自己的角度看世界，同时根据自己的群体身份去评判别人。类似"我是中国人我自豪""黑皮肤就是美"这些口号证明了所在的群体会带给我们自尊感。

: 有其父必有其子?

内隐联想测验是一种测量偏见的巧妙方法，它能较准确地测量出人们对不同群体成员是否存在歧视。它的出现部分是由于偏见难以用问卷测量。因为一般人都会对自己的回答有所保留，像"你更愿意和X群体还是Y群体的成员交往"这种直白的问题只能测得那些最赤裸裸的偏见，而对隐性或伪装起来的偏见毫无办法。

IAT的发明者认为人们下意识的反应会揭示他们真正的偏见。我们的文化背景教导我们用特定的方法去判断特定群体的人，因此我们所接受的关于这些群体的信息都反映出了我们身处的文化。

IAT的结果显示，参加测验的人中大约有90%持有白人内隐偏见，超过80%的异性恋者对同性恋者存在内隐偏见。

当然，持有内隐偏见并不意味着一定表现出外显的歧视行为，这一点是IAT的不足。但这已足够说明人们所接受的文化教育对人们潜移默化的巨大影响。

不过，凭借群体身份获得自尊却会产生预料之外的结果。我们在努力提升自尊感的同时可能会认为自己所在的群体（内群体，our ingroups）比其他群体（外群体，our outgroups）更优越。也就是说放大了内群体积极的一面，同时低估了外群体。到后来我们就会认为所有外群体成员都比内群体成员差。最后的结果就是对外群体成员产生偏见。

偏见和歧视的测量：内隐联想测验

你会不会有偏见而不自知呢？内隐联想测验（Implicit Association Test, 缩写为IAT）的发明者会回答"是"。人们不轻易表达自己对于各群体成员的真实态度，于己于人都是如此。虽然他们自认为没有偏见，但事实上还是会不自觉地根据种族、宗教信仰或性取向区别对待他人。

> **人们不轻易表达自己对于各群体成员的真实态度，于己于人都是如此。**

加入我们！

我们看待问题有时会受到社会经验的影响，有时又不会。例如，在你未觉察的情况下，可能已经对某个群体的人表现出偏见态度或行为。试着找出你有过的这些自觉或不自觉的偏见！

减少偏见和歧视

该如何减少偏见和歧视带来的负面影响？心理学家已经想出了几个有效的方法。

• 增加刻板印象对象与印象持有者之间的接触。1954年，美国通过了具有里程碑意义的立法，美国最高法院宣布，把白人和黑人安排在不同教育场所的这种学校种族隔离行为是违宪的。这次立法的理由之一，就是社会心理学证明了隔离对受歧视的弱势学生的自尊和学习成绩都有不良的影响。废除学校隔离是希望最终能减少学校里不同种族学生之间的偏见和歧视。

研究者一致认为，增加彼此的互动能减少消极的刻板印象。但只有特定形式的接触才能够做到这一点，如双方的接触要相对紧密、双方要处于平等的地位、双方要通力合作并相互依赖等。

- 更为旗帜鲜明地树立反对偏见的价值观和社会规范。有时只需要提醒人们关于公平和平等的价值观，就足以减少歧视的发生。同理，那些听过反种族主义宣传的人更可能谴责种族歧视。
- 提供刻板印象对象的信息。改变刻板印象和偏见、歧视最直接的方式是教育：让人们更充分地了解刻板印象对象积极的一面。例如，向有偏见的人解释刻板印象对象的行为之后，他们可能会理解这种行为的意义。

如果你是……

一名监狱长　如何在监狱中减少对于弱势群体的偏见和歧视？

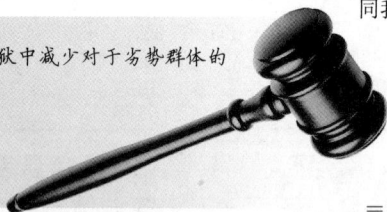

>> 积极与消极的社会行为

人性本善还是本恶？人的本性是有爱心、体贴、无私和高尚的，还是暴力和残酷的？

社会心理学家尝试了许多方法来回答这个问题。在这一部分我们将首先讨论人们相互吸引的原因，然后论及两种相反的社会行为——侵犯与助人。

喜欢和爱：人际吸引与关系发展

与他人的情感是多数人生活中最重要不过的部分。因此，喜欢与爱成为社会心理学家的关注焦点之一就不足为奇了。这方面研究的学名是人际吸引

人际吸引（或亲密关系）：对于他人的积极情感；喜欢与爱。

（Interpersonal Attraction）研究，或者亲密关系（Close Relationship）研究，它主要探索是什么因素引发了对于他人的积极情感。

我是怎么喜欢上你的？让我来谈谈原因　迄今为止，多数研究都以喜欢作为重点，或许是因为对于研究者来说，做实验让刚刚见面的陌生人相互喜欢，要比对爱情关系进行长期观察和调研来得简单得多，同时也经济得多。因此，关于两个人在关系开始之初是如何相互吸引的，研究者已经颇有心得。总结起来主要有以下重要影响因素。

- 接近性。如果你住在宿舍或公寓，想想你刚搬进去时所交的朋友都是谁。恐怕是和你地理位置上最接近的那些人。人际吸引的研究文献有力地证明了这一点：接近产生吸引。
- 熟悉性。反复见到某人就足以导致吸引。有趣的是，反复见到任何刺激——一个人、一幅画、一张唱片或其他任何东西——都会让我们更加喜欢他/它。熟悉感会引发积极情绪，我们继而会将这种积极情绪归因于是那个人带来的，因而产生吸引。
- 相似性。俗话说物以类聚，人以群分；但俗话也说异性相吸。社会心理学家已经做出结论，前者是更正确的。也就是说，通常我们会更喜欢那些同我们相似的人。要是发现别人跟我们有着相近的态度、价值观或特质，我们就会对他产生喜爱。别人越是和我们相似，我们就越喜欢他们。
- 外表吸引力。对于大多数人来说，"美＝好"这一等式是成立的。因此，在其他条件差不多的情况下，外表吸引力高的人要比外表吸引力较低的更加受欢迎。这一发现与很多人所持的价值观相悖，但却在人的童年阶段便显露无疑，并且持续到成年——幼儿园的儿童已经会依据同伴的吸引力来评价他们的受欢迎程度。虽然外表的影响力在人们慢慢深入了解对方后将有所减弱，但至少在大学里的约会中，外表吸引力几乎是促发最初好感的唯一重要的因素。

心理学思考

> > > 科学是否无法研究爱情的某些方面？你会如何定义坠入爱河？你又会采取什么样的研究方法？

当然，仅这些因素还不足以说明引发喜欢的所有因素。一项对理想友人所需品质的调查发现，对于同性友人来说，排在前列的品质包括幽默、热情、善良、善于表达、开放、性格积极以及有共同的兴趣爱好。

我是怎么爱上你的？让我来谈谈原因 虽然我们对于喜欢的原因了解颇多，但对于爱情的科学理解却实在有限，仅在近期完成了一些研究。首先，研究者试图区分喜欢与爱的不同。他们发现，爱并不仅仅只是程度非常深的喜欢，而是一种性质截然不同的心理状态。例如，至少在早期阶段，爱会伴随强烈的生理唤醒、对对方无所不包的兴趣感、对对方的幻想以及剧烈的情绪波动。因此，与喜欢不同，爱情包含了诸如激情、亲密、迷恋、排他、性欲和强烈的关心等元素。我们将爱人极尽理想化，夸大他们的美德，并将他们的缺点最小化。

有研究者认为存在两种类型的爱：激情之爱和友伴之爱。**激情之爱（或浪漫之爱）（Passionate or Romantic Love）**反映了被某人强烈吸引和迷醉的状态。它包含高度的生理唤醒、心理兴趣及对他人需求的关注。**友伴之爱（Companionate Love）**则与之不同，它是对与我们有着深刻生活交集的人的强烈情感。我们对父母的爱、对其他家庭成员的爱以及对一些密友的爱都可以归入这个范畴。

心理学家罗伯特·斯腾伯格（Robert Sternberg）更为精确地区分了这两种类型的爱。他提出，爱包含三个成分：

- 决定/承诺，爱上对方的想法及长期维持这份爱的承诺；
- 亲密，亲密无间、不可分割的感觉；
- 激情，与性、身体亲密及浪漫有关的驱动力。

图中三角形顶点与边：

- 喜欢（亲密）
- 浪漫之爱（激情+亲密）
- 友伴之爱（承诺+亲密）
- 完满之爱（亲密+激情+承诺）
- 迷恋（激情）
- 荒唐之爱（激情+承诺）
- 空洞之爱（决定/承诺）

斯腾伯格的爱情三元论

根据斯腾伯格的研究，这三大要素组合起来就产生了不同类型的爱。在关系发展的不同阶段，这三要素的组合方式会有所不同。例如，在热恋时，承诺水平会达到最大值，之后保持平稳。而激情在大多数关系中是最快达到顶峰的，然后便迅速衰退，在关系早期便趋于平稳。此外，如果对于伴侣双方来说，三要素的成分都差不多，那么这样的关系将会比较幸福。

> **激情之爱（或浪漫之爱）**：被某人强烈吸引和迷醉的状态，包含强烈的生理唤醒、心理兴趣及对他人需求的关注。
>
> **友伴之爱**：对与我们有着深刻生活交集的人的强烈情感。

喜欢和爱体现了人类社会行为积极的一面。现在我们转向另外一些社会行为：侵犯行为与助人行为。

侵犯行为与亲社会行为

枪击、抢劫和绑架只是当今社会中司空见惯的暴力行为的例子。与此同时，我们也能见到慷慨无私、与人为善的例子，后者让我们对人性的积极面深感欣慰。例如，危地马拉原住民瑞戈伯特·曼楚·图姆（Rigoberta Menchu Tum），她一生孜孜不倦地为危地马拉原住民追求人权，并在1992年荣获了诺贝尔和平奖，她的行为就很好地诠释了亲社会行为；又或者想想生活中那些小小的温暖：借出一张珍藏的唱片、停下来扶起骑车摔伤的小女孩，或者仅仅是与友人分享一块糖果……与令人厌恶的侵犯行为相比，助人行为在人类身上表现得一点也不少。

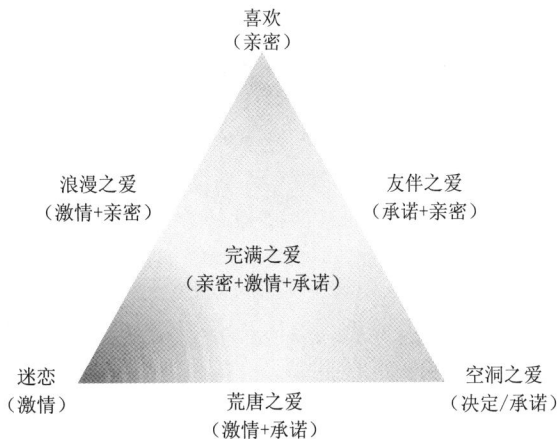

伤害他人：侵犯行为　只要翻开当天的报纸，就能看到无数侵犯行为的例子，有的是社会层面上的（战争、侵略、暗杀），有的是个人层面上的（犯罪、虐待儿童以及对他人造成的各种琐碎伤害）。这些侵犯行为反映出人性不可避免的弱点吗？还是说侵犯行为是特定情境下的产物，一旦情境改变，侵犯行为就不复存在？

给侵犯行为下定义是非常困难的。按照现有的界定，一些会带给他人痛苦和伤害的行为可能就不属于侵犯行为。例如，强奸犯对受害者造成了侵犯这是肯定的，但如果一名医生在紧急情况下未使用麻醉就进行手术，从而给患者带来了巨大的痛苦，这算不算侵犯就很难说了。

大多数心理学家依据行为背后的意图和目的来给侵犯行为下定义。**侵犯行为（Aggression）**即对他人的故意伤害。根据此定义，强奸当然是一种侵犯，但是医生在手术过程中造成患者痛苦就不算侵犯了。

社会心理学家发展了一系列理论来对侵犯行为进行科学研究，包括本能理论、挫折-侵犯理论和观察学习理论等。

本能理论　如果你曾对着对手的鼻子狠狠打上一拳，即使理智认为这样不对，还是会感觉到某种快感。本能理论认为侵犯行为不只在人类中常见，在动物界也很多见，说明侵犯行为起源于先天的（或者叫与生俱来的）冲动。

西格蒙德·弗洛伊德是第一个在其人格理论中提出侵犯行为是一种本能的心理学家。动物行为学家（研究动物行为的科学家）康拉德·洛伦兹（Konrad Lorenz）在弗洛伊德理论的基础上进行了扩展，他认为人类与其他物种一样具有攻击本能，这种本能在远古时期能保证获得充足的食物并能够淘汰较弱的物种。洛伦兹的本能理论衍生出一个倍受争议的说法，即攻击冲动会在个体内部累积，直到个体把它们以**宣泄（Catharsis）**的形式发泄出来为止。洛伦兹认为，侵犯冲动积累的时间越长，宣泄时侵犯行为的能量就越大。

然而，并没有研究找到证据证明存在一个封闭的、积累侵犯冲动并需要定期释放的"水库"。事实上，有很多研究结果与宣泄的假设相冲突，这使得心理学家开始寻找新的解释。

ＶＶ 大展身手！

了解你的关系类型

每个人与他人建立亲密关系时都有一种倾向的方式。阅读下面三段话，找出最符合你的一条。

1. 我很容易与他人亲近，我和他人相互依赖的感觉很舒服。我很少担心被抛弃或有人会跟我太亲近。

2. 跟他人亲近时我觉得有点不舒服。我很难完全相信或依靠别人。当别人跟我走得太近时我会感到紧张，恋人要求和我亲密的程度超出了我感到舒适的范围。

3. 我觉得别人不太愿意跟我走得像我所希望的那么近。我经常担心恋人其实并不爱我，或者并不愿意跟我在一起。我想完全与另一个人融为一体，但这种愿望却常常把别人吓跑。

你做出的选择表明了你与他人建立情感联结时的一般类型。

如果你觉得第一条更符合你，那么你可能很容易与他人建立亲密关系。有55%的人认为自己是这一类型。

如果第二条更符合你，你可能在与他人变得亲近的过程中感到为难，你可能需要更努力地与别人建立亲密的联结。有大约25%的人认为自己属于这一型。

最后，如果第三条更符合你，你就和其他20%的人一样，雄心勃勃地出去寻找亲密关系。然而这种亲密关系同时也可能成为你的问题。

注意，这个评估其实不太精确，只是对你建立亲密关系的方式做一个粗略的估计。但你在回答这份测试时的反应却能提供很大帮助：你对自己的亲密关系满意吗？你是否想在某些方面做出改变？

挫折-侵犯理论　挫折-侵犯理论认为挫折（达成目标的过程中受阻时个体的反应）会引发愤怒，从而导致了侵犯行为的准备状态。而侵犯行为是否真的会发生则取决于侵犯线索是否存在，侵犯线索就是过去曾与侵犯或暴力行为相关联的刺激，它会促发侵犯行为再次发生。

什么样的刺激是侵犯线索？有的很明确，如武器；有的则很微妙，如只是提到一个曾做出暴力行为的人的名字。例如，实验中，愤怒的被试在场景中有枪出现的情况下比没有枪时表现出更多侵犯行为。同样，受挫折的被试在看了一部暴力影片之后，对与影片主人公名字相同的实验助手施加了更多的身体侵犯。这就表明挫折确实会引发侵犯行为，至少在有侵犯线索时是这样的。

观察学习理论　侵犯行为是习得的吗？侵犯行为的观察学习理论（有时也叫社会学习理论）认为是的。这一理论观点与本能论正相反，它从外围解释侵犯行为，强调社会和环境因素会让人变得更具侵犯性。这个理论认为侵犯不是不可避免的，因为它是经由奖励和惩罚塑造而来的，也可以通过学习来消除或减少。

观察学习理论不仅关注个体自身得到的直接奖惩，同时也关注榜样——提供行为示范的人——在做出侵犯行为后所受到的奖惩情况。学习者既能观察到榜样的行为，也能观察到行为导致的结果。如果结果是积极的，观察者在遇到类似情况时就可能模仿榜样所做出的攻击行为。

例如，一个女孩因为弟弟弄坏了自己的新玩具而打了他。本能理论可能会认为侵犯行为是之前累积下来的，到现在一下子爆发出来。挫折-侵犯理论看重女孩因为不能再玩新玩具而受到的挫折。观察学习理论则将原因归结于女孩以前曾经看到过侵犯行为受到奖赏，如一个朋友从别的小朋友那儿用暴力抢来玩具并玩得很开心。

观察学习理论受到了广泛的研究支持。例如，幼儿园小朋友看到成人榜样做出攻击行为并因此受到正强化之后，他们在愤怒、被侮辱或受挫折时都会表现出类似的行为。此外，很多研究也证明含有暴力内容的电视节目会引发观众对侵犯行为的模仿。

> **侵犯行为：**故意伤害他人。
>
> **宣泄：**将累积的攻击能力发泄出来的过程。
>
> **亲社会行为：**包括助人行为在内的、有益于他人和社会的行为。
>
> **责任扩散：**由于多人在场，个体感觉责任被分担或扩散的倾向。

帮助他人　让我们把目光从侵犯行为上移开，转而看看与之相反的、人性更光明的一面：助人行为。助人行为，更正式的说法是**亲社会行为**（**Prosocial Behavior**）。研究者在很多情境下对其进行了研究，但心理学家最为关注的还是在紧急情况下旁观者是否介入的问题。为什么我们会（或不会）帮助那些需要帮助的人？

决定助人行为是否发生的重要因素之一是当时在场的人数。一旦目睹紧急情况的人数多于两个，一种**责任扩散**（**Diffusion of Responsibility**）感就可能在旁观者中弥散。责任扩散即由于多人在场，个体感觉责任被分担或扩散的倾向。紧急情况下现场的目击者越多，每个个体所感受到的责任就越少——因此他/她就越不会提供帮助。

尽管大多数助人行为的研究都支持责任扩散的解释，但显然也有其他因素在助人行为中发挥了作用。根据助人决策过程模型，要做出一个助人决定需要经过以下四个基本步骤。

- 注意到需要帮助的人、事或情景。
- 将事件解释为需要帮助。很多时候即使我们发现有事发生，也难以确定这件事是否真正紧急。这时，他人的出现首先影响了我们的行为。如果同时在场的其他人都没有采取行动，就会让我们觉得当前情况不需要帮助——如果我们一个人在场时就不会这么认为了。
- 感到有责任提供帮助。在这个阶段，如果他人在场，就很容易出现责任扩散现象。旁观者的专业

心理学小贴士

理解侵犯行为的本能理论、挫折-侵犯理论和观察学习理论的不同。

电影中的心理学

《富贵逼人来》(*Being There*, 1979)

强斯（Chance）是个简单的人，过着高枕无忧的生活，可当他的主人去世后，他开始在社会上流浪。他的衣着及谈吐（均从主人那儿学来）影响到了他人对他的印象，导致他们对他产生偏见，甚至将他误解为一个博学睿智的上流人士。

《天堂此时》(*Paradise Now*, 2005)

你会为了保护祖国做到何种地步？这部引人注目的影片讲述的是两个自杀式袭击者的故事，探究了服从能达到怎样的深度及其边界在哪里。

《美国X档案》(*American History X*, 1998)

这是一部相当令人不安的影片，它阐述了挫折—侵犯假说，并且说明了挫折、侵犯是如何循环往复从而延续偏见、刻板印象和歧视的。

《卢旺达饭店》(*Hotel Rwanda*, 2004)

一个男人利用其独特的地位和财富，冒着失去生命的风险，使得1000多人免受种族灭绝之灾，显示了其高尚的利他主义。

《阿凡达》(*Avatar*, 2009)

偏见、从众、侵犯和亲社会行为——这个故事对社会的方方面面进行了批判。其中有一些是显而易见的，有一些则相对隐晦和微妙。试试看你能在这部极具视觉震撼的艺术作品中辨识出多少社会批判来。

技术知识也是影响因素之一。例如，一个受过医学或急救训练的人会觉得自己更有责任提供帮助，而没受过训练的人就会较少提供帮助，因为他们觉得自己没那么专业。

- 决定帮助并选择帮助方式。一旦感到有责任助人，就必须决定如何提供帮助。帮助可以是间接的（如打电话报警），也可以是直接的（如实施急救或把受害者送往医院）。大部分社会心理学家用收益-成本理论来预测旁观者可能提供的帮助类型。也就是说，对于旁观者来说自己助人行为的可能收益必须大于助人的成本，很多研究都支持这一观点。

决定了如何帮助之后就要进行实际的援助了。对收益和成本的分析证明我们希望用最小的成本来实施帮助。然而，情况也并不总是如此：在有些情况下人们会表现得很无私。利他主义（**Altruism**）是一种需要自我牺牲来帮助他人的行为。例如，有些人在9·11事件发生时帮助陌生人逃离着火的世贸大楼，而置自己的安危于不顾，这就是利他行为。

在紧急情况下伸出援手的人还可能具备一些独特的品质。例如，助人者更自信、更有同情心、情商更高，也比不助人者更容易共情（一种人格特质，即能感同身受地体会别人当下的心情）。

不过，社会心理学家认为并没有哪种特质可以完全区分助人者与非助人者。大多数情况下，暂时的

紧急情况下目击者越多，每个个体感受到自身的责任就越少——因此他/她就越不会提供帮助。

你知道吗？

2011年，当飓风摧毁了家园，日本小镇塔罗（Taro）的居民与外界失去了联系，他们缺少食物。一个男孩决定出去找吃的。随后更多男孩加入进来，这些小志愿者们每天都在烂泥和废墟里跋涉几英里寻找散落的食物并把它们带回来。你可以到网上查看这个故事的视频。

助人的过程

注意到需要帮助的人、事或情境

↓

将事件解释为需要帮助

↓

感到有责任提供帮助

↓

决定帮助并选择帮助方式

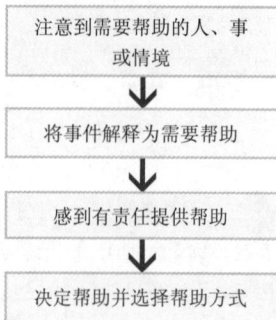

资料来源：Latane, Bibb; Darley, John M., The Unresponsive Bystander: Why Doesn't He Help? 1st ed., 1970. Printed and electronically reproduced by permission of Pearson Education, Inc., Upper Saddle River, NJ.

在自然灾害中，利他主义或许是唯一的亮色。

心理学**小贴士**

弄清亲社会行为与利他行为之间的区别
非常重要。亲社会行为不一定要自我
牺牲，而利他行为包含了自我牺牲
的成分。

情境因素（如我们的心情）决定了我们会不会参与到助人行为中去。

利他主义： 一种需要自我牺牲来帮助他人的行为。

你相信吗？>>>

有效平息怒火

所有人都有生气的时候。我们的怒火可能来自挫折情境，也可能源自其他人的行为。我们平息怒火的方式可能决定会被晋升还是被炒鱿鱼，也可能决定一段关系是破裂还是和好如初。

如何控制自己的怒火？研究这一问题的社会心理学家为我们提供了一些有效的方法，能帮我们获得最为积极的结果。以下是最有用的几种。

- 从他人的角度重新审视引发怒火的情境。从他人的角度看问题可以让你更好地理解当时的情况，理解之后你可能就能容忍他人的错误了。

- 将情境的重要性最小化。因为前面的人开车太慢，你有可能会约会迟到，这样的后果真的很重要、很不可接受吗？以这种方式重新审视情境，也许就不会那么烦躁了。

- 想象报复的情形——但是千万别实践。想象是一个安全的小天地。在想象中你可以冲着不公平的教授把你所有的想法都喊出来，而不用承担任何责任。不过，别在想象上花费太多时

间。另外，可以想象，但千万别实践。

- 放松。学习系统脱敏疗法中的放松过程（第12章，心理障碍）可以帮助你减轻愤怒的反应，从而让怒火消散。

- 在沟通时重点说你自己的感受。用言语攻击对方一点用也没有。如果你真想解决问题，就把你自己的感受说出来吧。例如，"我觉得你是个骗子"是一种观点，而"我对你把我的车随便乱放感到很不舒服"则是一种表达自己真实感受的方式。但是注意：告诉对方你的感受并不是要真正讨论你的感受。

- 在准备讨论问题之前让自己平静下来。在沮丧时你血液中的压力激素和血糖水平都会升高。你最好等这些指标降到正常水平后再平心静气地讨论问题。

无论使用哪种策略，都不要简单地忽略你的怒火。常常压抑自己的愤怒会导致一系列后果，如自卑感和挫折感，甚至生理疾病。

我的心理学
笔记 >>

- 什么是态度？态度如何影响行为？态度如何改变

态度是关于特定个人、行为、信念或概念的评估。态度能通过被他人说服而改变。两种主要的信息处理方式——中心途径加工和外周途径加工——决定了我们对于说服的接受程度。当一个人同时拥有两种彼此冲突的认知（态度和思维）时，认知失调就发生了。为了解决这种冲突，我们要么改变我们的思维，要么否认冲突的存在，以此来降低认知失调感。

我们对于他人的态度是社会认知的一部分。通常我们对于一个人的印象好坏会影响我们对他们行为的解释。归因理论认为我们运用情境因素或特质因素来理解行为的原因。

- 我们如何影响他人

社会影响是社会心理学的一部分，它研究的是一个人或群体的行为如何影响其他人或群体的行为。从众是指个体遵循他人的信念或标准而改变自己的行为或态度。依从是在直接社会压力下产生的行为。服从是因为他人的命令而改变行为。

- 刻板印象从何而来

刻板印象是指对特定群体及其成员的泛化信念和期待。刻板印象可能导致偏见和自证预言的发生。偏见是指对于特定群体及其成员的消极（或积极）评价。刻板印象和偏见可能导致歧视，即针对某特定群体成员的行为。根据观察学习理论，儿童可以通过观察其父母、其他成年人和同辈的行为而产生刻板印象或偏见。社会认同理论指出，群体归属被视作自信和自我价值的来源，这会导致人们认为自己的群体优于他人的群体。

- 我们为什么会被特定类型的人所吸引？关系是如何开始和发展的

喜欢的基本决定因素包括接近性、熟悉性、相似性和外表吸引力。爱和喜欢的区别在于爱会伴随强烈的生理唤醒、对对方无所不包的兴趣感、对对方的幻想以及剧烈的情绪波动、迷恋、性欲、排他感和强烈的关怀感等。爱可以分类为激情型和友伴型。此外，爱包含亲密、激情和承诺等。

- 是什么使一些人好斗，而另一些人友善助人

侵犯行为是施加于他人的故意伤害。关于侵犯行为的解释包括本能理论、挫折-侵犯理论和观察学习理论。紧急情境下的助人行为部分受到责任分散现象的影响，即在场人数越多，越可能不提供帮助。助人的决策过程包含四个阶段：注意到可能的帮助需求，将情境理解为需要帮助，感到有责任采取行动，决定帮助并选择帮助方式。

测试一下

1. 对特定人、行为、信念或概念的评价叫作_____。

2. 一个花生酱品牌以描述其产品的味道及营养价值作为广告重点。它这样做是期待通过_____途径加工说服消费者。而在该品牌的竞争对手的广告中，一位当红演员开心地吃着花生酱，但并没有对产品进行描述。这种方式是希望通过_____途径加工说服消费者。

3. 第一印象和吸引现象证明了_____。

   a. 个人信息的呈现顺序会影响第一印象的形成

   b. 约会对象的外形（通过彼此的照片得到）会显著影响第一印象

   c. 第一印象更多基于虚构和编造的信息而非事实

   d. 文化价值、家庭和同辈会影响我们关于吸引的看法

4. 基本归因错误练习中的关键点是_____。

   a. 基本归因错误在过去对我们的影响远远多于今天

   b. 相对于儿童，成人会犯下更多的基本归因错误

   c. 我们对自己的情况更为了解，因此我们倾向于认为自己的行为是基于情境产生的

   d. 我们犯基本归因错误的倾向性反映了我们对于第一印象的敏感性

5. 索潘（Sopan）很乐意把他的课本借给看起来更加聪明和友善的同学。但当他的同学没有归还课本时，他非常惊讶。他关于"聪明和友善的同学也应该是负责任的"这一假设反映了_____效应。

6. 如果群体中存在一个_____，换句话说有一个人的观点与他人不同，则可能减少从众行为。

7. 谁最早进行了从众的研究？

   a. 斯金纳

   b. 阿希

   c. 米尔格拉姆

   d. 费亚拉

8. 以下哪一项技术通过先请个体答应一个小要求来提高其同意之后大要求的可能性？

   a. 登门槛技术

   b. 留面子技术

   c. 折扣技术

   d. "天上不会掉馅饼"

9. 对一个群体和其成员的负面（或正面）评价叫做_____。

   a. 刻板印象

   b. 偏见

   c. 自证预言

   d. 歧视

10. 保罗（Paul）是一个店长，他不愿意看到女性在商场上的成功。于是他只将重要的工作交给男性做。如果女性雇员没能在公司中晋升，这会成为一个_____预言的范例。

11. 以下哪个组合是斯腾伯格提出的爱情的三个成分？

    a. 激情，亲近，性行为

    b. 吸引，欲望，互补

    c. 激情，亲密，决定/承诺

    d. 承诺，关怀，性行为

12. 如果一个人在人群中遇到了显而易见的危险情况但未能获救，这个人就成为了_____现象的牺牲品。

名词解释

A型行为方式：一组行为，包括敌意、竞争意识、时间紧迫感和被驱使感等。

阿尔茨海默病（Alzheimer's disease）：一种进行性的大脑障碍，会导致认知能力发生一种渐进的、无法逆转的退化。

安慰剂（placebo）：给予被试一个虚假的治疗，如不具有任何化学成分或活性物质的药丸。

B

B型行为方式：一组行为，包括耐心、合作、非竞争性等。

半规管（semicircular canals）：位于内耳处，由三条管状器官构成，内部充满液体。

半球（hemisphere）：大脑对称的左右两半，负责控制对侧身体。

棒体细胞（rods）：视网膜上形态细长、呈棒形的感光细胞，对光非常敏感。

暴露疗法（exposure）：治疗焦虑的行为疗法之一，让患者突然地或循序渐进地直面自己害怕的事物。

本能（instincts）：人生来就有的、由生物性决定而非习得的行为模式。

本我（id）：人格中原始的、混乱的、与生俱来的部分，它唯一的目标是降低由饥饿、性、攻击以及非理性冲动等原始驱力引起的紧张感。

边缘系统（limbic system）：大脑中控制饮食、攻击性及生殖的部位。

边缘性人格障碍（borderline personality disorder）：一种人格障碍，患者无法对自己是谁产生明确的感受。

编码（encoding）：将信息输入记忆的过程。

变比强化（variable-ratio schedule）：在不定反应次数后给予强化。

变量（variables）：在某种程度上可以改变或存在变异的行为、事件或其他特性。

变时强化（variable-interval schedule）：不定时地给予强化。

表象（mental images）：在心理上对客体或事件做出的表征。

C

操作定义（operational definition）：把假设转换成可观察和测量的行为式定义。

操作性条件作用（operant conditioning）：人们有意做出的行为因其后果而增强或减弱的学习过程。

测验标准化（test standardization）：通过研究已知具备某一特征的人的行为来确定人格测验题目有效性的技术。

差别感觉阈限（different threshold）：刚刚能引起差别感觉的刺激物间的最小差异量。

常模（norms）：使得接受同一个测验的不同个体的分数之间能够进行比较的测验标准。

超我（superego）：根据弗洛伊德的理论，这是最后发展的人格结构，代表着个体的父母、老师及其他重要他人所传授的社会准则和是非观念。

陈述性记忆（declarative memory）：对事实性信息的记忆，如名字、面孔、日期等。

成就测验（achievement test）：在经过一段时间的学习后，对个体在特定领域里的知识和技能发展水平的测定。

成就需要（need for achievement）：一种稳定、习得的心理特征，个体因为努力追求和获取卓越而感到喜悦。

成瘾性药物（addictive drugs）：能使用药者对其产生心理和/或生理依赖的药物，停药后个体会对药物产生不可抑制的渴求。

程序性记忆（procedural memory）：关于技术和习惯的记忆，如怎么骑自行车、如何打篮球等。有时也叫非陈述性记忆。

惩罚（punishment）：能降低行为再次发生可能性的刺激。

处理（treatment）：研究者实施的实验操纵。

创造力（creativity）：产生新颖且有价值的思维的能力。

雌性激素（estrogens）：一种女性荷尔蒙。

刺激：对有机体的反应产生影响的所有来源。

刺激分化（stimulus discrimination）：只对条件刺激作条件反应，对相似的刺激不作条件反应。

刺激泛化（stimulus generalization）：对与条件刺激类似的刺激也作出条件反应的现象。

从众（conformity）：个体遵循他人的信念或标准而改变自己的行为或态度。

催眠（hypnosis）：一种对他人暗示高度敏感的意识恍惚状态。

存储（storage）：将获得的信息保存于记忆的过程。

Ⓓ

大脑皮层（cerebral cortex）：俗称"新脑"，负责大脑最复杂的信息加工过程，包括四个脑叶。

档案研究（archival research）：用如人口普查文件、政府报告和新闻报道这些已存档的数据来检验假设。

倒摄抑制（retroactive interference）：后学习的材料对识记和回忆先学习的材料产生干扰作用。

地位（status）：个体在群体中的社会等级。

电报句（telegraphic speech）：简略、不完整的句子，也叫双词句。

电休克疗法（Electroconvulsive Therapy，缩写为ECT）：用70～150伏的电流短暂刺激患者的头部以治疗严重抑郁的方法。

定比强化（fixed-ratio schedule）：在固定反应次数后给予强化。

定时强化（fixed-interval schedule）：在固定时段后给予强化。

动机（motivation）：指导和激励人类及其他机体行为的因素。

动机的唤醒理论（arousal approaches to motivation）：这种理论认为，我们力图维持一定的唤醒和活动水平，在必要时会提高或降低它。

动机的驱力降低理论（drive-reduction approaches）：这个理论认为，一些基本的生物需求未得到满足会驱使人们去寻求满足。

动机的认知理论（cognitive approaches to motivation）：该理论认为动机是人们的思想和期望，即认知的产物。

动机的诱因理论（incentive approaches to motivation）：动机来自于我们渴望获得外部有价值的目标或刺激。

动作电位（action potential）：是一种电子神经脉冲。当它被"触发器"激发后，会在神经元的轴突中通过并使神经元的电荷由正转负。

短时记忆（short-term memory）：最多保持25秒的记忆。

多元智能理论（theory of multiple intelligence）：加德纳的智力理论，认为存在8种不同范畴的智力形式。

Ⓔ

耳蜗（cochlea）：卷曲的管状体，形似蜗牛并且充满液体。

Ⓕ

发散思维（divergent thinking）：对问题作出新颖且恰当反应的能力。

发展心理学（developmental psychology）：心理学分支之一，研究生命全程中个体生长变化的模式。

反社会人格障碍（antisocial personality disorder）：一种人格障碍，患者毫不关心社会道德和伦理规范，罔顾他人的权利。

反射（reflex）：对外界刺激的一种自主的、潜意识的反应。

放任型父母（uninvolved parents）：对孩子漠不关心，很少投入感情。

自主神经系统（autonomic division）：外周神经系统的一部分，负责控制自主运动，如心脏、腺体、肺及其他器官的活动。

肥胖（Obesity）：体质指数大于或等于30。

服从（obedience）：在他人的命令下做出的行为改变。

辐合思维（convergent thinking）：主要基于知识和逻辑对问题进行反应的能力。

负强化（negative reinforcement）：消除环境中的厌恶刺激，以此增加行为反应频率。

复述（rehearsal）：不断重复短时记忆中的信息。

副交感神经系统（parasympathetic division）：自主神经系统的一部分，它负责在紧急情况过后让躯体恢复平静。

G

G因素（g-factor）：早期智力理论认为的，构成智力的单一的一般化因素。

概念（concepts）：对相似物体、事件和人的心理分类。

感觉（传入）神经元（sensory neurons）：将信息从身体的外周传递至中枢神经系统的神经元。

感觉（sensation）：由刺激（如灯光或声音）引起的感官激活过程。

感觉记忆（sensory memory）：信息最开始的短暂存储，转瞬即逝。

感觉区（sensory area）：和不同感觉相关联的大脑组织，感觉的强弱与脑组织的大小有关。

感觉适应（sensory adaptation）：由于持续暴露在同一刺激下，感觉神经反应性下降的过程。

感觉运动阶段（sensorimotor stage）：根据皮亚杰的理论，这个阶段从出生到2岁，在这期间幼儿几乎无法用图片、语言或者其他符号来表征物体。

干扰（interference）：回忆信息时受到其他信息影响的现象。

格式塔法则：个体将点、线等信息知觉成有意义整体时所遵循的一系列法则。

格式塔心理学（Gestalt psychology）：一种研究取向，关注知觉组织并认为心理是一个"整体"而非部分之和。

个案研究（case research）：对于个人或小群体非常深入透彻的考察。

个人应激源（personal stressors）：一些重要的生活事件（如家人去世），会立即产生负面影响，但影响会随着时间的流逝而消退。

更年期（menopause）：女性停止月经并丧失生育能力的时期。

工作记忆（working memory）：对信息进行暂时性加工和存贮的、能量有限的记忆系统。

功能固着（functional fixedness）：人们只根据某种物品的典型功能来思考它的倾向。

构造主义（structuralism）：冯特提出的理论取向，旨在发掘构成意识、思维及其他心理状态和活动的基本心理成分。

鼓膜（eardrum）：耳朵的一部分，当声音从耳道传至鼓膜时，会引起鼓膜的机械振动。

固着（fixation）：上一个阶段的冲突一直延续到下一个发展阶段。

观察学习（observational learning）：通过观察他人或榜样行为而进行的学习。

归属需要（need for affiliation）：和他人建立关系及维护这种关系的需要。

归因理论（attribution theory）：一种人格理论，解释我们如何根据一个人的行为样本来判断其行为的原因。

过度概化（overgeneralization）：儿童将语法规则错误地应用到不适用的情况下的现象。

H

横断研究（cross-sectional research）：一种研究方法，在一个时间点上比较不同年龄的个体。

黄体酮（progesterone）：卵巢分泌的一种雌性激素。

回忆（recall）：必须提取出特定信息的记忆任务。

婚内性行为（marital sex）：婚内配偶间的性活动。

J

机能主义（functionalism）：心理学早期的研究取向，主要研究心理的功能以及人们在适应环境的过程中行为所起到的作用。

基本归因错误（fundamental attribution error）：归因他人行为时夸大特质原因、低估情境原因的倾向。

基底膜（basilar membrane）：位于耳蜗中心的振动结构，把耳蜗分为上室和下室，内部包含听觉细胞。

基因（genes）：染色体中传递遗传信息的部分。

基因预成说（genetic preprogramming theories of aging）：这一理论认为，人类细胞的再生能力有一个固定的时间限制，在某一固定时间后，这些细胞就不能再分裂。

激活合成理论（activation-synthesis theory）：艾伦·霍布森提出的理论，认为大脑在快速眼动睡眠时产生的随机电能会刺激大脑各个部分储存的记忆。

激情之爱（或浪漫之爱）[passionate (or romantic) love]：被某人强烈吸引和迷醉的状态，

包含强烈的生理唤醒、心理兴趣及对他人需求的关注。

激素（hormone）：由腺体或组织分泌并通过血液循环调节身体生长功能的物质。

集体潜意识（collective unconscious）：根据荣格的理论，是我们从远古的人类祖先甚至是动物祖先那里继承来的共同的观点、感受、意象和符号的集合。

脊髓（spinal cord）：一束从大脑延伸出来并沿着背部下行的神经元，是大脑和躯体间信息传递的主要途径。

记忆（memory）：对信息进行编码、存储和提取的过程。

家庭治疗（family therapy）：一种以家庭及其动力为重点的治疗方法。

家族性身心障碍（familial retardation）：家族成员虽没有明显的生理缺陷，但有智力低下的遗传史。

假定相似偏差（assumed-similarity bias）：即使对方是陌生人，依然认为他人与自己相似的倾向。

假设（hypothesis）：源自理论、可以被检验的预测。

间隔强化程式〔partial (or intermittent) reinforcement schedule〕：只在部分而非所有反应之后给予强化。

建构加工：我们所赋予事件的意义会影响记忆。

交感神经系统（sympathetic division）：自主神经系统中的一部分，它使躯体在紧张的情况下能动员所有的器官应对威胁。

焦虑障碍（anxiety disorder）：在没有外部原因的情况下感到焦虑，并影响到个体的正常生活。

拮抗过程理论（opponent-process theory of color vision）：该理论认为，颜色感受细胞是成对联结出现的，而且它们的功能是拮抗的。

结果显著（significant outcome）：结果有意义，可以让研究者相信假设被证实了。

进化心理学（evolutionary psychology）：心理学的分支之一，致力于研究遗传基因是如何影响和产生行为的。

经典性条件作用（classic conditioning）：中性刺激与一个原本就能引起某种反应的刺激（无条件刺激）相结合，从而获得引发相同反应的能力。

经颅磁刺激（transcranial magnetic stimulation, TMS）：在大脑特定区域产生一个磁刺激，用于治疗抑郁症。

晶体智力（crystallized intelligence）：从经验中习得的、用以解决问题的知识、技能和策略的积累。

精神分裂症（schizophrenia）：一类严重扭曲现实的心理障碍。

精神分析（psychoanalysis）：弗洛伊德式精神疗法，目标是释放潜藏的潜意识想法和感受，以减轻其对人行为的控制力。

精神分析观点（psychoanalytic perspective）：这一观点认为异常行为源于儿童时期关于性和攻击的对立愿望之间的冲突。

精神分析理论（psychoanalytic theory）：由弗洛伊德提出，认为潜意识力量决定人格。

精神活性药物（psychoactive drugs）：能影响一个人的情绪、知觉和行为的药物。

精神疾病诊断与统计手册（Diagnostic and Statistical Manual of Mental Disorders）：由美国精神医学会编制的异常行为分类系统，心理学家借助它来对异常行为进行诊断和归类。

精神外科学（psychosurgery）：减轻心理障碍症状的脑外科手术，今天已很少使用。

静息状态（resting state）：神经元内带大约70毫伏负电荷的一种状态。

句法（syntax）：单词和短语联合成句的法则。

具体运算阶段（concrete operational stage）：根据皮亚杰的理论，这个阶段从7岁到12岁，主要特征是去自我中心性和逻辑思维。

决定论（determinism）：该观点认为行为是被个人控制之外的力量决定的。

绝对感觉阈限（absolute threshold）：刚刚能引起感觉的最小刺激量。

K

坎农-巴德情绪理论（Cannon-Bard theory of emotion）：该理论认为，同一神经刺激同时引发生理唤醒和情绪体验。

抗焦虑药物（antianxiety drugs）：减轻焦虑水平的药物，原理是降低兴奋性和提升幸福感。

抗精神病药物（antipsychotic drugs）：能暂时减少精神疾病症状（如烦躁、妄想和错觉等）的药物。

抗抑郁药物（antidepressant drugs）：能够改善严重抑郁患者心境的药物。

科学方法（scientific method）：心理学家用来系统收集信息和理解行为及其他现象的方法。

可重复（replicated）：使用不同的程序、设置及被试群体进行重复研究，从而提高研究结果的可信度。

刻板印象（stereotype）：对于特定群体及其成员的泛化信念及期望。

健康心理学（health psychology）：心理学的分支之一，研究与健康和疾病相关的心理因素，也关注各类健康问题的预防、诊断和治疗等内容。

恐怖症（phobias）：对于某特定物体或情境的强烈且非理性的恐惧。

控制组（control group）：在实验中不接受任何处理的组。

快速眼动睡眠（Rapid Eye Movement，缩写为REM）：成人20%的睡眠发生在这个阶段，它的特征为：心率加快、血压升高、呼吸急促、勃起、眼动以及梦境体验。

L

老化的社会撤退理论（disengagement theory of aging）：该理论认为，老化意味着从生理上、心理上和社会上逐渐远离这个世界。

老化的社会活动理论（activity theory of aging）：该理论认为，最成功适应老年生活的人是那些保持着中年时的兴趣、活动和社交水平的个体。

理论（theories）：对感兴趣现象的广泛解释和预测。

利他主义（altruism）：一种需要自我牺牲来帮助他人的行为。

连续强化程序（continuous reinforcement schedule）：在每一个期待行为出现之后，都予以一个强化。

联合区（association area）：大脑皮层的重要区域。主管高级思维过程，如思考、语言、记忆和语音。

流体智力（fluid intelligence）：反映信息加工、推理、记忆等能力的智力类型。

罗夏克墨迹测验（Rorschach test）：测验中给受测者呈现一系列的对称视觉刺激，让他们回答这些刺激代表什么。

M

麻醉剂（narcotics）：能够使人放松，减轻痛苦和焦虑的药物。

毛细胞（hair cell）：遍布基底膜的微小细胞，当振动传入耳蜗时会产生弯曲，由此将声音信息传入大脑。

梦的生存理论（dreams-for-survival theory）：该理论认为，在梦中，那些跟生存有关的信息得到重新审议和再度加工。

面部表情程序（facial-affect program）：激活一组神经冲动，让面部呈现出适当的表情。

面部反馈假设（facial-feedback hypothesis）：面部表情不仅反映情绪体验，还有助于决定情绪感受。

民主型父母（authoritative）：跟孩子讲道理，解释事情的缘由，标准明确。

明尼苏达多相人格测验-2（Minnesota Multiphasic Personality Inventory-2，缩写为MMPI-2）：一个广泛使用的、可以诊断出个体心理问题，也可用于预测一些日常行为的测验。

冥想（meditation）：一种集中注意力改变意识状态的方法。

N

脑垂体（pituitary gland）：内分泌系统的主要组成部分，被称为"分泌腺之首"，它分泌控制生长及内分泌系统其他部分的激素。

脑叶（lobes）：大脑皮层主要的四个部分：额叶、顶叶、颞叶和枕叶。

内耳石（otoliths）：位于半规管内，对运动刺激敏感的微小晶状体。

内分泌系统（endocrine system）：一种通过血液向全身输送信息的化学性沟通网络。

内省法（introspection）：研究心理结构的一种方法，要求被试用自己的语言把当下的心理活动尽可能详细地报告出来。

内隐记忆（implicit memory）：人们无法清晰意识到，却能够对后续行为产生影响的记忆。

能力倾向测验（aptitude test）：预测个体在将来的学习或工作中可能达到的成功程度的测验。

逆行性遗忘症（retrograde amnesia）：遗忘症的一种，在特定事件发生之前的记忆丧失了。

溺爱型父母（permissive）：很爱孩子，不对其提任何要求，百般依顺，没有原则。

P

排卵期（ovulation）：卵巢排出一个卵子的时期。

胚胎（embryo）：已经发育出心脏、大脑和其他器官的受精卵。

皮肤感觉（skin sense）：包含触压觉、温度觉和痛觉。

偏见（prejudice）：对于特定群体及其成员的消极（也可能是积极的）评价。

偏向性（lateralized）：大脑半球对特定功能（如语言）的主导作用。

普遍语法（universal grammar）：乔姆斯基的理论认为，全世界的语言都基于一种普遍语法。

Q

歧视（discrimination）：根据个体所属的群体来选择对待他们的行为。

启动（priming）：之前曾经接触过一个字或概念，之后在识别与之相关的信息时会更快、更好的现象。

启发式（heuristic）：有可能正确解决问题的认知捷径。

气质（temperament）：早年即显现出来的基本的、天生的性情。

前摄抑制（proactive interference）：先学习的材料对识记和回忆后学习的材料产生干扰作用。

前运算阶段（preoperational stage）：根据皮亚杰的理论，这个阶段从2岁到7岁，主要特征是儿童学会了使用语言。

潜伏学习（latent learning）：已习得新行为，但直到诱因出现时才表现出来。

潜意识（unconscious）：人格的一部分，包含个体意识不到的一切记忆、知识、信念、感觉、欲望、驱力和本能。

潜意识欲望满足理论（unconscious wish fulfillment theory）：弗洛伊德的理论认为，梦代表着人们希望满足的潜意识愿望。

强化（reinforcement）：行为之后出现某种刺激，从而使得该行为再度出现的可能性增加的过程。

强化程式（schedules of reinforcement）：强化出现的时机和频率。

强化物（reinforcer）：能增加行为再次发生频率的刺激。

强迫观念（obsession）：一种顽固的、令人不快的、反复出现的想法或念头。

强迫行为（compulsion）：一种无法控制想要反复从事某种行为的冲动，即使这种行为奇怪且不合逻辑。

强迫症（obsessive-compulsive disorder）：由强迫观念和强迫行为组成的心理障碍。

侵犯行为（aggression）：故意伤害他人。

亲密对孤独阶段（intimacy-versus-isolation stage）：根据埃里克森的理论，这个阶段在成年早期，主要任务是发展亲密关系。

亲社会行为（prosocial behavior）：包括助人行为在内的有益于他人和社会的行为。

勤奋对自卑阶段（industry-versus-inferiority stage）：根据埃里克森的理论，这是儿童时期最后一个发展阶段，发生在6岁到12岁，他们要么跟他人建立良好的社会关系，要么变得不爱交际。

青春期（puberty）：性器官成熟的时期。女孩约从11～12岁开始，男孩约从13～14岁开始。

青少年期（adolescence）：介于儿童和成年之间的发展阶段。

情景记忆（episodic memory）：对于发生在特定时间、地点和情境中的事件的记忆。

（行为的）情境原因：行为原因在于环境因素。

情绪（emotions）：既包含心理元素又包含认知元素，会影响行为的感受。

情绪智力（emotional intelligence）：准确识别、评估、表达和调控情绪的能力。

丘脑（thalamus）：大脑位于中央核心区中间的部分，主要负责传递感觉信息。

驱力（drive）：动机性的紧张或唤醒，它激发人们采取行动以满足需要。

躯体神经系统：外周神经系统中专门负责控制非自主运动以及和感觉器官之间的交流。

去机构化（deinstitutionalization）：昔日住院的精神病人离开医院回归社区。

权力需要（need for power）：追求影响力和控制力，企图影响他人并表现出权威形象的需要。

权威型父母（authoritarian parents）：要求孩子无条件服从，非常严格，喜欢惩罚孩子。

全或无定律（all-or-none law）：神经元产生冲动的全或无现象。

群体（group）：至少包含两名成员，他们彼此互动、相互依存，并认同自己是群体中的一员。

R

染色体（chromosome）：包含所有基本遗传信

息的杆状结构。

人本主义疗法（humanistic therapy）：这种疗法的根本原理是人能自主控制行为，自主选择生活，最重要的是要为解决自身问题负责。

人本主义取向（humanistic perspective）：该取向认为每一个人都在努力寻求成长、发展和掌握自己的行为与人生，人本主义的主要目标就是探索人类的潜能。

人格（personality）：让个体保持一致性和独特性的持久的特征模式。

人格的人本主义理论（humanistic approaches to personality）：该理论强调人性本善，强调人们都具有朝向更高水平发展的愿望。

人格的生物学和进化理论（biological and evolutionary approaches to personality）：这个理论认为重要的人格成分是遗传而来的。

人格的心理动力学理论（pshchodynamic approaches to personality）：该理论认为，人格由内在的驱力和冲突驱使，人们对此知之甚少并无法控制。

人格投射测验（projective personality test）：测验中受测者被要求描述一系列模棱两可的刺激或根据刺激讲一个故事。

人格障碍（personality disorder）：以一系列僵化、适应不良的行为模式为特征的心理障碍，患者无法正常发挥社会功能。

人际关系疗法（Interpersonal Therapy，缩写为IPT）：以当下社会关系背景为焦点的短程疗法。

人际吸引（或亲密关系）（interpersonal attraction）：对于他人的积极情感；喜欢与爱。

认知发展（cognitive development）：随着年龄和经验的增长，儿童对于世界的理解慢慢改变的过程。

认知观点（cognitive perspective）：认为认知（即人的思想和信念）才是个体异常行为的核心。

认知-行为疗法（cognitive-behavioral approach）：运用学习的基本理论来改变患者思维方式的治疗方法。

认知疗法（cognitive treatment approaches）：通过改变人们对世界和自身的消极认知来让他们获得更具适应性的思维方法。

认知取向（cognitive perspective）：该取向关注人类对世界进行思考、理解和推理的方式。

认知失调（cognitive dissonance）：当一个人同时拥有两种矛盾的态度或想法（即认知）时产生的冲突。

认知心理学（cognitive psychology）：心理学的分支之一，关注人的高级认知过程，包括思维、语言、记忆、问题解决、决策等等。

认知学习论（cognitive learning theory）：以学习的思维过程为研究焦点的研究取向。

日常烦扰（daily hassles）：日常生活中遇到的麻烦（如堵车），会产生小的烦躁感，如果持续发生或与其他压力事件同时发生则可能导致长期的不良影响。

S

三色视觉理论（trichromatic theory of color vision）：该理论认为，视网膜存在三种锥体细胞，分别感受特定波长范围的光。

沙赫特-辛格情绪理论（Schachter-Singer theory of emotion）：该理论认为，情绪由非特异性的生理唤醒和基于环境线索对其做出的解释共同决定。

闪光灯记忆（flashbulb memories）：由于周围环境中发生引人注目的重大事件而产生的非常生动的记忆。

舌尖现象（tip-of-the-tongue phenomenon）：明明知道却回忆不起来的现象，是由于长时记忆的信息提取困难所导致的。

社会认知（social cognition）：人们理解自己和他人的认知过程。

社会认知理论（social cognitive approaches）：同时强调认知元素（思维、感觉、期望和价值观）和对他人行为的观察对于人格的重要影响的理论。

社会心理学（social psychology）：研究我们的思维、情感和行为如何受到他人影响的学科。

社会影响（social influence）：个体或群体的行为影响到他人行为的过程。

社会支持（social support）：由我们关心和感兴趣的人组成的社交网络。

社会支持者（social supporter）：破坏群体一致性，从而降低其他成员从众可能性的群体成员。

社区心理学（community psychology）：心理学分支之一，旨在预防和降低心理障碍在社区的发病率。

深度知觉（depth perception）：将世界视作是三维的并知觉到距离的能力。

神经递质（neurotransmitter）：携带信息并穿过接收神经元的突触到达树突（有时候是胞体）的一种化学物质。

神经科学取向（neuroscience perspective）：该取向从大脑、神经系统及其他生理机能的视角来认识行为。

神经可塑性（neuroplasticity）：大脑生成新神经元的能力，即在神经元间形成新联结，并重新组成信息加工区域。

神经性厌食症（anorexia nervosa）：一种严重的进食障碍。患者可能拒绝进食，否认他们的行为和形象（即便已经骨瘦如柴）有所异常。

神经元（neurons）：神经细胞，神经系统的基本单位。

生产对停滞阶段（generativity-versus-stagnation stage）：根据埃里克森的理论，这个阶段在成年中期，此时个体开始评估自己对家庭和社会的贡献。

生命回顾（life review）：个体检视和评价自己一生的过程。

生物反馈（biofeedback）：个体学会有意识地控制内部生理活动（如血压、心率、呼吸频率、皮温、汗腺分泌以及特定肌肉的收缩等）的过程。

生物医学观点（biomedical perspective）：这一观点认为如果个体表现出异常行为症状，那么根源一定可以经由体检发现，如激素紊乱、化学元素缺失或者脑损伤。

生物医学治疗（biomedical therapy）：借助药物和医学手段改善患者的心理机能。

声音（sound）：由物体振动引起的空气分子运动。

实践智力（practical intelligence）：个体在生活中运用所学的知识、经验处理日常事务的能力。

实验（experiment）：在可控的情境下精心操纵和改变其中一个变量，观察这种改变对其他变量的影响，以此来考察两个或多个变量之间的关系。

实验操纵（experimental manipulation）：研究者在实验情境中有意施加的改变。

实验偏差（experimental bias）：实验中可能干扰或歪曲自变量对因变量发挥作用的因素。

实验条件的随机分配（random assignment to condition）：完全随机地把被试分到不同的组或条件当中。

实验组（experimental group）：在实验中接受实验处理的组。

视错觉（visual illusions）：因知觉不能正确表达外界刺激的特性而出现歪曲的现象。

视神经（optic nerve）：一束携带视觉信息并将其传输给大脑的神经节轴突。

视网膜（retina）：一层透明薄膜，可以将光波的电磁能转化为神经冲动，然后传输给大脑。

手段-目的分析（means-ends analysis）：通过反复考察当前状态和目标状态之间的差异来获得解决的方法。

手淫（masturbation）：自我性刺激。

守恒性（principle of conservation）：物体的质量和它所处的环境以及物理性质无关。

受精卵（zygote）：精子和卵子结合后形成的新细胞。

树突（dendrite）：神经元末端的纤维丛，负责接收其他神经元传递的信息。

衰退（decay）：信息因长时间不被使用而逐渐消退的过程。

双相障碍（bipolar disorder）：一种心境障碍，患者一段时间躁狂，一段时间抑郁，躁狂期和抑郁期交替出现。

双性恋（bisexual）：同时受到同性和异性性吸引的个体。

双重标准（double standard）：男性可以发生婚前性行为而女性不能的观点。

睡眠的第一阶段（stage 1 sleep）：从清醒觉醒状态转换到睡眠状态，这个阶段的特征是脑电波的频率较高、波幅较小。

睡眠的第二阶段（stage 2 sleep）：比起第一阶段，这个阶段睡眠更深，它的特征是出现较慢、较规律的波形，并伴随着波幅较大、爆发性的睡眠锭。

睡眠的第三阶段（stage 3 sleep）：这个阶段的特征与第二阶段相比，脑电波变得更慢、波峰更高、波谷更低。

睡眠的第四阶段（stage 4 sleep）：睡眠最深的阶段，这个阶段我们最不容易被外界刺激惊醒。

顺行性遗忘症（anterograde amnesia）：遗忘症的一种，发生在脑损伤之后的记忆丧失了。

思维（thinking）：对信息的心理表征的操作。

塑造（shaping）：通过小步反馈帮助个体习得

复杂行为的过程。

算法（algorithm）：一些规则，如果运用得当，就能确保解决问题。

髓鞘（myelin sheath）：一种由脂类和蛋白质组成的具有保护性的包裹轴突的物质。

T

胎儿（fetus）：从受孕第8周到出生阶段的个体。

胎儿酒精综合征（fetal alcohol syndrome）：由于母亲在孕期喝酒导致婴儿出现智能缺陷。

态度（attitudes）：对特定人、行为、信念或概念的评价。

贪食症（bulimia）：患这种障碍的人会一次性摄入大量的食物，然后通过催吐或其他手段努力清胃。

特征觉察（feature detection）：视皮层中的神经元只对特定的刺激（形状或模式）做出反应。

特质（traits）：个体在不同情境下表现出来的一致的人格特征。

特质理论（trait theories）：致力于揭示个体行为中那些具有一致性的特征的人格模型。

（行为的）特质原因（dispositional causes）：行为原因在于内在特质或人格特点。

提取（retrieval）：从记忆中查找已有信息的过程。

体重设置点（weight set point）：身体努力保持的一个特定的体重水平。

天性-教养问题（nature-nurture issue）：有关遗传和环境对行为的影响程度的问题。

条件刺激（Conditioned Stimulus, 缩写为CS）：原是中性刺激，因为和无条件刺激的多次结合，可引发与无条件反应同样的效果。

条件反应（Conditioned Response, 缩写为CR）：中性刺激成为条件刺激后引发的反应。

调查研究（survey research）：一个能够代表整体人群的样本被抽取出来回答一系列关于其思想、行为和态度的问题。

听觉的频率理论（frequency theory of hearing）：该理论认为，整个基底膜类似一支麦克风，会依据声音频率产生振动。

听觉的位置理论（place theory of hearing）：该理论认为，基底膜不同位置对不同频率的声音产生共鸣。

同卵双生子（identical twins）：由一个受精卵发育而来，基因完全相同的双生子。

同性恋（Homosexuals）：受到同性性吸引的个体。

同一性（identity）：个体有别于他人的特征，包括我是谁、我扮演什么样的角色、我具备什么样的能力等。

同一性对混乱阶段（identity-versus-confusion stage）：根据埃里克森的理论，这一阶段里人们（通常是青少年）要经历一些重要挑战从而确认自己的独特性。

图式（第6章）（schemas）：信息在记忆中的存储方式，会影响信息的解读、储存和提取。

图式（第13章）（schemas）：关于人和社会经验的一组认知。

团体治疗（group therapy）：人们与团体中其他成员一起会见治疗师并讨论各自的问题。

W

外显记忆（explicit memory）：对于信息有意的或有意识的回忆。

外周神经系统（peripheral nervous system）：神经系统的一部分，包括躯体神经和自主神经两部分。由神经元的长轴突和树突构成，从脊髓和大脑分出直达躯体的末端。

外周途径加工（peripheral route processing）：基于说服信息的来源及周边因素而非信息的内容做出判断。

网状结构（reticular formation）：从延髓延伸出来穿过脑桥，由神经细胞群组成，它能够激活大脑其他部分使全身处于警觉状态。

韦伯定律（Weber's law）：最小可觉差是原刺激强度的固定比值。

文化公平智力测验（culture-fair IQ test）：不歧视任何少数群体的智力测验。

无条件刺激（Unconditioned Stimulus, 缩写为UCS）：在条件作用形成前就能引起预期反应的刺激。

无条件的积极尊重：以一个观察者的身份看待他人，不管对方说了什么、做了什么，都予以接受和尊重。

无条件反应（UCR）（Unconditioned Response, 缩写为UCR）：天生的、不需要训练就具备的反应性行为，如闻到食物的气味就分泌唾液。

物体恒常性（object permanence）：对于人和事物在离开视线之后仍然不会消失的认识。

X

习得（acquisition）：将中性刺激与无条件刺激结合起来的学习过程。

习得性无助（learned helplessness）：个体的一种状态，认为不愉快或厌恶刺激是不可控的——这种观念在脑中根深蒂固，以至于他们即使能够对环境施加影响，也不再试图改变令人厌恶的环境。

习惯化（habituation）：向婴儿重复呈现同样的刺激时其反应会减弱的现象。

系统脱敏（systematic desensitization）：一种行为治疗技术，将患者逐步暴露在会引发焦虑的刺激中，同时进行放松以减轻焦虑。

细胞损耗理论（wear-and-tear theories of aging）：这一理论认为，老化的原因只是身体的机械性能效率降低。

下丘脑（hypothalamus）：大脑中位于丘脑下方的一小部分，负责维持身体内环境的稳定并调节一些重要行为，如饮食、自卫及性行为。

显性梦境（manifest content of dreams）：弗洛伊德提出，指梦境的表面内容。

线索性遗忘（cue-dependent forgetting）：因提取线索不充分导致的遗忘。

相关研究（correlational research）：考察两列变量之间是否存在关联的研究。

消退（extinction）：先前习得的条件反应逐渐衰退直至消失。

小脑（cerebellum）：大脑中负责控制平衡的部分。

效度（validity）：一个测验实际能测出其所要测的心理特质的程度。

心境稳定剂（mood stabilizers）：治疗心境障碍和预防双相障碍躁狂阶段的药物。

心境障碍（mood disorder）：情绪体验上的困扰太过强烈以至于影响到了日常生活。

心理测验（psychological tests）：用来客观评价行为，帮助人们理解自己和做出生活决定的标准化测验。

心理定势（mental set）：坚持使用过去的老办法来解决新问题。

心理动力学疗法（psychodynamic therapy）：将过往人生经历中未解决的潜意识冲突和无法接受的潜意识冲动还原到意识层面，以帮助来访者更有效地解决问题。

心理动力学取向（psychodynamic perspective）：该取向认为行为是由我们无法控制的内部驱力和冲突所激发的。

心理社会发展（psychosocial development）：人们在一生中对于自我、他人和社会理解的发展变化。

心理神经免疫学（psychoneuroimmunology, PNI）：对心理因素、免疫系统和大脑之间关系展开研究的学科。

心理生理疾患（psychophysiological disorder）：由心理、情绪和生理问题交互作用所导致的身体疾患。

心理物理学（psychophysics）：主要研究刺激的物理特性及其与个体经验关系的学科。

心理学（psychology）：研究行为和心理过程的科学。

心理治疗（psychotherapy）：由训练有素的专家（即治疗师）用心理学方法帮助患者克服心理困难和障碍、解决生活问题、促进个人成长的过程。

新陈代谢（metabolism）：食物转化成能量被身体消耗的比例。

新弗洛伊德主义精神分析学者：接受传统弗洛伊德理论训练，但后来拒绝了其中一些主要观点的精神分析学者。

信度（reliability）：测验结果的稳定性、一致性、可靠性。

信任对怀疑阶段（trust-versus-mistrust stage）：根据埃里克森的理论，这是心理社会性发展的第一个阶段，主要发生在个体出生到1.5岁，这个时期个体将建立信任感或者缺乏信任感。

信息加工（information processing）：人们获取、存储和运用信息的方式。

行为矫正（behavior modification）：一种能提高期望行为发生频率、减少不良行为出现可能的有效技术。

行为疗法（behavioral treatment approaches）：基于学习的基本过程理论（如强化和消退等）建立的治疗取向，认为正常和异常行为都是学习的结果。

行为评估（behavior assessment）：直接测量行为以描述人格特征的方法。

行为神经学家（或生理心理学家）（**behavioral nueroscientists**）：专门研究身体的生理结构和功能如何影响行为的心理学家。

行为遗传学（**behavioral genetics**）：研究遗传如何影响行为的学科。

行为主义取向（**behavioral perspective**）：该取向认为心理学应该研究可观察的、可测量的外显行为。

形式运算阶段（**formal operational stage**）：根据皮亚杰的理论，这个阶段从12岁到成人，主要特征是抽象思维。

兴奋剂（**stimulants**）：提高中枢神经系统唤醒度从而提升心率、血压和肌肉紧张感的药物。

兴奋性信息（**excitatory messages**）：让接收神经元更有可能被触发并产生下传至轴突的动作电位的一种化学信息。

性心理发展阶段（**psychosexual stages**）：儿童经历的发展时期，在此过程中他们会遇到社会要求和自身性欲的冲突。

雄性激素（**androgens**）：睾丸分泌的雄性荷尔蒙。

序列研究（**sequential research**）：一种将横断研究和追踪研究结合起来的研究方法，采集多个年龄段的样本，然后考察他们在几个时间点上的变化。

宣泄（**catharsis**）：将累积的攻击能力发泄出来的过程。

Y

压力（**stress**）：个体面对威胁或挑战时的反应。

压抑（**repression**）：将那些不能为外界所接受的、不愉快的本我冲动压制在潜意识中。

言语获得装置（**language-acquisition device**）：乔姆斯基提出，是头脑中先天存在的神经系统帮助人理解语言。

厌恶条件作用（**aversive conditioning**）：将厌恶刺激和不想发生的行为进行配对以减少后者发生可能性的治疗方法。

药物治疗（**drug therapy**）：使用药物来控制心理障碍。

一般适应综合征（**general adaptation syndrome, GAS**）：汉斯·塞利提出的理论，认为个体对压力源的反应分三个阶段：警觉和动员、抵抗、衰竭。

依从（**compliance**）：在直接社会压力下产生的行为。

依恋（**attachment**）：孩子和某一特定个体之间积极的情感纽带。

咿呀学语（**babble**）：婴儿3个月至1岁间出现的言语萌芽阶段。

移情（**transference**）：来访者将曾经指向父母或其他重要他人的爱恨等情感潜意识地转移到了治疗师身上。

遗忘症（**amnesia**）：记忆力减退或丧失，但不伴随其他精神障碍症状。

以人为中心的疗法（**person-centered therapy**）：以发挥人们自我实现潜能为目标的治疗方法。

异常行为（**abnormal behavior**）：给个体带来消极体验和阻碍机体功能正常运转的行为。

异性恋（**heterosexuality**）：指向异性的性吸引和性行为。

抑制性信息（**inhibitory messages**）：能阻止接收神经元触发或减少其触发可能性的一种化学信息。

易性者（**transsexuals**）：认为自己生来就应该是异性的人。

意识（**consciousness**）：我们对于特定时刻体验到的感觉、思维和感受的觉知。

因变量（**dependent variable**）：研究者通过操纵自变量期待引发某种变化的可测量的变量。

音素（**phonemes**）：能够区别意义的最小语音单位。

音韵学（**phonology**）：以音素为研究对象的学科。

隐性梦境（**latent content of dreams**）：弗洛伊德提出，指在明显的梦境内容下潜藏着的"伪装的"真实含义。

应对（**coping**）：为控制、减少或适应压力带来的挑战和威胁而做出的努力。

友伴之爱（**companionate love**）：对与我们有着深刻生活交集的人的强烈情感。

语法（**grammar**）：系统化的法则，决定了文字的表达形式。

语言（**language**）：使用符号系统来交流思想的行为。

语言获得的交互作用论（**interactionist approach**）：语言获得是先天基因和后天环境共同作用的结果。

语言获得的先天论观点（**nativist approaches**）：语言发展是基因决定的先天机制的产物。

语言获得的学习论观点（**learning-theory approach**）：言语获得是强化和条件作用的结果。

语义（**semantics**）：规范单词和句子意义的法则。

语义记忆（**semantic memory**）：对一般性的知识和事实，以及推论事实所用的逻辑规则的记忆。

语义网络（**semantic networks**）：一些相互连接的信息簇的心理表征。

元认知（**metacognition**）：对于认知过程的认知和理解。

原型（**archetypes**）：根据荣格的理论，它是某个特定的人物、事物或者经验的一般性符号表征（如善与恶）。

原型（**prototypes**）：最能代表概念、最符合我们表象的典型例子。

晕轮效应（**halo effect**）：对某人形成最初的好印象后，推论其他方面也同样积极的倾向。

运动区（**motor area**）：大脑皮层中主要负责躯体自主运动的部分。

运动（传出）神经元（**motor neurous**）：负责神经系统和肌肉组织以及腺体之间信息传递的神经元。

Z

灾难事件（**cataclysmic events**）：强大的压力源，突然出现并于瞬间影响很多人（如自然灾害）。

再认（**recognition**）：确认某个刺激是否曾经出现过的记忆任务。

再摄取（**reuptake**）：轴突末梢对神经递质的再吸收。

躁狂症（**mania**）：一种心境障碍，患者长期处于强烈而狂野的欣快状态。

责任扩散（**diffusion of responsibility**）：由于多人在场，个体感觉责任被分担或扩散的倾向。

詹姆斯-兰格情绪理论（**James-Lange theory of emotion**）：该理论认为外部情境引发身体变化，情绪体验是对身体变化的反应（"我感到悲伤是因为我哭了"）。

长时记忆（**long-term memory**）：信息能够相对长久地存储的记忆，但可能存在提取困难。

镇静剂（**depressants**）：让神经系统运作减缓的药物。

正强化（**positive reinforcement**）：通过呈现人们期待的愉快刺激来增加反应频率。

证实偏向（**confirmation bias**）：在做出假设后，人们偏好能够证实假设的信息，同时忽略反对信息的倾向。

知觉（**perception**）：大脑对作用于感官的刺激进行整理、解释、分析的过程。

知觉恒常性（**perceptual constancy**）：无论客观事物的外观如何变化，我们依然将其知觉为不变和恒定的现象。

知情同意（**informed consent**）：被试签署一份文件，声明已知研究概况及自己的权利义务。

致幻剂（**hallucinogen**）：一种能够产生迷幻效果或改变人的认知过程的药物。

致畸物质（**teratogens**）：可能导致新生儿缺陷的环境因素，如药物、化学制剂、病毒等。

智力（**intelligence**）：理解世界、理智思考、有效运用资源解决问题的能力。

智力测验（**intelligence tests**）：量化个体智力水平的测验。

智力超群（**intellectually gifted**）：智商高于130，在人群中占2%～4%。

智龄（**mental age**）：在智力测验量表上与某一智力标准水平相当的年龄。

智力障碍：以智力低下和社会适应能力不良为特征的生理缺陷。

智商（**IQ**）：同时考虑到个体的智力年龄和实际年龄的智力分数。

中间神经元（**interneurons**）：连接感觉和运动神经元并在二者之间传递信息的一种神经元。

中枢神经系统（**Central Nervous System,** 缩写为**CNS**）：神经系统的一部分，包括大脑和脊髓。

中心特质（**central traits**）：对他人形成印象时最为看重的特质。

中心途径加工（**central route processing**）：对说服信息进行深入思考后做出判断。

中性刺激（**neutral stimulus**）：在条件作用形成前，不能引起预期反应的刺激。

中央核心区（**central core**）：俗称"旧脑"，它控制脊椎动物所共有的基本功能，如呼吸、饮食、睡眠等。

重度抑郁症（**major depression**）：严重抑郁，会损害注意力、决策及社交能力。

轴突（**axon**）：神经元的一部分，负责将信号传送到其他神经元。

轴突末梢（**terminal button**）：轴突末端的小突起，负责向其他神经元传递信息。

主动对愧疚阶段（**initiative-versus-guilt stage**）：根据埃里克森的理论，这个阶段发生在3岁到6岁，儿童会体验独立活动及活动所带来的消极后果之间的冲突。

主观幸福感（**subjective well-being**）：人们对自己生活的主观评价，包括思想和情感两方面。

主题统觉测验（**Thematic Apperception Test, 缩写为TAT**）：由一系列图片组成的测验，要求受测者根据图片说一个故事。

追踪研究（**longitudinal research**）：一种研究方法，随着个体的年龄增长考察他的行为。

锥体细胞（**cones**）：视网膜上形态短粗、呈锥形的感光细胞，负责感知物体的形状和颜色。

自卑情结（**inferiority complex**）：根据阿德勒的理论，由于幼年时期个体弱小且对世界的了解有限，因而会产生自卑感，若成人以后还无法克服这种自卑感即会带来问题。

自变量（**independent variable**）：研究者操纵的变量。

自传体记忆（**autobiographical memory**）：对个人复杂生活事件的混合记忆。

自居（**identification**）：希望自己尽可能地像另一个人，因而模仿他的行为，采纳与之相同的观念和价值观的过程。

自利偏差（**self-serving bias**）：把成功归因于个人因素（技术、能力或努力）而把失败归因于外部因素的倾向。

自恋型人格障碍（**narcissistic personality disorder**）：以过分夸大自我重要性为特征的人格障碍。

自然观察（**naturalistic observation**）：观察者观察自然发生的行为而不对情境做任何改变。

自然恢复（**spontaneous recovery**）：在没有后续条件作用的前提下，消失的条件反应再度出现。

自然康复（**spontaneous remission**）：患者未接受治疗就自行复原。

自上而下的加工（**top-down processing**）：知觉受到处于更高思维水平的知识、经验、期望以及动机的引导。

自我（**ego**）：人格的一部分，它缓冲本我和外部世界之间的冲突。

自陈量表（**self-report measures**）：通过询问人们关于某些行为的问题来收集数据的方法。

自我实现（**self-actualization**）：不断自我完善的过程，在这个过程中，人们以独一无二的方式发挥出自己最大的潜能。

自我实现（**self-actualization**）：人们以其独有的方式最大限度地发挥出潜能的一种自我完善的状态。

自我完善对悲观失望阶段（**ego-integrity-versus-despair stage**）：根据埃里克森的理论，这个阶段在成年晚期直至个体死亡，此时个体开始审视自己人生的成败。

自我效能感（**self-efficacy**）：个体对自我能力的信念，影响个体对自己能否做出某种行为或得到想要结果的看法。

自我中心思维（**egocentric thought**）：儿童从自己的角度来理解整个世界的思维方式。

自下而上的加工（**bottom-up processing**）：先对刺激的各个独立部分进行加工，然后整合成总体知觉。

自由意志（**free will**）：该观点认为人们有能力自由决定自己的行为和生活。

自主对羞怯和疑虑阶段（**autonomy-versus-shame-and-doubt stage**）：根据埃里克森的理论，这个阶段发生在1.5岁到3岁，如果成人鼓励这个阶段的幼儿去自由探索，他们将建立起独立和自主感；如果他们被限制或受到过多的保护，将感到羞怯和自我怀疑。

自尊（**self-esteem**）：人格的一部分，它包含着各种或积极或消极的自我评价。

组块（**chunk**）：可以作为一个单元存储在短时记忆中的有意义的刺激组合。

最近发展区（**zone of proximal development, ZPD**）：根据维果斯基的理论，它是儿童通过自己的努力可以但是还未完全理解和胜任任务的一种水平。

版权声明

好书推荐

基本信息

书名:《幸福的科学:积极心理学在教育中的应用》

作者:曾 光 赵昱鲲 等

定价:65.00 元

书号:978- 7- 115- 47879- 5

出版社:人民邮电出版社

出版日期:2018 年 4 月

推荐理由

★ 清华大学积极心理学研究中心推荐读物

★ 近百位教育者联合推荐

★ 中国积极心理学领军人彭凯平、清华大学心理学系咨询心理学教授樊富珉、北京大学学生心理健康教育与咨询中心主任刘海骅推荐作序

★ 清华大学积极心理学研究中心 5 年实践 , 全国近百所中小学超 15 000 课时验证的积极教育方案

作者简介

曾 光

◎ 清华大学—美国加州伯克利大学联合培养在读博士,国际积极教育联盟中国区特别代表。美国宾夕法尼亚大学积极心理学应用硕士,清华大学积极心理学中心积极教育课题组组长。国家教育部十二五教育研究课题积极教育子课题负责人。

赵昱鲲

◎ 清华大学积极心理学研究中心办公室主任,国际积极心理学协会驻华代表,美国《积极心理学日报》专栏作家。清华大学—美国加州伯克利大学联合培养博士,宾夕法尼亚大学应用积极心理学硕士。

编辑电话:010-81055646　　读者热线:010-81055656　010-81055657

· 好书推荐 ·

基本信息

书名：《动机心理学》

作者：［美］爱德华·伯克利（Edward Burkley）

　　　［美］梅利莎·伯克利（Melissa Burkley）

定价：98.00 元

书号：978-7-115-53002-8

出版社：人民邮电出版社

出版日期：2020 年 3 月

谁适合读这本书

- 看了太多成功学图书，却仍然没有成功的人；

- 明明把瘦一码的牛仔裤挂在穿衣镜旁，每天想象自己穿进去的样子，却仍然减肥不成功的人；

- 制定了严格的复习或写论文的日程安排，却执行不下去的人；

- 存钱与投资计划每日更新，却仍然站在"月光族"圈内出不来的人……

无论你是有以上问题的动力偏差或动力困难者，还是心理学研究者、有完成 KPI 需求的职场人士、有学习目标的学生、永远要激励别人的老师和管理者，你都会需要这本书。

为什么选择这本书

- 动机驱动行为，拆解人们行为背后的心理动机；

- 心理学科普读物，讲解生动有趣，每章开篇都有一个小故事，引入话题讲解；

- 从科学角度分析行为的真正动机，挖掘实现目标的真正方法；

- 拥有科学的数据支撑，39 个图例、27 个表格、45 个量表、96 个专栏讨论以及 2168 种文献；

- 涵盖交叉学科的知识，包括心理学、生物学、认知、情绪、神经科学、潜意识；

- 小技巧、"写一写""试一试"，阅读的同时，做到行动与思考；

- 应用面广，大到教育、健康、商业、体育等方面的发展，小到自我成长、考试、减肥与戒烟等。

编辑电话：010-81055646　　读者热线：010-81055656　010-81055657

· 好书推荐 ·

基本信息

书名：《认知心理学》

作者：[美] 布里奇特·罗宾逊-瑞格勒（Bridget Robinson-Riegler）

　　　[美] 格雷戈里·罗宾逊-瑞格勒（Gregory Robinson-Riegler）

定价：128.00 元

书号：978-7-115-54158-1

出版社：人民邮电出版社

出版日期：2020 年 10 月

认知研究的是什么

- 为什么考试中我总是觉得一些问题的答案呼之欲出，却又说不出来？

- 为什么我们在地下车库找不到自己的车？

- 为什么大脑会自动补全或修正未说完或说错的话？

- 目击者记忆是如何被重塑的？

- 口误是怎么产生的？

- 哪些心理过程让你决定起床去上课？

- AI 是如何思考的？

对于"思维"是如何进行的，以及该如何加以改善，一般人知之甚少。不过，对我们每天都在进行的思维过程，成千上万的"认知心理学家"已经进行了数不清的研究，并对思维机制有了极深的了解。在阅读完本书后，你就不会再是"一般人"了。

为什么选择这本书

- 经典心理学著作，了解和认识思维运作过程的百科全书；

- 中国科学院心理健康重点实验室副主任、中国科学院学位委员会委员、中国科学院心理研究所研究员韩布新教授审校；

- 北京大学心理与认知科学学院教授魏坤琳、北京师范大学心理学部教授彭华茂推荐；

- 认知心理学本身跨学科，应用面广，涉及哲学、神经科学、人工智能、语言学、人类学；

- 《认知心理学》整体结构依据思维运作过程；

- 《认知心理学》包含大量趣味实验、现实思考板块，帮助读者更易掌握知识点。

编辑电话：010-81055646　　读者热线：010-81055656　010-81055657